新工科建设·智能化物联网工程与应用系列教材

U0225580

物联网与数据挖掘

主　编　王爱国
副主编　赵　亮　　王　勇

電子工業出版社
Publishing House of Electronics Industry
北京•BEIJING

内 容 简 介

本书围绕典型的数据收集、存储、处理与分析过程，系统地阐述物联网与数据挖掘的基本理论、技术、方法与典型应用等，旨在使读者全面、扎实地掌握基本的物联网与数据挖掘技术。全书共 16 章，内容包括物联网数据收集、物联网数据存储、物联网数据预处理、分类、集成学习、聚类、关联规则、人工神经网络与深度学习、异常检测等传统技术，也涵盖区块链技术、因果分析、主动学习、迁移学习等进阶知识，最后简单介绍物联网与数据挖掘技术在智慧健康养老和医疗健康中的应用。

本书可以作为高等院校物联网工程及相关专业的教材，也可以作为计算机、电子通信等专业相关课程的参考用书。

图书在版编目（CIP）数据

物联网与数据挖掘 / 王爱国主编. —北京：电子工业出版社，2023.4

ISBN 978-7-121-45368-7

Ⅰ. ①物… Ⅱ. ①王… Ⅲ. ①物联网－应用－数据采集－高等学校－教材 Ⅳ. ①TP393.4②TP18③TP274

中国国家版本馆 CIP 数据核字（2023）第 060566 号

责任编辑：牛晓丽　　　　特约编辑：田学清
印　　刷：中煤（北京）印务有限公司
装　　订：中煤（北京）印务有限公司
出版发行：电子工业出版社
　　　　　北京市海淀区万寿路 173 信箱　　邮编：100036
开　　本：787×1092　1/16　印张：16.75　字数：451 千字
版　　次：2023 年 4 月第 1 版
印　　次：2023 年 8 月第 2 次印刷
定　　价：68.00 元

凡所购买电子工业出版社图书有缺损问题，请向购买书店调换。若书店售缺，请与本社发行部联系，联系及邮购电话：（010）88254888，88258888。

质量投诉请发邮件至 zlts@phei.com.cn，盗版侵权举报请发邮件至 dbqq@phei.com.cn。

本书咨询联系方式：QQ 9616328。

序言

当前的人工智能技术高度依赖于数据、模型和算力，物联网技术的快速发展增强和拓展了人们感知、收集、存储和汇集大量数据的能力，这为数据挖掘提供了数据来源和数据准备；数据挖掘则提供了发现数据中隐含知识的解决方案和强有力的工具，通过将数据转化为知识的方式来提升物联网基础设施和系统的性能，改善物联网上层应用服务质量，促进资源和服务的最优管理，使得物联网变得更加自主智能。与此同时，物联网系统的数据类型更加丰富、变化更加迅速、时空特征更加突出，并且经常面临数据隐私与安全不能得到保证、高质量有标签数据缺乏、应用环境复杂多变等现实问题，这对数据的收集与管理，以及从数据中挖掘有用知识的理论、方法与技术提出了新的要求与挑战。

本书详细介绍了物联网与数据挖掘的基本理论、技术、方法与典型应用，全书共 16 章，内容丰富，结构合理。从广度上看，书中涵盖了物联网基础知识及 5 种数据挖掘基本模式，即概念描述、关联分析、分类和预测、聚类及异常检测，并简要介绍了区块链、因果分析、主动学习、迁移学习等前沿技术与方法。从深度上看，书中包括了原理、算法和应用实例，对于常用的方法与技术给出了相应的代码实现或库函数使用示例，有助于读者更好地理解、掌握和应用相关知识点。

本书可以作为高等院校物联网工程及相关专业的教材，也可以作为计算机、电子通信等专业相关课程的参考用书。

北京科技大学计算机与通信工程学院教授

2023 年 02 月 22 日

前言

本书是一本面向学生和研究人员介绍物联网与数据挖掘的教科书。本书可以作为高等院校物联网工程及相关专业的教材，也可以作为计算机、电子通信等专业相关课程的参考用书。全书共 16 章，在第 1 章介绍完物联网与数据挖掘的基本概念之后，分四部分进行讲述。

第一部分：物联网数据收集与管理。第 2 章介绍物联网中典型的感知技术、数据通信方式及常见的数据传输协议。第 3 章介绍数据库系统、数据仓库、数据湖等物联网数据存储系统。第 4 章从数据清洗、数据变换、特征约简三方面介绍常用的数据预处理技术。

第二部分：物联网数据挖掘常用技术。第 5 章介绍分类模型，即如何根据某个学习到的分类模型来预测未知样本的标签。第 6 章介绍通过利用多个模型来解决问题的集成学习方法。第 7 章介绍可以将一组数据分成若干个簇的聚类方法。第 8 章讲述关联规则挖掘，重点介绍两个典型的关联规则挖掘算法。第 9 章介绍当前火热的深度学习及与深度学习密切相关的人工神经网络，包括 M-P 神经元模型、感知机、多层神经元网络、误差反向传播算法、梯度下降法、卷积神经网络、循环神经网络等。第 10 章介绍常用的异常检测技术，即如何发现与预期行为不一致的模式，或者发现对象集合中与大部分其他对象不同的对象。

第三部分：物联网数据挖掘前沿技术。第 11 章介绍区块链技术，可以用于物联网数据的安全、可靠、可信存储与溯源。第 12 章介绍因果分析，即如何寻找和利用数据中的因果机制，开展因果关系发现和因果效应估计工作。第 13 章介绍主动学习，即如何获得最有用的未标注的样本的标签，以使用尽可能少的有标签样本来获得高的模型性能。第 14 章介绍迁移学习，可以用于帮助已有的数据挖掘系统快速适应新场景、新环境和新任务。

第四部分：物联网数据挖掘典型应用。第 15 介绍物联网与数据挖掘技术在智慧健康养老中的应用。第 16 章介绍物联网与数据挖掘技术在医疗健康中应用。

本书由 5 位老师合作完成。佛山科学技术学院的王爱国和滁州学院的陈桂林共同撰写了第 1 章，滁州学院的赵亮和王汇彬分别撰写了第 2 章和第 11 章，安徽工程大学的王勇撰写了第 5 章和第 7 章，王爱国完成了其余章节的撰写工作并统一了全书风格。

在内容上，为便于读者从总体上理解数据挖掘技术，本书从统计机器学习的角度简要阐述了数据挖掘，并在介绍常用数据挖掘技术的基础上，讲述因果分析、主动学习、迁移学习等进阶知识，引导读者扩展相关知识，激发读者的学习兴趣和探索欲望。为帮助读者更好地理解、掌握与准确地应用较重要、较常用的数据挖掘技术，本书给出了相应算法的 Python 代码实现或基于 Python 库函数的应用示例。此外，本书在第 1～10 章中各给出了 10 道习题，在第 11～14 章中各给出了 6 道习题，以帮助读者巩固本章知识，引导读者进一步学习。

本书在完稿校勘时得到了刘焕成、颜靖禹、罗钟煜等学生的协助，在此向他们表示衷心的感谢。感谢滁州学院的赵生慧教授、安徽工程大学的章平副教授提供的帮助和建设性建议。在本书的写作和出版过程中，电子工业出版社的牛晓丽编辑做了大量工作，在此特向她致谢。最后，感谢家人对我们的支持与理解！

尽管作者做出了不懈努力，但是由于自身水平所限和信息技术的发展日新月异，书中难免有疏漏之处，恳请读者批评指正。

作　者

2023 年 02 月

目录

第 1 章 绪论

随着互联网和移动互联网的快速普及与信息化进程的不断深入，大量的文本、图像、视频、传感器数据等从人们的日常生产、生活、工作乃至娱乐的每个角落快速涌现并呈现出指数级增长的趋势。相应地，如何从数据中发现有用信息与隐含知识的相关理论、方法、技术及应用受到了学术界、产业界和政府等各方面的高度关注、重视，并取得了长足进步与发展。物联网等新一代信息技术的快速发展与广泛应用，使得数据类型更加丰富、变化更加迅速、数据量迅速增长，对从数据中发现有用信息和隐含知识的理论、方法与技术提出了新的要求与挑战，也催生了新的机遇。本章将概括地介绍物联网、数据挖掘及物联网与数据挖掘之间的关系。在 1.1 节中简要介绍物联网的发展历史、概念及典型体系结构；在 1.2 节中介绍什么是数据挖掘，探讨数据挖掘的对象与内容及服务于数据挖掘的主要支撑技术，并重点介绍机器学习的基本概念和基础知识；在 1.3 节中从数据流和业务流的角度介绍物联网与数据挖掘之间的关系，分析物联网环境下数据挖掘的特点和面临的挑战，简述物联网与数据挖掘技术在智慧养老、智慧医疗、智慧农业等国家重大战略需求领域中的典型应用。

1.1 物联网概述

物联网（Internet of Things，IoT）被认为是继计算机和互联网（Internet）之后，信息技术领域的新一轮发展浪潮和一个前沿阵地。物联网的基本思想是将所有的物（Things）相互连接并且接入互联网，期望这些物可以被自动识别，彼此间能够相互通信，甚至依靠自身的推理判断能力做出决策、规划和动作。因为将现实世界中的物连接到了网络中，物联网的内在特征、体系结构和组成与传统计算机网络有着显著差异，物联网中的数据也具有不同于传统数据的新特点。在 1.1.1 节中简要地介绍物联网的产生与发展；在 1.1.2 节中给出物联网的基本概念与内涵，并说明其与无线传感器网络之间的区别与联系；在 1.1.3 节中展示两种常用的物联网体系结构，并介绍不同的层在体系结构中扮演的角色和起到的作用。

1.1.1 物联网的产生与发展

物联网的雏形可以追溯到 1991 年，英国剑桥大学特鲁伊计算机实验室的研究人员在咖啡壶旁边安装了一个摄像头，通过终端计算机的图像捕捉技术让工作人员可以随时查看咖啡是否煮好，这个案例可以被看作最早的物联网应用之一。1995 年，微软公司的创始人 Bill Gates（比尔·盖茨）在《未来之路》一书中创造性地给出了物联网应用的场景：当用户的照相机遗失或被盗时，物联网能够自动发回信息，并告诉用户照相机所在的具体位置。一般认为，该著作的出版就是物联网的起源，形象地描绘了人们对物联网的现实要求与期望。

1998年，美国麻省理工学院Auto-ID中心提出，给每件物品一个唯一的电子产品代码（Electronic Product Code，EPC）以建立一个全球性的系统来追踪物品。

1999年，Auto-ID中心提出通过射频识别（Radio Frequency Identification，RFID）等感知设备将物品与互联网连接起来以实现物品的智能化识别与管理的设想。这一设想被公认为是物联网概念的正式开端。

2005年，在突尼斯共和国举行的信息社会世界峰会上，国际电信联盟（International Telecommunication Union，ITU）发布了《ITU 互联网报告 2005：物联网》，正式提出了物联网这一概念，物联网将传统互联网帮助任何人实现任何地点、时间的连接扩展到任何物的连接，力求实现人与人、物与物、人与物之间的泛在连接，如图1-1所示。这一概念显著地拓展了物联网的内涵与外延。

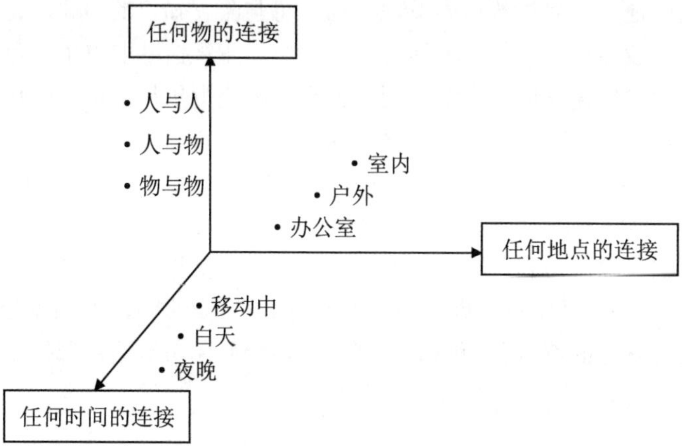

图1-1 物联网在互联网的基础上增加了“物”的维度

国内，2000年中科院上海冶金所成功研制了一套包含传感器数据采集、能量管理及组网等多个模块的微系统信息网，这被认为是我国物联网发展的最初足迹。2009年8月，时任国务院总理温家宝先生在视察江苏无锡时充分肯定了“感知中国”的战略建议，并决定感知中国中心就建在无锡。从此，物联网在我国的发展走上了快车道，物联网产业也正式被列入国家新兴战略性产业之一。

时至今日，物联网的内涵、范围及应用均发生了显著变化，不仅仅是一般意义上的技术概念。2021年，工业和信息化部、科学技术部等八部门联合印发了《物联网新型基础设施建设三年行动计划（2021—2023年）》，并明确提出到2023年年底，在国内主要城市初步建成物联网新型基础设施，社会现代化治理、产业数字化转型和民生消费升级的基础更加稳固的行动目标。

1.1.2 什么是物联网

物联网技术自问世至今一直处于快速发展进程，其定义在不同时期存在一定的差异。在2010年前后物联网发展的早期阶段，普遍认为物联网是通过RFID、红外感应器、全球定位系统（Global Positioning System，GPS）、激光扫描器等信息传感设备，按约定的协议把任何物与互联网连接起来，进行信息交换和通信，以实现智能化识别、定位、跟踪、监控和管理的一种网络。也就是说，物联网是将各类传感器和现有的互联网进行连接的一种新技术，实现了任何物在任何时间、地点的连接，并且能够实现人与物、物与物的相互感知和智能操纵。

在《物联网新型基础设施建设三年行动计划（2021—2023 年）》中，将物联网定义为“物联网是以感知技术和网络通信技术为主要手段，实现人、机、物的泛在连接，提供信息感知、信息传输、信息处理等服务的基础设施。”该定义包括以下主要内涵。

（1）物联网连网的基础技术是感知技术和网络通信技术。

（2）物联网的连网对象是人、机、物，连网效果是泛在连接。

（3）物联网的主要功能及服务是信息感知、传输和处理。

（4）物联网已经发展成为新一代基础设施。

从上述内涵不完全相同的定义中可以看出，物联网是互联网的模拟、延伸与扩展，物联网中的连网终端包含现实世界中的任何物品。国际电信联盟的《ITU 互联网报告 2005：物联网》指出，一根牙刷、一个轮胎、一座房屋，甚至一张纸巾都可以作为物联网的连网终端。也就是说，物联网是一个基于互联网、传统电信网等媒介的信息承载体，让所有能够被独立寻址的普通物理对象形成互联互通的网络，解决人与人、人与物、物与物之间的互联互通。在物联网中，物与物之间的信息交互不再需要人工干预，并且可以实现无缝、自主、自治的智能交互。

提到物联网，就不能不提及与其密切相关的无线传感器网络（Wireless Sensor Networks，WSN）。无线传感器网络由部署在监测区域内的大量静止或移动的廉价微型传感器节点组成，通过无线通信方式形成一个多跳的自组织无线网络，目的是协作地感知、采集、处理和传输覆盖区内被感知对象的信息，并把这些信息发送给远方的观察者，如图 1-2 所示。

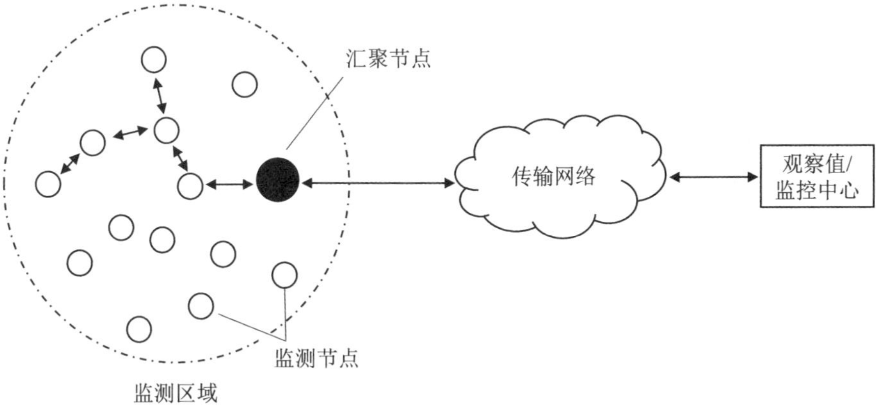

图 1-2 一个典型的无线传感器网络

无线传感器网络中的传感器根据应用场景的不同往往涉及多种类型，可以设置用于监测温度、湿度、亮度、气体成分、土壤成分、噪声、地震、电磁、压力、移动物体的大小、速度和方向等多种多样的参数。相较而言，物联网涉及的技术范围及设施更加广泛，无线传感器网络可以被看作一种有效实现物联网的技术，或者说是物联网的一个代表性实例。

除了传感器技术和 RFID 技术，视频、红外、激光、扫描、GPS、5G 等能够实现自动识别物体与通信的技术均可成为物联网的信息采集技术。物联网既可以是通常意义上的互联网向物的延伸，也可以是根据实际应用需要由物与物相连组成的专用网络及该专用网络与互联网的连接。

由于现实世界中物体的数量巨大且不断增加，物体的不确定性、动态性和多样性也更加明显，物联网也因此具有了更加鲜明的特征。

（1）对现实物理世界的全面感知。得益于传感器技术和存储技术的发展与成本的不断下降，在物联网中，数量巨大、类型各异的物体都成了连网对象，也通过各种感知设施实现了对现实世界中物、环境乃至人的状态的全面感知。

（2）实时、稳定、可靠的数据传输。各类感知设施侦测的数据通过无线、有线等多种通信媒介传输到远程服务端或云端。考虑到物体的动态性和多样性，物联网必须为传输提供实时性、稳定性和可靠性的保证。

（3）自主智能处理与控制。物联网的应用涉及对现实世界中人、物、环境的感知与操纵，同样由于物体的动态特征，各类操纵及控制策略应是智能自适应的。

（4）快速变化的海量数据。在物联网环境中，连网对象数量巨大，采集的数据具有较强的时空特征，体现出类型多、数量大、变化快的特点，这对数据的感知、传输、存储、处理与分析提出了新的要求和挑战。

1.1.3 物联网体系结构

由于人们对物联网技术体系的理解有一定的差异性，因此有多种不完全相同的物联网体系结构，相对得到更多人认可的是一种四层结构，如图 1-3 所示。接下来介绍它的各层功能与组成。

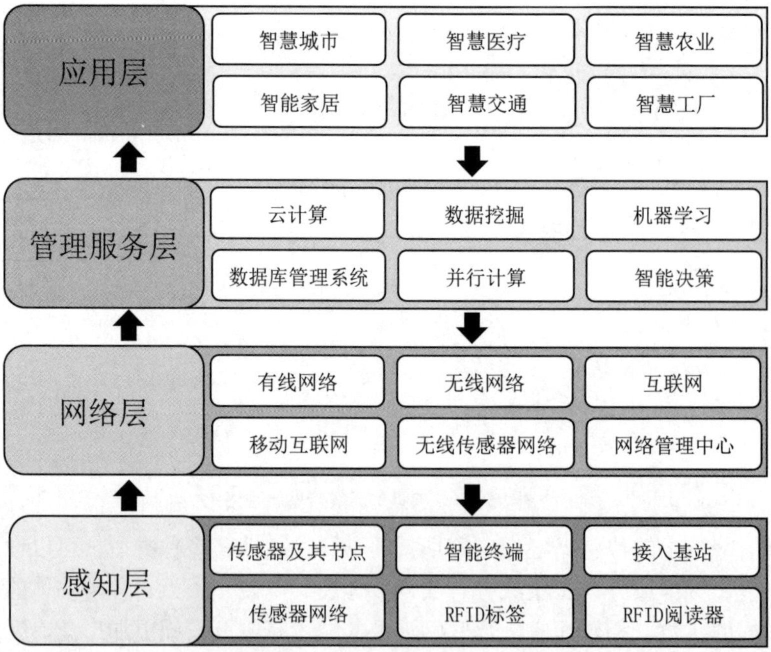

图 1-3 一种四层的物联网体系结构

感知层。感知层又被称为感知控制层，利用各种各样的传感器单元来获取人、机、物、环境的状态参数。常用的传感器有 RFID 传感器、温度传感器、湿度传感器、红外传感器、压力传感器、毫米波传感器、摄像头等能够自动感知外部信息的感知设备，以及智能手机、手表、手环、心率计、血压计等能够被动感知用户信息的用户生成信息设备。为提高网络的响应速度，降低网络传输负载，感知层一般具有简单的自组网能力和信息处理能力。

网络层。网络层又被称为传输层，覆盖了传统计算机网络的接入层、汇聚层和核心交换层。物联网的接入层技术以无线局域网、蓝牙等短距离无线接入为主，以现场总线、电视电缆、电话线等有线接入为辅。除了在现场接入，一般还要通过传统局域网或互联网将数据传输到服务器端或云端。网络层可以完成数据分组汇聚、转发、本地路由、过滤、流量均衡等工作。

管理服务层。管理服务层位于网络层与应用层之间，通过中间件向应用层屏蔽感知层的感知设备和网络层传输网络的差异性，汇聚存储海量传感器感知数据，利用大数据存储与处理、云计算、数据挖掘、智能决策等技术为应用层提供服务。

应用层。应用层位于物联网体系结构的最上层，负责为系统管理人员和终端用户提供服务，通过中间件技术实现底层硬件和上层应用软件之间的物理隔离和无缝连接，提供数据的高效汇聚与存储，通过数据挖掘、机器学习、云计算等技术提供安全的智能管理，服务于智慧城市、智能家居、智慧医疗、智慧交通、智慧农业、智慧工厂等不同行业的物联网应用。

此外，安全与隐私保护、网络管理、服务质量保证等是物联网体系结构中每层都必须考虑的核心共性技术。

除了上述四层体系结构，在实际应用中还有多种类型的物联网体系结构。*Internet of Things: Applications and Challenges in Technology and Standardization* 一文中给出了一种五层的物联网体系结构，自下而上依次是边缘技术层、访问网关层、网络层、中间件层和应用层，如图 1-4 所示。其中，位于底层的边缘技术层主要包括传感器网络、嵌入式系统、RFID 标签和阅读器、各类传感器等；访问网关层主要负责处理信息的路由、发布与订阅，以及根据需求完成跨平台通信；中间件层发挥着连接底层硬件层和上层应用层的桥梁纽带作用，负责设备管理、信息管理等关键功能，并且处理数据过滤、数据集成、语义分析、访问控制、信息发现及信息服务等任务；位于顶层的应用层负责向不同用户提供各种各样的应用服务，这些应用可能来自工厂、物流、零售、农业、医疗等领域。随着物联网技术的发展、成熟和普及，物联网应用的类型、范围和质量将得到不断地增加、丰富与提升。

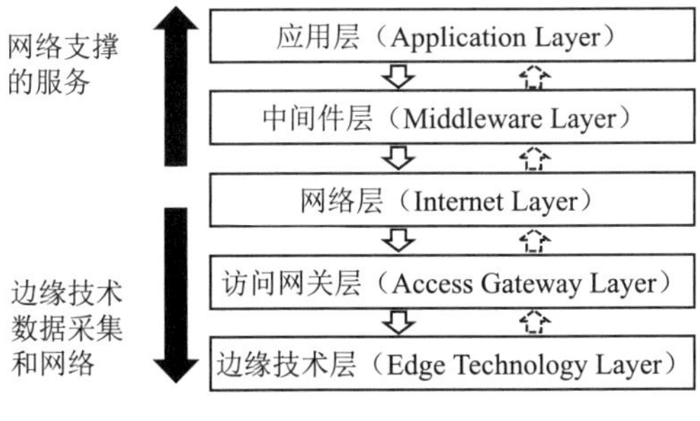

图 1-4　一种五层的物联网体系结构

1.2　数据挖掘概述

当前社会处于数据爆炸时代，人类的行为活动每时每刻都在产生大量的数据，如搜索引擎的使用记录、社交网络浏览痕迹、在线视频的上传与播放记录、电商平台交易信息等。物联网技术的快速发展进一步增加了可收集的数据的类型、范围和规模，如可以利用 GPS 收集车辆的轨迹信息、利用 RFID 技术追踪物流、利用各类传感器收集个体的行为和生理参数等。2021 年 9 月，美国科技公司 Domo 在发布的名为数据永不停息 9.0（Data Never Sleeps 9.0）的信息图中指出，每分钟网上购物的人数为数百万人之多。随着存储技术的快速发展及硬盘、磁带、光盘等存储媒介性价比的不断提升，自动数据收集工具和成熟的数据库技术使得大量的数据被收集和存储在数据库、数据仓库、数据湖或其他信息库中成为可能。人类获取知识的一般过程是将观察到的信号编码为数据，从数据中提取有价值的信息，将经过检验的信息形成有用的知识。例如，通过肌电传感器测量肌肉某个位点附近的神经元的神经电位电势变化以获得肌电图，并通过分析肌电图获取关于人体健康状态的信息和知识。上述过程说明数据与知识之间存在一定的鸿沟，这种情况被称为“数据丰富，但信息匮乏”，即虽然拥有丰富的数据，但是缺乏有用的信息。这要求我们设计、开发和使用一定的技术和工具对数据进行处理与分析。本节将介绍数据挖掘这一技术，重点给出数据挖掘的概念，说明数据挖掘的对象、内容及主要支撑技术。

1.2.1 什么是数据挖掘

大量的数据及对有效数据分析工具的需求要求我们设计、开发和提供相应的方法和工具，以便从数据中找出感兴趣的知识，这就是数据挖掘的核心任务。数据挖掘（Data Mining）的经典定义：从大量数据中获取有效的、新颖的、潜在有用的、最终可理解的模式的非平凡过程。简单来说，数据挖掘是通过某种技术或方法从数据中挖掘知识的过程，通常又被称为数据库知识发现（Knowledge Discovery in Database，KDD）。图 1-5 所示为从数据中发现知识的过程的示意图，主要包括以下组件。

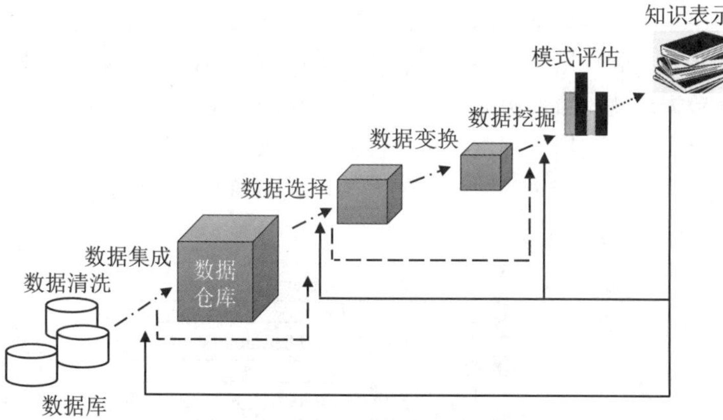

图 1-5 从数据中发现知识的过程的示意图

（1）数据清洗（Data Cleaning）：清除噪声和异常值，处理缺失值，删除不一致的数据。

（2）数据集成（Data Collection）：将历史数据库、外部数据库、操作数据库等多个数据源组合在一起来构建面向特定主题的数据仓库，需要解决数据值冲突（如在多个数据源中，表示同一实体的属性值的单位不同）、数据冗余（如多个相同的记录）等问题。

（3）数据选择（Data Selection）：从数据存储库中提取与特定任务相关的数据。可以直接从不同的数据源中提取数据；或者先将不同的数据源组织为一个数据仓库，再从数据仓库中选择相应的数据作为数据挖掘的对象；或者先将原始数据直接存储在数据湖中，需要时再选择。本书将在第 3 章中介绍数据仓库和数据湖这两种存储系统。

（4）数据变换（Data Transformation）：通过数据平滑、属性构造（根据已有的属性构造新的属性）、规范化（将数据按比例缩放，使其落入一个特定的区域）等聚集操作把数据变换为适合数据挖掘算法的形式。

（5）数据挖掘：利用分类、聚类、关联规则、异常检测、因果分析等数据挖掘算法从数据中发现有趣的模式。

（6）模式评估（Pattern Evaluation）：根据某种性能度量指标，评估和解释数据挖掘方法返回的信息中能够代表知识的真正有趣的模式。

（7）知识表示（Knowledge Representation）：利用知识表示、可视化等技术，向用户展示获得的知识，所获得的知识可用于指导上述过程，以提高知识发现过程的准确性和效率，增强数据挖掘算法的鲁棒性。

上述过程形成了一个闭环，这使得我们可以不断地迭代优化知识发现过程。对于上述组件，通常将数据清洗、数据集成、数据选择和数据变换归为数据的预处理，将模式评估和知识表示归为决策制定。

数据挖掘可以被看作信息技术演化的结果，全球知名科技评论期刊《麻省理工学院技术评论》早在 2001 年就将数据挖掘列为十大突破性技术之一。数据挖掘与传统的数据分析存在着一定的区别与联系：首先，数据挖掘一般会用到传统的统计分析方法（如在构造决策树算法的过程中需要统计每个属性取值的频率，而朴素贝叶斯分类器的构造需要估计每个属性取值的概率和条件概率）；其次，虽然两者均可用于分析数据、从数据中提取信息，但是传统的数据分析主要关注查询、报表生成、联机应用分析等初级功能，而数据挖掘是在没有明确假设的前提下分析和挖掘数据中的信息和知识。也就是说，数据挖掘所得到的信息具有先前未知、有效和实用三个典型特征。先前未知的信息是指该信息是预先未曾预料到的，数据挖掘要发现那些不能靠直觉发现的信息，甚至是违背直觉的信息，挖掘出的信息越出乎意料，可能越有价值。信息的有效性和实用性是指数据挖掘获得的信息具有一定的实际意义，可用于指导生产、生活等实践活动。例如，沃尔玛超市从顾客购物篮中的商品分析得到的啤酒与尿布之间的关联关系是出乎意料的，该关联关系可以指导商场优化商品布局，进而增加销售额；京东商城通过分析用户的购物行为进行个性化推荐，能够激发用户的潜在购物欲望。

1.2.2　数据挖掘的对象与内容

数据挖掘的操作对象是数据，在实际应用中数据的类型是多种多样的，我们可以将其分为结构化数据、半结构化数据和非结构化数据。其中，结构化数据是以关系型数据库表形式管理的数据，能够用统一的结构加以表示（如数字、符号等），通常采用一个二维表结构（如 Excel、MySQL 等）来存储传统的关系数据模型；非结构化数据是指没有固定模式的数据，并且字段长度可变，每个字段的记录又可以由可重复或不可重复的子字段构成，如办公文档、文本、图片、图像和音视频等；半结构化数据是指有基本固定结构模式的数据，介于结构化数据和非结构化数据之间，一般是自描述的，数据的结构和内容往往混在一起，没有明显的区分，常见的半结构化数据有 XML 和 HTML 文档。

针对不同类型的数据和不同的处理需求，通常选择不同类型的数据库存储系统，如关系型数据库、空间数据库、时间数据库、流数据库、多媒体数据库、面向对象数据库、历史数据库、数据仓库及数据湖。其中，关系型数据库采用关系模型来组织数据，以行和列的形式存储数据；空间数据库是指在关系型数据库内部对地理信息进行物理存储；时间数据库通常存放包含时间相关属性的数据；多媒体数据库可以管理大量复杂的图形、图像、音频和视频等多媒体数据，现代数据库技术一般将这些多媒体数据以二进制对象的形式进行存储；面向对象数据库是面向对象技术和数据库技术相结合的产物，将数据以对象的形式进行存储，并在这个基础上实现传统数据库的功能；历史数据库是一系列异构数据库系统的集合，包括不同种类的数据库系统。

由于用户通常并不事先知道能从数据中挖掘出什么信息，因此会应用一些常用的数据挖掘技术来寻找一些特定模式。数据挖掘的模式一般可分为描述性数据挖掘和预测性数据挖掘。具体来说，这些模式主要包括以下几方面。

（1）概念描述。概念描述指对某个类对象的内涵进行描述，用简洁、精确的方式概括类对象的特征。概念描述可分为特征性描述和区别性描述。前者描述某类对象具有的共同特征，提供对象的简洁画像，如银行给客户发放贷款的特征化描述是“有固定职业、信誉良好、无大额抵押、中年人”；后者描述不同类对象之间的区别，提供两个或多个对象的比较描述，如正常网络访问和恶意网络访问的主要区别在于访问请求次数和请求时间，恶意网络访问通常表现为短时间内有大规模访问请求。

（2）关联分析与因果分析。如果两个或多个变量的取值之间存在某种相关性，则称其为关联；如果变量之间的取值存在因果关系，即原因变量的改变引起结果变量的改变，则称其为因果。寻找数据中的关联关系和因果关系分别被称为关联分析和因果分析，两者是数据中蕴含的重要的可被发现的知识，如基于关联分析的关联规则挖掘可用于商品推荐（将在第 8 章中介绍相关内容），基于因果分析的因果关系发现和因果效应估计可用于研究数据中的因果机制，如评估物联网系统中某个干预策略的效果（将在第 12 章中介绍相关内容）。

（3）分类和预测。分类和预测是指先在有标签数据集上训练一个模型，然后用训练得到的模型来预测新样本的标签。例如，我们收集了不同天气、温度、湿度和风速条件下的户外活动情况，并通过某个机器学习算法在该数据集上训练得到了一个预测器，当给定某天的天气、温度、湿度和风速信息时，可以利用该预测器来推断是否进行户外活动。又如，收集正常或不正常网络访问情况下的网络流量、网络访问次数、IP 地址等数据，并利用某个机器学习算法在该数据集上训练一个预测器，当给定某段时间内的网络流量、网络访问次数、IP 地址时，使用该预测器判断是否发生异常访问事件。

（4）聚类。按照某种准则将一组给定的数据划分为若干个簇，使得同一个簇中的数据具有较高的相似度、不同簇之间的数据的相似度较低。聚类分析是一种典型的无监督学习方法，一个高质量的聚类分析结果取决于聚类所使用的相似性度量及聚类方法发现隐藏模式的能力。聚类分析在数据挖掘中具有重要的作用，如利用聚类方法可以将一组基因分成不同的组来研究分析基因的功能，还可以将部署的传感器节点进行分簇来优化传感器节点的能耗管理。

（5）异常检测。异常检测的目的是发现数据集合中与大部分其他对象不同的对象，或者从数据中发现与预期行为不一致的模式。虽然异常与预期不符，但是这不一定是一件坏事，甚至可能是很有价值的事，如利用异常检测方法可以识别信用卡盗刷行为、检测网络异常事件及诊断疾病。开展异常检测有助于我们更好地了解物联网系统的漏洞和不足，为升级完善系统提供方向性指导。

借助上述数据挖掘方法能够从数据中产生大量的模式或规则，并不是所有的模式或规则都是令人感兴趣或有用的。如果一个模式具备易于被人理解、新颖的，在某种程度上对新的测试数据是有效的，具有潜在的效用、符合用户确信的某种假设等条件，则称这个模式是有趣的。因此，我们往往需要利用一些准则来度量模式。已有的度量准则大致分为主观度量准则和客观度量准则。前者基于用户对模式的判断，如模式是新颖的、出乎意料的、可行动的；后者基于所发现的模式的结构和关于该模式的统计信息，如分类模型预测的准确率和召回率、关联规则的支持度和置信度、聚类结果的纯度和兰德系数。表 1-1 列出了与上述五类数据挖掘方法相关的主要度量准则。

表 1-1 不同模式的度量准则

模　式	主观度量准则	客观度量准则
概念描述	出乎意料的、新颖的、可行动的	覆盖率
关联分析与因果分析		支持度、置信度
分类和预测		准确率、错误率、召回率、精准度
聚类		纯度、兰德系数、轮廓系数
异常检测		准确率、错误率

1.2.3　数据挖掘常用技术

数据挖掘具有多技术交叉融合的特点，图 1-6 列出了与数据挖掘密切相关的几个学科和技术。接下来简要说明它们在数据挖掘中的作用。

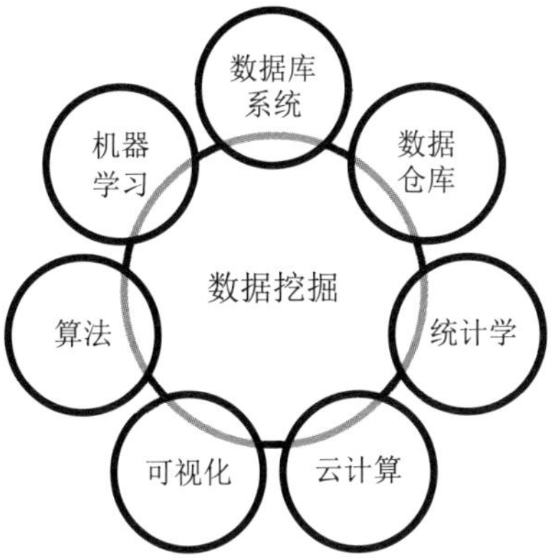

图 1-6 数据挖掘的主要支撑技术

（1）数据库系统是为适应数据存储和处理的需要而发展起来的一种数据管理系统，是一个为实际可运行的存储、维护和应用系统提供数据的软件系统，包括存储介质、处理对象及管理系统。数据库系统服务于数据挖掘的数据准备，在一定程度上影响着数据挖掘的可用性和效率。

（2）数据仓库是一个面向主题的、集成的、相对稳定的、反映历史变化的数据集合，通常用于辅助决策支持。面向主题是数据仓库显著区别于关系型数据库系统的一个突出特征，如在联机事务处理系统“学籍管理系统”中只能查询学生的成绩和学籍，而面向学生这个主题的数据仓库则集成了来自不同联机事务处理系统中的关于学生的信息，包括学籍管理系统中的学生成绩和学籍、银行业务系统中的银行流水、公安系统中的犯罪记录及人口统计信息系统中的家庭情况。数据仓库是通过综合多个异种数据源并应用数据清洗、数据集成、数据选择、数据变换等技术来构造的，从历史的角度提供信息，为决策支持和联机分析提供数据支撑。

（3）统计学是通过搜索、整理、分析、描述数据等手段，以达到推断所测对象的本质，甚至预测所测对象未来状况的一门综合性科学。在数据挖掘过程中往往需要借助充分统计量、显著性检验等统计学知识来产生和评估数据挖掘模式，如在进行关联规则挖掘时，需要统计项集的支持度和置信度。

（4）云计算是一种分布式计算技术，先通过网络“云”，将所运行的巨大数据计算处理程序分解成多个小程序，再交由计算资源共享池进行搜寻、计算和分析，并将处理结果回传给用户，为用户提供了可以按需获取的弹性资源和架构。用户以按需付费的方式获得所需的存储、数据库、服务器、应用软件、网络等资源。云计算为存储、管理、处理和分析大数据提供了基础设施级、平台级及应用程序级的支撑，能够显著降低企业和普通用户开展数据挖掘工作的门槛。

（5）可视化是利用计算机图形学和图像处理技术，先将数据转换成图形或图像在屏幕上显示出来，再进行交互处理的理论、方法和技术。可视化技术的应用有助于用户直观地理解数据挖掘方法从数据中找出的模式，更加深刻地了解复杂数据背后的含义和价值，服务于下游决策分析。

（6）算法指问题求解过程的准确、完整和严谨描述，是一系列解决问题的清晰的计算机程序指令。传统的数据挖掘关注大规模数据中的高效计算，这在很大程度上依赖于巧妙的算法设计与实现，特别是对于时间复杂度具有指数级增长的问题，高性能算法的设计能够极大地减小解空间的搜索范围，提高问题求解的效率。

（7）机器学习（Machine Learning）是一门人工智能的科学，主要研究如何在经验学习中改善一个智能体的性能。美国卡内基 • 梅隆大学的 Tom Michael 教授给出了机器学习的经典定义：假设用 P 来评估计算机程序（智能体）在某任务类 T 上的性能，若一个程序通过利用经验 E 在 T 中的任务上获得了性能改善，则说关于 T 和 P，该程序对 E 进行了学习。例如，对于人脸识别，“一个程序”是指机器学习算法（如决策树、最近邻分类器、人工神经网络等），任务 T 是指识别人脸任务，经验 E 为已经收集的不同个体的人脸图像，性能 P 为机器学习算法识别人脸的准确率，程序的学习为在 E 上训练一个人脸识别器；对于物联网系统入侵事件监测，“一个程序”是指机器学习算法，任务 T 是指监测是否发生入侵事件，经验 E 为已经收集的关于是否发生入侵事件的历史访问记录，性能 P 为入侵事件监测的准确率，程序的学习表现为在 E 上训练一个入侵事件监测器。

机器学习是数据挖掘的重要工具，两者具有密切的联系。具体来说，机器学习的目的是利用数据计算出能够近似目标的假设，即随着任务的不断执行，经验的累计能够带来计算机程序性能的提升，而数据挖掘的目的是寻找数据中有趣的模式。如果有趣的模式是能够近似目标的假设，那么我们认为数据挖掘等同于机器学习；如果有趣的模式与能够近似目标的假设密切相关，那么数据挖掘和机器学习往往可以相互促进和帮助。例如，可以先利用异常检测算法剔除数据中的异常点，然后在净化后的数据上训练一个机器学习模型。数据挖掘不仅要研究、拓展和应用一些机器学习方法，还要通过许多非机器学习技术解决数据仓储、大数据、数据声音等更为实际的问题。因此，数据挖掘可以被视为机器学习和数据库的交叉，利用数据库技术来管理海量数据，借助机器学习来分析海量数据。

为帮助读者理解本书所介绍的数据挖掘的理论和方法，接下来介绍机器学习的基础知识。对于一个给定的数据集 $\mathcal{D}$，根据 $\mathcal{D}$ 中是否有标签信息，可以将已有的机器学习任务分为有监督学习（Supervised Learning）、无监督学习（Unsupervised Learning）及半监督学习（Semi-supervised Learning）。

在有监督学习场景中，通常用 $\mathcal{D}=\{(\boldsymbol{x}_1,y_1),(\boldsymbol{x}_2,y_2),\cdots,(\boldsymbol{x}_m,y_m)\}$ 表示一个由 m 个样本组成的数据集。其中 y_i 表示第 i 个样本的标签（Label）；$\boldsymbol{x}_i$ 表示对第 i 个样本的描述（$0 \leqslant i \leqslant n$）。$\boldsymbol{x}_i$ 由 n 个属性（Attribute）表示，一般将样本写成列向量的形式，即 $\boldsymbol{x}_i=(x_{i1};x_{i2};\cdots;x_{in})$，其中 x_{ij} 表

示样本 $\boldsymbol{x}_i$ 在第 j 个属性上的取值，n 被称为 $\boldsymbol{x}_i$ 的维数（Dimensionality）。表 1-2 给出了根据外界环境情况判断是否外出活动的数据集。其中，每行表示一条记录；每列表示一个标签或属性（第一列表示样本的序号）；“活动”表示对象的标签；“天气”“温度”“湿度”“风速”是对象的描述，被称为属性、变量（Variable）或特征（Feature）。属性的集合被称为属性集，属性反映了对象在某方面的表现或性质，属性上的取值（如“晴”“阴”）被称为属性值，属性张成的空间被称为样本空间（Sample Space）、输入空间（Input Space）或特征空间（Feature Space）。由于空间中的每个点对应一个坐标向量，因此称一个样本（不包括样本的标签）为一个特征向量（Feature Vector）。例如，“天气”“温度”“湿度”“风速”这四个属性张成了一个四维空间，这四个属性取值的不同组合都可以在这个空间中找到自己的坐标位置。包含所有标签取值的集合被称为标签空间（Label Space）或输出空间（Output Space），如{“取消”“进行”}构成了表 1-2 中数据的标签空间。根据以上描述，可以将第 1 个记录写为($\boldsymbol{x}_1$= (晴;炎热;高;弱), y_1= 取消)，其在第 2 个属性“温度”上的取值是“炎热”，该样本的标签取值是“取消”；第 4 个记录可以写为($\boldsymbol{x}_4$ =(雨;适中;高;弱), y_4= 进行)，其在第 4 个属性“风速”上的取值是“弱”。根据属性取值的情况，可以将属性分为连续属性与离散属性，或者分为标称属性、二元属性、序数属性与数值属性。其中，标称属性的值代表某种类别、状态或编码，又被称为类别属性或分类属性，如不同的植物名称；二元属性的取值个数为两个，如 0 与 1、Yes 与 No；序数属性的取值之间具有有意义的序，但取值之间的差所代表的含义是未知的，如成绩的取值优、良、中、差；数值属性用实数表示取值。由此可知，表 1-2 中的四个属性均是离散的，标签也是离散的（标签实际上也是一种属性）。此外，在本书中约定小写斜体字母表示标量，如 x, y；小写加粗斜体字母表示向量，如 n 维向量 $\boldsymbol{x}=(x_1;x_2;\cdots;x_n)$（按照惯例，写成列向量的形式，用“;”隔开相邻元素），x_i 表示 $\boldsymbol{x}$ 的第 i 个分量；大写加粗斜体字母表示矩阵，如 $\boldsymbol{X}$。

表 1-2 关于是否外出活动的记录

ID	天 气	温 度	湿 度	风 速	活 动
1	晴	炎热	高	弱	取消
2	晴	炎热	高	强	取消
3	阴	炎热	低	弱	进行
4	雨	适中	高	弱	进行

有监督学习的任务是从数据集中学习一个模型，该模型能够对任意给定的输入标签取值，从而得到一个准确的预测值。从数据集中学习得到模型的过程被称为学习（Learning），该过程通常需要利用某个学习算法（Learning Algorithm）来完成，如朴素贝叶斯、k 最近邻、决策树、人工神经网络等，本书将在后续章节介绍这些内容。训练过程使用的数据被称为训练数据（Training Data），其中每个样本被称为一个训练样本（Training Sample），训练样本组成的集合被称为训练集（Training Set）。输入到模型中新的未知样本被称为测试数据（Test Data）或测试样本（Test Sample），测试样本的集合组成测试集（Test Set），利用模型预测测试样本标签的过程被称为预测（Prediction）。图 1-7 给出了模型训练和预测过程的示意图，首先在已有的训练集上利用某个学习算法训练得到一个模型，然后在预测阶段将测试样本输入到该模型中，最后该模型输出样本的预测值。如果预测值的类型是离散的，则称对应的学习任务为分类（Classification），如根据外界环境情况判断是否进行户外活动；如果预测值的类型是连续的，则称对应的学习任务为回归（Regression），如根据房屋信息预测房价。

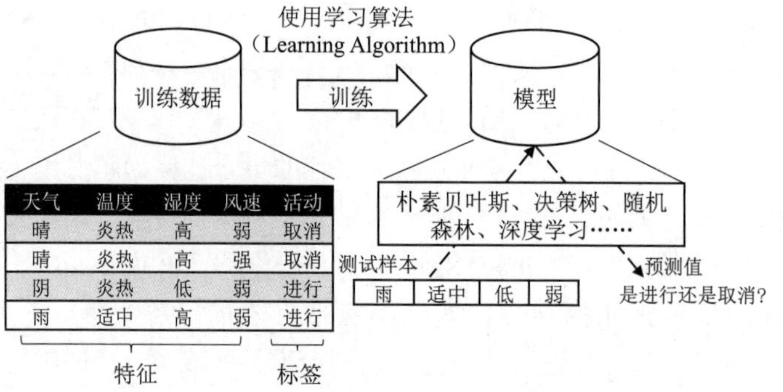

图 1-7 有监督机器学习过程的示意图

机器学习本质上是通过归纳学习的方式寻找一个函数f来建立输入与输出之间的关系，使得f能够准确地预测给定输入 $\boldsymbol{x}$ 的输出 y。也就是说，我们需要找到一个与训练集最佳匹配的函数f^*，使得 f^*在训练集上具有最小误差，以期望 f^*在新的未知样本上具有强泛化能力。模型的泛化能力是指一个在训练集上得到的模型在测试样本上的预测能力，泛化能力越强表明模型的预测结果越准确。评估f的性能的一种常用准则是经验风险最小化策略。给定一个由m个样本组成的训练集 $\mathcal{D}=\{(\boldsymbol{x}_1,y_1),(\boldsymbol{x}_2,y_2),\cdots,(\boldsymbol{x}_m,y_m)\}$，经验风险最小化策略认为，经验风险最小的模型 f^*是最优的模型，如式（1-1）所示。

$$f^* = \min_{f\in\mathcal{F}} \frac{1}{m}\sum_{i=1}^{m}\text{loss}(f(\boldsymbol{x}_i),y_i) \tag{1-1}$$

式中，$\mathcal{F}$ 表示所有可能的f的集合；$f(\boldsymbol{x}_i)$ 表示f对 $\boldsymbol{x}_i$ 的预测值；损失函数 $\text{loss}(f(\boldsymbol{x}_i),y_i)$ 表示预测值和真实值之间的差距。有关损失函数的更多信息，可查阅本书第 9 章中的相关内容。

由于真实的f是未知的，我们需要根据f的实例集合，返回一个近似于f的函数 h。一般 h 被称为假设，所有 h 的集合被称为假设空间，因此我们可以把学习过程看作一个在由所有假设组成的假设空间中进行搜索的过程，搜索的目标是找到与训练集最佳匹配的假设，一个好的假设应该能够很好地预测未见过的样本。例如，在房价预测问题中，房价关于房屋面积、人均收入和开发商投资额的一次函数、二次函数甚至更高阶的函数均可作为假设。有了假设空间之后，可以利用训练集对假设空间进行剪枝，寻找与训练集一致的假设。但由于学习过程是基于有限的训练样本进行的，可能存在多个假设与训练集一致。例如，对于表 1-3 中的数据，我们既可以拟合一个形如 $y=a\times x_1+b\times x_2+c\times x_3$ 的一次函数来预测房价，也可以拟合一个形如 $y=p\times x_1\times x_2+q\times x_2\times x_3+s\times x_3$ 的二次函数来预测房价，还可以建立一个决策树来预测。此时仅依靠表 1-3 中的数据无法判断上述三个假设中哪一个更好，这时学习算法本身的偏好会起到关键的作用。机器学习算法在学习过程中对某种类型假设的偏好，被称为归纳偏好（Inductive Bias），为此应结合具体问题选择学习算法，使学习算法自身的归纳偏好与问题相匹配，并选出最终的假设 h 作为 f 的近似。对于房价预测问题，如果一次函数、二次函数甚至三次函数都能很好地拟合训练集，我们可以基于奥卡姆剃刀（Occam's Razor）原理选择三者中最简单的解决方案。

表 1-3 关于房价预测的数据集

ID	房屋面积(x_1)	人均收入(x_2)	开发商投资额(x_3)	房价(y)
1	90m^2	5000 元	1000 万元	100 万元
2	100m^2	4000 元	80 万元	90 万元
3	85m^2	10000 元	1200 万元	160 万元
4	120m^2	8000 元	900 万元	150 万元

与有监督学习不同，在无监督学习中没有关于样本的标签信息，因此无监督学习又被称为无教师学习、无指导学习。对于一个由 m 个样本组成的数据集 $\mathcal{D}=\{\boldsymbol{x}_1,\boldsymbol{x}_2,\cdots,\boldsymbol{x}_m\}$，无监督学习的任务是寻找数据中的隐藏结构或规律。聚类是一种典型的无监督学习任务，通过“最大化簇内相似性、最小化簇间相似性”准则将一组对象划分到不同的簇中。图 1-8 给出了利用聚类算法将一组数据划分为两个簇的示意图。通过簇的划分，可以研究簇内和簇间数据的分布特征；对于新的测试样本，可以计算该样本与每个簇中心之间的距离，并将其划分到最近的簇中。除了聚类问题，异常检测和维度约简还是两种常见的无监督学习方法。

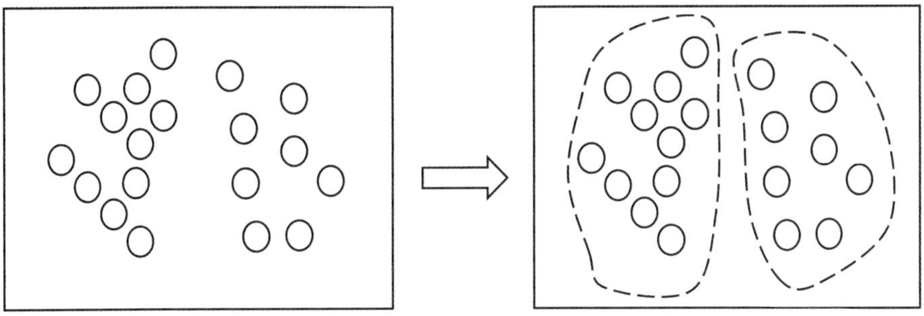

图 1-8　数据聚类的示意图

半监督学习是一种介于有监督学习和半监督学习之间的学习技术。给定包含少量有标签数据 $\mathcal{D}_l=\{(\boldsymbol{x}_1,y_1),(\boldsymbol{x}_2,y_2),\cdots,(\boldsymbol{x}_{ml},y_{ml})\}$ 和大量无标签数据 $\mathcal{D}_u=\{\boldsymbol{x}_1,\boldsymbol{x}_2,\cdots,\boldsymbol{x}_{mu}\}$ 的数据集 $\mathcal{D}$，半监督学习的基本原则是利用大量无标签数据来辅助少量有标签数据进行学习，从而提高学习效果。自我学习（Self-Training）是一种较简单且较早被提出的半监督学习算法，主要步骤如下。

（1）利用某个学习算法在 $\mathcal{D}_l$ 上先训练一个机器学习模型。

（2）利用这个模型对 $\mathcal{D}_u$ 中的样本进行预测。

（3）选取最有把握的预测结果来标记 $\mathcal{D}_u$ 中的样本。

（4）把新标记好的样本加入 $\mathcal{D}_l$，同时将其从 $\mathcal{D}_u$ 中删除。

（5）重复步骤（1）～（4），直至模型不再发生改变或 $\mathcal{D}_u$ 中的所有样本都被标上标签。

1.3　物联网与数据挖掘

物联网与数据挖掘两者之间存在着密切的关系。具体来说，物联网技术的发展和成熟使得我们能够产生、感知、收集、存储和汇集大量的数据，这为数据挖掘提供了数据来源和数据准备；数据挖掘则提供了发现数据中隐含知识的解决方案和强有力的工具，通过将数据转化为知识的方式来提升物联网基础设施和系统的性能，改善物联网上层应用的服务质量，促进资源和服务的最优管理，使物联网变得更加自主智能，提供更加立体化的服务。图 1-9 所示为物联网与数据挖掘之间关系的示意图，其中物联网用于感知、采集和传输多源数据，知识发现方法将物联网数据转换成有用的信息和知识，两者之间形成了一个闭环；数据挖掘负责从数据预处理步骤的输出中提取模式，并将提取的模式输入到决策支持步骤中来得到有用的知识。本节将主要介绍物联网数据的特点及物联网环境下对于数据挖掘的要求，并简述基于物联网与数据挖掘技术的三个典型应用。

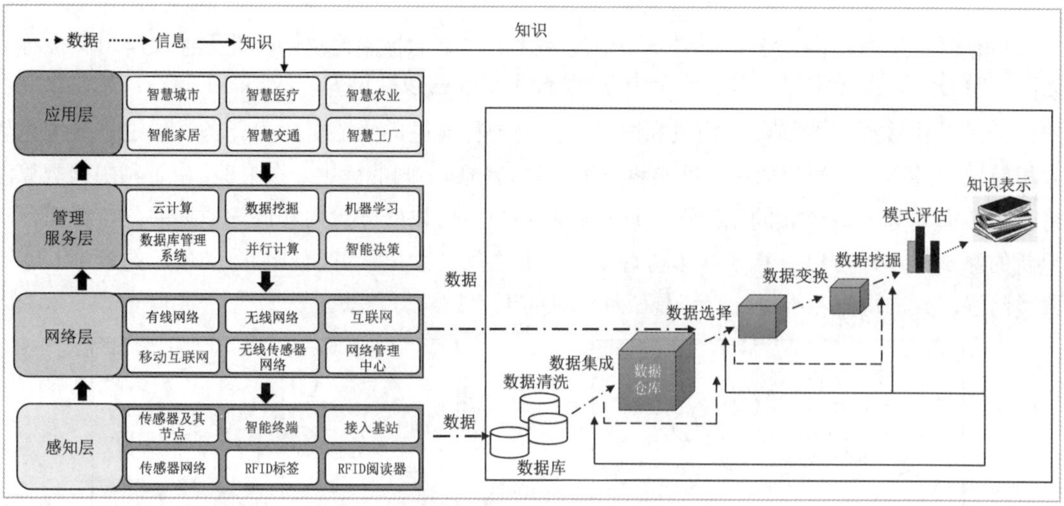

图 1-9 物联网与数据挖掘之间关系的示意图

1.3.1 物联网数据

物联网中的传感器单元无时无刻不在感知和采集大量的数据，这些顺序、大量、快速、连续到达的流数据往往是非结构化的，并且具有一定的时空特征。总的来说，物联网数据表现出大数据的 5V 特征，即容量（Volume）大、类型（Variety）多、速度（Velocity）快、价值（Value）密度低和真实性（Veracity），如图 1-10 所示。

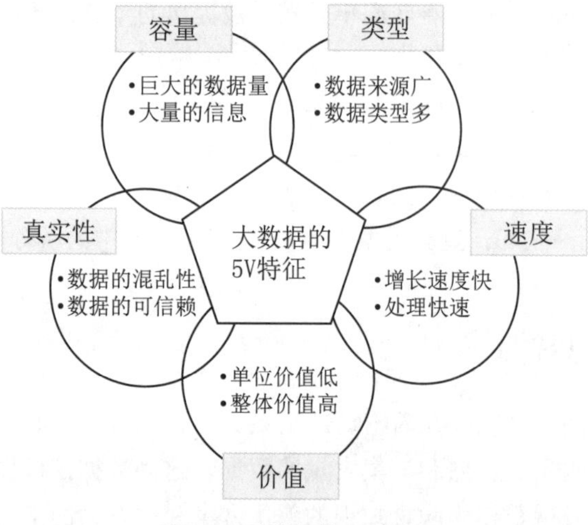

图 1-10 大数据的 5V 特征

容量大是指数据的规模大。信息技术的快速发展使得我们能够在深度和广度上收集和存储尽可能多的数据，如搭载了相机、毫米波雷达、超声波雷达、激光雷达等传感器的无人驾驶汽车，能够利用实时感知汽车自身和周围的环境参数，这导致数据的规模呈现出爆发性增长的态势，现实存储需求也从过去的 GB 级发展到 TB、PB 和 EB 级，甚至更高量级。表 1-4 所示为存储单位换算表。2018 年 11 月，国际数据公司（International Data Corporation，IDC）预测，到 2025 年，全球数据总量将由 2018 年的 33 ZB 增加到 175 ZB，如图 1-11 所示。

表 1-4 存储单位换算表

存储单位	英文标识	换算方式
位	bit	1 bit 存储 1 个二进制数
字节	B	1 B = 8 bit
千字节	KB	1 KB = 1024 B
兆字节	MB	1 MB = 1024 KB
吉字节	GB	1 GB = 1024 MB
太字节	TB	1 TB = 1024 GB
拍字节	PB	1 PB = 1024 TB
艾字节	EB	1 EB = 1024 PB
泽字节	ZB	1 ZB = 1024 EB
尧字节	YB	1 YB = 1024 ZB

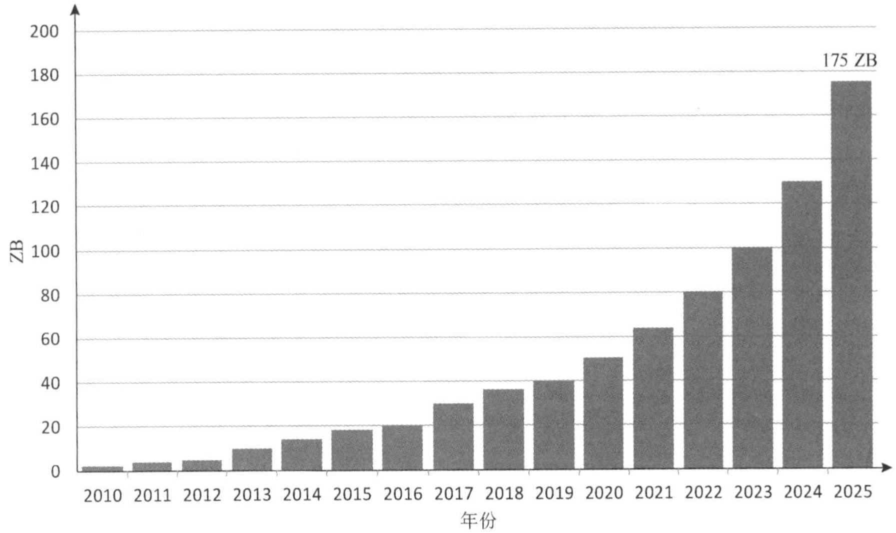

图 1-11 数据增长预测

类型多是指数据的种类和来源是多样化的。数据的来源可以是多样化的，数据可以是结构化、半结构化及非结构化的，数据的呈现形式包括但不仅限于文本、图像、视频、音频等。不同物联网系统的数据格式可能不同，同一个测量内容在不同时间可能不同，即使相同类型的数据也会存在单位和精度的差别。多源异构数据促使我们要发现复杂数据中蕴含的信息，把看似无用的信息转变为有效的信息，从而做出正确的判断。

速度快是指数据增长快速，处理快速。物联网产生的数据呈现出流的特点，并且数据的产生和处理往往具有时效性，在无人机、车联网、工业控制等场景中期望快速的信息采集、处理和响应能力。

价值密度低是指在数据源中有价值的数据占数据总量的密度低，许多数据可能是错误的和不完整的，甚至是无法利用的。一般来说，数据价值密度的高低与数据总量的大小成反比，数据价值密度越高，数据总量越小；数据价值密度越低，数据总量越大。

真实性是指数据来源于现实世界，数据是真实的。这在一定程度上保证从数据中得到的知识是有用的，如利用智能家居收集的关于住户的传感器数据在一定程度上反映了个体的居家行为，可用于用户健康状态监测。物联网中的数据往往存在各种各样的关联，如描述同一实体的数据在时间上具有关联性，描述不同实体的数据在空间上具有关联性，实体的不同维度之间也有可能具有关联性，这使得我们可以通过数据在时间、空间或不同维度上的关联推断实体的状态。此外，由于数据的真实性也表明数据存在不一致性和不确定性，因此在利用数据之前需要检验和确保数据的质量、完整性、可靠性和准确性。

物联网数据的上述特征对如何管理、处理和分析这些数据提出了挑战。显然，数据的意义不仅仅是生产和掌握庞大的数据资源，更重要的是对有价值的数据进行专业化处理、分析和理解。人类从来不缺少数据，缺少的是对数据进行深度价值挖掘与利用，因此发现数据中的隐含信息成了一个尤为重要且迫切的任务。

1.3.2 物联网数据挖掘

在有数据分析需求的场景中均可以利用数据挖掘技术寻找数据中蕴含的知识。在物联网环境中，数据挖掘的对象是大量的传感器数据，物联网特有的数据特征对数据挖掘技术提出了新的要求。物联网赋能的智能环境的一个关键挑战是选择和设计合适的数据挖掘算法，以产生有价值的分析，准确地预测未来，高效地管理网络和服务。在选择数据挖掘技术解决实际问题时，可以从以下几方面重点考虑，如图 1-12 所示。

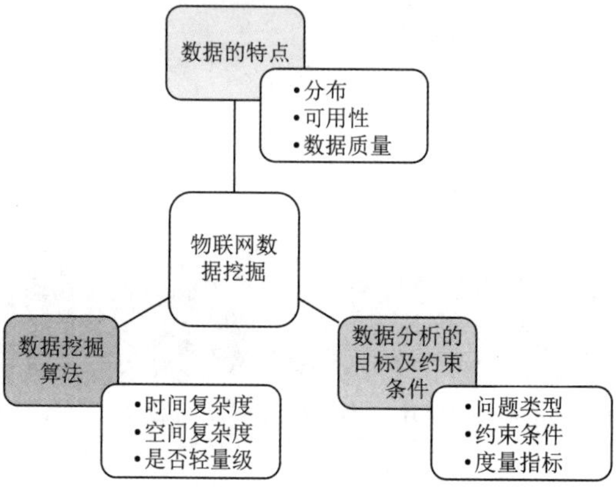

图 1-12 物联网数据挖掘的影响因素

第一，数据的特点。需要明确物联网数据的特点，如大小、分布、特征表示、可用性、数据质量等，不同特点的数据往往需要不同的处理技术。例如，对于流式传感器数据，需要根据数据特点选择具体的滑动窗口技术来分割数据，并从每段数据中提取有判别能力的特征来形成特征向量；对于因果分析，需要考虑数据中是否存在不可观测的隐含变量。

第二，数据分析的目标及约束条件。需要准确定义待求解问题的假设、任务类型、约束条件、度量指标和局限性等内容。例如，在边缘计算场景下需要在计算、存储、通信等资源受限的条件下，明确可接受的时延、稳定性、预测准确率等指标；在移动计算场景下需要明确传感器节点的能耗、待机时间、可靠性等参数要求。

第三，数据挖掘算法。基于已有数据和设定的目标，按照某个归纳偏置选择相应的数据挖掘算法，在必要时根据任务特性定制数据挖掘算法。例如，数据标签的可用性决定了我们可以利用的数据挖掘方法的种类；对于视频安全监控任务，目前主流的解决方案是基于卷积神经网络模型，但在边缘计算场景下往往期望一个轻量级的模型。

1.3.3 物联网数据挖掘的应用

基于物联网和数据挖掘技术的应用已经渗透到人类社会生产生活的方方面面，涉及智能家居、智慧城市、智慧农业、智慧医疗等众多领域，接下来给出几个典型应用。

智慧养老。当今社会已进入人口老龄化时代，面临着养老资源相对短缺、养老服务结构性短缺、养老服务体系尚不完善、养老服务科技元素缺乏及智能化水平低等问题。智能家居提供了解决该问题的一个可行方案，旨在利用各类传感器单元构建一个周围辅助生活系统，将窗帘控制、空调调节、照明系统、安防系统、厨房系统、洗浴系统等各种家庭设备，通过智能家庭网络连网来实现自动化，并通过监测个体的睡眠、用餐、盥洗等日常活动，利用数据挖掘技术来挖掘个体的行为模式，预测个体的健康状况，进而根据个体的行为能力等级提供层次化精细照护服务，以维持个体的独立、良好的生活品质。总的来说，基于物联网与数据挖掘技术，智能家居将原来被动静止的家居结构转变为具有能动智慧的工具，提供了全方位的信息交互功能，在降低人工依赖、优化养老供需匹配的同时，能够为老人提供更贴心、更精准、更全面的养老服务。

智慧医疗。可穿戴设备的发展使得人们可以及时了解自身的心跳、呼吸、血糖、血压等各类生理参数，并通过与正常生理参数相比较的方式为人们提供健康辅助信息和建议。首先，可以利用蓝牙、WiFi 等通信技术将可穿戴设备采集的数据传输到云端中，借助云计算平台提供的海量计算和存储资源训练一个疾病预测和评估模型以建立生理参数与疾病之间的联系；然后，将优化后的模型部署在可穿戴设备上，实时自动评估用户的健康状况，并在紧急情况下通过网络运营商的固定网络、4G 网络、5G 网络等向亲人家属、医疗机构和主治医生发送预警信号。根据用户需求，网络运营商可以提供相关增值业务，如紧急呼叫求助服务、专家咨询服务、健康档案管理服务等。智慧医疗有助于推动医疗服务模式由“以治病为中心”的被动医疗向“以健康为中心”的主动健康转变。

智慧农业。可以在农田里部署大量的无线传感器节点，实时采集温度、湿度、水、肥、各类矿物质含量等与农作物生长有关的参数，及时自动操纵灌溉设施、用药喷洒装置等各类驱动装置，来控制农作物生长所需的各类环境指标，使农作物在最佳环境下生长。此外，可以利用数据挖掘技术寻找影响农作物产量的关键因素，以更好地指导农户科学生产、种植与施肥，进一步提高农业生产的自动化、信息化和智能化水平。

习题

1-1 简述物联网的产生与发展。

1-2 简述物联网与无线传感器网络之间的区别与联系。

1-3 简述物联网的体系结构。

1-4 数据挖掘的主要过程包括哪些方面？

1-5 简述数据挖掘的主要支撑技术。

1-6 简述数据挖掘与机器学习之间的异同点。

1-7 如何理解物联网与数据挖掘之间的关系？

1-8 简述物联网环境下数据的特点。

1-9 在应用数据挖掘技术解决实际问题时，应考虑哪些因素？

1-10 结合日常生产生活，介绍一种基于物联网与数据挖掘技术的典型应用。试说明该应用的数据采集方案与数据挖掘技术。

第 2 章 物联网数据收集

传感器在物联网中的主要作用是感知与采集数据，并遵从特定的通信协议发送、传输与接收数据。本章主要介绍物联网中典型的感知技术、数据通信方式及常见的数据传输协议。在 2.1 节中将简要介绍在感知层中广泛应用的传感器；在 2.2 节中将给出传输层常用的无线通信技术和有线通信技术；在 2.3 节中将介绍几种面向应用层的数据传输协议。

2.1 传感器与感知技术

传感器是一种物理设备或生物器官，能够监测和感受外界的信号、物理条件（如光、热、湿度）、化学成分（如烟雾、气体）等，并将探知的信息传递给其他设备。在新韦式大词典中，传感器被定义为从一个系统接受功率，以另一种形式将功率传送到第二个系统中的器件。该定义表明传感器的作用是将一种能量形式转换成另一种能量形式，因此传感器又被称为换能器。在物联网中，传感器通常指能够与微处理器通信并实现将特定物理量变换为电平信号或数字编码的器件。从物联网体系结构的角度看，传感器一般被划分在感知层，充当物联网系统的神经末梢。

传感器技术最早可追溯到 20 世纪中期，这一时期的传感器主要是结构型传感器，利用结构参数变化来感受和转化信号，如电阻应变传感器等。时至今日，传感器在结构、形态、融合技术及智能化水平等方面都有巨大进步和革新，并在智能制造、智慧农业、智慧物流和智能家居等领域发挥着重要作用，成为不可或缺的关键组件。由于传感器基于不同的机理实现不同的感知功能，因此其外观和结构存在较大差异。图 2-1 所示为几种常见的传感器。

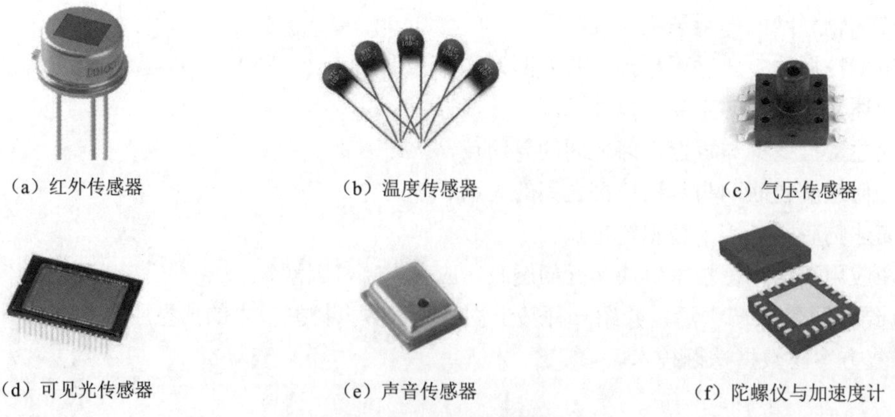

（a）红外传感器　（b）温度传感器　（c）气压传感器

（d）可见光传感器　（e）声音传感器　（f）陀螺仪与加速度计

图 2-1 几种常见的传感器

从结构上看，传感器通常由基于某种接口与微处理器进行通信来完成信号的采集与转换。常用的接口类型包括电平信号、模拟信号及总线信号（如 UART、IIC、CAN 和 SPI）。对于电平信号，可直接通过微处理器的 I/O 接口进行读取；对于模拟信号，可通过微处理器的模数转换器将其转换为数字信号；总线信号可直接在微处理器中进行协议解析后得到。表 2-1 所示为四种常用的总线接口。

表 2-1　四种常用的总线接口

名　称	英 文 名	缩　写	特　点
通用异步收发器	Universal Asynchronous Receiver Transmitter	UART	采用双线结构，最高速率可达 5Mbit/s，可通过外围芯片扩展成 RS232、RS485 等接口，应用范围广
集成电路总线	Inter-Integrated Circuit	IIC	采用双线结构，分别为串行数据线与串行时钟线，最高速率可达 5Mbit/s，被广泛应用于温湿度、加速度计、磁场等传感器
控制器局域网总线	Controller Area Network-BUS	CAN	采用 CANH 和 CANL 双线结构，最高速率可达 1Mbit/s，被广泛应用于汽车、大型仪器设备、工业控制等领域
串行外设接口	Serial Peripheral Interface	SPI	采用四线结构，分别为串行时钟信号、主出从入、主入从出及片选信号，最高速率可达 60Mbit/s，常被用于陀螺仪、加速度计、模数转换器等传感器

由于传感器应用领域的广泛性及感知系统的复杂性，本节主要从与人类日常生产生活密切相关的环境参数感知、生理信号感知及动作信号感知三方面来介绍几种常用的传感器单元。

2.1.1　环境参数感知

1．温度感知

温度是一个用于描述物体冷热程度的物理量，反映了分子热运动的剧烈程度。根据传感器材料及电子元件特性，温度传感器可分为热电阻和热电偶两类；根据输出形式，温度传感器可分为数字式、逻辑式及模拟式。以常用的 LM35D 传感器为例（见图 2-2），该传感器采用模拟信号输出温度，可以通过微处理器的模数转换模块实现采集温度信号。LM35D 传感层的工作电源电压为 4～20V，典型应用值为 9V，温度测量范围为 4～100℃，输出电压与温度成正比，两者间具有较好的线性关系，灵敏度为 10mV/℃，精确度可达±1℃，封装方式为 TO-92，与一般塑封晶体管相同。

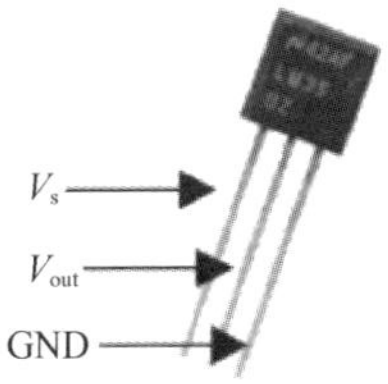

（a）外观

（b）电路模块

图 2-2　LM35D 传感器

传感器通常需要结合相应的微处理器进行工作。本章以 Raspberry Pi Pico 为例来说明如何读取感知数据。Raspberry Pi Pico 是一款低成本、高性能的开发板，具有灵活的数字接口，采用 Raspberry Pi 自主研发的 RP2040 微控制器芯片，搭载 ARM Cortex M0 +双核处理器，运行频率高达 133MHz，内置 264KB 的 SRAM 和 2MB 的内存，板载 26 个多功能的 GPIO 引脚。图 2-3 所示为 Raspberry Pi Pico 的外观。在软件开发环节，用户可以选择 Raspberry Pi 提供的 C/C++软件开发工具包或使用 MicroPython。本节所提供的示例代码采用 MicroPython 方式。

当需要读取温度数据时，可将 LM35D 传感器与 Raspberry Pi Pico 按如图 2-4 所示的方式进行连接，其中 V_s端提供 4～20V 的电压，GND 端与 Raspberry Pi Pico 的 GND 端相连，将 V_{out}端接入 Raspberry Pi Pico 的 ADC0，即 26 号 GPIO 引脚。

图 2-3 Raspberry Pi Pico 的外观

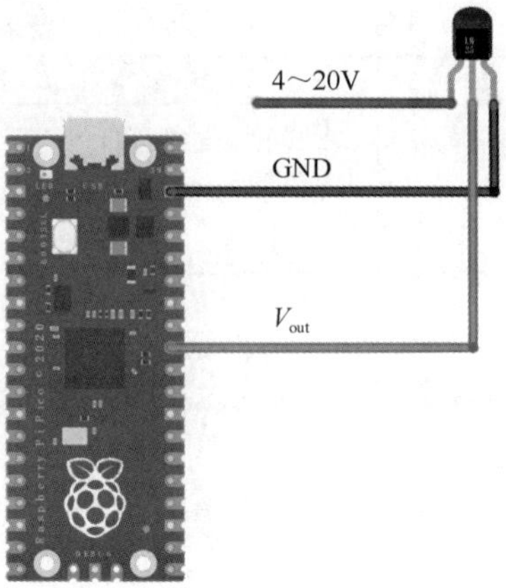

图 2-4 LM35D 传感器与 Raspberry Pi Pico 的连接示意图

可利用以下代码片段读取 LM35D 传感器中的温度信息。

```
import machine
import utime

sensor_temp = machine.ADC(26)
conversion_factor = 3.3 / (65535)

while True:
    reading = sensor_temp.read_u16() * conversion_factor
    temperature = 27 - (reading - 0.706)/0.001721
    print(temperature)
    utime.sleep(2)
```

2. 气压感知

气压是由大气层中空气的重力产生的，其数值是气体对某一点施加的流体静力压强。图 2-5 所示为 BMP280 传感器。BMP280 传感器是一种较为常见的绝对大气压力测量传感器，采用 IIC 与微处理器通信，气压测量范围为-40～85℃，测量精度为±1.0℃。BMP280 传感器具有尺寸小、功耗低等优点，适用于 GPS 模块、手机、手表等。

（a）外观　　（b）电路模块

图 2-5 BMP280 传感器

BMP280 传感器与 Raspberry Pi Pico 的连接示意图如图 2-6 所示。BMP280 传感器通过 Raspberry Pi Pico 的 3.3V 输出和 GND 端提供工作电压，SDA 和 SCL 端分别与 Raspberry Pi Pico 的 21 号和 20 号端子相连。

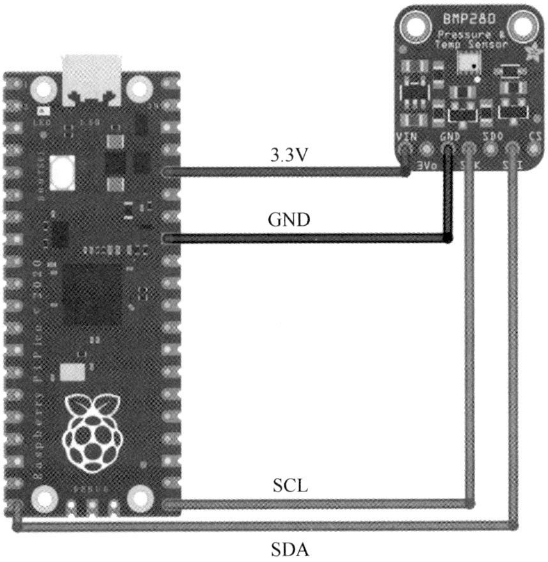

图 2-6 BMP280 传感器与 Raspberry Pi Pico 的连接示意图

可以利用以下代码片段读取传感器中的温度、湿度和气压数据。

```
from machine import Pin, I2C
from time import sleep
import bme280

i2c = I2C(0, sda=Pin(20), scl=Pin(21), freq=400000)

while True:
    bme = bme280.BME280(i2c=i2c)
    temperature = bme.temperature
    humidity = bme.humidity
    pressure = bme.pressure
    sleep(10)
```

2.1.2　生理信号感知

1. 心电信号

生物的细胞、组织和器官在生命活动过程中会自然地发生电位和极性的变化，获取心电信号有助于了解个体的健康状况。图 2-7 所示为 AD8232 传感器。AD8232 传感器是一款用于获取心电图及其他生物电的集成信号调理模块。AD8232 传感器利用集成信号调理模块中的超低功耗模数转换器和嵌入式微控制器来采集和输出信号，并基于模拟信号与微处理器进行通信，具备在运动、噪声情况下提取、放大和过滤微弱生物电信号的能力。

AD8232 传感器与 Raspberry Pi Pico 的连接示意图如图 2-8 所示。AD8232 传感器通过 Raspberry Pi Pico 的 3.3V 输出和 GND 端提供工作电压，信号输出端连接 Raspberry Pi Pico 的 32 号端子。

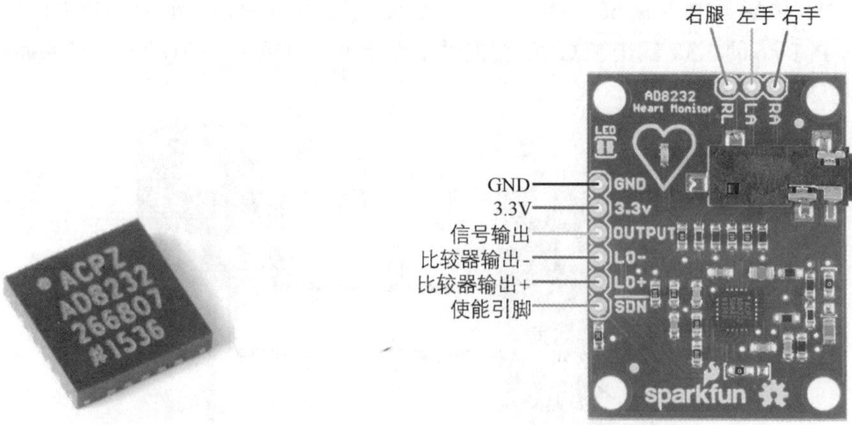

（a）外观　　（b）电路模块

图 2-7 AD8232 传感器

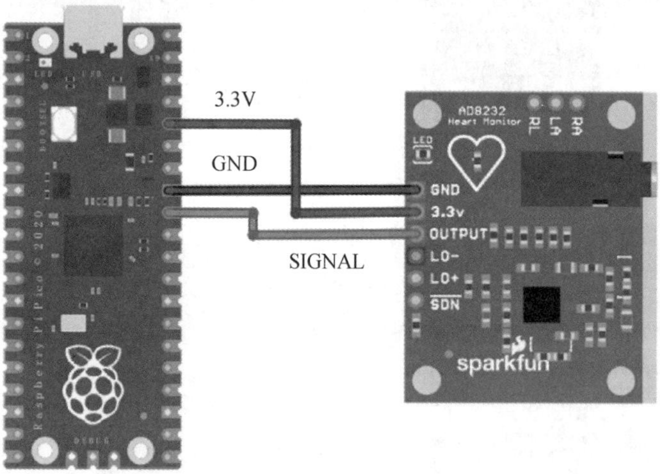

图 2-8 AD8232 传感器与 Raspberry Pi Pico 的连接示意图

可以利用以下代码片段读取 AD8232 传感器中的数据。

```
import machine
import utime

analog_value = machine.ADC(27)
while True:
    reading = analog_value.read_u16()
    print("ADC: ", reading)
    utime.sleep(0.2)
```

2. 血氧饱和度

血氧饱和度是指人体血液中氧饱和血红蛋白相对于总血红蛋白的比值，通常可采用电化学法和光学法来检测。前者为有创检测，精准度较高，但在检测过程中会给被检测者造成一定痛苦；后者为无创检测，测量结果具有一定参考意义。图 2-9 所示为 MAX30102 传感器。MAX30102 传感器是一种基于光学法的心率和血氧传感器，采用 IIC 与微处理器通信，集成 2 个 LED、1 个光电探测器、经过优化的光学器件及低噪声模拟信号处理器。MAX30102 传感器利用光容积测量法，根据血管搏动起伏时透光率的变化来估计心跳搏动速率和血氧饱和度，并通过读/写内部寄存器的方式来读取其中的数据。

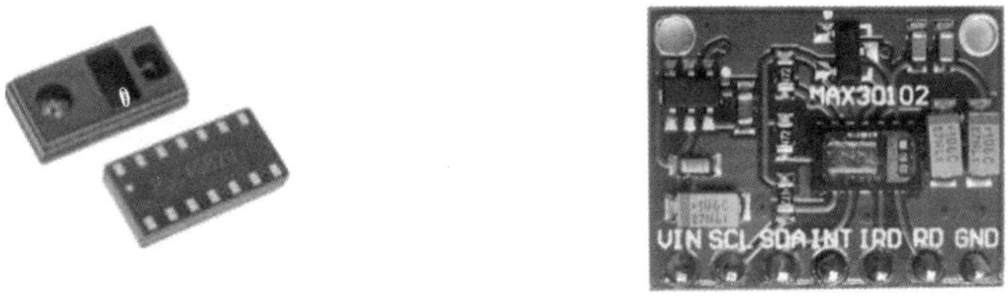

（a）外观　　（b）电路模块

图 2-9　MAX30102 传感器

MAX30102 传感器与 Raspberry Pi Pico 的连接示意图如图 2-10 所示。MAX30102 传感器通过 Raspberry Pi Pico 的 3.3V 输出和 GND 端提供工作电压，SDA 和 SCL 端分别与 Raspberry Pi Pico 的 21 号和 20 号端子相连。

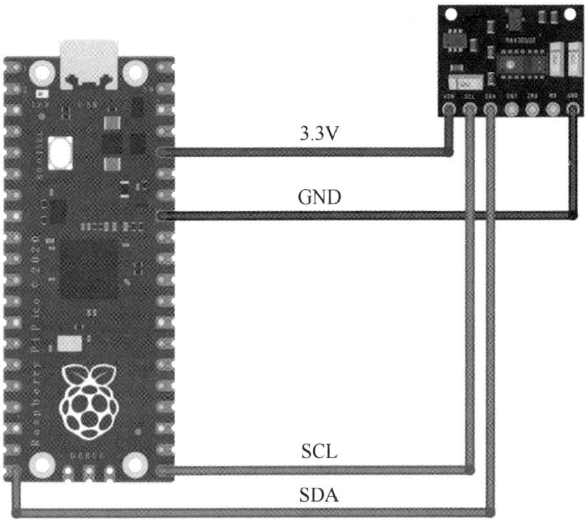

图 2-10　MAX30102 传感器与 Raspberry Pi Pico 的连接示意图

可以通过以下代码片段读取 MAX30102 传感器中的温度、红色可见光及红外光的反射值。进一步地，可利用相应的数据处理方法得到心率和血氧数据。读者可查阅相关资料了解血氧饱和度的计算方法。

```
from machine import sleep, SoftI2C, Pin
from utime import ticks_diff, ticks_us

from max30102 import MAX30102, MAX30105_PULSE_AMP_MEDIUM

def main():
    i2c = SoftI2C(sda=Pin(21), scl=Pin(20), freq=400000)

    sensor = MAX30102(i2c=i2c)
    if sensor.i2c_address not in i2c.scan():
        print("Sensor not found.")
        return
    elif not (sensor.check_part_id()):
```

```
        print("I2C device ID not corresponding to MAX30102 or MAX30105.")
        return
    else:
        print("Sensor connected and recognized.")

    print("Setting up sensor with default configuration.", '\n')
    sensor.setup_sensor()

    sensor.set_sample_rate(400)
    sensor.set_fifo_average(8)
    sensor.set_active_leds_amplitude(MAX30105_PULSE_AMP_MEDIUM)

    sleep(1)
    print("Reading temperature in °C.", '\n')
    print(sensor.read_temperature())
    compute_frequency = True
    print("Starting data acquisition from RED & IR registers...", '\n')
    sleep(1)

    t_start = ticks_us() # Starting time of the acquisition
    samples_n = 0 # Number of samples that have been collected

    while True:
        sensor.check()
        if sensor.available():
            red_reading = sensor.pop_red_from_storage()
            ir_reading = sensor.pop_ir_from_storage()
            print(red_reading, ", ", ir_reading)
            if compute_frequency:
                if ticks_diff(ticks_us(), t_start) >= 999999:
                    f_HZ = samples_n
                    samples_n = 0
                    print("acquisition frequency = ", f_HZ)
                    t_start = ticks_us()
                else:
                    samples_n = samples_n + 1
```

此外，还有用于采集血压、血糖、体重等生理信号的传感器。结合相应的微处理器、开发板可以构建相应的用于测量生理参数的传感器单元，在此不再赘述。

2.1.3 动作信号感知

1. 触摸感知

由于人体具有导电特性，当人体触摸物体时会引起电压或电容的特性发生变化，基于这一特性可实现触摸感知。图 2-11 所示为 TTP223E-BA6 传感器。TTP223E-BA6 传感器是一款常用的单按键触摸监测芯片，工作电压为 2.0～5.5V，工作电流为 2.0～4.0uA，最长响应时间约为 220ms。TTP223E-BA6 传感器触点可以根据不同的灵敏度要求设计成不同的尺寸，低功耗、宽工作电压及稳定的触摸监测能力使其能满足多种应用需求。

（a）外观

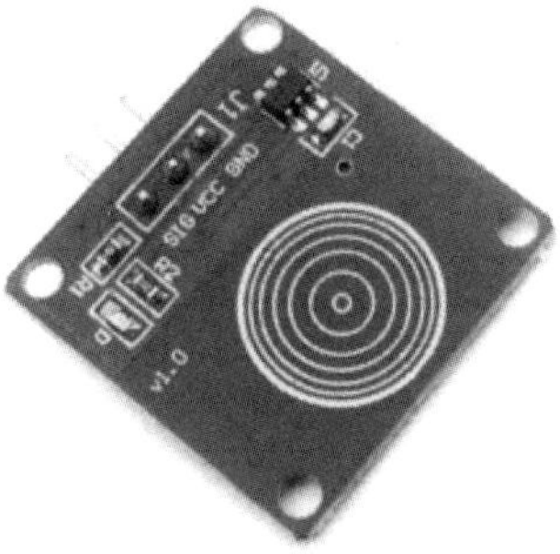

（b）电路模块

图 2-11　TTP223E-BA6 传感器

TTP223E-BA6 传感器与 Raspberry Pi Pico 的连接示意图如图 2-12 所示。TTP223E-BA6 传感器通过 Raspberry Pi Pico 的 3.3V 输出和 GND 端提供工作电压，SIGNAL 信号端与 Raspberry Pi Pico 的 29 号端子相连。

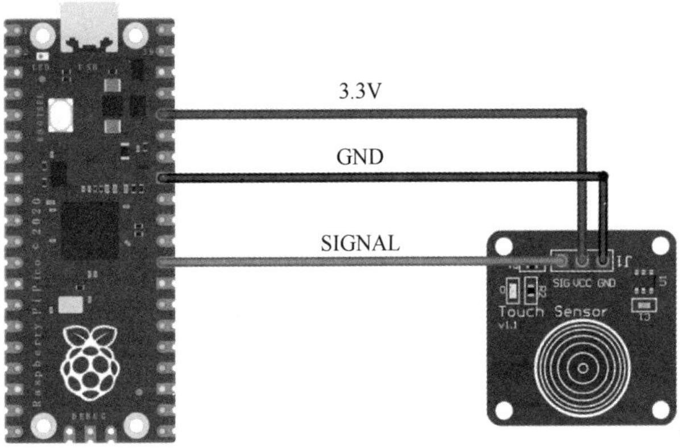

图 2-12　TTP223E-BA6 传感器与 Raspberry Pi Pico 的连接示意图

可以利用以下代码片段读取 TTP223E-BA6 传感器中的数据。

```
from machine import Pin
import utime
touch = Pin(29, Pin.IN, Pin.PULL_UP)
utime.sleep(3)
while True:
    print(touch.value())
    utime.sleep(1)
```

2．活动感知

人体具有较为恒定的温度，会发出波长为 10μm 的红外线，人体活动会引起基于热释电传感器的监测设备的电荷平衡发生改变。红外热释电传感器基于此原理监测人体是否活动。图 2-13（a）所示为 LHI778 传感器。LHI778 传感器是一款较为常用的红外热释电传感器，可用于构建人体红外传感器模块 HC-SR501[见图 2-13（b）]。当监测到人体时，HC-SR501 会产生一个被动红外信号（Passive Infra-Red，PIR），该信号与器件的 SENSE 引脚的电平做比较，若高于该引脚的电平值，则有效，否则无效。当产生有效信号后，OUT 引脚会输出一个高电平，高电平持续时间由 ONTIME 引脚的电平决定，如果再次监测到有效的 PIR 信号，则重新计数高电平的持续时间。

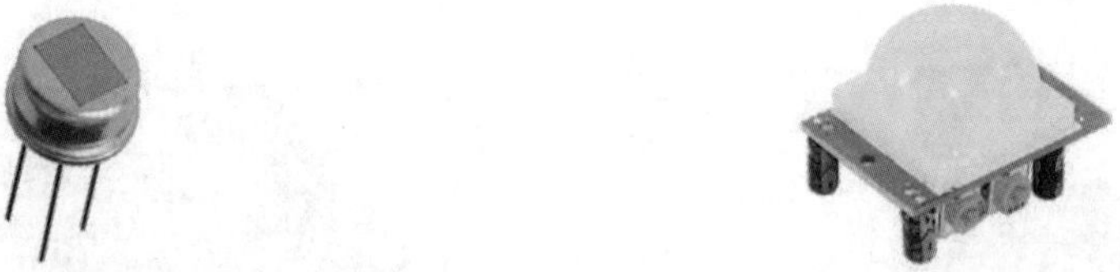

（a）LHI778 传感器的外观　　（b）HC-SR501 电路模块

图 2-13　人体红外传感器

HC-SR501 与 Raspberry Pi Pico 的连接示意图如图 2-14 所示。HC-SR501 通过 Raspberry Pi Pico 的 3.3V 输出和 GND 端提供工作电压，SIGNAL 信号端与 Raspberry Pi Pico 的 29 号端子相连。

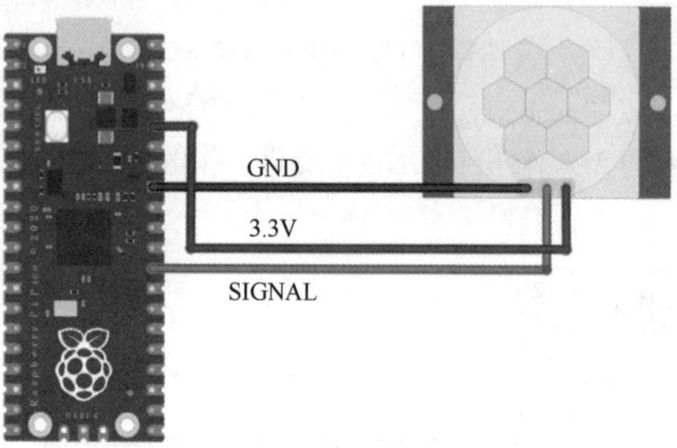

图 2-14　HC-SR501 与 Raspberry Pi Pico 的连接示意图

可以利用以下代码片段读取人体红外传感器中的数据。

```
from machine import Pin
import utime
pir = Pin(29, Pin.IN, Pin.PULL_UP)
utime.sleep(3)
while True:
    print(pir.value())
    utime.sleep(1)
```

3．姿态感知

姿态传感器通常基于微机电系统技术测量三维运动姿态，可以实现陀螺仪、加速度计、电子罗盘等测量功能。结合高性能嵌入式微处理器与信号处理算法可以快速识别佩戴者的实时运动姿态。图 2-15 所示为 MPU9250 传感器。MPU9250 传感器是一款较为常用的九轴姿态传感器，工作电压为 2.4～3.6V，基于 IIC 或 SPI 与微处理器通信，内置 12bit 的模数转换器，可提供高精度的加速度计、角度及磁场强度信息。MPU9250 传感器可应用于便携式仪器、体感游戏机、智能手表等设备。

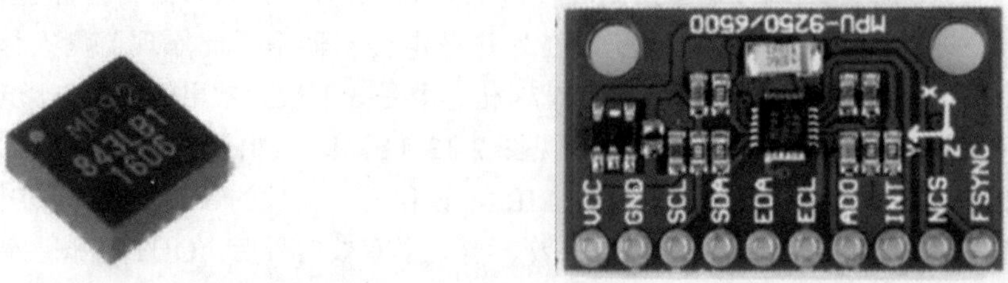

（a）外观　　（b）电路模块

图 2-15　MPU9250 传感器

MPU9250 传感器与 Raspberry Pi Pico 的连接示意图如图 2-16 所示。MPU9250 传感器通过 Raspberry Pi Pico 的 3.3V 输出和 GND 端提供工作电压，SDA 和 SCL 端分别与 Raspberry Pi Pico 的 21 号和 20 号端子相连。

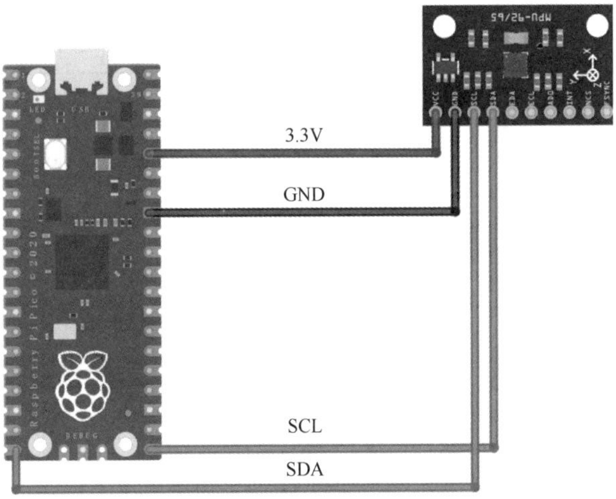

图 2-16 MPU9250 传感器与 Raspberry Pi Pico 的连接示意图

可以利用以下代码片段读取 MPU9250 传感器的加速度计、角动量、磁场、温度等数据。

```
import utime
from machine import I2C, Pin
from mpu9250 import MPU9250

i2c = I2C(scl=Pin(22), sda=Pin(21))
sensor = MPU9250(i2c)
print("MPU9250 id: " + hex(sensor.whoami))

while True:
    print(sensor.acceleration)
    print(sensor.gyro)
    print(sensor.magnetic)
    print(sensor.temperature)

    utime.sleep_ms(1000)
```

2.2 物联网中常见的通信技术

物联网需要利用通信技术进行传感器数据传输。随着计算机网络、电信技术及各种智能设备的不断发展，有多种通信技术可供选择。根据有效传输距离，通信技术大致可分为短距离无线、中距离无线、长距离无线及有线。本节将从无线和有线两个维度介绍物联网中常见的通信技术。

2.2.1 无线通信技术

无线通信技术是物联网中应用较为广泛的通信方式。目前常用的无线通信技术有无线保真（Wireless Fidelity，WiFi）、远距离无线电（Long Range Radio，LoRa）、ZigBee、蓝牙

（Bluetooth）及蜂窝移动通信（Cellular Mobile Communication）技术等。表 2-2 所示为五种常用的无线通信技术。接下来具体介绍这五种常用的无线通信技术。

表 2-2 五种常用的无线通信技术

名　称	通信距离	工作频段	最高速率	成　本
WiFi	100m	2.4G/5G/6G	4.8Gbit/s	低
Bluetooth	短距	2.4G/5G	24Mbit/s	低
LoRa	长距	433M/868M/915M	37.5kbit/s	高
ZigBee	短距	2.4G/2.5G	250kbit/s	低
Cellular Mobile Communication	长距	600～6700MHz	5Gbit/s	高

1. WiFi 通信技术

1999 年，几家公司联合成立了国际性组织无线以太网兼容性联盟（Wireless Ethernet Compatibility Alliance，WECA）。WECA 的目标是使用一种新的无线网络技术，无论品牌如何，都能让用户感受到最佳的体验。2000 年，该小组采用术语 WiFi 作为技术工作的专有名称，并宣布正式名称为 WiFi 联盟。WiFi 又被称为无线热点或无线网络，是一个基于 IEEE 802.11 的无线局域网技术，属于短距离无线通信。

WiFi 技术在每代升级中，其通信速率、安全性等方面均有较大进步。第一代 WiFi 基于 IEEE 802.11 原始标准，工作频段为 2.4GHz，最高速率半双工达 2Mbit/s。第二代 WiFi 基于 IEEE 802.11b 标准，工作频段为 2.4GHz，最高速率半双工达 11Mbit/s，认证项目为 WiFi CERTIFIED b。第三代 WiFi 基于 IEEE 802.11g 标准，工作频段为 2.4GHz，最高速率半双工达 54Mbit/s，认证项目为 WiFi CERTIFIED g。第四代 WiFi 基于 IEEE 802.11n 标准，命名为 WiFi 4，信道宽度为 20MHz 和 40MHz，工作频段为 2.4GHz 和 5GHz，最高 4 条空间流，最大副载波调制为 64-QAM，最高速率半双工达 600Mbit/s，认证项目为 WiFi CERTIFIED n。第五代 WiFi 命名为 WiFi 5，基于 IEEE 802.11ac 标准，信道宽度为 20MHz、40MHz、80MHz、80+80MHz 和 160MHz，工作频段为 5GHz，最高 8 条空间流，最大副载波调制为 256-QAM，最高速率半双工达 6.9Gbit/s，认证项目为 WiFi CERTIFIED ac。第六代 WiFi 基于 IEEE 802.11ax 标准，信道宽度为 20MHz、40MHz、80MHz、80+80MHz 和 160MHz，工作频段为 2.4GHz 和 5GHz，最高 8 条空间流，最大副载波调制为 1024-QAM，最高速率半双工达 9.6Gbit/s，认证项目为 WiFi CERTIFIED 6。

基于 WiFi 的数据发送需要利用硬件平台来实现。目前很多微处理器具备 WiFi 通信功能，如版本为 Pico W 的 Raspberry Pi Pico 具备 WiFi 通信功能，如图 2-17 所示。

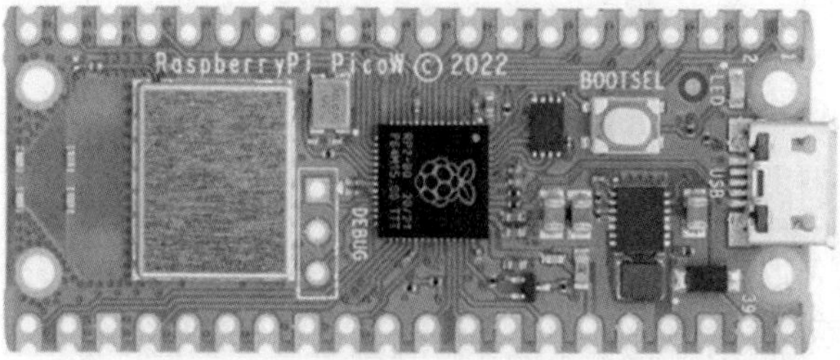

图 2-17 Raspberry Pi Pico W

以下代码实现了 Raspberry Pi Pico W 的 WiFi 接入。在连网之后，Raspberry Pi Pico W 可基于特定的协议发送传感器中的数据。

```
import network
wlan = network.WLAN(network.STA_IF)
wlan.active(True)
```

```
wlan.connect("SSID", "PASSWORD")
print(wlan.isconnected())
```

此外，目前已有较为成熟的集成 WiFi 通信功能的嵌入式微处理器，如乐鑫的 ESP8266 和 ESP32 系列芯片，如图 2-18 所示。此类芯片集成了 WiFi 通信功能，GPIO 接口，数模和模数转换功能，SPI、IIC、UART、CAN 等总线接口，结合相应的传感器便可组成具有 WiFi 无线通信功能的传感器。此外，很多厂商会将传感器、微处理器及 WiFi 通信模块集成到产品上，并基于特定的通信协议发送数据。读者在购买产品前应充分了解产品的通信方式和通信协议，以确保能获取所需的传感器数据。

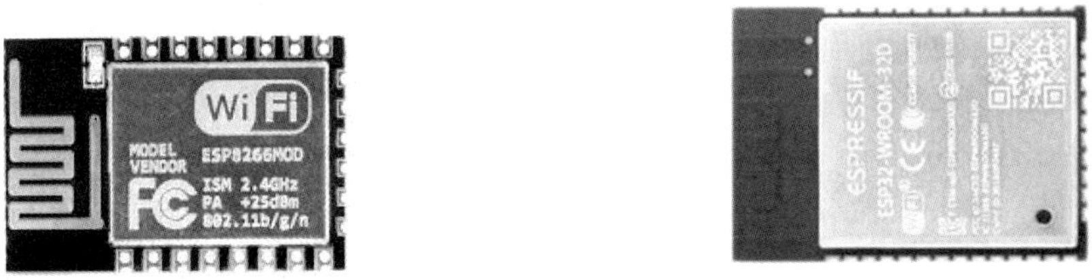

（a）ESP8266 WiFi 模组　　（b）ESP32 WiFi/BLE 模组

图 2-18　ESP8266 和 ESP32 WiFi/BLE 模组

2．蓝牙通信技术

蓝牙是蓝牙技术联盟设计的一种个人局域网技术，工作于全球 2.4GHz 频段，可粗略地分为经典蓝牙与低功耗蓝牙。前者主要用于实现智能手机、无线耳机、外设等设备间的无线信息交换；后者主要用于医疗保健、运动健身、安防、家庭娱乐等领域的新兴应用。与经典蓝牙协议相比，低功耗蓝牙协议不向后兼容经典蓝牙协议，使用的系统更简单，在保持同等通信范围的同时，显著降低了功耗和成本。

目前蓝牙 4.0 技术已十分普及，该规范允许设备同时支持经典与低功耗蓝牙协议。由于低功耗蓝牙与经典蓝牙使用相同的 2.4GHz 无线电频率，因此双模设备可以共享同一个天线。在低功耗蓝牙规范中定义了通用访问规范（Generic Access Profile，GAP）和通用属性配置文件（Generic Attribute Profile，GATT）规范。GAP 层负责设备访问模式和进程，包括设备发现、建立连接、终止连接、初始化安全特征和设备配置；GATT 层用于已连接的蓝牙设备间的数据通信。基于蓝牙的通信过程，如图 2-19 所示。

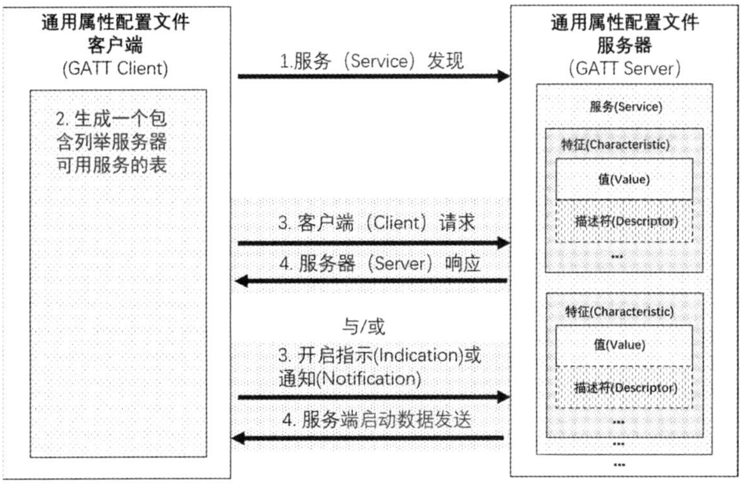

图 2-19　基于蓝牙的通信过程

与 WiFi 相同，想要实现基于蓝牙的传感器数据发送，需要使用相关的硬件平台。目前较为常用的蓝牙芯片有 Nordic 公司的 nRF52840 蓝牙芯片、乐鑫公司的 ESP32 系列蓝牙芯片等。图 2-20 所示为 nRF52840 蓝牙芯片的外观图。

图 2-20 nRF52840 蓝牙芯片的外观图

低功耗蓝牙设备在医疗领域中有许多规范，较为常用的规范包括用于血压测量的 BLP（Blood Pressure Profile）、用于温度测量设备的 HTP（Health Thermometer Profile）、用于血糖监测的 GLP（Glucose Profile）及用于体成分分析的 BCS（Body Composition Service）。图 2-21 所示为几款基于蓝牙的生理参数测量产品。这些产品的数据接收与解析需要依赖于厂商是否提供接口、接口的开放程度及用户的应用开发能力。

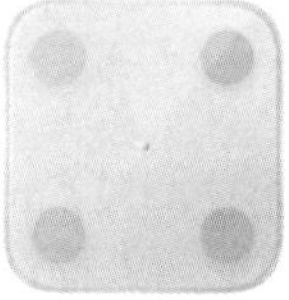

（a）体重秤

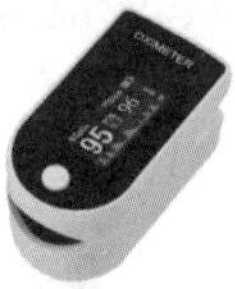

（b）血氧仪

（c）血糖仪

（d）血压计

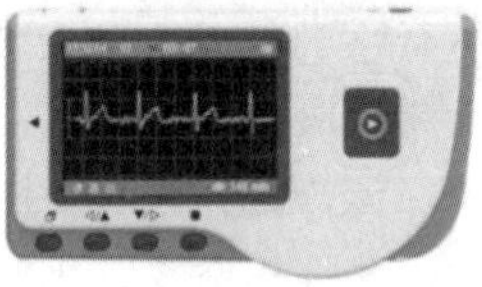

（e）心电仪

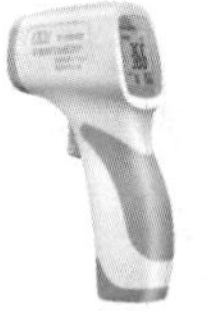

（f）额温枪

图 2-21 几款基于蓝牙的生理参数测量产品

3．ZigBee 通信技术

ZigBee 的名称来源于蜜蜂（Bee）抖动翅膀（Zig）表现出的“八”字舞来实现信息传递这一现象。ZigBee 通信协议标准是由 2001 年 8 月成立的 ZigBee 联盟制定的。英国 Invensys 公司、日本三菱电气公司、美国摩托罗拉公司及荷兰飞利浦半导体公司于 2002 年共同宣布加入 ZigBee 联盟，研发了名为 ZigBee 的下一代无线通信标准，这一事件成为该技术发展过程中的一个里程碑。ZigBee 联盟的目的是在全球统一标准上为实现简单可靠、价格便宜、功耗低、无线连接的监测和控制产品进行合作。2004 年 12 月，第一个 ZigBee 正式标准发布，此后出现了 ZigBee 2006、ZigBee PRO、ZigBee RF4CE 等演进版本。

ZigBee 是一种低速短距离传输的无线网络协议，支持星型、树型和网型三种网络拓扑结构，底层采用基于 IEEE 802.15.4 标准规范的媒体访问层与物理层，具有低速、低耗电、低成本、支持大量网络节点、支持多种网络拓扑、低复杂度、可靠、安全等特点。ZigBee 协议层从下到上依次是物理层、媒体访问层、网络层及应用层。在 ZigBee 网络中存在协调器、路由器及终端设备三种设备逻辑类型。ZigBee 协调器是 ZigBee 网络的管理者，负责选择无线通信的频道和网络 ID 及分配网络内的设备地址，从而构建整个 ZigBee 网络。ZigBee 协调器可以与多个路由器和终端通信，实现 ZigBee 网络数据与外部网络的交换。ZigBee 路由器，又被称为信号中继器或网络范围扩展器，可以加入由协调器创建的 ZigBee 网络，也可以允许终端设备加入该 ZigBee 网络。终端设备负责数据采集与传输、指令接收与执行，终端设备之间不能直接传输数据，需要依靠路由器或协调器进行转发。一个 ZigBee 网络一般由一个协调器、多个路由器和多个终端设备组成。图 2-22 所示为 ZigBee 网络的示意图。

ZigBee 技术被广泛应用于智能电网、智能交通、智能家居、工业自动化等领域。很多厂商以内嵌符合 ZigBee 射频模块的一体化嵌入式微处理器的方式制造芯片，如美国德州仪器公司的 CC2530、CC2630、CC2562P 等芯片。图 2-23 所示为基于 CC2562P 的 ZigBee 芯片。

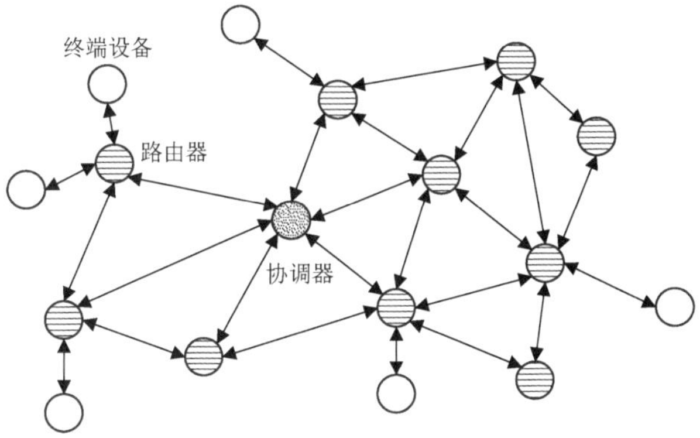

图 2-22 ZigBee 网络的示意图

图 2-23 基于 CC2562P 的 ZigBee 芯片

4．LoRa 通信技术

LoRa 是 Semtech 公司设计的一种低功率广域网（Low-Power Wide Area Network，LPWAN）通信协议，通过扩频技术提高接收机的灵敏度，并基于前向纠错码提高抗干扰性。LoRa 定义了通信栈中的物理层，但没有定义上层的网络协议。有许多协议（如 LoRaWAN）可以被定义 LoRa 上层的网络协议。LoRaWAN 是一种是以云为基础的介质访问控制层协议，作用类似于网络层，负责管理 LPWAN 网关和终端节点之间的通信。

使用 LoRa 不需要申请许可的次吉赫兹射频频段，如 433MHz、868MHz（欧洲）、915MHz（澳大利亚及北美洲）及 923MHz（亚洲），传输速率从 0.3kbit/s 到 27kbit/s 不等，依扩频因子而定，可以在低能耗下进行长距离通信，在乡村环境中传输距离超过 10km。采用 LoRa 技术的设备具有定位能力，该设备基于到达时间差来估算距离，进一步利用三边量测方法得到位置数据。

目前芯片或模组企业通过 Semtech 授权 IP 地址的方式开发 LoRa 芯片，或者直接采用 Semtech 芯片做封装级芯片开发。图 2-24 所示为 SX1268 芯片，该芯片是由 Semtech 公司生产的。

基于 LoRa 的无线传感器网络通常由 LoRa 传感器和 LoRa 网关组成，两者之间基于 LoRa 协议进行通信，其中 LoRa 网关通常基于以太网络或 WiFi 与服务器进行通信，如图 2-25 所示。

图 2-24 SX1268 芯片

图 2-25 LoRa 网关与 LoRa 传感器

5．蜂窝移动通信技术

蜂窝移动网络，又被称为移动网络，因各种通信基站的信号覆盖呈六边形，使得整个网络像一个蜂窝而得名。图2-26所示为蜂窝移动通信结构的示意图。蜂窝移动通信技术的主流标准主要包括基于第三代合作伙伴计划（3rd Generation Partnership Project，3GPP）标准的长期演进技术升级版（LTE-Advanced）和基于 IEEE 标准的无线城域网升级版（Wireless MAN-Advanced）。

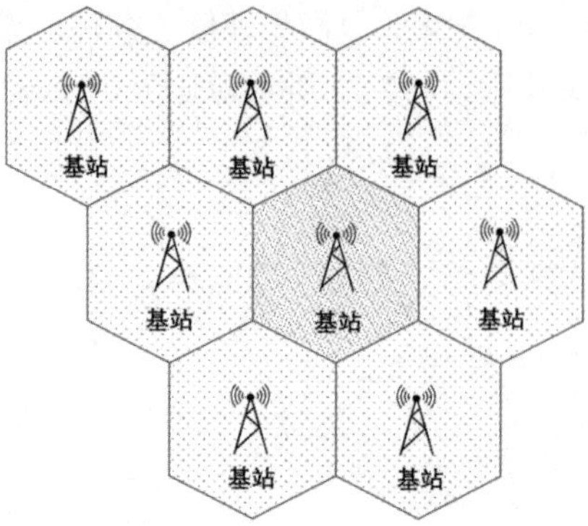

图 2-26 蜂窝移动通信结构的示意图

目前面向物联网领域的蜂窝移动通信的主流技术是 4G 技术、5G 技术。从技术标准的角度看，根据 ITU 的定义，只要静态数据传输速率达 1Gbit/s，在高速移动状态下达 100Mbit/s，就可以作为 4G 技术。新一代移动通信技术 5G 技术是 4G 技术（如 LTE-A、WiMAX-A、LTE）的演进，目标是提高数据传输速率、减少延迟、节省能源、降低成本、提高系统容量和大规模设备连接能力。相较 4G 技术，5G 技术具有以下突出特点：采用更高压缩密度的调试/解调方式来实现更高的频谱使用效率；新增 24～52GHz 的毫米波频段进行通信，更容易找到连续频谱和获取空白频谱资源；支持多输入多输出（Multi-Input Multi-Output，MIMO）技术，提升了电磁波的空间复用效率；采用波束自适应和波束成形技术，提高了特定方向的波瓣优化传输距离；支持载波聚合，拓展了频宽。

窄频物联网（Narrowband Internet of Things，NB-IoT）是由 3GPP 制定的 LPWAN 无线电标准，设计目的是让移动设备的服务范围更广，成为长期演进技术标准的一部分。NB-IoT 的带宽被限制在 200kHz 的单一窄频，使用正交频分复用技术来处理下行通信，利用单载波频分多址来处理上行通信。NB-IoT 适用于对高覆盖率、低成本、长电池寿命及高连接密度等有要求的应用场景。

目前，不少厂商提供了多个基于蜂窝移动通信技术的产品系列可供选择。移远（Quectel）公司生产的 4G、5G 和 NB-IoT 通信模块，如图 2-27 所示，这些模块连网后基于 TCP、HTTP、MQTT 等协议与服务器进行通信。

（a）4G 通信模块　（b）5G 通信模块　（c）NB-IoT 通信模块

图 2-27 蜂窝移动通信无线模块的示例

2.2.2　有线通信技术

有线通信技术主要包括以太网通信、电力线通信及基于各种串行总线（如 CAN、RS-485 总线、RS-232 总线）的通信方式。下面介绍最常见的以太网和串行总线。

1. 以太网

以太网（Ethernet）是一种有线的局域网技术，也是目前应用最普遍的技术之一，在很多应用中取代了令牌环、光纤分布式数据接口（Fiber Distributed Data Interface，FDDI）等局域网标准。IEEE 802.3 标准详细列出了以太网的技术标准，规定了物理层连线、电子信号和介质访问控制等方面的内容。以太网的标准拓扑结构是总线型拓扑。目前，快速以太网（如 100BASE-T、1000BASE-T）为了减少冲突、提高网络速度和最大化使用效率，采用交换机来连接和组织网络，虽然这使得以太网的拓扑结构表现为星型拓扑，但是以太网在逻辑上仍使用总线型拓扑和载波多重访问/碰撞侦测（Carrier Sense Multiple Access/Collision Detection，CSMA/CD）总线技术。表 2-3 所示为几种常用的以太网。对于以太网通信，TCP/IP 是一种通用性较高的通信协议。

表 2-3　几种常用的以太网

常用名称	非正式 IEEE 标准名称	正式 IEEE 标准名称	线缆类型	速　度	最大传输距离
以太网	10BASE-T	802.3	双绞线	10Mbit/s	100m
快速以太网	100BASE-T	802.3u	双绞线	100Mbit/s	100m
吉比特以太网	1000BASE-LX	802.3z	光纤	1Gbit/s	5000m
吉比特以太网	1000BASE-T	802.3ab	双绞线	1Gbit/s	100m
10 吉比特以太网	10GBASE-T	802.3an	双绞线	10Gbit/s	100m

2. 串行总线

串行总线通信通常基于 UART，并结合相应的电平转换芯片来实现。UART 是一种异步收发的串行数据传输方式，可以实现嵌入式微处理器之间及微处理器与传感器之间的通信，图 2-28 所示为两个微处理器之间通信的示意图。

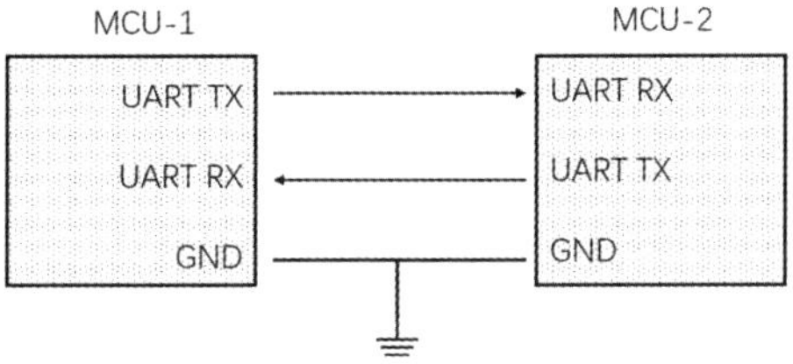

图 2-28　两个微处理器之间通信的示意图

UART 一般用在与 RS-232、RS-485 等其他通信接口的连接上，具体实物表现为独立的模组化芯片或微处理器中的内部周边装置。UART 可以工作于单工、半双工或全双工模式，按比特顺序发送数据，接收端组装收到的比特。每个 UART 包含一个移位寄存器，通过一根线或其他媒介进行串行通信。UART 通常不直接产生或接收其他设备的外部信号，而是通过特定电平转换芯片或模块编码逻辑电平信号后，再发送给 UART 端口。UART 在发送端和接收端采用相同的波特率、奇偶校验位、数据位大小、停止位大小、流量控制等参数设置。常用的取值方案是采用 8 个数据位、无奇偶校验和 1 个停止位。以下代码给出的是 Linux 环境下一个简单的 UART 通信过程。

```
import serial

port = serial.Serial("/dev/ttyUSB0", baudrate=115200, timeout=3.0)
```

```
while True:
    port.write("\r\nSay something:")
    rcv = port.read(10)
    port.write("\r\nYou sent:" + repr(rcv))
```

2.3 物联网数据传输协议

物联网应用层需要利用接口与网络层进行通信，以支持各类应用服务。常见数据传输协议包括传输控制协议（Transmission Control Protocol，TCP）、超文本传输协议（HyperText Transfer Protocol，HTTP）、消息队列遥测传输（Message Queuing Telemetry Transport，MQTT）协议及WebSocket协议。

2.3.1 TCP

TCP是一种面向连接的、可靠的、基于字节流的传输层通信协议，该协议的运行可分为连接创建、数据传送和连接终止三个阶段。操作系统将TCP连接抽象为套接字表示的本地端点，作为编程接口给程序使用，在TCP连接的生命周期内，本地端点要经历一系列的状态改变。

TCP利用通信端口的概念来标识发送方和接收方的应用层。对TCP连接的每一端，都分配了一个16位的无符号端口号。可用的端口号有65 535个，分为众所周知的、注册的及动态/私有的三类。众所周知的端口号由互联网编号管理局来分配，通常用于系统级或根进程级，众所周知的应用程序作为服务器程序来运行，被动地侦听使用这些端口的连接，如FTP、TELNET、SMTP、HTTP、IMAP、POP3等。注册的端口号通常作为当终端用户连接服务器时短暂使用的源端口号，也可以用来标识已被第三方注册的、被命名的服务。动态/私有的端口号除任何特定的TCP连接之外不具有任何意义。

以下代码片段给出了客户端与服务器之间基于TCP的通信过程。

```
s = socket.socket() # server end
host = socket.gethostname()
port = 12345
s.bind(host, port)

s.listen(5)
while True:
    c,addr = s.accept()
    print 'connect address: ', addr
    c.send('Hello! ')
    c.close()

import socket # client end
s = socket.socket()
host = socket.gethostname()
port = 12345

s.connect((host, port))
print s.recv(1024)
s.close()
```

2.3.2 HTTP

HTTP 作为万维网数据通信的基础，是一种用于分布式、协作式和超媒体信息系统的应用层协议。设计 HTTP 的最初目的是提供一种发布和接收 HTML 页面的方法。2014 年 12 月，互联网工程任务组的 Hypertext Transfer Protocol Bis 工作小组将 HTTP/2 标准提议递交至互联网工程指导小组进行讨论。HTTP/2 标准于 2015 年 2 月 17 日被批准，并于同年 5 月以 RFC 7540 正式发布，取代 HTTP/1.1 标准成为 HTTP 的实现标准。

HTTP 是一个客户端与服务端之间进行请求和应答的标准，其中客户端被称为用户代理程序，应答服务器上存储 HTML 文件、图像等资源。通常，人们称应答服务器为源服务器。在用户代理和源服务器之间可能存在多个中间层，如代理服务器、网关或隧道。由于通过 HTTP 或 HTTPS 协议请求的资源由统一资源标识符（Uniform Resource Identifiers，URI）来标识，客户端可以利用浏览器、网络爬虫或其他工具发起一个 HTTP 请求到服务器的指定端口。具体来说，HTTP 客户端发起一个请求，创建一个到服务器指定端口的 TCP 连接（默认端口号为 80）；HTTP 服务器在端口监听客户端请求，一旦接到请求，服务器向客户端返回一个状态（如 HTTP/1.1 200 OK）及相关内容（如请求的文件、错误消息等）。

由于 HTTP 假定下层协议能够提供可靠的传输，因此任何可以提供这种保证的协议均可被作为其下层协议。HTTP 在 TCP/IP 协议族中使用 TCP 作为传输层。在 HTTP/1.1 协议中，定义了 8 种方法来实现对指定资源的不同操作，如表 2-4 所示。方法名称是区分大小写的，当请求的资源不支持相应的请求方法时，服务器返回状态码 405（表示方法未被允许）；当服务器不认识或不支持对应的请求方法时，返回状态码 501（表示方法未被实现）。HTTP 服务器至少应实现 GET 和 HEAD 方法，并且所有方法的实现都应符合方法的语义定义。除上述方法外，特定的 HTTP 服务器支持自定义的方法。

表 2-4 HTTP/1.1 协议中的 8 种方法

方　法	特　点
GET	向指定的资源发出“显示”请求。GET 方法只用于读取资料，而不应用于更新、删除操作，原因是 GET 方法可能会被网络爬虫等随意访问。浏览器发出的 GET 方法只能由一个 URL 触发
HEAD	向服务器发出指定资源请求，但服务器不传回资源的本文部分。使用 HEAD 方法可以在不传输全部内容的情况下获取关于资源的元数据
POST	向指定资源提交数据，并请求服务器处理。数据包含在请求本文中，这个请求可能会创建新的资源或修改现有资源。在每次提交后，表单的数据被浏览器编码到 HTTP 请求的 body 中。POST 请求的 body 主要有两种格式：一种采用 application/x-www-form-urlencoded 格式，用于传输简单的数据；另外一种采用 multipart/form-data 格式，用于传输文件。采用后者的原因是 application/x-www-form-urlencoded 的编码方式对文件而言非常低效
PUT	向指定资源位置上传最新内容
DELETE	请求服务器删除 Request-URI 所标识的资源
TRACE	追踪服务器收到的请求，主要用于测试或诊断
OPTIONS	使服务器回传资源所支持的所有 HTTP 方法。向 Web 服务器发送 OPTIONS 请求，可以测试服务器功能是否正常运作
CONNECT	开启一个客户端与所请求资源之间的双向沟通的通道，可以被用来创建隧道

下述代码片段给出了如何基于 request 库向服务器发送数据。

```
import requests

url = 'http://httpbin.org/post'
```

```
parms = {
    'name1': 'value1',
    'name2': 'value2'
}

headers = {
    'User-agent': 'none/ofyourbusiness',
    'Spam': 'Eggs'
}

resp = requests.post(url, data=parms, headers=headers)
text = resp.text # decode text returned by the request
```

2.3.3 MQTT

MQTT 是一个基于发布/订阅（Publish/Subscribe）模式的消息协议，可以被看作数据传递的桥梁。MQTT 工作在 TCP/IP 协议下，为硬件性能低下的远程设备及网络状况糟糕的情况而设计。MQTT 需要一个消息中间件，如用 HTTP 来解决繁重的数据传输。

MQTT 协议定义了消息代理（Broker）和客户端两种网络实体。消息代理用于接收来自客户端的消息并转发至目标客户端；客户端可以是任何运行有 MQTT 库并通过网络连接至消息代理的设备，如微型处理器或大型服务器。信息的传输是通过主题来管理的，当发布者需要分发数据时向连接的消息代理发送携带数据的控制消息；代理向订阅此主题的客户端分发此数据；发布者无须知道订阅者的数据和具体位置；订阅者也无须配置发布者的相关信息。当消息代理接收到某个主题的消息，但该主题没有任何订阅时，代理会将该主题丢弃，除非发布者将该主题标记为保留消息。当发布客户端首次与代理连接时，客户端可以设置一个默认消息。当代理发现发布者意外断开时，会向订阅者发送此预设的消息。客户端仅与代理有直接的数据传输，并且整个系统中可能有多个代理。MQTT 的默认端口为 1883，加密的端口为 8883。MQTT 控制消息最小有 2B 的数据，最多可以承载 256MB 的数据。在 MQTT 中，一共有 14 种预定义的消息类型，用于连接客户端与代理、断开连接、发布数据、确认数据接收、监督客户端与代理的连接。MQTT 的服务质量是指传输优先级和资源预留控制机制，为不同应用程序、用户或数据流提供不同的优先级。服务质量级别主要分为最多一次传送（只负责传送，发送过后不管数据的传送情况）、至少一次传送（确认数据交付）及正好一次传送（保证数据交付成功）。图 2-29 所示为一个典型的 MQTT 应用场景。

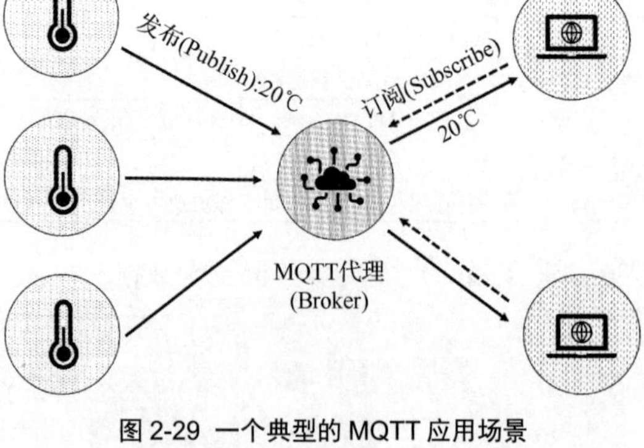

图 2-29 一个典型的 MQTT 应用场景

以下代码给出了一个 MQTT 客户端向代理发布数据的示例。

```
import random
import time
from paho.mqtt import client as mqtt_client

broker = 'broker.emqx.io'
port = 1883
topic = "/python/mqtt"
client_id = f'python-mqtt-{random.randint(0, 1000)}' # generate client ID with pub
prefix randomly

def connect_mqtt():
    def on_connect(client, userdata, flags, rc):
        if rc == 0:
            print("Connected to MQTT Broker!")
        else:
            print("Failed to connect, return code %d\n", rc)

    client = mqtt_client.Client(client_id)
    client.on_connect = on_connect
    client.connect(broker, port)
    return client

def publish(client):
    msg_count = 0
    while True:
        time.sleep(1)
        msg = f"messages: {msg_count}"
        result = client.publish(topic, msg)
        # result: [0, 1]
        status = result[0]
        if status == 0:
            print(f"Send `{msg}` to topic `{topic}`")
        else:
            print(f"Failed to send message to topic {topic}")
        msg_count += 1

def run():
    client = connect_mqtt()
    client.loop_start()
    publish(client)

if __name__ == '__main__':
    run()
```

2.3.4　WebSocket 协议

WebSocket 是一种网络传输协议，可在单个 TCP 连接上进行全双工通信，使得客户端与服务器之间的数据交换变得更加简单，并且允许服务端主动向客户端推送数据。WebSocket 协议的主要特点：相较 HTTP 请求，WebSocket 协议需要较少的控制开销，延迟明显减少；服务器可以随时主动给客户端发送数据，具备更强的实时性；保持连接状态及更好的二进制支持；支持扩展和更好的压缩效果。

WebSocket 协议支持 Web 浏览器或其他客户端应用程序与 Web 服务器之间的交互，具有较低的开销，便于实现客户端与服务器的实时数据传输。在 WebSocket API 中，浏览器和服务器完成一次握手即可创建持久连接。服务器可以通过标准化的方式来实现，无须客户端先请求内容，并且允许消息在保持连接打开的同时来回传递。WebSocket 协议与 HTTP 和 HTTPS 使用相同的 TCP 端口，可以绕过大多数防火墙的限制。在默认情况下，WebSocket 协议使用 80 端口，当其运行在安全传输层协议上时，默认使用 443 端口。

以下代码给出了客户端通过 WebSocket 协议向服务器发送数据的示例。

```
import asyncio
import websockets

async def hello():
    async with websockets.connect("ws://localhost:8765") as websocket:
        await websocket.send("Hello world!")
        await websocket.recv()

asyncio.run(hello())
```

习题

2-1 传感器与微处理器之间的常用通信方式有哪些？

2-2 试利用 Raspberry Pi Pico 实现温度和气压数据的采集。

2-3 试利用 Raspberry Pi Pico 实现人体活动数据的采集，并通过串口发送数据。

2-4 查找资料介绍基于心电传感器数据估算心率的方法。

2-5 查找资料介绍基于血氧传感器数据估算血氧饱和度的方法。

2-6 比较本章中介绍的无线通信技术。

2-7 比较本章中介绍的有线通信技术。

2-8 试基于 Python 实现一个 TCP 客户端和服务器端，并实现两者之间的通信。

2-9 试基于 Python 实现一个 MQTT 客户端，并利用代理发布和订阅信息。

2-10 试基于 Python 实现一个 HTTP 服务器端和客户端，并通过 POST 向服务器发送数据。

第 3 章 物联网数据存储

随着以物联网为代表的新一代信息技术的快速发展，以及构建于各类传感器单元的信息系统在日常生产、生活中的广泛应用，承载着信息与知识的数据以不同形式保存在各类存储介质上并且呈现出爆发式增长的趋势。物联网中的数据类型多种多样，既包括环境数据、位置数据和多维时间序列数据，也包括系统和对象的描述性数据、历史数据、操作数据和命令数据等。这对如何选择和利用数据存储系统来集成、管理和分析海量的物联网数据提出了巨大的挑战。本章重点介绍与物联网数据存储相关的内容。在 3.1 节中将从多个角度梳理目前被广泛使用的数据库系统；在 3.2 节中将重点介绍适用于结构化数据管理的数据仓库，内容涵盖数据仓库的体系结构、多维数据模型及联机分析处理等；在 3.3 节中将简要介绍以原始格式存储数据的数据湖这一存储系统。

3.1 数据库系统

数据库系统是为适应数据处理的需要而发展起来的一种数据处理系统，由数据库及管理软件组成，是存储介质、处理对象和管理系统的集合体。安全性、稳定性、可靠性、效率等数据存储与计算的现实需求始终是数据库系统发展的原动力。数据存储系统也由电子表格、文件、电子邮件等简单存储类型发展到面向复杂数据和应用场景的各类专业化数据库系统。接下来先从四个不同的角度梳理已有的数据库系统，然后介绍五款在物联网中广泛应用的数据库系统。

3.1.1 数据库系统分类

1. 根据体系结构分类

从体系结构的角度，可以将数据库系统主要分为集中式数据库、分布式数据库、并行数据库、客户端/服务器数据库、移动数据库、历史数据库及联邦数据库。

集中式数据库：是一种把数据的存储与计算集中在一台计算机或服务器上的数据库。由于集中式数据库中的所有数据存储在单个位置，因此易于被访问和协调数据，且数据冗余性小，但是若该数据库发生故障，将导致整个数据被破坏。

分布式数据库：是一种把数据分散存储在由计算机网络连接的不同物理位置的数据库，即逻辑上集中而物理上分散的数据库，这些数据统一由一个分布式数据库管理系统来管理。相较集中式数据库，分布式数据库易扩展且可以被用户通过不同的网络访问。分布式数据库实现复杂、价格高、难维护，并且由于数据分布在不同位置，因此难以为用户提供一个统一的视图。

并行数据库：将一个数据库任务切分为多个子任务，并由多台机器协同完成，以提高数据库系统的事务处理能力。并行数据库的目标是充分发挥并行计算机的优势，各个节点协同工作，充分利用每个节点的处理能力；分布式数据库的目标是实现不同节点的自治和数据全局透明共享，各个节点是一个独立的数据库系统，节点之间通过广域网或局域网互联。

客户端/服务器数据库：是一种数据存放在服务器上的数据库，客户端通过网络向服务器发送请求访问数据的数据库。在该模式下，用户只需把查询请求发送给数据库服务器，由数据库服务器把结果回传给用户，大大降低了网络传输的通信量，并且该过程对用户透明。基于该架构的应用系统的设计开发较复杂，容易出现服务器和网络的过载。

移动数据库：是一种能够支持移动计算环境的分布式数据库，可以被看作分布式数据库的延伸和拓展。移动数据库具有移动性、频繁断接性、网络状态多样性、网络通信非对称性、资源有限、可靠性低、规模大及伸缩性强等突出特点。移动数据库能够满足人们随时随地获取信息的要求，在物联网中具有广泛的应用前景。

历史数据库：是一种将不同数据库系统组合在一起的异构数据库，一般因存储系统建设周期长而产生。历史数据库系统可以是集中式数据库、分布式数据、并行数据库、文件系统等。

联邦数据库：是一组彼此协作但又相互独立的单元数据库的集合。可以通过联邦数据库系统透明地将多个自主的数据库系统组织成一个联邦数据库。联邦数据库中的单元数据库既可以来自同一个系统，也可以来自不同的系统，如不同的部门、公司、国家等。联邦数据库实质上只是一个管理软件，不存储具体的数据。联邦数据库中的每个单元数据库可以是集中式的、分布式的、并行的，也可以是另一个联邦数据库，相互之间可以没有任何联系，并且一个单元数据库可以加入多个联邦数据库。图 3-1 所示为联邦数据库管理系统的示意图，可以看出该系统中的单元数据库是异构的。

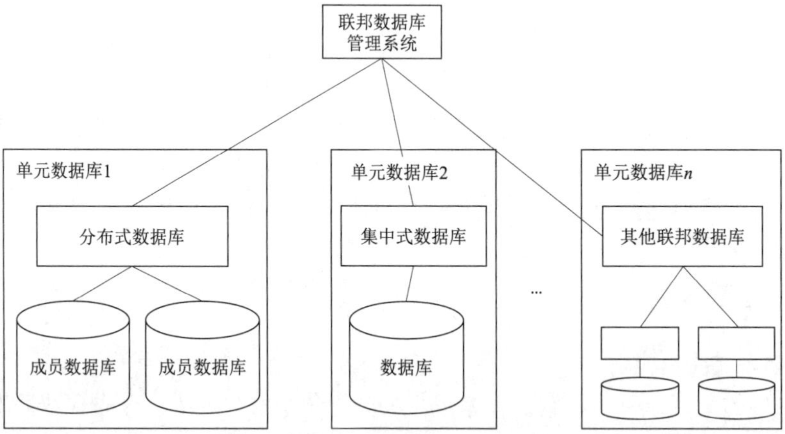

图 3-1 联邦数据库管理系统的示意图

2. 根据数据类型分类

根据存储的数据类型或适于处理的数据类型，可以将数据库系统分为传统事务数据库、时间数据库、时序数据库、空间数据库、流数据库、文本数据库、Web 数据库及多媒体数据库。

传统事务数据库：是一种对事务进行建模、存储和管理的数据库。一般来说，事务数据库中的每条记录表示一个事务（又被称为交易），包含一个唯一的事务标识号、组成事务的项的列表（如商品、价格等）及可选的附加项的列表（如购物时间、收银员等）。

时间数据库和时序数据库：是一种用于存放和管理与时间有关的信息的数据库。时间数据库通常存放包含时间相关属性的数据，这些属性可能涉及多个具有不同语义的时间标签，如记录某个事件发生的时间、发生的序号等；时序数据库用于存放随时间变化而变化的值序列，如每天的空气湿温度、基因在不同时间点的表达情况等。

空间数据库：是一种能够有效存储、管理和查询空间数据的数据库。空间数据库中存储的海量数据通常包括对象的空间拓扑特征、非空间属性特征及对象在时间上的状态变化。空间数据库具有数据量庞大、空间数据模型复杂、属性数据和空间数据联合管理、属性数据和空间数据可随时间变化而变化、具有空间和时间多尺度等特点，为地理信息、遥感图像、医学图像等数据的存储和管理提供了良好的支持，应用范围广泛。

流数据库：是一种对流数据进行接入、存储、处理和分发的数据库。与静态数据不同，流数据是连续的、有序的、快速的、大量的、变化的数据，如来自物联网移动终端和智能设备的数据、来自社交网络的数据等，并且这种流数据占总体数据的比例在不断上升。

文本数据库：是一种用于存储和管理大量文本信息的数据库。一般来说，文本不是简单的关键词，而是长句子甚至是短文，如笔记、产品报告、警告信息、说明书等，长度通常不固定。文本数据库存储的数据可能是结构化的（如图书信息、学生学籍管理信息等）、半结构化的（如电子邮件信息、HTML 及 XML 等格式的信息）及非结构化的（如 Web 网页）。

Web 数据库：是一种基于 Web 模式的数据库。Web 数据库以浏览器/服务器模式为平台，客户端使用 Web 浏览器访问 Web 站点，站点对客户端的请求进行处理并将结果返回浏览器。Web 网页一般是非结构化的，缺乏预定义的模式、类型和格式。Web 数据库的环境包含硬件部分和软件部分。前者包括 Web 服务器、客户机、数据库服务器和网络，后者包括浏览器和数据库系统。

多媒体数据库：是一个由若干个多媒体对象构成的集合，能够对多媒体数据进行存储、读取、检索等综合管理。常用的多媒体数据包括字符、数值、文本、图像、图形等静态数据，也包括声音、视频、动画等基于时间的动态数据。多媒体数据库存储、组织、使用和管理的对象包括数值数据、字符数据和多媒体数据，需要实现多媒体数据之间的交叉调用和融合，支持非精确匹配和相似性查询。

3．根据数据模型分类

为使数据库中的数据客观真实地反映实体及实体之间的关系，通常借助数据模型来抽象表示现实世界。根据所使用的数据模型，可将数据库分为层次数据库、网状数据库、关系型数据库及面向对象数据库。

层次数据库：利用层次模型来组织数据。层次模型是一种利用层次结构来表示实体及实体之间联系的数据模型。层次模型可以直观地描述现实世界中存在的各种层次关系，如上下级、从属等关系。层次模型主要由节点和连线组成，其中一个节点表示一个实体，连线表示上下层实体之间的联系，并通过指针来建立这种联系。在层次模型中，根节点是唯一的，除根节点以外的节点均有唯一的父节点，需要按照一定的路径搜索才能展示全部意义（包括节点的记录值及与上层节点之间的联系）。与传统的文件系统的数据管理方式相比，层次模型的查询效率高。然而，层次模型只能表示一对多的关系，在面临多对多的关系时，需要设法将多对多的关系分解为多个一对多的关系。

网状数据库：基于网状模型来组织数据。网状模型是一种通过网格结构来表示实体及实体间联系的数据模型。网状模型可以直接表示多对多的联系，用连线表示实体之间的关系，节点表示实体。在网状模型中，父节点与子节点之间的关系不是唯一的，允许一个以上的节点无父节点，一个节点可以有多个父节点，因此需要指明每个联系并为其命名。网状模型具有更加灵活的表达能力，但数据结构和编程也更加复杂。

关系型数据库：采用的关系模型是一种用二维表的形式来表示实体及实体之间联系的数据模型。关系模型具有简单、明了、逻辑性强等优点。可以将关系型数据库看作表的集合，每个表有唯一的名字并且包含一组字段（属性或列）。关系型数据库通常存放大量的记录（元组或行），每个记录代表一个被唯一关键字标识的对象，每个对象被一组属性值描述。表 3-1 所示为关系型数据库的存储示例，由三个记录和四个属性组成，其中 ID 列是主键。在关系型数据库中存在一对一、一对多、多对一、多对多四种类型的关系，可以基于关系代数对关系型数据库中的关系进行选择、连接、投影、增加、删除、修改等操作。关系型数据库采用结构化查询语言（Structured Query Language，SQL）供用户与数据库进行交互。常用的关系型数据库有 Oracle、MySQL、Microsoft SQL Server、Microsoft Access 等。此外，平面文件 Plat File Database 数据库是一种与关系型数据库密切相关的存储系统，在纯文本文件中存储数据，其中一行表示一个记录，并用逗号、制表符等来分割记录的不同字段，但在平面文件数据库中不能包含多个表和关系。

表 3-1 关系型数据库的存储示例

ID	name	goods	time
1	zhangsan	beer	101010
2	lisi	candy	101011
3	wangwu	coffee	101012

面向对象数据库：以面向对象模型为基础。面向对象模型是一种使用面向对象观点来描述现实世界的实体及实体之间联系等内容的模型。面向对象模型不仅描述实体的一系列静态值，而且包含关于这些静态值的操作的集合，即每个对象是该对象状态与行为的封装。在面向对象数据库中，存储是以对象为单位的，每个对象包含该对象的属性和方法。

4．根据存储方式分类

根据数据的存储方式，可将数据库系统分为关系型数据库和非关系型数据库。关系型数据库采用关系模型来存储结构化数据，但难以满足 Web 2.0 时代下高并发读/写、海量数据高效存储与访问、高可扩展性与高可用性等现实需求。非关系型数据库（Not only SQL，NoSQL）就是在这样的背景下诞生并得到了迅速发展的。NoSQL 数据库是关系型数据库的一个重要补充，采用非关系模型来对数据进行建模、存储和管理，不需要固定的表结构，通常也不存在连接操作，在大数据存取与管理上表现出优异的性能。根据具体实现方式的不同，可以将 NoSQL 数据库分为键值存储（Key-Value Stores）数据库、文档存储（Document Stores）数据库、列族数据存储（Column Family Data Stores）数据库及图数据库。

键值存储数据库：数据库中的数据以键值对的形式存储，每个关键字是唯一的并且只能是字符串的形式，而关键字所对应的值可以是字符串、JSON、XML 等形式，这使得键值存储能够应对大规模异构数据。与关系型数据库类似，键值存储数据库以键为索引进行查询，但每个表只包括两列。键值存储数据库具有高效的查询性能，适用于需要内容缓存的各类应用。表 3-2 所示为键值存储的示例。

表 3-2 键值存储的示例

键	值
name	zhangsan
goods	beer
time	{“date”: 20220101, “h-m-s”:101010}

文档存储数据库：可以被看作对键值存储的扩展，其值被存储在 JSON、XML 等结构化文档中。图 3-2 所示为 XML 文档的一个示例。文档数据库是模式无关的（Schema Free），用户无须事先定义模式并遵守该模式，这使得我们可以以文档形式存储复杂数据，并且每个文档中的数据可以具有不同的格式。文档存储数据库支持关键字查询和在文档内查询属性。

```
<?xml version="1.0" encoding="UTF-8"?>
<site>
  <name>物联网与数据挖掘</name>
  <press>电子工业出版社</press>
  <url>https://www.phei.com.cn/</url>
</site>
```

图 3-2 XML 文档的示例

列族数据存储数据库：列式存储是相对行式存储而言的，是一种以列相关存储架构进行数据存储的数据库，通过逐列的方式进行存储。因为列族数据存储数据库的每列相似性比较高，所以存储成本低，有利于数据压缩，并且支持并行查询列，查询效率高。表 3-3 所示为行式存储和列式存储的对比，其中最后一行给出的是关于表 3-1 中的数据的两种存储形式示例。

表 3-3 行式存储和列式存储的对比

	行 式 存 储	列 式 存 储
优点	数据保存在一起；进行插入、更新操作容易	在查询时只读取涉及的列；任何列均能作为索引
缺点	在选择时读取所有数据，即使只涉及某几列	在完成选择时，需要重新组装被选择的列；进行插入、更新操作比较麻烦
示例	1, zhangsan, beer, 101010; 2, lisi, candy, 101011; 3, wangwu, coffee, 101012	1, 2, 3; zhangsan, lisi, wangwu; beer, candy, coffee; 101010, 101011, 101012

进一步地，可以将相关的若干个列构成一个列族，得到列族数据存储数据库。目前主要有两种类型的列族存储方式：标准列族和超列族。前者由一对键值构成，其关键字被映射到一组列中；后者也由一对键值构成，但其关键字被映射到列族中。图 3-3 所示为列族数据存储数据库的示例。当新增的数据位于多个列族内时，可以并发写入磁盘，并且在同一个列族内按顺序存储数据。

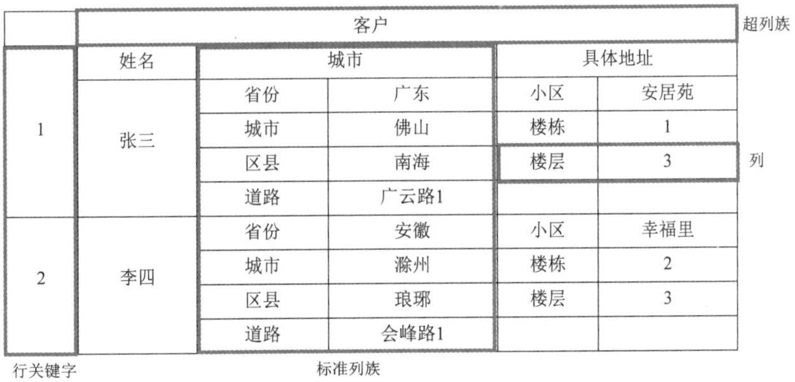

图 3-3 列族数据存储数据库的示例

图数据库：是一种用于存储图数据的数据库，可以是任意的免索引邻接（Index-Free Adjacency）的存储系统，即每个节点包含一个指向该节点邻近元素的直接指针。图数据库使用灵活的图模型，利用顶点表示实体、利用边表示实体之间的关系，并把数据间的关联作为数据的一部分进行存储，关联可添加标签、方向及属性。图数据库不需要定义图中边和顶点的类型，并且可以扩展到多个服务器上。

基于上述介绍，表 3-4 汇总了关系型数据库和非关系型数据库的优缺点及常用的代表性数据库系统。

表 3-4 关系型数据库和非关系型数据库对比

数据库类型	优　点	缺　点	代表性数据库
关系型数据库	固定的表结构；支持 SQL 查询语言；事务的 ACID 特性	扩展性较差	MySQL、Oracle
键值存储数据库	数据模型简单；事务的一致性保证；可扩展；灵活的模式；查询速度快；适用于数据间相关性不强的情况	需要用户自行创建外键；不适用于除创建、读取、更新和删除之外的操作	Redis、Riak、DynamoDB，Aerospike
文档存储数据库	简单且强大的数据模型；可扩展；支持快速查询；开放的格式；灵活的索引机制；无须外键	不适用于关系数据	MongoDB、DocumentDB、CouchBase
列族数据存储数据库	多维关键字存储；具有持久性；分布式存储；高灵活性；支持半结构化数据；天然索引；扩展性强	不适用于关系数据	Cassandra、Hbase、BigTable
图数据库	表达能力强；免索引邻接；能够提供事务的 ACID 特性	虽然可以纵向扩展，但是难以横向扩展	Dgraph、Neo4j、TigerGraph

3.1.2 数据库系统选择

不同的行业、需求、场景对数据库系统在存储模型、访问模式、存储规模与时效、计算与分析能力、运维与部署成本等方面有着不同的要求。正如在第 1 章中所介绍的，物联网数据具有典型的大数据 5V 特征，这要求我们所采用的数据库系统具有数据采集、实时数据缓存、数据回写、采样数据归档存盘等主要功能。因此，我们在设计物联网应用时，应结合问题实际综合评估与选择合适的数据库系统。图 3-4 所示为影响数据库系统选择的因素。接下来简要介绍五款适用于物联网的数据库，并在表 3-5 中汇总了其特点。

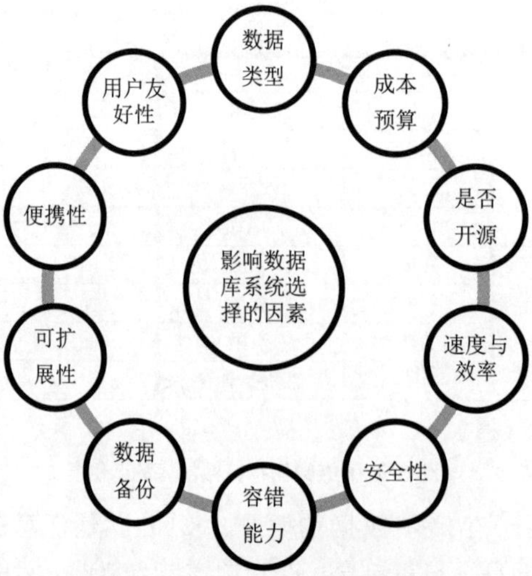

图 3-4 影响数据库系统选择的因素

表 3-5　五款不同的数据库对比

数 据 库	特　点
PI	商业软件，服务支持完善；数据采集效率高，读取速度快；丰富的客户端应用程序，强大的二次开发工具；较高的安全性和稳定性
CrateDB	快速且可线性扩展的数据读取能力；支持列式索引和字段缓存；支持动态模式，可以即时添加和查询新的数据结构；内置数据复制和群集重新平衡机制；内置 MQTT 代理服务器，便于连接物联网设备；适用于 Kafka、Grafana、NodeRED 等物联网堆栈软件
InfluxDB	提供类 SQL 查询语言；内置缺失数据的线性插值法；支持在自动数据下采样；支持连续查询
RethinkDB	自动故障转移；提供性能与数据稳定性之间的精细调控；支持实时即插即用的节点功能；提供异步应用程序编程接口；支持 SSL 安全访问协议
Cassandra	查询语句与 SQL 相近，容易掌握；模式灵活，无须事先确定存储字段；支持水平扩展；具有一定的容错能力；多数据中心数据备份，存储安全；集群中的每个节点相同，可以对每个节点进行读写操作；支持实时读取和写入操作；服务的可用性高，随时随地在线，若一个节点出现故障，自动将任务转到最近的一个正常节点上

1. PI 数据库

PI 数据库（Plant Information System）是由美国 OSI 软件公司开发的一套基于客户端/服务器架构的商业化软件应用平台。PI 是一种时间序列数据库，适于处理过程数据，保存数据的时间精度可达毫秒级。PI 作为工厂底层控制网络与上层管理信息系统网络连接的桥梁，在工厂信息集成中扮演着重要的角色，有效地解决了以往生产数据集成中遇到的难题。PI 采用旋转门压缩专利技术和二次过滤技术，使进入数据库的数据经过最有效的压缩，极大地节省了硬盘空间。PI 属于纯实时数据库，要实现更高级的应用还需配备其他数据库。PI 作为商用数据库，使用简单、效率高、应用广泛，但价格也相对较高。

2. CrateDB 数据库

CrateDB 是一款以 ElasticSearch、Presto、Netty 为基础进行开发，支持标准 SQL 的分布式开源数据库。CrateDB 基于 Java 编程语言实现，安装简单，天然支持自动分片和自动复制，可以存储结构化和非结构化数据，提供了与 NoSQL 数据库相关的可扩展性和灵活性，每秒可以轻松地读取数万条记录。CrateDB 适用于存储时间序列数据和日志数据。

3. InfluxDB 数据库

InfluxDB 是一款由 InfluxData 公司开发的基于 Go 编程语言的开源时序数据库，专注于海量时序数据的高性能读、高性能写、高效存储与实时分析等，被广泛应用于物联网监控、实时分析等场景。InfluxDB 部署简单、使用方便，无须依赖任何外部即可独立部署，提供了类 SQL，接口友好，具有丰富的聚合运算和采样能力，支持 HTTP 等协议并且能够兼容 CollectD、Graphite、OpenTSDB 等组件的通信协议，提供了灵活的数据保存策略来设置数据的保留时间和副本数，支持灵活的连续查询实现对海量数据的采样。

4. RethinkDB 数据库

RethinkDB 是一款面向 JSON 文档的开源数据库系统，具有强大的集群和自动故障转移功能，支持分布式连接、分组等查询语句，具有较强的可伸缩性，能够处理 PB 级数据，支持上万的并发连接数，能够断电后及时恢复，具有热备份功能，在数据库文件被修改的同时复制一份数据，可简单地实现增量备份。RethinkDB 使用一种新的数据库访问模型，开发者可以命令其实时向应用程序连续地推送更新查询结果。这可以简化实时后台架构，消除多余的烦琐环节。

5. Cassandra 数据库

Cassandra 是一款开源的分布式 NoSQL 数据库，最早由美国脸谱（Facebook）公司开发，目前可在 Apache 软件基金会的许可证下自由使用。Cassandra 是由一组数据库节点共同构成的分布式网络服务，某个节点的写操作会被复制到其他节点上，对 Cassandra 的读操作也会被路由到某个节点上去读取。Cassandra具有简单易用、高可用性、高性能、线性扩展的优点，可以便捷地跨数据中心和跨区域复制数据，支持 PB 级数据处理，并发操作负载可达每秒上百万条。Cassandra的模式灵活，可以在系统运行时随意地添加或删除字段，而不必提前解决记录中的字段。

3.2 数据仓库

随着信息技术的发展，各类信息系统产生了大量的历史数据，在这些数据中往往蕴含着大量有价值的信息，因此有必要将这些数据收集起来，进而建立分析模型，挖掘隐藏的有价值信息并用于决策支持。在此背景下，人们提出了数据仓库这一存储架构，将有分析价值的数据及需要存档的数据经过抽取、转换和加载等处理后汇聚起来，形成一个面向联机分析和决策支持的结构化数据环境。可以说，数据仓库为数据挖掘提供了良好的环境准备，如果将数据仓库看作一个矿井，那么数据挖掘是深入矿井采矿的工作。本节将重点介绍数据仓库，内容涵盖数据仓库的特点、组成、体系结构，多维数据模型及联机分析处理。

3.2.1 数据仓库的特点

数据仓库的目的是为业务数据的存储、处理和分析建立一个数据中心，被称为“数据仓库之父”的 William H. Innon 在 *Building the Data Warehouse* 一书中将数据仓库定义为一个面向主题、集成、时变、不易丢失的数据集合，用于管理人员和决策人员的决策支持。

面向主题：指数据仓库是以某个特定主题为导向进行数据组织的，提供了关于该主题的信息。例如，关于学生主题的数据仓库包括学生成绩、学籍、银行流水、犯罪记录、家庭情况等信息；企业关心的主题涉及生产、供应商、客户、销售网络等内容。数据仓库能够提取与决策有关的数据，提供特定主题的简明视图，而不是简单地应对组织机构的日常操作和事务处理。这是数据仓库显著区别于传统事务数据库的一个典型特征。

集成：指数据仓库是在文件、事务数据库、历史数据库、外部数据源等多个异构数据源上经过数据清洗和数据集成得到的。这意味着需要为不同来源的数据建立公共编码方案，确保命名规则、编码结构、属性度量单位等内容的一致性。例如，当基于两个数据源来构建数据仓库时，其中一个数据源采用 M 和 F 来编码性别，另一个数据源采用 0 和 1 来编码性别，那么在集成这两个数据源时，需要统一性别的编码。当不同来源的数据包括主题的不同方面时，数据集成有助于获取该主题更多、更全面的信息，开展更加有效的数据分析，如通过学籍管理系统、公安系统和人口统计信息系统来构建关于学生这个主题的数据仓库。

时变：指数据仓库中的数据会随着时间变化而不断更新。一般来说，数据仓库会保存历史数据，并随着时间推移不断把最新的数据保存到仓库中，因此数据仓库中的主键都显式或隐式地包含了时间元素。一旦数据进入数据仓库后，通常不对该数据进行更新和删除操作。纵向历史数据的积累可以帮助用户洞察数据中蕴含的信息，更好地做出决策分析。

不易丢失：指大多数数据仓库采用物理分离的方式存储数据。数据被插入数据仓库后将长期保留，而对数据的更新和删除操作则不在数据仓库中进行。因此，数据仓库不需要事务处理、恢复和并发控制等机制，忽略在操作数据库中执行的更新、删除等操作，主要执行数据的初始加载和访问操作。

决策支持：是数据仓库建立的核心目的。面向决策支持指数据仓库在语义上是一致的，有统一的数据模型及物理实现来满足企业决策所需的信息。

数据仓库在物理上与数据库、文件系统一样是一堆数据的集合，但其与传统的操作数据库之间存在着显著区别。表 3-6 所示为操作数据库与数据仓库，列出了两者之间的区别与联系。概括地说，数据仓库允许将各种应用系统集成在一起，为多源数据分析和决策支持提供结构化数据环境，使数据免受源系统升级的影响，帮助我们优化数据读/写访问和磁盘扫描，允许用户执行数据管理，改善源系统中的数据质量，减少产品系统的压力。数据仓库常被看作一种集成异构数据库的方式，用于支持结构化的查询、分析报告和决策制定。虽然传统的异构数据库集成和数据仓库的目标类似，但是两者之间存在着显著差异。具体来说，传统的异构数据库集成是一种查询驱动的方式，在多个异构数据库上建立了相应的封装器和中间件，当一个查询请求到达时，首先使用元数据字典将查询转换为相应异构数据库上的查询，然后将查询映射和发送到局部查询处理器上，最后将查询结果通过集成程序输出。因此，基于异构数据库集成的方法需要过滤无关的信息并对结果进行集成和封装；当多个查询请求定位到同一个数据库中时，需要解决局部数据源上的资源竞争问题。显然，频繁的查询，特别是涉及聚集、连接等操作将引起异构数据库有较大的开销。数据仓库基于更新驱动的方式，利用抽取、转换和加载等过程定期将异构数据库中的数据预先集成并存储在数据仓库中。这种方式将预处理后的数据直接存储在数据仓库中，一方面可以丰富数据仓库中的数据维度，更好地支持复杂的多维查询；另一方面可以实现数据仓库的并发访问控制，不影响局部数据源上的处理。虽然定期更新的方式使得数据仓库中可能不包含最新的数据，但是异构数据库中的大量历史数据通过复制、集成、汇总等方式重新被组织为语义一致形式，并保证了数据仓库中数据的一致性和完备性，能够支持复杂的多维查询和分析决策，成为业界常用的一种集成方式。

表 3-6 操作数据库与数据仓库

特　征	操作数据库	数据仓库
核心特性	实时操作处理	海量信息分析
主要操作单元	简单事务	复杂分析
数据的规模	GB 级	TB 级及以上
主要应用	联机事务处理	联机分析处理
处理类型	面向业务的操作型数据环境	面向主题的分析型数据环境
数据来源	业务流中的数据	系统内部数据、系统外部数据、历史数据等
面向需求	较确定的业务处理需求和数据流	用户对处理分析的需求不明确；处理分析需求的方式灵活
设计方法	需求驱动	数据驱动与需求驱动
设计目标	高效地增加、删除、修改、查询操作；支持并发访问	建立结构化的数据环境，服务于决策支持和联机分析

3.2.2 数据仓库的组成

数据仓库主要由数据库、数据抽取工具、元数据、数据集市、数据仓库管理工具、访问工具、信息发布系统组成，如图 3-5 所示。

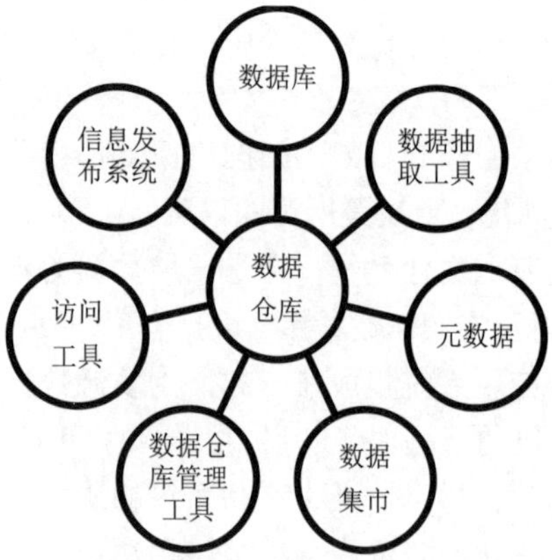

图 3-5 数据仓库的组成

数据库：数据仓库中真正存储数据的地方，用于提供数据存储和检索支持。相对于传统的关系型数据库，由于需要汇聚不同来源的数据，数据仓库中的数据库一般对并发访问能力、检索性能、半结构化和非结构化数据存储等有较高要求。

数据抽取工具：作用是对不同来源的数据进行提取和转换，并将其加载到数据仓库中。数据抽取工具的关键是访问不同存储方式的数据的能力。在数据抽取过程中，往往需要删除与决策分析任务不相关的数据，解决数据中的冲突问题，确保命名规则、编码结构、属性度量单位等内容的一致性，删除或填补数据中的缺失值，根据业务要求产生新的属性字段（如根据身高、体重计算身体质量指数）。

元数据：用于描述数据仓库中数据的结构和建立方法的数据，并与数据构成数据仓库中的数据模型。元数据分为技术元数据和业务元数据。前者主要供系统开发人员和管理人员描述数据的技术细节，如数据仓库结构的描述、系统性能的指标等；后者则从业务角度描述数据仓库中的数据，使业务人员能够认识与理解系统中的数据。元数据有助于技术人员和业务人员更好地明确数据仓库中的数据和当前业务需求，帮助决策分析者更好地定义数据仓库中的内容，建立数据转换的准则，以提高系统的扩展性和可重用性。

数据集市：为实现特定的应用目，从数据仓库中独立出来的一部分数据，是数据仓库的一个子集。数据集市一般具有明确的数据范围，从内容、分析、易用性等方面更好地为某个局部范围内的用户服务，如学生这个主题的学籍管理系统可以被看作一个数据集市。数据集市有两种典型的实现方式：一种是独立实现方式，数据来源于操作数据库、外部数据源等；另一种是从属实现方式，从数据仓库中直接获得数据，显然这种结构可以更好地保证数据的一致性。表 3-7 所示为数据仓库与数据集市的对比。

表 3-7 数据仓库与数据集市的对比

特　征	数 据 集 市	数 据 仓 库
数据的范围	面向特定部门，数据量有限	面向企业，数据量大
主题域的个数	单个	多个
构建的难度	容易	困难
构建的时间开销	较短	较长
数据粒度	数据粒度大，概要和综合数据多，较少保存历史数据	数据粒度小
数据的组织	星型模式	星型模式、雪花模式

数据仓库管理工具：对数据仓库进行管理和维护，涉及安全与权限管理、数据存储管理、数据更新跟踪、数据质量检查、元数据管理与更新、数据复制与删除、数据分割与分发、数据

备份与恢复等内容。

访问工具：为用户访问数据仓库提供手段。常用的访问工具有数据查询与报表、可视化组件、数据挖掘工具等。

信息发布系统：将数据仓库中的数据推送给相关用户。微信公众号是当前一种流行的信息发布方式。

3.2.3　数据仓库的体系结构

数据仓库的体系结构包括一组部件及部件之间的关系，定义了标准、度量指标、通用设计和支持的技术等内容。一个典型的数据仓库系统通常由数据仓库服务器层、联机分析处理（Online Analytical Processing，OLAP）服务器层及前端工具层三个层次组成，如图 3-6 所示。

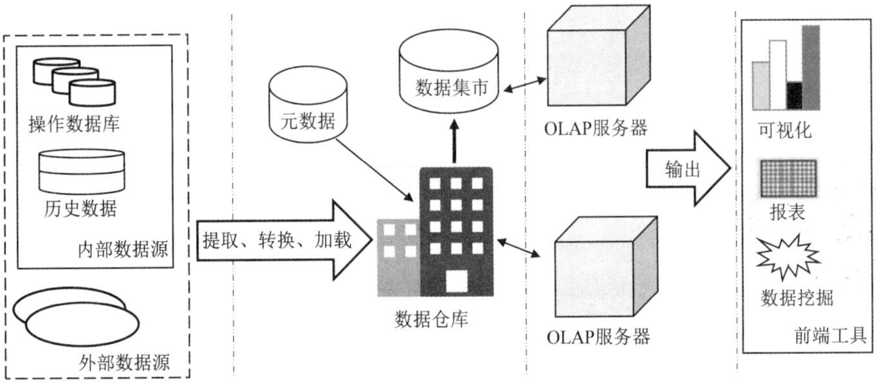

图 3-6　三层数据仓库系统的示意图

1．数据仓库服务器层

数据仓库服务器层位于数据仓库系统的底层，主要关注从多个异构数据源中提取数据及管理数据仓库中的数据。数据仓库中的数据既可以来自企业、学校等组织机构内部的操作数据库、历史数据库，也可以来自各类报告、法律法规等外部的数据。

数据的存储与管理是数据仓库系统的核心与重点，其中数据存储的主要工作是将不同来源的数据按照主题进行重新组织，确定数据仓库的物理存储结构，同时组织存储数据仓库的技术、元数据和业务元数据。由于存储在各类数据库和文件系统中的数据在数据类型、数据质量、编码格式、访问方式等方面存在一定的差异，因此需要对数据进行抽取、清洗、转换、加载和索引等调和工作。通常该过程被称为数据的 ETL（Extract，Transform，Load）。ETL 可以在创建数据仓库时，为导入数据选择合适的数据源，建立索引机制和数据仓库元数据的标准，在很大程度上决定了所构建的数据仓库中数据的质量。具体来说，数据抽取用于从源数据中提取相关数据以填充数据仓库，我们可以利用与源系统相关的工具来抽取数据，如数据导出工具、数据访问 API 等；数据清洗的主要任务是处理数据中的缺失值、噪声、异常点，纠正不一致的数据等，如不同的数据库使用不同的命名方式，在插入数据仓库前需要统一编码方案；数据转换是把数据转换成适用于数据仓库的格式，以便数据挖掘方法使用，常用的数据转换操作包括数据归一化、属性构造、数据聚合（数据的统计与汇总）、数据抽象等；数据加载和索引是 ETL 的最后一步，负责将所选择的数据加载到数据仓库中并创建索引。在将数据存储到数据仓库后，需要利用数据仓库管理工具对数据仓库进行安全、归档、备份、恢复等日常管理与维护。

2. OLAP服务器层

OLAP 服务器层位于数据仓库系统的中间层，针对特定的主题进行联机数据访问和多维度综合分析，并以一种直观易懂的形式将查询结果展示给用户，可使决策者通过对信息的多维观测进行快速、一致和交互的存取，深入理解数据和获取信息。OLAP 是数据仓库系统最主要的应用，具有共享、多维、信息、快速、分析的特点。其中，共享是指在用户间实现共享秘密数据必需的安全需求；多维是指可以提供多视图的数据分析，也是 OLAP 的关键属性；信息是指能够获取和管理数据中的信息；快速是指 OLAP 能在几秒内对用户的分析请求做出响应；分析是指 OLAP 不仅能够处理与应用有关的任何统计分析任务，而且这个过程通常无须用户编程即可完成，并以用户期望的方式给出报告。

联机事务处理（Online Transaction Processing，OLTP）是一种与 OLAP 密切相关的数据处理系统。OLTP 是面向传统关系型数据库的，主要处理日常事务，提供用于支持机构日常运营的技术基础架构，涉及的事务内容简单且重复率高。与 OLAP 侧重于多维分析和决策支持不同，OLTP 的基本特征是用户的原始数据可以很快被传送到远程服务器端进行处理，并在短时间内返回处理后的结果，如用户通过 ATM 终端存款，银行的计算中心可以快速地处理该请求，并将结果返回给用户。OLTP 对并发性要求高，适合处理结构化数据，严格要求事务的原子性、一致性、隔离性和持久性。表 3-8 所示为 OLTP 与 OLAP 的对比。

表 3-8 OLAP 与 OLTP 的对比

特　征	OLTP	OLAP
主要功能	实时日常操作，强调快速、高效地查询处理，确保数据的完整性	决策支持与分析数据，强调在大量数据上执行复杂查询的响应时间
定位	应用导向	主题导向
用户	客户、数据库管理人员等业务处理人员	商业分析师、高层管理人员等分析决策人员
数据源	当前数据	多源异构数据
数据库设计	使用传统的数据库，数据以第三范式存储	使用集成了多源数据的数据仓库，数据是非规范化的，以提高查询性能
查询	简单，返回较少的记录	复杂，涉及聚合操作
表的数量	较多的表	较少的表
存储空间	不需要大量存储空间	通常需要大量存储空间
数据备份	经常进行数据备份	很少进行数据备份
主要工作负载	处理标准直接的查询，主要使用“增加、删除、修改”陈述	处理较少的查询，但查询较复杂，涉及较多数据；主要使用“选择”陈述
分析/报告	由于涉及多表连接，执行分析查询是十分复杂的，往往需要有经验的开发人员或数据库管理人员；给出一般性的报告	涉及较少的表连接，执行分析查询相对容易，具有基础 SQL 技能的用户就能操作；给出描述性、诊断性、预测性、规定性的报告

3. 前端工具层

前端工具位于数据仓库系统的顶层，主要包括数据分析工具、查询工具、可视化组件、报表、数据挖掘工具等。其中，数据分析工具主要用于 OLAP 服务器；报表和数据挖掘工具既可以用于 OLAP 服务器，也可以用于数据仓库。

4. 典型的数据仓库体系结构

在具体实施过程中，根据不同的应用需求，常用的数据仓库体系结构有两层架构、独立型数据集市、依赖型数据集市和操作型数据存储、逻辑型数据集市和实时数据仓库四种类型。

图 3-7 所示为两层架构的数据仓库系统的示意图。两层架构的数据仓库系统具有结构简单、维护周期长的优点，但设计开发一个企业级数据仓库的时间长、成本高、数据分析效率低。

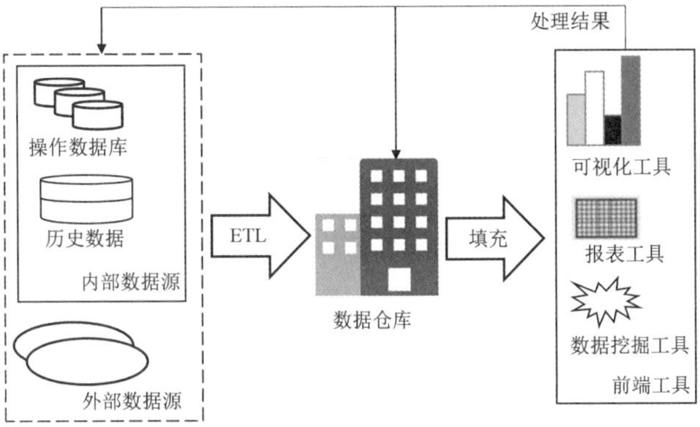

图 3-7　两层架构的数据仓库系统的示意图

图 3-8 所示为独立型数据集市的数据仓库系统的示意图。独立型数据集市的数据仓库系统为每个数据集市配备了一个 ETL，这在一定程度上增加了复杂性，可能产生冗余的数据和重复的处理工作，但这种方式允许自下而上迭代地构建数据仓库，能够降低一次投入的预算。

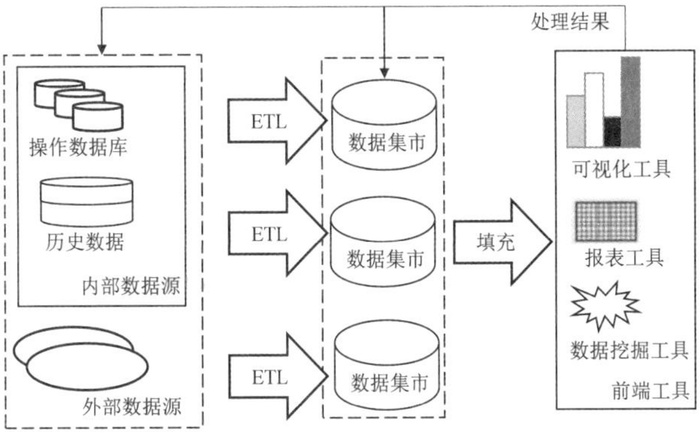

图 3-8　独立型数据集市的数据仓库系统的示意图

图 3-9 所示为依赖型数据集市和操作型数据存储的数据仓库系统的示意图。从图 3-9 中可以看出，用户既可以访问数据仓库，也可以访问数据集市，并且数据集市中的数据来自数据仓库，这保证了数据集市中数据的一致性；操作型数据存储提供了一个当前细节的数据源，有助于解决数据集市不能获取更细粒度数据的问题。

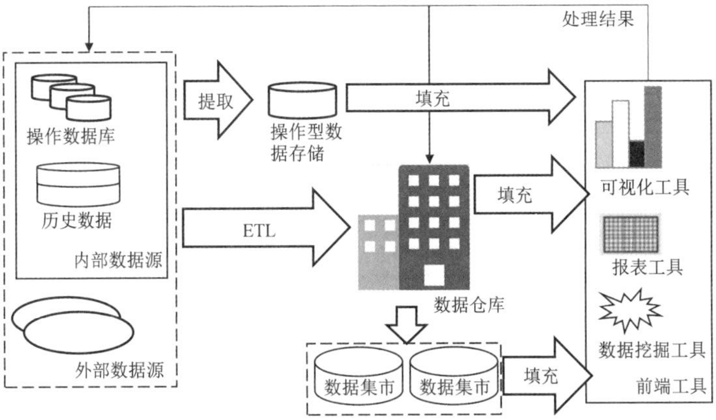

图 3-9　依赖型数据集市和操作型数据存储的数据仓库系统的示意图

图 3-10 所示为逻辑型数据集市和实时数据仓库系统的示意图，该系统体现了数据处理的实

时性，允许数据仓库与源数据系统、前端工具以接近实时的速度交换数据。图 3-10 中的数据集市是数据仓库的逻辑视图，可以根据业务需求动态创建。

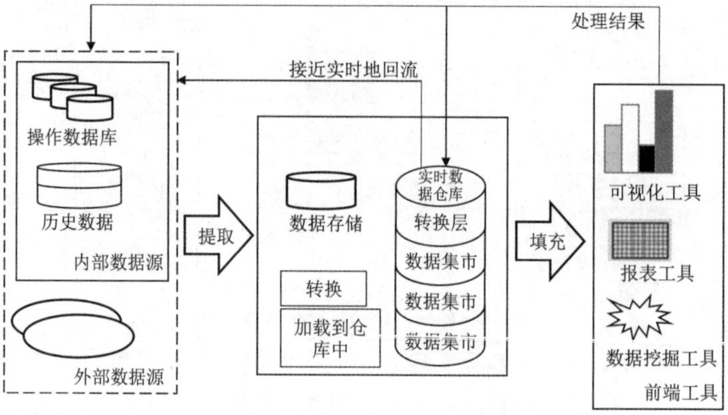

图 3-10 逻辑型数据集市和实时数据仓库系统的示意图

3.2.4 多维数据模型

在数据仓库系统中，OLAP 基于多维数据模型进行信息管理与分析。多维数据模型是一种逻辑模型，通过维、维分层、事实、粒度等概念来描述一个对象，并将信息组织为一个多维立方体，其中维之间相互垂直，数据的度量出现在维的交叉点上。图 3-11 所示为关于传感器读数的三维数据立方体的示意图，接下来结合该立方体来介绍多维数据模型的基本概念。

维：指我们观察数据的特定角度，是一类属性的集合，如“年、季度、月、日”等是时间维，“省、市、县、镇”等是位置维。图 3-11 中包含了时间维、位置维和传感器维。我们称维的一个取值为维属性，该属性是数据项在维中位置的描述，如图 3-11 中的手表是传感器维上的一个取值。

同一维可以存在细节程度不同的属性，并且这些属性之间可能存在某种包含关系，我们称其为维分层。例如，对于位置维，有“镇≤县≤市≤省”这一全序关系；对于时间维，有“日≤{月、季度}≤年”这一偏序关系。此外，可以根据实际需求灵活地对维进行概念分层。图 3-12 所示为传感器维分层的示例。

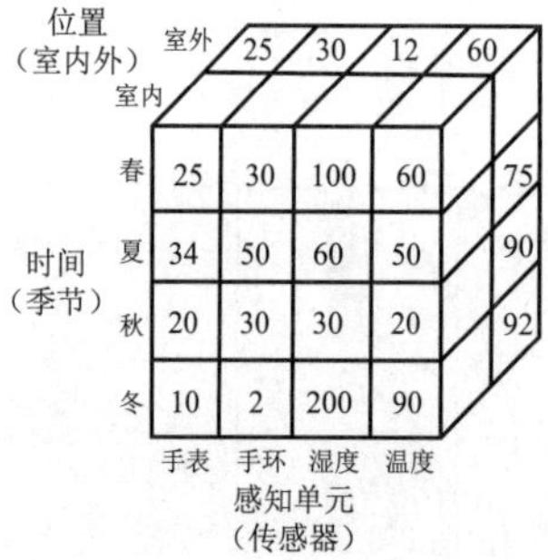

图 3-11 关于传感器读数的三维数据立方体的示意图

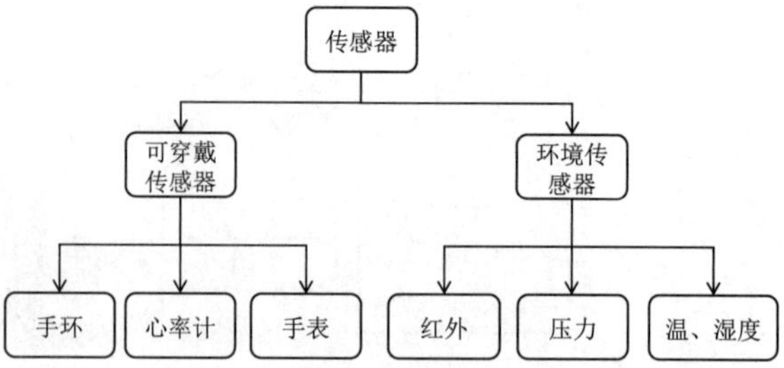

图 3-12 传感器维分层的示例

在多维立方体中，存放数据的单元格被称为事实，该事实是用户实际关心的数值，反映了不同维之间的关系。例如，在图 3-11 中的事实反映的是特定时间、位置、传感器的读数。

通常用粒度来衡量数据的综合程度。一般来说，粒度越小，综合程度越低，数据的细节程度越高，取值越多；粒度越大，综合程度越高，数据的细节程度越低，取值越少。一般将数据分为早期细节级、当前细节级、轻度综合级、高度综合级四个级别。例如，传感器读数明细情况属于早期细节级；传感器读数情况属于当前细节级；每天的传感器读数情况属于轻度综合级；每月的传感器读数情况属于高度综合级。

借助多维数据模型，用户可以从多个不同的角度观察和分析数据。对于如图 3-11 所示的立方体，可以得到当位置为室内时，关于时间维和传感器维的二维（2D）视图，如表 3-9 所示。

表 3-9　关于时间维和传感器维的二维（2D）视图

	传 感 器			
时　间	压力/Pa	红外/W	湿度/RH	温度/°F
春	25	30	100	60
夏	34	50	60	50
秋	20	30	30	20
冬	10	2	200	90

进一步地，可以得到一个关于特定数据模型的立方体的格。图 3-13 给出了关于图 3-11 的立方体的格，其中每个立方体代表一个不同的汇总，层次最低的格的粒度最小，数据的细节程度最高；依次是二维立方体、一维立方体，表示对不同的维进行汇总，数据的粒度逐渐变大；位于顶层的是零维立方体，表示汇总所有事实。

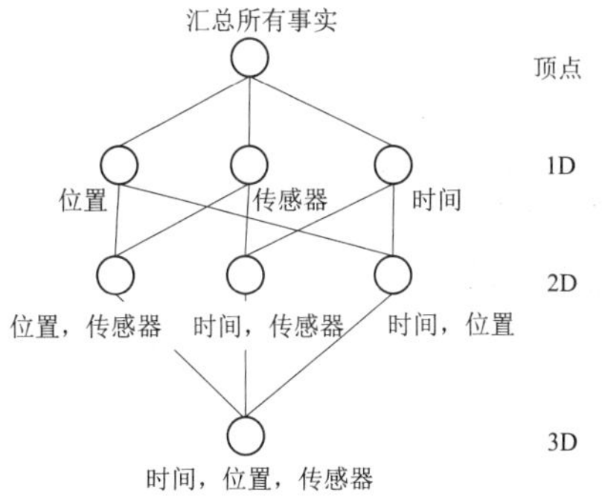

图 3-13　立方体的格的示例

3.2.4.1　基于多维数据模型的 OLAP

OLAP 利用多维数据模型从不同的角度、层次来观察数据。常用的 OLAP 操作有上卷、下钻、转轴、切片与切块，接下来结合图 3-11 来介绍这些操作。

上卷：通过维对数据进行归约或通过一个维的概念分层向上汇总。对于基于维的归约，相应的维将从数据立方体中删除，如图 3-14 给出的是对位置维进行归约的结果。维的概念分层的向上攀升则是根据维的概念分层对数据进行汇总，如图 3-15 所示的对传感器维进行一次汇总后的结果。

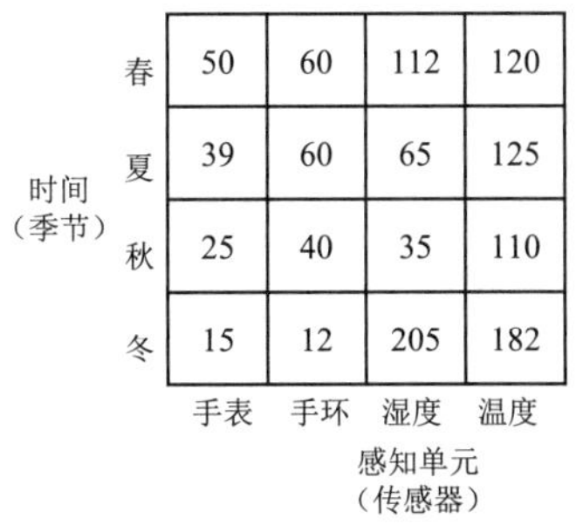

图 3-14　对位置维进行归约的结果

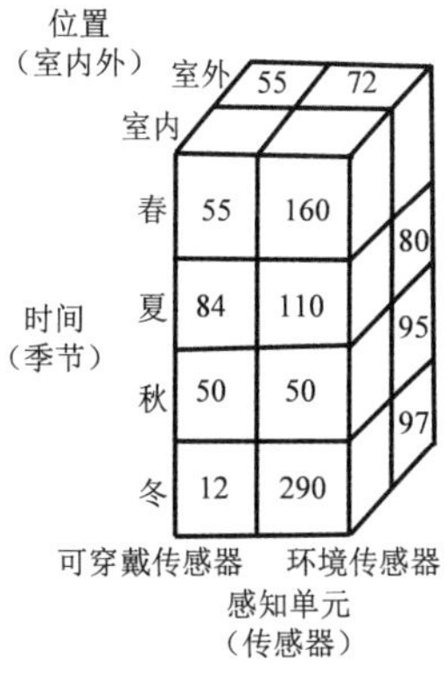

图 3-15　对传感器维进行一次汇总后的结果

下钻：上卷的逆操作，可以进一步细化事实，也可以通过引入新的维来细化数据，实现立方体的升维。例如，在图 3-11 中引入供应商维，得到的模型如图 3-16 所示。

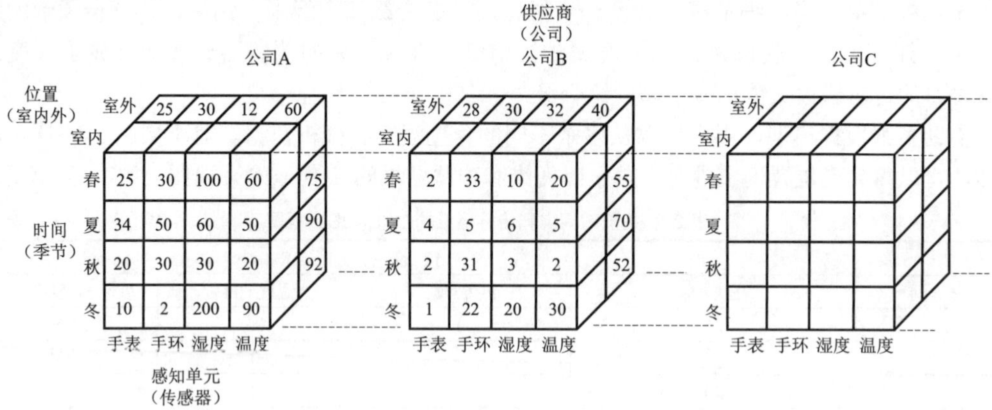

图 3-16 关于传感器读数的四维数据立方体的示意图

转轴：通过旋转数据立方体获得不同的数据视角。转轴是一种可视化的操作，通过转动当前数据的视图来获得数据的其他表示。

切片与切块：将立方体维的取值进行限制以获得子立方体。可以沿着立方体的某一维实现切片，也可以沿着立方体的多个维实现切块。图 3-17 所示为切片与切块的示例。

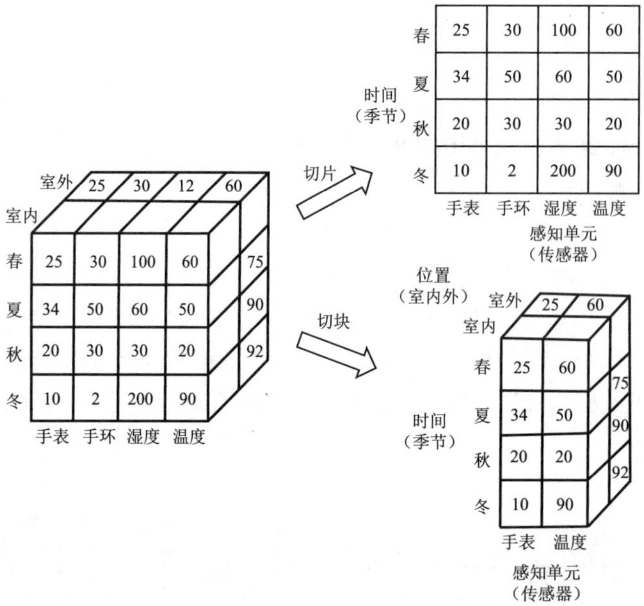

图 3-17 切片与切块的示例

3.2.4.2 多维数据模型的物理实现

多维数据模型的物理实现常采用的方式有基于多维数据库、基于关系型数据库、多维数据库和关系型数据库的结合。与多维数据模型对应的 OLAP 系统分别被称为多维 OLAP、关系 OLAP 及混合 OLAP。

1. 基于多维数据库

多维数据库是一种数据库，利用大量的多维数组来存储数据。由于多维数组天然体现出多维数据模型的特点，因此不需要将维、维层次、立方体等概念转换成其他的物理模型。多维数据库可以实现快速访问数据，因此也会带来稀疏矩阵问题，导致存储空间冗余。多维数据库适于分析非常稠密的数据集，但往往不具备支持企业数据仓库所需的数据宽度。

2. 基于关系型数据库

基于关系型数据库实现的多维数据模型利用多个多维数据模式进行表示，其中每个多维数据模式由一个事实表（用于存储数据与维关键字）和一组维表（用于存储维层次、成员类别等维的描述）组成，事实表和维表通过主键与外键进行联系。根据事实表和维表的连接方式，可以将基于关系型数据库的多维数据模型分为星型模式、雪花模式及事实星座模式。

星型模式是最常见的一种模式，由一个事实表和若干个维表组成。图3-18所示为星型模式的示意图，由一个事实表和四个维表组成，事实表 products 分别由四个维索引连接四个维表 item、time、type 和 location。

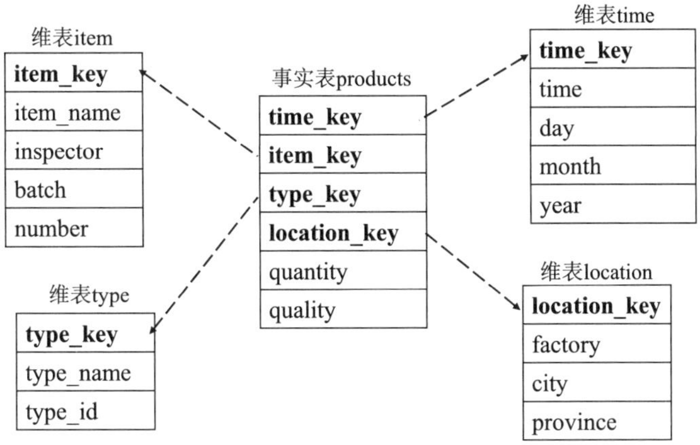

图 3-18　星型模式的示意图

雪花模式是星型模式的推广，在维表中进一步使用其他维表，如图 3-19 所示。

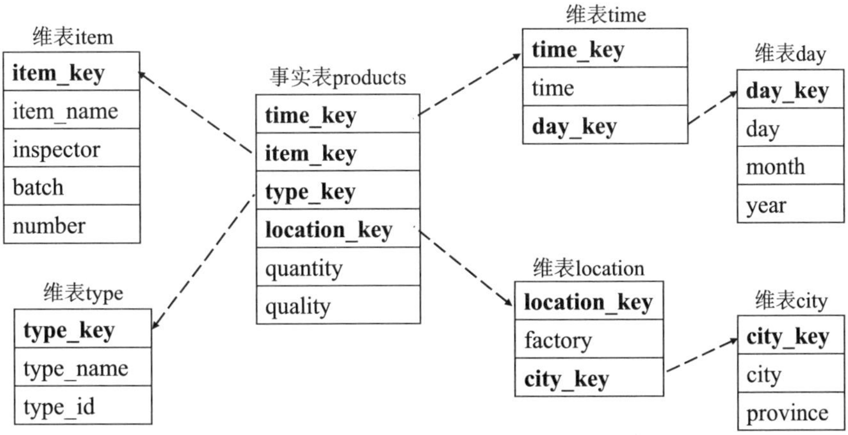

图 3-19　雪花模式的示意图

在实际应用中，可能存在多个事实表共享维表的情形，这种模式可以被看作星型模式的汇集，因此该模式被称为事实星座模式。图 3-20 所示为事实星座模式的示意图，其中事实表 products 和 sales 共享了维表 time、location 和 item。

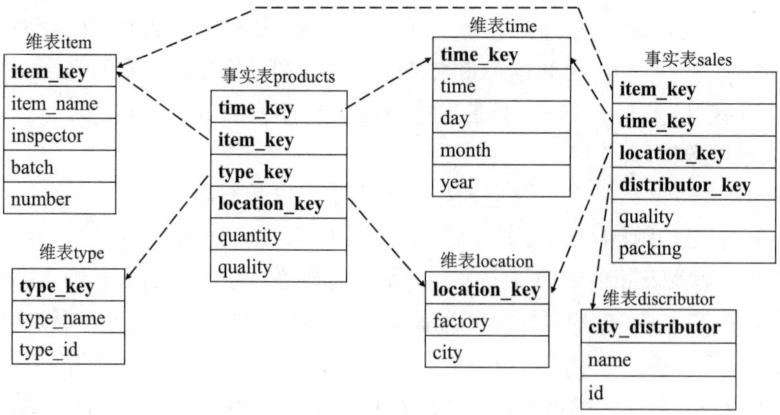

图 3-20 事实星座模式的示意图

3. 多维数据库和关系型数据库的结合

基于关系型数据库的多维数据模型没有存储空间大小的限制，多维数据库则具有汇总速度快的优点，因此可以将两者结合起来使用：利用关系型数据库存储细节数据和不常查询的历史数据，利用多维数据库存储汇总数据。

3.3 数据湖

数据仓库通过提取、转换、加载等过程可以很好地解决结构化数据时代的数据分析需求，但这种数据治理发生在数据使用之前的方式，通常要求任何接入的数据，不管当前是否有用，均需事先处理好，显然这对数据仓库的设计提出了巨大挑战。一种可行的解决方案是先将数据存储起来，后期使用时再考虑怎样处理。基于该想法，开源商务智能软件 Pentaho 公司的创始人 James Dixon 于 2010 年提出了数据湖（Data Lake）这一术语。

根据维基百科给出的定义，数据湖是一个无须事先对数据进行结构化处理，以原始格式存储数据的存储系统，既可以存储结构化数据（如关系型数据库中的表）和半结构化数据（如日志、XML、JSON 等文件），也可以存储非结构化数据（如电子邮件、文档等）和二进制数据（如图形、音视频等）。数据湖本质上是一个中央信息存储库，允许存储大量的原始数据，并且没有按照特定模式进行准备、处理或操作的数据，这有助于解决数据孤岛的问题。数据仓库和数据湖之间存在着密切的联系与区别：一方面，数据仓库和数据湖通常是相辅相成的，如当需要利用数据湖中的数据来回答问题时，可以通过 ETL 先将数据存储在数据仓库中，再进行分析；另一方面，两者服务于不同的业务需求，具有不同的架构，表 3-10 列出了两者之间的主要区别。总的来说，两者之间的区别主要体现以下三方面。

第一，数据仓库中存储的是处理后的结构化数据，而数据湖既可以存储原始数据，也可以存储处理后的结构化数据，使用户在数据存储和利用方面具有更大的灵活性，不仅可以存储结构化数据和半结构化数据，也可以存储非结构化数据。

第二，数据仓库采取写入型模式（Schema-on-write），设计需要在数据仓库实施之前进行；而数据湖中的数据在从数据源获取时不受数据结构的限制，有需要时通过读取模式（Schema-on-read）进行数据分析。

第三，与数据仓库相比，数据湖能够支持包括高层管理人员、数据分析师、数据科学家在内的更广泛的用户。

表 3-10　数据仓库与数据湖的对比

特　征	数 据 仓 库	数　据　湖
数据	来自事务数据库、业务应用程序、历史数据库的关系数据；存储处理后的结构化数据	来自物联网、移动应用程序、社交媒体、Web 日志、数据仓库的关系和非关系数据；既可以存储原始数据，也可以存储处理后的结构化数据
数据格式	封闭、专属	开放、通用
数据可靠性	基于 ACID 属性提供高质量、高可靠的数据	隔离性不好，容易出现脏乱数据，使数据湖退变为数据沼泽
模式	写入型模式，即设计在数据仓库实施之前；灵活性低	读取型模式，即在数据读取时创建；灵活性高
存储成本	更快查询结果会带来较高存储成本	更快查询结果只需较低存储成本
安全与监管	细粒度数据监管和权限控制	安全性不佳，监管实施难度大
用户支持	业务分析人员、决策人员等	业务分析人员、决策人员、数据科学家等
使用场景	报表、可视化、商业智能、数据挖掘	商业智能、机器学习、数据挖掘、预测分析等

随着信息技术的发展及现实需求的驱动，数据湖的架构也在不断演化。早期，大数据分析开源软件 Apache Hadoop 允许利用 HDFS 将数据存储在多个不同的存储设备上，并通过 MapReduce 分析大量的结构化数据和非结构化数据，使基于 HDFS 和 MapReduce 构建的数据湖取得了不同程度的成功。为了解决资源扩容和运维方面的难题，随着云计算的发展，人们开始在云上通过快速建设和部署多个集群的方式来搭建数据湖。当前主流的数据湖架构基于云做统一存储，利用一套管理平台进行元数据管理、权限管理和数据治理，并在上层对接 Hadoop、Hive、Spark 等计算引擎，以及 Flink、ClickHouse、StarRocks、Doris 等流式引擎。图 3-21 所示为数据湖的一种代表性参考架构的示意图，包含了一些重要的层。

（1）数据接入层：来自文件、事务数据库、数据仓库等存储系统中的数据可以实时或批量地被加载到数据湖中。

（2）数据存储层：利用 HDFS、HBase 等数据库高效地存储结构化数据、半结构化数据和非结构化数据，是系统中所有静态数据的着陆区。

（3）蒸馏层：从数据存储层获取数据并将其转换为结构化数据，以便用户进行分析。

（4）处理层：运行各类分析算法和用户查询，以实时、交互式、批处理的方式产生结构化数据。

（5）统一操作层：负责系统的监控与管理、数据管理与审计等任务。

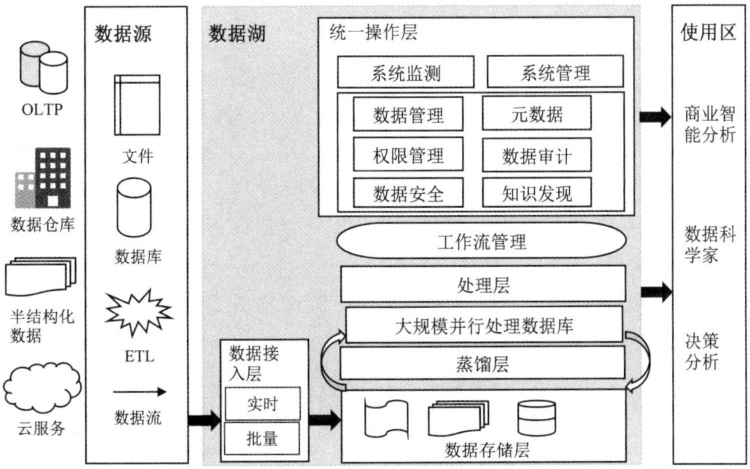

图 3-21　数据湖的一种代表性参考架构的示意图

总的来说，数据湖的核心功能涉及数据集成、数据存储、数据搜索、数据治理、数据质量控制、数据安全、知识发现等。

（1）数据集成功能。数据湖能够集成来自数据库、数据流、日志、历史记录、各种格式的文件中的数据，自动生成元数据以便技术人员和业务人员更好地了解数据湖系统，并提供统一的接入方式以方便应用层访问数据湖。

（2）数据存储功能。由于数据湖中的数据量大且来源与格式多样，因此数据湖支持由HBase、Hive、HDFS等多个组件构成的异构存储系统，能够从单个服务器扩展到上千个甚至更多的服务器，使数据湖具有较高的灵活性、敏捷性和可扩展性。此外，数据湖可以利用Kafka、Flume、Scribe等工具获取和高效地队列高速的数据，并将这些数据与大量的历史数据集成。

（3）数据搜索功能。数据湖将各类数据转化为能够直接提取和分析的标准格式，统一优化数据结构并分类存储数据，因此用户无须花费太多时间即可直接访问多个来源的数据，快速搜索、查找和选择数据。

（4）数据治理功能。数据湖能够自动提取元数据信息并对元数据进行归类整理，建立统一的数据目录；具备处理数据沿袭的能力，能够梳理数据的上下游关系，服务于开展数据定价、数据问题定位分析、数据变化影响范围评估等工作；能够追踪、记录、分析和回溯不同版本的数据。

（5）数据质量控制功能。数据质量控制有助于防止数据湖退化为数据沼泽。具体来说，数据湖能够管控来自不同数据源的数据的质量，提供数据的完整性和一致性分析、数据字段有效性校验等功能，可以监控数据处理和分析任务，防止未执行完成的任务生成不完备的数据。

（6）数据安全。数据湖能够监管数据的使用权限，对敏感数据进行加密、脱敏、匿名等隐私保护处理。

（7）知识发现功能。数据湖集成了一系列的数据分析工具，能够进行联机分析、数据挖掘、机器学习、商业智能分析等工作，帮助用户洞察数据中蕴含的知识。

习题

3-1 简述常用的数据库系统。

3-2 简述数据仓库系统与数据库系统之间的异同点。

3-3 数据仓库的主要组件有哪些？

3-4 简述数据仓库中元数据的作用。

3-5 比较四种不同的数据仓库系统的体系结构的优缺点。

3-6 简述常用的OLAP操作。

3-7 对比OLAP和OLTP。

3-8 比较分析多维数据模型中的星型模式、雪花模式及事实星座模式。

3-9 试从数据治理的角度说明数据湖的作用。

3-10 分析数据仓库与数据湖之间的区别与联系。

第 4 章 物联网数据预处理

现实世界中的数据，特别是在物联网环境中采集到的数据往往表现出有噪声、不完整、不一致、冗余等特点。这些数据无法直接被数据挖掘或会影响数据挖掘结果的准确性、真实性和可靠性。为了降低数据挖掘的成本，提高数据挖掘模式的质量，通常先对数据进行清洗、变换、降维等预处理。本章将介绍常用的数据预处理技术。在 4.1 节中将介绍缺失值估计、去噪和数据去重三种常用的数据清洗技术；在 4.2 节中将介绍用于数据变换的数据离散化和数据归一化技术；在 4.3 节中将介绍用于数据降维的特征选择和特征提取技术。

4.1 数据清洗

数据清洗的目的是通过平滑噪声、处理缺失值、解决不一致性问题等方式来获得无噪声的、完整的、一致的数据。本节将主要介绍常用的缺失值估计和噪声处理方法。

4.1.1 缺失值处理

在实践中，我们常会因某些原因而导致数据条目、数据属性、计量单位等存在缺漏，只能观测到部分数据，并称这种现象为数据缺失。造成数据缺失的原因众多，既可能是测量仪器本身的局限性、数据在传输与存储过程中丢失、出于保密和隐私考虑而暂时无法获取、某些数据的获取代价过高等客观原因造成的，也可能是数据被认为不重要而未收集、不正确的数据处理方式等主观原因引起的。表 4-1 所示为在某个物联网系统中收集的传感器读数的数据集，其中每一行表示一个样本，每一列表示一个属性（第一列是样本的序号，通常用于索引），数据集中的缺失值用 NaN（Not a Number）表示。

表 4-1 在某个物联网系统中收集的传感器读数的数据集

ID	压力传感器	红外传感器	温度传感器	湿度传感器
1	5.1	3.5	1.4	0.2
2	4.9	3.0	NaN	0.2
3	4.7	3.2	1.3	0.2
4	5.0	NaN	1.4	0.2
5	NaN	3.9	1.7	0.4
6	4.6	NaN	1.4	0.3

缺失值处理的最直接方式是从数据集中删除缺失值所在的记录，既可以删除缺失值所在的样本，也可以删除缺失值所在的属性列，从而得到一个完整的数据集。例如，对于表 4-1，可以删除样本 2、4、5 和 6，或者删除前三个传感器所代表的属性列。显然这种处理方式造成了大量的信息被浪费，更严重的是被删除的样本或属性可能对分析结果起着决定性作用，因此我们期望通过某种方式尽可能准确地估计缺失值。

缺失值处理的一种直接方式是通过人工复查、重新试验等方式来确定缺失值。例如，在人口统计普查中，可通过再调查、再录入方式填补缺失值。虽然这种方式能够准确地获得缺失值，但是在大多数情况下，由于时间成本、资金预算、隐私、试验条件等限制，经常使我们无法进行复查、重新试验等工作。这要求我们利用数据驱动的方式，根据数据集自身的特性来自动估计缺失值。自动估计缺失值一种常用的方式是利用特殊值或统计值进行填补。关于特殊值的选择，连续属性可采用 0、∞、-∞、一个较大或较小的数值，离散属性可采用+、#、无、否等类别符号。关于统计值的选择，连续属性常用的统计值有行平均和列平均，其中行平均用缺失值所在样本的可观测值的均值进行填补，列平均则用缺失值所在属性列的可观测值的均值进行填补；而离散属性可采用众数填补。表 4-2 给出了关于表 4-1 采用行平均填补后的结果。这种处理方式简单易用，但未能充分利用数据集中的信息，往往难以获得较好的填补精度。为充分利用数据集的结构信息，一种可行的方式是先利用机器学习和统计学习方法来建立数据集中样本之间或属性之间的关系，然后利用观测值来预测缺失值。基于 k 最近邻的缺失值填补算法 KNNImputer 函数是其中一种广泛应用的方法。接下来介绍 KNNImputer 函数的核心思想并利用 scikit-learn 库中的代码实现来估计表 4-1 中的缺失值。

表 4-2 行平均填充后的数据集

ID	压力传感器	红外传感器	温度传感器	湿度传感器
1	5.1	3.5	1.4	0.2
2	4.9	3.0	**2.7**	0.2
3	4.7	3.2	1.3	0.2
4	5.0	**2.2**	1.4	0.2
5	**2.0**	3.9	1.7	0.4
6	4.6	**2.1**	1.4	0.3

KNNImputer 函数先根据某种距离度量准则，如欧式距离、马氏距离、曼哈顿距离等找出与缺失值所在记录最近的 k 个邻居，然后将缺失值填补为这些邻居的加权平均。在实现具体算法时，可以从样本的角度、特征的角度、样本和特征相结合的角度找出最近邻，应结合具体问题来确定，对于表 4-1，我们寻找与缺失值所在样本最近的 k 个样本来估计缺失值。

在有缺失值的情况下，两个样本之间欧式距离的计算方式是忽略两个样本中缺失值对应的特征，并按比例增加其余特征的权重，一般取权重的总特征数除以当前有效特征数。例如，对于表 4-1 中的样本 2，分别计算该样本与其他样本的空值的欧式距离，样本 1 与样本 2 之间的欧式距离是 $\sqrt{\frac{4}{3}((5.1-4.9)^2+(3.5-3.0)^2+(0.2-0.2)^2)}=1.27$，进而得到与样本 2 最近的两个样本是样本 3 和样本 4，可通过这两个样本的取值来估计样本 2 的缺失值为(1.3+1.4)/2=1.35。类似地，可以估计数据集中的其他缺失值。接下来给出利用 scikit-learn 库中的 KNNImputer 函数来估计表 4-1 中的缺失值，并在表 4-3 中给出了填补后的数据集。

导入相关的库，加载数据集。假设表 4-1 中的数据被保存在 data.csv 文件中。

```
from sklearn.impute import KNNImputer
import numpy as np
import pandas as pd
data = pd.read_csv('data.csv')
```

调用 KNNImputer 函数来估计缺失值。KNNImputer 函数的第一个参数指定缺失值的占位符，第二个参数设置相邻个数 k，第三个参数指定预测中使用的权重函数，在此使用的 uniform 表示简单的加权平均。

```
imputer = KNNImputer(missing_values=np.nan, n_neighbors=2, weights=uniform)
data_imp = data.copy()
data_imp = imputer.fit_transform(data_imp)
```

表 4-3 利用 KNNImputer 函数填补后的数据集

ID	压力传感器	红外传感器	温度传感器	湿度传感器
1	5.1	3.5	1.4	0.2
2	4.9	3.0	**1.35**	0.2
3	4.7	3.2	1.3	0.2
4	5.0	**3.25**	1.4	0.2
5	**5.05**	3.9	1.7	0.4
6	4.6	**3.4**	1.4	0.3

4.1.2 噪声处理

噪声是指一个测量变量中的随机错误或偏差。产生噪声的原因多种多样，可能是传感器扰动等数据收集工具的问题、由网络环境引起的数据传输错误、极端环境下的技术限制，也可能是人为的数据输入错误。噪声极大地影响着数据挖掘模型的鲁棒性，因此有必要识别并处理数据中的噪声。目前对噪声的处理方式主要是将其从数据集中删除或采用某种平滑技术对噪声进行过滤。如果将噪声看作异常，那么可以利用异常检测的相关理论和方法来识别噪声，读者可查阅第 10 章中的相关内容。在此主要介绍几种常用的噪声处理方法：基于统计的去噪、回归去噪及分箱去噪。

1. 基于统计的去噪

从统计分析的角度看，噪声一般占总体数据的一小部分，并且与正常数据相比，噪声具有明显不同的模式，因此又被称为离群点。根据 3σ 原则，在高斯分布条件下约 99.73%的数据位于均值的三个标准差范围内，超过该范围的数据可以被判定为噪声。箱型图法也是一种常用的噪声检测方法，其中上四分位数 Q3 与下四分位数 Q1 的差距被称为四分位距（Interquartile Range，IQR），并规定超过 Q3 + 1.5 倍 IQR 或 Q1 − 1.5 倍 IQR 距离的数据为异常点。

2. 回归去噪

回归去噪的基本思想：用一条曲线拟合数据集中的数据，由于噪声的影响，因此使得该曲线不能完美地拟合所有数据点，此时可以认为未落在该曲线上的数据点是噪声，并且相应的真实值可由该曲线预测。例如，对于图 4-1 中的数据点，可以看出数据分布呈线性趋势，为此可基于线性回归假设，利用最小二乘法求解得到一条直线（利用 *X* 轴的取值预测 *Y* 轴的取值），该直线距离各个数据点的距离的平方和最小，可以认为未落在该直线上的数据点受噪声的影响而产生了扰动，导致未被完美拟合，并且这些数据点的真实值落在该直线上。回归去噪方法简单易用，但回归方程的具体形式往往难以确定，并且易受噪声的影响使拟合曲线偏离大多数的数据点。

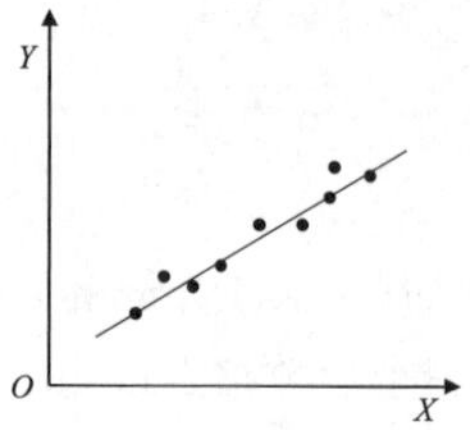

图 4-1 线性回归去噪

3. 分箱去噪

分箱去噪可以被看作一种分段光滑函数，基本思路是先将一组数据按照某种方式划分到若干个箱子中，然后对每个箱子中的数据进行平滑处理。常用的分箱操作包括等深分箱、等宽分箱及聚类分箱。将数据划分到不同的箱子后，可以利用以下三种策略对每个箱子中的数据进行平滑处理。

（1）均值平滑：利用箱子中数据的均值来替换箱子中的每个数据。

（2）中值平滑：利用箱子中数据的中值来替换箱子中的每个数据。

（3）边界平滑：箱子中数据的最大值和最小值被称为箱子的边界，利用最近的边界值来替换箱子中的每个数据。

接下来结合一个具体实例来介绍等深分箱、等宽分箱和聚类分箱。

等深分箱将一组数据分到若干个箱子中，使得每个箱子包含大致相同个数的数据。假设给定数据{12, 4, 25, 4, 7, 26, 10, 14, 27}，等深分箱首先升序排列数据，得到{4, 4, 7, 10, 12, 14, 25, 26, 27}；然后假设以深度为 3 对数据进行分箱，得到{4, 4, 7}、{10, 12, 14}和{25, 26, 27}；最后以箱子中数据的统计值对数据进行平滑处理，如采用均值平滑，可得{5, 5, 5}、{12, 12, 12}和{26, 26, 26}。如果分箱合适，那么箱子中的数据一般满足同一性质，能够提高数据的质量。

等宽分箱使整个数据集在特征取值的区间上均匀分布，即每个箱子的区间长度相同。这个区间长度被称为箱的宽度，并且每个箱子的宽度 $w = (\max - \min)/k$，其中 max、min 和 k 分别表示数据集中的最大值、最小值及箱子的个数，箱子的边界是 $\min + w, \min + 2w, \cdots, \min + (k-1)w$。对于数据{12, 4, 25, 4, 7, 26, 10, 14, 27}，假设利用 3 个箱子，则箱子的宽度为 8，对应的三个区间是[−, 12]、(12, 20]和(20, +]，可得{4, 4, 7, 10, 12}、{14}和{25, 26, 27}，以箱子中数据的统计值对数据进行平滑处理，如采用边界平滑，可得{4, 4, 4, 12, 12}、{14}和{25, 25, 27}。

聚类分箱利用聚类算法将数据划分到多个箱子中。在聚类过程中应保持分箱的有序性，使第一个箱子中的所有样本都小于第二个箱子中的样本，第二个箱子中所有样本都小于第三个箱子中的样本，依次类推。常用的聚类算法将在第 7 章中介绍。

4.1.3 重复数据处理

数据重复是指数据样本、数据对象是重复的，或者数据对象的大多数属性相似。造成数据重复的原因可能是多次采集数据或在进行数据合并时再次合并数据。对于完全重复的数据，可以通过对比的方式直接筛查和删除，但对于部分重复的数据则需要根据实际情况进行处理。接下来介绍几种常用的基于统计量的相关性度量方法。

1. 协方差

给定关于随机变量 X 和 Y 的一组观测值 $\{(x_1, y_1), (x_2, y_2), \cdots, (x_m, y_m)\}$，则 X 和 Y 的样本协方

差是 $\mathrm{cov}(X,Y)=\frac{1}{m-1}\sum_{i=1}^{m}(x_i-\overline{x})(y_i-\overline{y})$，其中 $\overline{x}=\frac{1}{m}\sum_{i=1}^{m}x_i$，$\overline{y}=\frac{1}{m}\sum_{i=1}^{m}y_i$。对于表 4-3 中的数据，压力传感器和红外传感器之间的协方差为 0.024，压力传感器和温度传感器之间的协方差为 0.013，压力传感器和湿度传感器之间的协方差为 0。通过协方差可以得到，压力传感器和红外传感器具有正相关性，压力传感器和湿度传感器不相关。

2. 相关系数

相关系数描述两个变量之间的相关程度。常见的相关系数是皮尔逊相关系数，该系数用于度量两个变量间的线性关系，即 $r(X,Y)=\frac{\mathrm{cov}(X,Y)}{\sqrt{\mathrm{var}(X)\,\mathrm{var}(Y)}}$，其中 var($X$)表示 X 的方差。相关系数定量地刻画了 X 和 Y 的相关程度，$|r(X, Y)|$越大，表示相关程度越大；$|r(X, Y)| = 0$ 表示相关程度最低。X 和 Y 完全相关的含义是在概率为 1 的意义下存在线性关系。当 X 和 Y 不相关时，通常被认为 X 和 Y 之间不存在线性关系，但并不能排除两者之间可能存在其他关系。

3. 卡方统计量 χ^2

对于标称属性，可利用卡方统计量来刻画属性之间的相关性。假设变量 X 的取值有 $\{a_1,a_2,\cdots,a_k\}$，变量 Y 的取值有 $\{b_1,b_2,\cdots,b_l\}$，则每条数据都存在一个属性对 $(X=a_i,Y=b_j)$。通过统计数据中所有可能的属性对 $(X=a_i,Y=b_j)$ 的频数 o_{ij}，可得卡方统计量为

$$\chi^2=\sum_{i=1}^{k}\sum_{j=1}^{l}\frac{(o_{ij}-e_{ij})^2}{e_{ij}}$$

式中，$e_{ij}=\frac{\mathrm{count}(X=a_i)\mathrm{count}(Y=b_j)}{m}$ 表示 X 取值为 a_i 的个数和 Y 取值为 b_j 的个数的乘积除以样本总数 m。表 4-4 给出了某咖啡店记录的不同职业对咖啡口味偏好的调查数据。根据卡方统计量的计算公式，有 $e_{11}=(56\times330)/500=36.96$，$e_{12}=(56\times125)/500=14$，$e_{13}=(56\times45)/500=5.04$，进而可得 $\chi^2=138.21$。基于卡方统计量，可以进一步利用卡方检验来判断职业与咖啡口味偏好是否相关。

表 4-4　职业与咖啡口味偏好关系　　单位：人

	工人	司机	科学家	合计
美式咖啡	25	21	10	56
拿铁咖啡	82	88	30	200
卡布奇诺	223	16	5	244
合计	330	125	45	500

4.2　数据变换

根据实际问题需要和算法要求，有时需要对数据进行相应的变换。本节主要介绍两种常用的数据变换技术：数据离散化和数据归一化。

4.2.1　数据离散化

数据离散化是指将连续属性的取值范围划分为多个小的区间，每个区间对应自己的离散化符号。对数据进行离散化的主要原因：一方面是出于实际问题的需要（如将考试成绩分为 60 分以下、60～70 分（不含）、70～80 分（不含）、80～90 分（不含）、90 分及以上五个区间，形成

不及格、及格、中、良、优五个等级，在进行图像特征检测时经常需要先做二值化处理等），另一方面是一些数据挖掘算法要求离散型输入（如决策树、朴素贝叶斯算法等分类模型）。在数据离散化后，连续属性的取值空间被缩小，每个取值的样本数增多，方差变小，但相应的偏差变大，也就是说，数据中包含的信息没有被离散化前精确。虽然数据离散化会不可避免地造成信息丢失，但是数据离散化可以消除或减弱噪声，降低计算与存储需求，提高计算效率，并且基于离散化特征构建的数据挖掘模型会更加稳定。数据离散化一般针对连续属性，但如果标称属性的取值较多，也可以对其进行概念化处理，如将物联网系统中的传感器分为可穿戴传感器和环境传感器。

根据有无领域专家知识可用，可以将数据离散化技术分为知识驱动的方法和数据驱动的方法。知识驱动的方法利用已有的专家知识对数据进行离散化，如可以根据成绩区间对应的等级对成绩进行离散化处理、根据属性的概念分层对属性进行概念化处理等，此类方法主要适用于一些简单、研究成熟的问题。数据驱动的方法根据属性的取值情况进行离散化。根据数据中是否有标签数据可供利用，可以进一步将其分为有监督数据离散化和无监督数据离散化。正如我们在第 1 章中介绍的，有监督数据集中包含了样本对应的标签列，表 4-5 给出了一个带标签列的数据集，记录了是否发生了物联网异常事件。常用的有监督数据离散化方法有决策树算法、卡方分箱、生存模型分箱、基于信息熵的离散化方法等（本节主要介绍卡方分箱和基于信息熵的离散化方法）。无监督数据离散化方法需要处理的是不带标签的数据集，常用的方法有等深分箱、等宽分箱、聚类分箱、二值化离散法等。

表 4-5 带标签列的数据集

ID	压力传感器	红外传感器	温度传感器	湿度传感器	标　签
1	5.1	3.5	1.4	0.2	1
2	4.9	3.0	1.35	0.2	0
3	4.7	3.2	1.3	0.2	0
4	5.0	3.25	1.4	0.2	1
5	5.05	3.9	1.7	0.4	0
6	4.6	3.4	1.4	0.3	1

对于等深分箱、等宽分箱和聚类分箱，4.1 节中介绍了其基本原理，在此不再赘述。将数据分到不同的箱子后，可以将落在同一个箱子中的数据离散化为同一个数或标记。例如，等深分箱将数据{12, 4, 25, 4, 7, 26, 10, 14, 27}分到三个箱子中，即{4, 4, 7}、{10, 12, 14}和{25, 26, 27}，可以分别用 a、b 和 c 表示这三个箱子，从而得到离散化后的结果为{b, a, c, a, a, c, b, b, c}。

二值化离散法首先将数据与某个阈值进行比较，然后将大于或等于阈值的数据设置为一个值（如 1），将小于阈值的数据设置为另一个值（如 0），最后得到一个二值化的数据集。表 4-6 给出了对表 4-3 中的数据进行二值化后的结果，其中关于四个属性的阈值分别是 5.0、3.5、1.5 和 0.3。

表 4-6 二值化后的数据集

ID	压力传感器	红外传感器	温度传感器	湿度传感器
1	1	1	0	0
2	0	0	0	0
3	0	0	0	0
4	1	0	0	0
5	1	1	1	1
6	0	0	0	1

卡方分箱是一种自下而上的离散化方法，通过调整分箱宽度来提高分箱的特异性，核心思

想是如果将两个区间合并，那么需要这两个区间的样本分布相似。卡方分箱的主要操作过程：将连续属性划分成若干个不相交的小区间后，通过卡方统计量来计算小区间上各个类别的分布情况，如果计算得到相邻区间类别分布一致，那么相邻区间可以被合并成一个区间，重复该过程，直至达到箱子上限数或给定的卡方阈值。

基于信息熵的离散化方法通过计算断点的信息熵来度量断点的重要性，从而对属性进行划分。给定一个类别数为 l 的数据集 $\mathcal{D}$，假设 s 是 $\mathcal{D}$ 中的样本，$As=\{a_1,a_2,\cdots,a_k\}$ 为连续属性 A 在 $\mathcal{D}$ 中的取值集合，s_A 表示样本 s 在 A 上的取值，可以通过以下过程对 A 进行离散化。

（1）对 A 的取值从小到大进行排列，不妨假设得到的序列是 $a_1, a_2, \cdots, a_k$。

（2）将每个潜在的区间边界 $T_i=\{t\,|\,t\in As, t\neq a_1, t\neq a_k\}$ 作为候选断点，T_i 将 $\mathcal{D}$ 划分为两个数据子集：$\mathcal{D}_1=\{s\in\mathcal{D}\,|\,s_A\leqslant T_i\}$ 和 $\mathcal{D}_2=\{s\in\mathcal{D}\,|\,s_A>T_i\}$，选择这一 T_i，将其作为断点划分 $\mathcal{D}$ 后的熵 $H(T_i;\mathcal{D})=\dfrac{|\mathcal{D}_1|}{|\mathcal{D}|}H(\mathcal{D}_1)+\dfrac{|\mathcal{D}_2|}{|\mathcal{D}|}H(\mathcal{D}_2)$ 最小，其中 $H(\mathcal{D}_1)=-\sum_{i=1}^{l}p_i\log_2 p_i$ 表示 $\mathcal{D}_1$ 的熵，p_i 表示 $\mathcal{D}_1$ 中来自第 i 个类别的样本占 $\mathcal{D}_1$ 中样本的比例，$|\mathcal{D}|$ 表示 $\mathcal{D}$ 中的样本数。

（3）若划分后的熵大于某个阈值，则递归地对 $\mathcal{D}_1$ 和 $\mathcal{D}_2$ 进行划分，否则停止划分并输出划分的结果，从而完成对属性的离散化。

可以看出基于信息熵的离散化方法的核心是先寻找属性 A 的某个断点，并将数据集分成两个部分，使得被划分后的数据集的熵最小；然后递归地在划分得到的子数据集上继续寻找 A 的断点，从而达到离散化 A 的目的。信息熵的计算方法将在第 5 章中详细介绍。

4.2.2 数据归一化

在处理实际数据时，经常需要解决不同性质数据的问题，因为对不同性质的属性直接进行加总、比较等操作不能正确反映属性之间的关系。例如，一个属性的取值范围是[0, 1]，另一个属性的取值范围是[1, 100]，此时须考虑属性的同趋化处理；如果将质量的度量单位由千克改为克，则数值将变为原来的 1000 倍，此时须考虑对数据进行无量纲化处理。对于上述问题，数据归一化是一种常用的处理技术，其通过函数变换将属性的取值映射到某个区间内。接下来分别介绍面向标称属性和数值属性的数据归一化技术。

对于标称属性，一种常用的数据归一化技术是独热编码（One-hot Coding）。由于标称属性的取值之间不具有大小关系，直接比较不同的取值将导致偏差。例如，对于季节，若令“春 =1，夏=2，秋=3，冬=4”，这意味着“春 < 夏 < 秋 < 冬”，显然这不是我们所希望的，因为春与夏的距离为 1，但春与秋的距离为 2，可以通过独热编码来解决该问题。具体来说，独热编码采用一个 k 位状态寄存器对 k 个状态进行编码，每个状态都有独立的寄存器位，并且在任意时只有一位有效。例如，可以使用一个 4 位寄存器对“春、夏、秋、冬”进行编码，每个取值表示为一个二进制向量，除整数的索引被标记为 1 之外，向量中的其他位都是 0。表 4-7 所示为关于季节的独热编码结果。

表 4-7 关于季节的独热编码结果

类 别 值	f_1	f_2	f_3	f_4
春	1	0	0	0
夏	0	1	0	0
秋	0	0	1	0
冬	0	0	0	1

对于数值属性，常用的数据归一化技术有小数定标归一化、min-max 归一化及 z-score 标准化。严格来说，归一化是指把需要处理的数据变换到特定的范围内；标准化一般是指正态化处理，使数据的均值为 0，方差为 1。在本书中不严格区分两者。

小数定标归一化通过移动小数点的位置进行规范化，小数点的移动依赖于属性取值的最大绝对值。具体来说，小数定标归一化通过下式将属性的取值 x 变换为 $\tilde{x}$ 。

$$\tilde{x} = \frac{x}{10^j}$$

式中，j 是使 $\max(|\tilde{x}|) \leqslant 1$ 成立的最小整数。例如，如果属性 A 的取值范围为-999～100，最大绝对值为 999，小数点移动 3 位，则 A 的取值范围被规范化为-0.999～0.1。

min-max 归一化可以将某个属性的取值范围变换到任意的一个区间[a, b]上。假设数据中某个属性的最小取值和最大取值分别是 $x_{\min}$ 和 $x_{\max}$，则可以通过下式将属性的取值 x 变换为 $\tilde{x}$ 。

$$\tilde{x} = \frac{x - x_{\min}}{x_{\max} - x_{\min}}(b-a)+a$$

显然，$\tilde{x}$ 的取值范围为[a, b]。特别地，当 $a=0$，$b=1$ 时，可以将属性的取值范围变换为[0, 1]。例如，可以将数据(10, 12, 15, 20)变换为(0, 0.2, 0.5, 1)。

z-score 标准化通过变换使数据符合均值为 0、方差为 1 的正态分布。记变换前数据的均值为 μ，标准差为 σ，可以通过公式 $\tilde{x} = \frac{x-\mu}{\sigma}$ 将 x 变换为 $\tilde{x}$，其中 $\sigma = \sqrt{\frac{1}{n-1}\sum_{i=1}^{n}(x_i-\mu)^2}$ ，并且通常 $x-\mu$ 被称为样本的中心化处理。例如，可以将数据(10, 12, 15, 20)标准化为(−0.977, −0.517, 0.172, 1.32)。

接下来给出基于 Python 实现的 z-score 函数，并利用该函数对表 4-3 中的数据进行处理。

首先，导入相关库。

```
import math
import pandas as pd
```

然后，根据 z-score 公式实现 z-score 函数。其中，get_average 计算均值，get_variance 计算方差，get_standard_deviation 计算标准差，get_z_score 计算 z-score。

```
def get_average(data):
    return sum(data) / len(data)

def get_variance(data):
    average = get_average(data)
    return sum([(x - average) ** 2 for x in data]) / (len(data)-1)

def get_standard_deviation(data):
    variance = get_variance(data)
    return math.sqrt(variance)

def get_z_score(data):
    avg = get_average(data)
    stan = get_standard_deviation(data)
    scores = [(i-avg)/stan for i in data]
    return scores

def get_z_score(df):
```

```
    return (df['Sepal_Length'] - df['Sepal_Length'].mean())/df['Sepal_Length'].std()

if __name__=='__main__':
    df = pd.read_csv('data.csv')
    print(get_z_score(df))
```

4.3　特征约简

在各种研究领域和实际应用中，如从人脸识别与故障检测到活动识别与财务管理，我们经常面对高维数据，尤其在大数据时代，我们所面临的海量数据具有复杂性、多样性和维度高等特点。直接在这些数据上训练得到的预测分析模型不仅受到维度灾难的影响，而且计算量较大，更糟糕的是，如果原始特征空间不能反映数据的固有结构，将导致算法的性能下降、降低决策系统的可信度。例如，在构建用于股票市场分析的专家系统的任务中，研究人员通常会收集大量的金融和经济特征以最大化股票市场回报，然而其中存在一些与任务无关甚至彼此间冗余的特征。毫无疑问，这对数据的固有维度分析、机器学习模型的效率和泛化能力提出了严峻挑战。解决该问题的一种常见方法是利用维度约简（Dimension Reduction）来降低数据维度，这有助于降低时间复杂度和空间复杂度，使得简单模型在小样本数据集上更为鲁棒，使得模型更容易解释。特征选择（Feature Selection）和特征提取（Feature Extraction）是两类常用的维度约简方法。两者的目标都是降维，但特征选择方法是从原始特征空间中选出一组高质量的特征，而特征提取根据某种准则从原始特征空间中提取一组新的特征，该组特征是原来特征的线性或非线性组合，正如图 4-2 所表达的含义，其中 A_1、A_2、A_3 和 A_4 表示原始特征空间中的四个特征，特征 B_1 和 B_2 是由 A_1、A_2、A_3 和 A_4 的线性或非线性组合得到的。本节将主要介绍特征选择和特征提取这两类技术。

（a）特征选择的示意图　　（b）特征提取的示意图

图 4-2　特征选择和特征提取的区别

4.3.1　特征选择

从 20 世纪 60 年代开始，研究人员在特征选择方面做了大量的研究工作，并从多个不同角度对特征选择进行了定义。Kenji Kira 从目标的表示与识别的角度给出了特征选择的定义：从原始特征空间中寻找一个能够足以表示或识别目标概念的特征子集，并且该子集应包含尽可能少的特征。Manoranjan Dash 和 Huan Liu 从分类准确率和类别的概率分布两个角度给出了特征选择更严格的定义：在不显著地降低分类准确率或改变目标类别的概率分布的条件下，从原始特征空间中选出一个具有最小特征个数的特征子集。为形式化描述特征选择过程，根据特征和目标类别之间的关系，可以将原始特征空间中的特征分成强相关特征、弱相关特征、不相关特征及冗余特征。相应地，特征选择是从原始特征空间中删除与目标类别无关的特征和冗余特征，保留

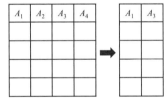

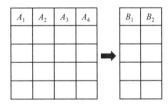

相关特征的过程。根据上述定义可知，特征选择本质上是根据一定的评价准则，从原始特征空间中搜索一个能够最优化该评价准则的特征子集。接下来介绍特征选择框架、特征选择方法分类及几种常用的特征选择算法。

4.3.1.1 特征选择框架

图 4-3 所示为经典的特征选择框架。首先，利用特征子集产生模块从原始特征空间中生成一个候选特征子集，并将该候选特征子集送到特征子集评价模块来评估其质量；然后，根据停止条件判断模块决定是否继续搜索候选特征，如果不满足停止条件，则由特征子集产生模块根据一定的策略产生新的候选特征，否则停止特征选择过程并返回获得的特征子集；最后，通过特征子集验证模块来检验最终选择的最优特征子集的质量。

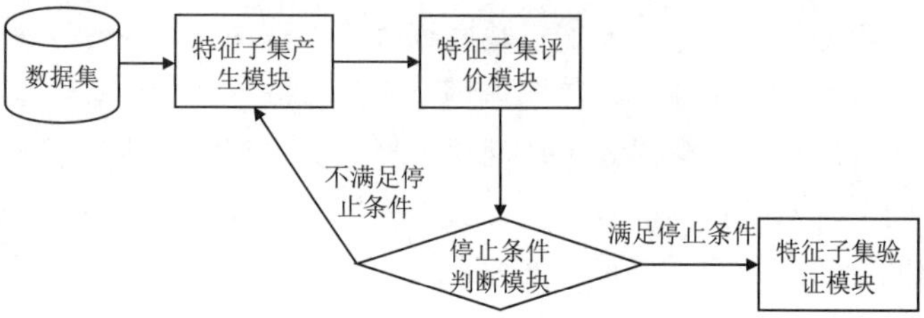

图 4-3 经典的特征选择框架

对于最终选择的特征子集的验证，在测试集上检验所选择的特征子集的优劣；对于聚类问题，检验通过该特征子集能否获得更高质量的簇；对于分类问题，检验在选择的特征子集上建立的分类模型能否维持或获得更好的分类准确率。具体来说，对于存在单独的训练集和测试集的情形，首先将训练集和测试集在选择的特征子集上进行映射，得到约简的训练集和约简的测试集；然后在约简的训练集上建立分类模型并用约简的测试集检验该分类模型的分类准确率，并将该准确率作为特征子集质量的检验结果；对于不存在单独的训练集和测试集的情形，一般采用 k 折交叉检验的方式来检验所选择的特征子集。它的一般流程是：首先，将数据集分成大小大致相同的 k 份；然后，分别将其中的一份作为测试集，将剩余的$(k-1)$份作为训练集来建立分类器，此时的训练集和测试集是将原始数据集映射在特征子集上得到的，这样可以得到 k 个分类准确率，并以这 k 个值的均值作为特征子集质量的度量。需要注意的是，为避免产生选择偏见的问题，一般先在训练集上进行特征选择，然后将训练集和测试集映射在选择的特征子集上进行评估。k 折交叉检验会将产生 k 个特征子集，这种方式往往适用于比较多个特征选择算法并从中选出一个最优的的情况。

特征选择停止准则用于判断当前的特征子集是否满足停止条件。常用的停止条件如下。

（1）候选特征的搜索次数达到设定的阈值。

（2）候选特征子集中包含的特征个数达到设定的阈值。也就是说，已选出指定个数的特征可以提前终止特征选择过程。

（3）增加或删除特征不能进一步提高评价函数的值。

（4）当前获得的评价函数效用值超过设定的阈值，即当前的特征子集满足问题的要求，可以提前终止。

（5）当前候选特征对应的评价函数的效用值达到最优，如以分类错误率为评价标准，若当前特征子集可以获得零错误率，那么该特征子集是最优的，无须继续进行搜索。

在上述五个停止条件中，前两个与特征子集产生模块相关，后三个与特征子集评价模块相关，因此这两个模块在特征选择中扮演着非常重要的角色。具体来说，特征子集产生模块影响着特征选择的时间性能，好的特征子集产生方式能够快速地找出高质量的特征；特征子集评价模块决定选择的特征子集的质量，好的评价标准有利于获得高质量的特征。

4.3.1.2　特征选择方法分类

1．根据有无标签数据可用进行分类

根据数据集有无标签，可以将特征选择方法分为有监督特征选择、无监督特征选择及半监督特征选择。在无监督特征选择中，由于类标签信息不可用，因此不能通过类标签来评价特征的质量，此时需要设计某种评价准则来评价特征的质量。

2．根据确定特征子集的方式进行分类

根据特征选择方法是否自动确定最终获得的特征子集，可将特征选择方法分为特征排名方法和特征子集选择方法。

特征排名方法根据特征对目标类别判别能力的强弱，降序排列原始特征并返回原始特征的一个有序集合，因此需要通过预先设定或其他方式来确定最终选择的特征个数。对于最优特征子集的确定，可以采用递增的方式评价多个候选特征子集并从中选出具有最好性能的子集作为最终选择的特征。

特征子集选择方法可以自动确定最终选择的特征，并直接返回一个特征集。此类方法一般考虑了特征的相关性和冗余性，以尽可能地获得具有强判别能力的特征子集。

3．根据搜索策略进行分类

特征子集产生模块按照一定的搜索策略产生候选特征子集。在实际应用中，常采用的搜索策略有全局最优搜索、随机搜索及启发式搜索。

全局最优搜索的目的是从原始特征空间中获得全局最优的特征子集。目前常用的全局最优搜索方法包括暴力搜索法和分支界定法。暴力搜索法通过枚举所有可能的特征子集并逐一评价每个候选特征子集质量的方式来获得全局最优的特征子集，该方法能够保证获得全局最优，但时间复杂度随着原始特征空间中的特征个数增长呈指数级增长，难以在实际中应用，并且已经证明最优特征子集的搜索是一个 NP 困难（NP Hard）的问题。分支界定法将候选特征子集的搜索空间组织成树的形式，并要求评价函数满足单调性。在分支界定法中，树的每一个节点都是一个候选特征子集，采用的剪枝策略是，若某个评价准则不成立，则对相应的节点进行剪枝操作，并且不再从该节点继续向下搜索。分支界定法在一定程度上可以减少暴力搜索法的时间代价，但仍具有较高的时间复杂度，并且在实际应用中难以设计满足单调性要求的评价函数和指定特征子集的大小。

为提高全局最优搜索方法的时间性能，各类具有全局搜索能力的智能算法被应用于搜索特征子集。智能算法随机性的特点使候选特征的搜索在整个搜索空间中进行，这降低了获得局部最优解的概率。在特征选择中，常使用的智能算法有遗传算法、和声搜索算法、粒子群进化算法、模拟退火算法、禁忌搜索算法、布谷鸟算法等。该类算法一般有两种确定特征子集的方式：先根据特征在所有候选特征子集中出现的频率，为特征赋予权值并依据该权值对特征进行排列，然后根据阈值选出指定个数的特征作为最终选择的特征；先将智能算法产生的个体看作一个候选特征子集，然后采用封装的方式评价所有的个体并选出最好的个体作为最终选择的特征。假设原始特征空间中有 n 个特征，虽然随机搜索方法的搜索空间规模仍是 $O(2^n)$，但是可以通过设置最大迭代次数或其他提前停止条件限制搜索空间的大小。此外，智能算法提供了一种直接的多个特征子集搜索方式。在实际中，应用智能算法需要对一些超参数进行设置，而这些超参数对最终的结果有着很大的影响，同时随机搜索策略获得的结果具有较大的不确定性，即使是相同的初始参数值也可能得到不同的结果，这在一定程度上降低了研究人员使用此类特征选择方法的信心。

启发式搜索是一种平衡搜索效率与获得的特征子集质量的策略，根据待解决问题的特性来指导最优特征子集的搜索方向。常用的启发式搜索策略主要有朴素搜索、序列前向选择、序列后向选择、增 L 减 R 搜索及序列浮动搜索。

朴素搜索先根据预定义的评价准则单独对每个特征进行评价，然后根据特征的重要性降序排列所有的特征，并根据设定的阈值选择排名靠前的特征作为最终选择的特征子集。该方法搜索方式简单直接，具有较好的时间复杂度，但没有考虑特征间的冗余，最终选择的特征子集的判别能力往往不强。

序列前向选择是一种贪婪搜索策略，采用递增的方式选择特征。首先，初始化用于保存已选特征的集合 S 为空集，初始化候选特征为原始特征空间中的所有特征；其次，从所有的候选特征中选出一个能够最优化评价函数的特征，将该特征加入 S 并从候选特征中删除；再次，从剩余的候选特征中选出一个与已选特征能够最优化评价函数的特征，将其加入 S 并从候选特征中删除，重复该过程直到获得指定个数的特征或新特征的加入不能进一步提高评价函数的取值。随着迭代的进行，序列前向选择的搜索空间越来越小，直到搜索空间为空。序列前向选择具有较小的运算量，在处理高维数据时往往表现出不错的性能，但对第一个特征的选择比较敏感，并且容易陷入局部最优的情况，一旦某个特征被选择，该特征将一直被保存在已选特征集中直到算法运行结束。此外，每次可以加入 L 个特征的方法被称为广义序列前向选择。对于这 L 个特征的选择一般通过特征组合的方式来确定，通常具有较高的时间代价。

序列后向选择也是一种贪婪搜索策略，采用递减的方式选择特征。首先，初始化最终选择的特征子集 S 为原始特征空间中的所有特征；然后，从 S 中删除一个特征，被删除的特征能够最优化评价函数的取值，重复该过程直到 S 中剩余的特征个数达到设定的阈值。随着迭代的进行，序列后向选择的搜索空间越来越小。序列后向选择一般具有较高的时间代价，并且容易陷入局部最优的情况，一旦某个特征被删除，在后续搜索过程中将不会再考虑该特征。此外，每次可以从特征集中删除 L 个特征的方法被称为广义序列后向选择。

增 L 减 R 搜索是一种双向搜索方法，综合利用了序列前向选择和序列后向选择。首先，使用序列前向选择从候选特征集中逐个选出 L 个能够最优化评价函数的特征，并将该特征加入已选特征集；然后，使用序列后向选择从已选特征集中逐个删除 R 个最差的特征，为保证每次迭代都有特征加入，一般要求 $L > R$，重复上述过程直到获得指定个数的特征。增 L 减 R 搜索能够克服序列前向选择中特征一旦加入就不能被删除，以及序列后向选择中特征一旦被删除就不能加入的缺点。

由于广义序列前向选择、广义序列后向选择及增 L 减 R 搜索，每次迭代中加入或删除的特征个数是固定的，缺少一定的灵活性，因此序列浮动搜索允许根据实际情况确定每次迭代中加入或删除的特征个数，其可以被看作上述几种方法的自适应版本，能够解决难以确定每次加入或删除特征个数的问题，并且具有较快的收敛速率。

4．根据使用的评价函数进行分类

根据有无使用学习算法或分类器来评价特征的质量，可以将特征选择方法分为基于过滤的特征选择方法、基于封装的特征选择方法及基于嵌入的特征选择方法。

基于过滤的特征选择方法在特征选择过程中独立于某个特定的分类器，而仅依赖数据集自身的特性来设计评价准则，从而评价候选特征的质量。该类方法具有较好的通用性，能够与各类分类器组合来构建分类器并验证最终选择的特征子集的质量。总的来说，该类方法具有较好的时间性能，特别是在处理大规模数据集时。基于过滤的特征选择方法在评价候选特征的质量时，一般会从相关特征、不相关特征和冗余特征的角度来评价特征的质量。

基于封装的特征选择方法与基于过滤的特征选择方法不同，其在特征选择过程中使用某个学习算法来评价候选特征或候选特征子集的质量。在评价特征子集的质量时，基于封装的特征选择方法先在该特征子集上训练一个分类模型，然后以该分类模型的性能作为该特征子集的评价。常用的评价准则有分类准确率和分类错误率。在基于封装的特征选择方法中可以使用的学习算法多种多样，如 k 最近邻、朴素贝叶斯、决策树、人工神经网络等。正是由于学习算法和特征子集之间特定的相互作用，基于封装的特征选择方法在最终选择的特征子集上往往能够获得较高的分类准确率，同时导致该类方法具有较高的时间复杂度。此外，基于封装的特征选择方法选出的特征子集具有较差的通用性，也就是说，虽然在使用某个学习算法获得的特征子集上能够获得较好的分类性能，但是另一个学习算法在该特征子集上未必能获得令人满意的分类性能，因此针对不同的学习算法，一般需要重新选择相应的特征子集。

在基于过滤的特征选择方法和基于封装的特征选择方法中，特征选择和分类器的训练是作为两个独立的过程进行的，而基于嵌入的特征选择方法则在构建分类模型的过程中同时进行特征选择。也就是说，在训练得到的分类器中包含的特征就是最终选择的特征。基于嵌入的特征选择方法适用于特定的学习算法，如决策树算法等。对于决策树算法，在决策树的生成过程中每次从候选特征集中选出一个能够最佳划分数据集的特征，得到的决策树就是需要的学习模型，树中的节点就是最终选择的特征。基于嵌入的特征选择方法具有基于过滤的特征选择方法的效率和基于封装的特征选择方法的高准确率的优点，时间复杂度一般介于两者之间。

4.3.1.3　几种常用的特征选择算法

本节将介绍几个常用的特征选择算法，这些算法涵盖了特征排名法和特征子集选择法，具有不同的特征重要性评价准则。基于封装的序列前向选择方法利用分类准确率作为特征重要性评估的准则；ReliefF 算法利用距离来度量特征的重要性；基于相关性的特征选择算法使用相关性来度量特征相关性和特征冗余性；基于快速相关性的过滤算法和最小冗余最大相关算法通过信息熵来衡量特征与类标签、特征与特征之间的相关性。

1．基于封装的序列前向选择方法

基于封装的序列前向选择方法的基本思想是每次从原始特征集 F 中选出一个特征，该特征与已选择特征 S 构成当前最优的特征子集。具体来说，首先初始化用于保存已选择特征的集合 S 为空集，初始化分类准确率为 acc = 0，然后执行以下步骤。

（1）从 F 中选出与 S 合并后能够获得最大分类准确率 accs 的特征 f，对于 accs 的计算，可以通过在训练集上利用 k 折交叉检验的方式或通过对验证集进行分类的方式得到，如果 accs < acc，则停止算法并返回最终选择的特征子集 S，否则执行下一步。

（2）将 f 加入 S，并将其从 F 中删除。

（3）更新当前的 acc 为 accs。

（4）判断 S 中的特征个数是否满足用户要求，若满足，则停止算法并返回 S。

（5）判断 F 是否为空集，若为空集，则停止算法并返回 S，否则执行步骤（1）。

2. ReliefF 算法

Relief 算法是一种基于样本的特征权重计算方法，通过考察特征在同类近邻样本与不同类近邻样本间的距离来度量特征的判别能力，并依此距离对特征进行排名。如果特征的取值在同类样本间距离小，而在不同类样本间的距离大，则该特征具有较强的判别能力。给定一个由 n 个特征 $F=\{f_1,f_2,\cdots,f_n\}$ 和类标签 L 组成的训练集 $\mathcal{D}=\{(\boldsymbol{x}_1,y_1),(\boldsymbol{x}_2,y_2),\cdots,(\boldsymbol{x}_m,y_m)\}$，样本 $\boldsymbol{x}_i$ 由 n 个特征组成 $\boldsymbol{x}_i=(x_{i1};x_{i2};\cdots;x_{in})$，$\boldsymbol{x}_i$ 的标签是 $y_i\in\{L_1,L_2\}$（$1\leqslant i\leqslant m$），Relief 算法首先随机从 $\mathcal{D}$ 中选择一个样本 $\boldsymbol{x}_i$，并搜索 $\boldsymbol{x}_i$ 的两个最近邻，其中一个与 $\boldsymbol{x}_i$ 来自同一个类别，记为最近命中 H，另一个来自与 $\boldsymbol{x}_i$ 不同的类别，记为最近错过 M；然后利用式（4-1）更新特征 $f\in F$ 的权重 w_f（权重初始值均为 0）。

$$w_f=w_f-\frac{\text{diff}(f,\boldsymbol{x}_i,H)}{r}+\frac{\text{diff}(f,\boldsymbol{x}_i,M)}{r} \tag{4-1}$$

重复上述过程 r 次，即可得到特征 f 的最终权重 w_f。对每个特征进行处理后，可以得到关于 F 的权重向量 $\boldsymbol{w}=(w_1;w_2;\cdots;w_n)$。对 $\boldsymbol{w}$ 进行降序排列即可得到 F 中特征的排名。

式（4-1）中的 $\text{diff}(f,\boldsymbol{x}_i,\boldsymbol{x}_j)$ 表示两个样本 $\boldsymbol{x}_i$ 和 $\boldsymbol{x}_j$ 在特征 f 上取值的差异。对于标称变量，有 $\text{diff}(f,\boldsymbol{x}_i,\boldsymbol{x}_j)=\begin{cases}0 & \text{if value}(\boldsymbol{x}_i,f)=\text{value}(\boldsymbol{x}_j,f)\\1 & \text{otherwise}\end{cases}$，其中 $\text{value}(\boldsymbol{x}_i,f)$ 表示 $\boldsymbol{x}_i$ 在特征 f 上的值；对于连续变量，有 $\text{diff}(f,\boldsymbol{x}_i,\boldsymbol{x}_j)=\dfrac{|\text{value}(\boldsymbol{x}_i,f)-\text{value}(\boldsymbol{x}_j,f)|}{\max(f)-\min(f)}$，其中分母表示特征 f 的最大取值与最小取值的差。

Relief 算法简单易实现，但局限于两分类问题并且不能处理不完整的数据。ReliefF 算法是 Relief 的一个扩展，通过将多分类问题转化为多个一对多的两分类问题的方式将 Relief 算法推广到了多分类特征选择中。具体来说，对于类标签 L 取值为 $\{L_1,L_2,\cdots,L_l\}$ 的多类问题（l 表示类别个数，$l\geqslant 3$），ReliefF 算法首先随机从 $\mathcal{D}$ 中选择一个样本 $\boldsymbol{x}_i$，并从每个类别的样本中各选择 k 个距离 $\boldsymbol{x}_i$ 最近的样本，与 $\boldsymbol{x}_i$ 具有相同类标签的样本构成集合 H，与 $\boldsymbol{x}_i$ 具有不同类标签的样本构成集合 M；然后利用式（4-2）更新特征 f 的权重 w_f（权重的初始值均为 0）。

$$w_f=w_f-\sum_{j=1}^{k}\frac{\text{diff}(f,\boldsymbol{x}_i,H_j)}{rk}+\sum_{c\neq\text{class}(\boldsymbol{x}_i)}\frac{p(c)}{1-p(\text{class}(\boldsymbol{x}_i))}\sum_{j=1}^{k}\frac{\text{diff}(f,\boldsymbol{x}_i,M_j(c))}{rk} \tag{4-2}$$

式中，H_j 表示 H 中的第 j 个样本；$M_j(c)$ 表示来自类别 c 的与 $\boldsymbol{x}_i$ 的距离最近的 k 个样本中的第 j 个样本；$\text{class}(\boldsymbol{x}_i)$ 表示 $\boldsymbol{x}_i$ 的标签；$p(c)$ 表示 $c\in\{L_1,L_2,\cdots,L_l\}$ 的先验概率，即 $\mathcal{D}$ 中类标签为 c 的样本占 $\mathcal{D}$ 的比例。

重复上述过程 r 次，即可得到特征 f 的最终权重 w_f。对每个特征进行处理后，可以得到关于 F 的权重向量 $\boldsymbol{w}=(w_1;w_2;\cdots;w_n)$。对 $\boldsymbol{w}$ 进行降序排列即可得到 F 中特征的排名。

对于 $\text{diff}(f,\boldsymbol{x}_i,\boldsymbol{x}_j)$ 的计算，若两个样本均是完整的，可以用 Relief 算法中的方式来计算；若只有一个样本有缺失值（不妨假设为 $\boldsymbol{x}_i$），则可以用 $\text{diff}(f,\boldsymbol{x}_i,\boldsymbol{x}_j)=1-p(\text{value}(\boldsymbol{x}_j,f)\,|\,\text{class}(\boldsymbol{x}_i))$，其中条件概率是基于 $\mathcal{D}$ 中的相对频率来近似的，$p(\text{value}(\boldsymbol{x}_j,f)\,|\,\text{class}(\boldsymbol{x}_i))$ 表示以类别标签取值是 $\text{class}(\boldsymbol{x}_i)$ 的样本集为条件，$\boldsymbol{x}_j$ 在特征 f 上取值的概率；若两个样本均包括缺失值，则可以利用 $\text{diff}(f,\boldsymbol{x}_i,\boldsymbol{x}_j)=1-\sum_{v\in S_f}(p(\text{value}(v\,|\,\text{class}(\boldsymbol{x}_i)\times p(\text{value}(v\,|\,\text{class}(\boldsymbol{x}_j))))))$，其中 S_f 表示特征 f 的所有可能的取值。

3．基于相关性的特征选择算法

基于相关性的特征选择（Correlation-based Feature Selection，CFS）算法属于过滤式特征子集选择方法。与特征排名方法相比，基于相关性的特征选择无须指定最终返回的特征个数。CFS 算法基于特征子集而不是单个特征来评估候选特征的质量，考虑特征与类别及特征之间的关系，并通过启发式方法剔除对类别预测不起作用的特征。

给定一个由 n 个特征 $F=\{f_1,f_2,\cdots,f_n\}$ 和类标签 L 组成的数据集 $\mathcal{D}$，CFS 算法以式（4-3）为评价准则，采用最佳优先搜索的方式来搜索特征空间。

$$\text{merit}_S=\frac{k\overline{r}_{Lf}}{\sqrt{k+k(k-1)\overline{r}_{ff}}} \tag{4-3}$$

式中，merit_S表示包含 k 个特征的特征子集 S 的价值（merit）；$\overline{r}_{Lf}$ 表示特征 $f\in F$ 与类标签 L 之间的平均相关性；$\overline{r}_{ff}$ 表示两个特征之间的平均相关性。当 $k=1$ 时，merit_S等于特征 f 与类标签 L 之间的相关性。具体来说，先初始化 S 为空集，根据式（4-3）计算 F 中每个特征的价值，选择价值最大的特征 f，将其加入 S 并从 F 中删除；然后选择 F 中具有最大价值的 f，将其加入 S 并从 F 中删除，如果不能在 S 上获得更大的价值，则从 S 中移除 f，重复该步骤直至满足停止条件，返回最终选择的特征子集 S。CFS 算法的停止条件是 F 为空，或者连续五次搜索未能提高 S 的价值，或者 S 中的特征个数达到指定值。

4．基于快速相关性的过滤算法

基于快速相关性的过滤（Fast Correlation-Based Filter，FCBF）算法属于过滤式特征子集选择方法，利用对称不确定性（Symmetrical Uncertainty，SU）来度量特征之间的相关性。SU 的计算公式是 $\text{SU}(X;Y)=2\dfrac{I(X;Y)}{H(X)+H(Y)}=2\dfrac{H(X)-H(X\mid Y)}{H(X)+H(Y)}$，其中 $I(X;Y)$ 表示互信息，可以被看作一个随机变量中包含的关于另一个随机变量的信息量，或者说是一个随机变量由已知另一个随机变量而减少的不确定性，等于熵 $H(X)$ 与条件熵 $H(X\mid Y)$ 之间的差值。SU 能够反映两个变量之间的非线性相关性，SU 值越大，变量之间的相关性越大。

给定由特征集 $F=\{f_1,f_2,\cdots,f_n\}$ 和类标签 L 构成的数据集 $\mathcal{D}$，FCBF 算法首先计算特征 $f_i\in F$ 与 L 之间的相关度 $\text{SU}(f_i,L)$（$1\leqslant i\leqslant n$）；其次将相关度大于设定的阈值（一般取 0 值）的特征选择出来；再次将 $\text{SU}(f_i,L)$按从大到小的顺序排列，并依次计算特征 f_i 与排列中小于 $\text{SU}(f_i,L)$的其他特征 $f_j\in F$ 之间的相关性 $\text{SU}(f_i,f_j)$，如果 $\text{SU}(f_i,f_j)>\text{SU}(f_j,L)$，则删除 f_j；最后得到最终的特征子集。可以看出，FCBF 算法剔除了相关性较小的特征，同时利用相关性更高的特征 f_i 筛选其他特征 f_j，减少了时间复杂度。

5．最小冗余最大相关算法

最小冗余最大相关（Minimum-Redundancy Maximum-Relevance，MRMR）算法是一种基于信息论的特征选择算法，主要思想是从特征空间中寻找与目标类别有最大相关性且彼此间冗余性最小的 k 个特征。

给定由特征集 $F=\{f_1,f_2,\cdots,f_n\}$ 和类标签 L 构成的数据集 $\mathcal{D}$，MRMR 算法可利用式（4-4）从 F 中找出一个最优特征子集 $S\subset F$。

$$\max_{S\subset F}\left[\frac{1}{|S|}\sum_{f_i\in S}I(f_i;L)-\frac{1}{|S|^2}\sum_{f_i,f_f\in S}I(f_i;f_j)\right] \tag{4-4}$$

MRMR 算法也可以利用递增的方式，根据式（4-5）选择特征 $f\in F$，并不断地将 f 加入 S，记当前已选择的特征集为 S（初始值为空集）。

$$\max_{f\in F-S}\left[I(f;L)-\frac{1}{|S|}\sum_{s\in S}I(f;s)\right] \tag{4-5}$$

也就是说，在已选特征的基础上，在剩余的特征中找到最大化式（4-5）的特征。基于上述过程，可以对 F 中的所有特征进行降序排列，也可以根据需要选择排名前 k 个特征作为最终选择的特征子集。

基于 Python 的开源机器学习工具库 scikit-learn 中集成的 feature_selection 包实现了多种可供用户使用的特征选择算法。读者可查阅 feature_selection 包获取更多特征选择算法的信息。接下来给出基于后向搜索的特征选择算法的代码片段，该算法利用决策树来评估特征的质量。假设已经准备好训练集 data，其中每一行表示一个样本，每一列表示一个特征；样本的标签存放在 label 中。RFE 函数的目标是不断删除特征空间中不重要的特征，其参数 n_features_to_select 指定要选择的特征个数，返回的参数 support 给出所选特征的掩码，即表明特征是否被选择。

```
import pandas as pd
from sklearn.feature_selection import RFE
from sklearn.tree import DecisionTreeClassifier
rfe = RFE(estimator=DecisionTreeClassifier(), n_features_to_select=2)
rfe.fit(data, label)
print(rfe.support_)
```

4.3.2 特征提取

特征提取作为数据分析中重要的预处理技术，任务是在特定约束条件下寻找一个线性或非线性变换函数来获得原始数据的降维表示，在揭示数据的内在结构及提升下游任务性能上发挥着重要作用。可以从不同角度对已有的特征提取方法进行归类。根据数据中监督信息的可用性，可以将现有的特征提取方法分为无监督降维方法、有监督降维方法和半监督降维方法。主成分分析（Principle Component Analysis，PCA）是无监督降维方法的代表；线性判别分析（Linear Discriminant Analysis，LDA）属于有监督降维方法。只有部分有标记的数据可以采用半监督降维方法。根据降维方法保存的信息，可以将特征提取的方法分为全局方法和局部方法。例如，PCA 和 LDA 属于全局方法，试图保持数据的全局特性；局部线性嵌入（Locally Linear Embedding，LLE）和拉普拉斯特征映射（Laplacian Eigenmaps，LE）可以保持数据的局部流形结构。根据高维空间和降维后的特征空间之间的映射函数是否为线性，可将降维技术分为线性方法（如 PCA 和 LDA）和非线性方法（如 LLE 和 LE）。接下来介绍两个常用的特征提取算法。

1. PCA

PCA 作为一种常用的预处理技术，是一种无监督线性降维算法，旨在找到一个将高维数据变换到低维空间中的线性映射矩阵 $\boldsymbol{W}$，使得获得的低维表示具有最大方差。给定由 n 个特征和 m 个样本组成的数据集 $\boldsymbol{X}=(\boldsymbol{x}_1,\boldsymbol{x}_2,\cdots,\boldsymbol{x}_m)\in\mathbb{R}^{n\times m}$，每一列表示一个样本，每一行代表一个特征，PCA 首先对 $\boldsymbol{X}$ 进行中心化处理，即 $\boldsymbol{x}_i=\boldsymbol{x}_i-\boldsymbol{\mu}$，$\boldsymbol{\mu}=\sum_{i=1}^{m}\boldsymbol{x}_i$；假设投影后的新坐标系是一组标准正交基 $\{\boldsymbol{w}_1,\boldsymbol{w}_2,\cdots,\boldsymbol{w}_d\}$，则样本 $\boldsymbol{x}_i$ 在新坐标系中的投影为 $z_i=(z_{i1};z_{i2};\cdots;z_{id})$，其中 $z_{ij}=\boldsymbol{w}_j^{\mathrm{T}}\boldsymbol{x}_i$ 是 z_i 在新坐标系中第 j 维的坐标。因此，对于任意一个样本 $\boldsymbol{x}_i$，在新坐标系中的投影是 $\boldsymbol{W}^{\mathrm{T}}\boldsymbol{x}_i$，其中 $\boldsymbol{W}=(\boldsymbol{w}_1,\boldsymbol{w}_2,\cdots,\boldsymbol{w}_d)$。若要所有样本点的投影尽可能地分开，则应最大化投影后

的样本点的方差，即

$$\begin{cases}\arg\max\limits_{W}\left(\sum\limits_{i=1}^{m}W^{\mathrm{T}}x_i x_i^{\mathrm{T}}W\right)=\arg\max\limits_{W}\mathrm{tr}\left(W^{\mathrm{T}}\dfrac{1}{m-1}XX^{\mathrm{T}}W\right)\\ \text{s.t. } w_i^{\mathrm{T}}w_i=1, w_i^{\mathrm{T}}w_j=0\quad i,j\in\{1,2,\cdots,d\}, i\neq j\end{cases}$$

其中，$\Sigma=\dfrac{1}{m-1}XX^{\mathrm{T}}$为$X$的协方差矩阵，约束条件是为了避免平凡解。对上式利用拉格朗日乘子法，可得$\Sigma w_i=\lambda_i w_i$，其中λ_i为拉格朗日乘子，w_i为矩阵W的第i列。因此，首先对协方差矩阵Σ进行特征分解，对求得的特征值进行排列$\lambda_1\geqslant\lambda_2\geqslant\cdots\geqslant\lambda_d$；然后取前$q$个特征值对应的特征向量构成投影矩阵$W=(w_1,w_2,\cdots,w_q)\in\mathbb{R}^{n\times q}$（$q$通常小于$n$）；最后利用$W$可得$X$的低维表示$Y=W^{\mathrm{T}}X$。

对于主成分个数q的确定，可以事先指定（如通常取 2 或 3），也可以根据大于 1 的特征值的个数来确定，还可以根据主成分的累计贡献率确定，即$\dfrac{\sum_{i=1}^{q}\lambda_i}{\sum_{i=1}^{d}\lambda_i}\geqslant\delta$。其中，$\delta$一般取 0.95 或 0.99。

通过一个示例来说明如何利用 PCA 进行降维。给定数据集$\mathcal{D}$= {(4; 2), (2; 4), (2; 3), (3; 6), (4; 4), (9; 10), (6; 8), (9; 5), (8; 7), (10; 8)}。首先，计算样本均值$\mu=(5.7;5.7)$，并进行中心化处理，可得X= {(−1.7; −3.7), (−3.7; −1.7), (−3.7; −2.7), (−2.7; 0.3), (−1.7; −1.7), (3.3; 4.3), (0.3; 2.3), (3.3; −0.7), (2.3; 1.3), (4.3; 2.3)}；其次，计算协方差矩阵$\Sigma=\dfrac{1}{10-1}XX^{\mathrm{T}}=\begin{bmatrix}9.5667 & 5.5667\\5.5667 & 6.4556\end{bmatrix}$；再次，对协方差矩阵进行特征分解，可得$\Sigma\begin{bmatrix}-0.6045 & 0.7966\\0.7966 & 0.6045\end{bmatrix}=\begin{bmatrix}2.2312 & 0\\0 & 13.7910\end{bmatrix}\begin{bmatrix}-0.6045 & 0.7966\\0.7966 & 0.6045\end{bmatrix}$，从而得到第一个主成分是$w_1$= (0.7966; 0.6945)，第二个主成分是w_2= (−0.6045; 0.7966)；最后，根据主成分对样本进行降维。例如，利用w_1对样本(4; 2)进行降维，可得(4.3954)；利用w_1和w_2对样本(4; 2)进行降维，可得(4.3954; −0.8248)。

利用 scikit-learn 库中实现的 PCA 算法对数据进行降维的代码示例。PCA 函数中的参数 n_components 指定降维后的维数；X_r 表示数据集 X 经 PCA 变换后的数据。需要注意的是，在代码中 X 的每一行表示一个样本，每一列代表一个特征。

```
import numpy as np
from sklearn.decomposition import PCA
X = np.array([[4, 2], [2, 4], [2, 3], [3, 6], [4, 4], [9, 10], [6, 8], [9, 5], [8, 7], [10, 8]])
pca = PCA(n_components=2)
X_r = pca.fit(X).transform(X)
```

2. LDA

LDA 是一种有监督线性降维方法，核心思想是将高维空间中的数据投影到较低维的空间中，使得投影后得到的数据，各个类别的类内方差小而类间均值差别大，即投影后类内方差最小、类间方差最大，以拉近同类的样本、分开不同类的样本。

给定一个由m个样本组成的数据集$\mathcal{D}=\{(x_1,y_1),(x_2,y_2),\cdots,(x_m,y_m)\}$，$x_i$是一个$n$维列向量，$y_i\in\{L_1,L_2,\cdots,L_l\}$（$1\leqslant i\leqslant m$），$l$为类别数，则标签为$L_i$的样本的均值和协方差分别是

$\boldsymbol{\mu}_i=\dfrac{1}{N_i}\sum_{x\in L_i}\boldsymbol{x}$ 和 $\boldsymbol{S}_i=\sum_{x\in L_i}(\boldsymbol{x}-\boldsymbol{\mu}_i)^2=\sum_{x\in L_i}(\boldsymbol{x}-\boldsymbol{\mu}_i)(\boldsymbol{x}-\boldsymbol{\mu}_i)^{\mathrm{T}}$，$N_i$表示$\mathcal{D}$中类标签为$L_i$的样本数。若将数据投影到直线$\boldsymbol{w}$上，则标签为$L_i$的样本投影后的均值$\tilde{\boldsymbol{\mu}}_i$和方差$\tilde{\boldsymbol{S}}_i$分别是

$$\tilde{\boldsymbol{\mu}}_i=\frac{1}{\mathrm{N}_i}\sum_{x\in L_i}\boldsymbol{w}^{\mathrm{T}}\boldsymbol{x}=\boldsymbol{w}^{\mathrm{T}}\boldsymbol{\mu}_i$$

$$\tilde{\boldsymbol{S}}_i=\sum_{x\in L_i}(\boldsymbol{w}^{\mathrm{T}}\boldsymbol{x}-\boldsymbol{w}^{\mathrm{T}}\boldsymbol{\mu}_i)^2=\sum_{x\in L_i}\boldsymbol{w}^{\mathrm{T}}(\boldsymbol{x}-\boldsymbol{\mu}_i)(\boldsymbol{x}-\boldsymbol{\mu}_i)^{\mathrm{T}}\boldsymbol{w}=\boldsymbol{w}^{\mathrm{T}}\boldsymbol{S}_i\boldsymbol{w}$$

对于二分类问题，LDA的目标函数是

$$\max_{\boldsymbol{w}} J(\boldsymbol{w})=\max_{\boldsymbol{w}}\frac{\|\tilde{\boldsymbol{\mu}}_1-\tilde{\boldsymbol{\mu}}_2\|_2^2}{\tilde{\boldsymbol{S}}_1+\tilde{\boldsymbol{S}}_2}=\max_{\boldsymbol{w}}\frac{\boldsymbol{w}^{\mathrm{T}}(\boldsymbol{\mu}_1-\boldsymbol{\mu}_2)(\boldsymbol{\mu}_1-\boldsymbol{\mu}_2)^{\mathrm{T}}\boldsymbol{w}}{\boldsymbol{w}^{\mathrm{T}}(\boldsymbol{S}_1+\boldsymbol{S}_2)\boldsymbol{w}} \tag{4-6}$$

$\boldsymbol{S}_b=(\boldsymbol{\mu}_1-\boldsymbol{\mu}_2)(\boldsymbol{\mu}_1-\boldsymbol{\mu}_2)^{\mathrm{T}}$ 被称为类间散度矩阵，$\boldsymbol{S}_w=\boldsymbol{S}_1+\boldsymbol{S}_2$ 被称为类内散度矩阵。变换式（4-6），可得

$$\begin{cases}\min\limits_{\boldsymbol{w}} -\boldsymbol{w}^{\mathrm{T}}\boldsymbol{S}_b\boldsymbol{w}\\ \text{s.t.}\ \ \boldsymbol{w}^{\mathrm{T}}\boldsymbol{S}_w\boldsymbol{w}=1\end{cases}$$

利用拉格朗日乘子法，有 $\boldsymbol{S}_b\boldsymbol{w}=\lambda\boldsymbol{S}_w\boldsymbol{w}$。由于 $\boldsymbol{S}_b\boldsymbol{w}=(\boldsymbol{\mu}_1-\boldsymbol{\mu}_2)(\boldsymbol{\mu}_1-\boldsymbol{\mu}_2)^{\mathrm{T}}\boldsymbol{w}$，$(\boldsymbol{\mu}_1-\boldsymbol{\mu}_2)^{\mathrm{T}}\boldsymbol{w}$ 是个标量，因此$\boldsymbol{S}_b\boldsymbol{w}$的方向是$(\boldsymbol{\mu}_1-\boldsymbol{\mu}_2)$。不妨令 $\boldsymbol{S}_b\boldsymbol{w}=\lambda(\boldsymbol{\mu}_1-\boldsymbol{\mu}_2)$，因此 $\boldsymbol{w}=\boldsymbol{S}_w^{-1}(\boldsymbol{\mu}_1-\boldsymbol{\mu}_2)$。在实际计算中，通常对$\boldsymbol{S}_w$进行奇异值分解 $\boldsymbol{S}_w=\boldsymbol{U}\boldsymbol{\Sigma}\boldsymbol{V}^{\mathrm{T}}$，有 $\boldsymbol{S}_w^{-1}=\boldsymbol{V}\boldsymbol{\Sigma}^{-1}\boldsymbol{U}^{\mathrm{T}}$。

对于多分类问题，有全局散度矩阵 $\boldsymbol{S}_t=\boldsymbol{S}_b+\boldsymbol{S}_w=\sum_{i=1}^{m}(\boldsymbol{x}_i-\boldsymbol{\mu})(\boldsymbol{x}_i-\boldsymbol{\mu})^{\mathrm{T}}$，类内散度矩阵 $\boldsymbol{S}_w=\sum_{i=1}^{l}\boldsymbol{S}_{wi}=\sum_{i=1}^{l}\sum_{x\in L_i}(\boldsymbol{x}-\boldsymbol{\mu}_i)(\boldsymbol{x}-\boldsymbol{\mu}_i)^{\mathrm{T}}$，类间散度矩阵 $\boldsymbol{S}_b=\boldsymbol{S}_t-\boldsymbol{S}_w=\sum_{i=1}^{l}N_i(\boldsymbol{\mu}_i-\boldsymbol{\mu})(\boldsymbol{\mu}_i-\boldsymbol{\mu})^{\mathrm{T}}$，可以采用$\boldsymbol{S}_t$、$\boldsymbol{S}_w$和$\boldsymbol{S}_b$中的任意两个来构造LDA的目标函数。例如，使用$\boldsymbol{S}_w$和$\boldsymbol{S}_b$，可得

$$\max_{\boldsymbol{W}\in\mathbb{R}^{n\times(l-1)}}\frac{\mathrm{tr}(\boldsymbol{W}^{\mathrm{T}}\boldsymbol{S}_b\boldsymbol{W})}{\mathrm{tr}(\boldsymbol{W}^{\mathrm{T}}\boldsymbol{S}_w\boldsymbol{W})}$$

式中，$\mathrm{tr}(\cdot)$表示矩阵的迹。利用拉格朗日乘子法求解上式，可得 $\boldsymbol{S}_b\boldsymbol{W}=\lambda\boldsymbol{S}_w\boldsymbol{W}$。$\boldsymbol{W}$的解是$\boldsymbol{S}_w^{-1}\boldsymbol{S}_b$的 d（$d\leqslant l-1$）个最大非零广义特征值所对应的特征向量组成的矩阵。可以看出，多分类LDA利用投影矩阵将样本投影到d维空间，d通常小于数据原有的特征个数n，从而达到降维的目的。需要注意的是，LDA 降维最多降到的维数是$l-1$，如果需要降维的维度大于$l-1$，此时可以利用LDA的改进版来解决这个问题。

通过一个示例来说明如何利用 LDA 进行降维。给定二分类数据集$\mathcal{D}$，其中来自类别 L_1 的样本为{(4; 2), (2; 4), (2; 3), (3; 6), (4, 4)}，来自类别L_2的样本为{(9; 10), (6; 8), (9; 5), (8; 7), (10; 8)}，L_1和L_2中数据的均值分别是

$$\boldsymbol{\mu}_1=\frac{1}{5}\left[\begin{pmatrix}4\\2\end{pmatrix}+\begin{pmatrix}2\\4\end{pmatrix}+\begin{pmatrix}2\\3\end{pmatrix}+\begin{pmatrix}3\\6\end{pmatrix}+\begin{pmatrix}4\\4\end{pmatrix}\right]=\begin{pmatrix}3\\3.8\end{pmatrix}=(3;3.8)$$

$$\boldsymbol{\mu}_2=\frac{1}{5}\left[\begin{pmatrix}9\\10\end{pmatrix}+\begin{pmatrix}6\\8\end{pmatrix}+\begin{pmatrix}9\\5\end{pmatrix}+\begin{pmatrix}8\\7\end{pmatrix}+\begin{pmatrix}10\\8\end{pmatrix}\right]=\begin{pmatrix}8.4\\7.6\end{pmatrix}=(8.4;7.6)$$

L_1 和 L_2 中数据的协方差矩阵分别是 $\boldsymbol{S}_1=\begin{bmatrix}1 & -0.25\\-0.25 & 2.2\end{bmatrix}$ 和 $\boldsymbol{S}_2=\begin{bmatrix}2.3 & -0.05\\-0.05 & 3.3\end{bmatrix}$。有类内散度矩阵和类

间散度矩阵分别是 $\boldsymbol{S}_w=\boldsymbol{S}_1+\boldsymbol{S}_2=\begin{bmatrix}3.3 & -0.3\\ -0.3 & 5.5\end{bmatrix}$ 和 $\boldsymbol{S}_b=(\boldsymbol{\mu}_1-\boldsymbol{\mu}_2)(\boldsymbol{\mu}_1-\boldsymbol{\mu}_2)^{\mathrm{T}}=\begin{bmatrix}29.16 & 20.52\\ 20.52 & 14.44\end{bmatrix}$。可得投影向量 $\boldsymbol{w}=\boldsymbol{S}_w^{-1}(\boldsymbol{\mu}_1-\boldsymbol{\mu}_2)$，并可以利用 $\boldsymbol{w}^{\mathrm{T}}\boldsymbol{x}$ 对样本 $\boldsymbol{x}$ 进行降维。

利用 scikit-learn 库中的 LDA 进行降维的代码示例。LinearDiscriminantAnalysis 函数中的参数 n_components 指定降维后的维数；X_r 表示数据集 X 经 LDA 变换后的数据。需要注意的是，代码中 X 的每一行表示一个样本，每一列代表一个特征，y 是 X 的标签。

```
import numpy as np
from sklearn.discriminant_analysis import LinearDiscriminantAnalysis
X = np.array([[4, 2], [2, 4], [2, 3], [3, 6], [4, 4], [9, 10], [6, 8], [9, 5], [8, 7], [10, 8]])
y = np.array([[1, 1, 1, 1, 1, -1, -1, -1, -1, -1]]).T
lda = LinearDiscriminantAnalysis (n_components=1)
X_r = lda.fit(X, y).transform(X)
```

习题

4-1 为什么需要进行数据预处理？常见的数据预处理方式有哪些？

4-2 试编程实现基于最近邻的缺失值估计算法并利用该算法估计表 4-1 中的缺失值。

4-3 比较分析等宽分箱和等深分箱。

4-4 简述特征选择和特征提取的区别与联系。

4-5 从多个不同的角度对特征选择算法进行归类。

4-6 试编程实现 Relief 算法并对表 4-3 中的特征进行排列。

4-7 试编程实现 FCBF 算法并排列表 4-5 中的特征。假设采用等宽分箱法对数据进行离散化。

4-8 试编程实现 MRMR 算法并排列表 4-5 中的特征。假设采用等宽分箱法对数据进行离散化。

4-9 试编程实现 PCA 算法并对 4.3.2 节中的数据进行处理。

4-10 试编程实现 LDA 算法并对 4.3.2 节中的数据进行处理。

第 5 章
分类

分类是一种常用的数据挖掘技术，目的是根据某个学习到的分类模型来预测未知样本的标签。在处理分类任务时，首先在训练集上基于某个学习算法训练得到一个分类器，然后利用该分类器推断测试样本的标签。显然，学习算法对从数据中学习一个分类模型起着重要作用。本章将介绍三种被广泛应用的分类模型并给出相应的 Python 代码实现。在 5.1 节中将介绍决策树模型，该模型利用信息熵理论通过层次化的方式构建树形模型，采用自上而下的方式预测未知样本的标签；在 5.2 节中将介绍基于距离度量准则的 k 最近邻模型，该模型没有显式的模型训练过程，利用与测试样本最近的 k 个训练样本来分析测试样本；在 5.3 节中将介绍朴素贝叶斯分类器，该分类器是一种建立在概率统计基础上的分类模型，能够计算测试样本属于不同类别的概率。由于现实问题的复杂性和特异性，在解决具体问题时应结合实际选择合适的学习算法。

5.1 决策树

决策树（Decision Tree）是一种呈树形结构的模型，可用于解决分类和回归问题。在分类任务中，决策树基于描述样本的特征集对样本进行分类，可以被认为是 if-then 规则的集合，也可以被认为是定义在特征空间与标签空间上的条件概率分布。对于简单的有大量专家知识可利用的问题，可以通过知识驱动的方式构造出相应的决策树，如医生基于疾病的症状给出相应的治疗方案。然而，对于复杂问题，如涉及的特征个数多达几万的问题，通常难以直接通过人工的方式构造出一个决策树，一种切实可行的解决方案是利用某种学习算法从大量的数据中自动构造出一棵决策树。用于构造决策树的代表性方法包括由 John Ross Quinlan 分别于 1986 年和 1993 年提出的 ID3 算法和 C4.5 算法，以及由 Leo Breiman 等人于 1984 年提出的分类回归树（Classification And Regression Tree，CART）算法。总的来说，决策树的构建主要包括分裂特征重要性评估、决策树生成及决策树剪枝三个核心部分。本节将主要介绍用于分类问题的决策树。

5.1.1 决策树模型

决策树主要由节点和连接节点的有向边组成，其中节点分为内部节点和叶子节点。内部节点对应样本的特征，叶子节点对应样本的标签。决策树的分类过程：首先，从根节点开始，对样本的相应特征进行测试，并根据测试结果将样本分配到子节点中，每个子节点对应该特征的一个取值；然后，递归地对样本进行特征取值的测试，并根据测试结果将样本分配到子节点中，直至达到叶子节点；最后，将样本的标签预测为叶子节点所对应的标签。每个内部节点的子节点个数等于该内部节点所对应的特征的取值个数。

表 5-1 给出了一组关于客户银行贷款是否逾期的数据，其中包含 8 位客户的数据，每位客户由 3 个特征描述，即“拥有房产”“婚姻状况”“年收入/万元”。表 5-1 的最后一列是标签，表示客户银行贷款是否逾期。图 5-1 给出了一棵关于表 5-1 中数据的决策树，其中椭圆和方框分别表示内部节点和叶子节点。从图 5-1 中可以看出，根节点“拥有房产”有 2 个子节点，对应特征“拥有房产”有 2 个取值，即“是”和“否”；内部节点“婚姻状况”有 3 个子节点，对应特征“婚姻状况”有 3 个取值，即“已婚”、“未婚”和“离婚”。基于该决策树，可以对某客户银行贷款逾期情况进行预测，如对于一位无房产、未婚、年收入为 11 万元的客户，该决策树首先根据特征“拥有房产”的取值为“否”进入“年收入/万元”节点；然后根据“年收入/万元”的取值为“11 万元”进入“婚姻状况”节点；最后根据“婚姻状况”的取值为“未婚”，到达叶子节点“不逾期”，并根据该叶子节点给出最终预测值。

5-1　客户银行贷款逾期情况表

客户 ID	拥有房产	婚姻状况	年收入/万元	是否逾期
1	是	未婚	16	否
2	否	已婚	10	是
3	否	未婚	14	否
4	是	已婚	20	否
5	否	离婚	6	是
6	是	已婚	18	否
7	否	未婚	12	否
8	否	离婚	9	是

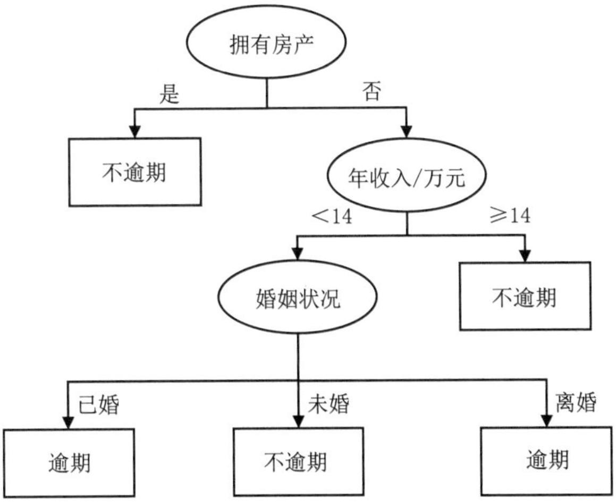

图 5-1　用于判断客户银行贷款是否逾期的决策树

以上是一个简单的决策树模型。在实际应用中，我们往往会面临更加复杂的情况，决策树的建立过程也更加复杂。因此，如何基于数据自动构建一棵决策树具有重要的意义，为此研究人员提出了众多决策树算法。其中，概念学习系统（Concept Learning System，CLS）是一种较早被提出的决策树学习算法，也是许多决策树算法的基础。CLS 的基本思想：首先，从一棵空决策树开始，从特征集中选择某个特征作为测试特征，该测试特征对应决策树的内部节点；然后，根据该特征的不同取值，将训练集划分为样本子集，如果该子集为空集或该子集中的样本属于同一个类别，则设置该子集为叶子节点，否则该子集对应决策树的内部节点，并选择一个新的特征对该子集进行划分，直到所有的子集为空集或子集中的样本属于同一个类别。

CLS 算法具有简单、容易理解的优点，但没有规定采用哪种策略从特征集中选择某个特征作为测试特征，这会导致采用不同的测试特征、特征先后顺序不同将生成不同的决策树。为解决该问题，研究人员提出了不同的准则来选择测试特征，并在此基础上设计相应的决策树学习算法，如著名的 ID3 算法和 C4.5 算法。虽然决策树学习算法之间存在着差异，但这些算法的核心思想大同小异，均涉及特征选择、决策树生成和决策树剪枝的问题。

5.1.2 特征重要性评估

由于决策树基于特征划分的方式来确定测试样本的标签，因此在决策树中应优先使用具有较强判别能力的特征，以提高决策树的学习和推理效率。如果利用一个特征进行分类的结果与随机分类的结果没有显著差别，则称这个特征是没有分类能力的特征，此时丢弃该特征对决策树的判别能力影响不大。图 5-2 给出了关于表 5-1 中数据的两棵可能的决策树。其中，一棵树的根节点对应特征“婚姻状况”，有 3 个取值，对应 3 个子节点；另一棵树的根节点对应特征“拥有房产”，有 2 个取值，对应 2 个子节点。这两棵决策树都可以从此延续下去并构造出整棵决策树。现在面临的问题是应该选择哪个特征作为根节点，这要求我们确定评估特征重要性的准则。一般来说，如果一个特征具有更好的判别能力或按照这一特征将训练集分裂成不同的样本子集，使得各个子集在当前条件下能够获得最佳的分类结果，那么选择该特征作为分裂特征。基于该思想，接下来给出两个重要的用于构造决策树的特征重要性评估准则：信息增益（Information Gain）和信息增益率（Information Gain Ratio）。

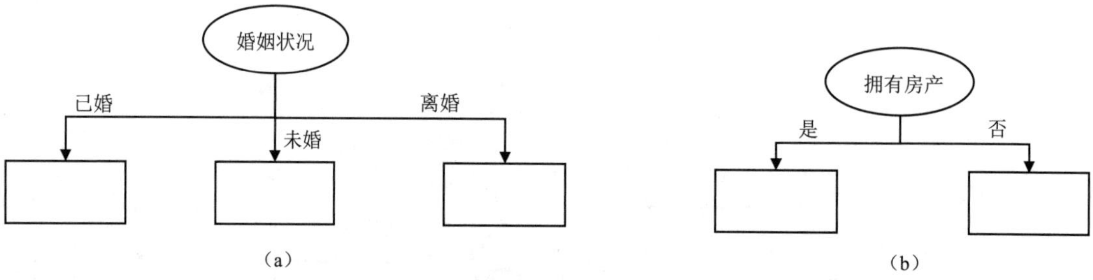

图 5-2 两棵具有不同根节点的决策树

5.1.2.1 信息增益

在信息论和概率统计中，通常用熵来度量一个随机变量的不确定性。熵越大，随机变量的不确定性越大；反之，不确定性越小。假设随机变量 X 是一个有 n 个取值的离散型变量，概率分布为 $p(X=x)=p(x)$，那么 X 的熵为 $H(X)=-\sum_{x} p(x)\log p(x)$，其中 log 是以 2 或自然数 e 为底的对数，对应的熵的单位分别为比特和纳特。我们在本章考虑以 2 为底的对数。考虑到熵只依赖于 X 的分布，而与其具体取值无关，可以将 X 的熵记为 $H(p)=-\sum_{x} p(x)\log_2 p(x)$。对于 $p_i=0$，一般约定 $0\log_2 0=0$。例如，在抛硬币实验中，如果硬币的正面和反面出现的概率分别是 1 和 0，则熵等于 $H(p)=-(1\log_2 1+0\log_2 0)=0$；如果硬币的正面和反面出现的概率都是

0.5，那么熵等于 $H(p) = -(0.5\log_2 0.5 + 0.5\log_2 0.5) = 0.6931$。

条件熵 $H(Y \mid X)$ 表示在随机变量 X 给定的前提下随机变量 Y 的不确定性，定义为在 X 给定条件下 Y 的条件概率分布的熵关于 X 的数学期望。

$$\begin{aligned} H(Y \mid X) &= \sum_x p(x) H(Y \mid X = x) \\ &= -\sum_x p(x) \sum_y p(y \mid x) \log_2 p(y \mid x) \\ &= -\sum_x \sum_y p(x, y) \log_2 p(y \mid x) \\ &= -\sum_{x,y} p(x, y) \log_2 p(y \mid x) \end{aligned}$$

假设随机变量对(X, Y)的联合概率分布为 $p(X = x, Y = y) = p(x, y)$，则$(X, Y)$的联合熵为

$$\begin{aligned} H(X, Y) &= -\sum_{x,y} p(x, y) \log_2 p(x, y) \\ &= -\sum_{x,y} p(x, y) \log_2 (p(y \mid x) p(x)) \\ &= -\sum_{x,y} p(x, y) \log_2 p(y \mid x) - \sum_{x,y} p(x, y) \log_2 p(x) \\ &= H(Y \mid X) + H(X) \end{aligned}$$

结合上述概念，可以得到信息增益的计算方式。信息增益表示在已知随机变量 X 的条件下随机变量 Y 的不确定性减少的程度，因此 X 对 Y 的信息增益 $g(Y, X)$等于 Y 的熵 $H(Y)$与给定 X 的条件下 Y 的条件熵 $H(Y \mid X)$ 之间的差值，即 $g(Y, X) = H(Y) - H(Y \mid X)$。有时，$H(Y)$与 $H(Y \mid X)$ 的差又被称为互信息。如果将训练集中的特征和标签分别视作随机变量 X 和 Y，那么我们可以利用信息增益来评估特征的重要性。具体来说，给定训练集 $\mathcal{D}$ 和 $\mathcal{D}$ 中的某个特征 A，熵 $H(\mathcal{D})$ 表示 $\mathcal{D}$ 的不确定性，条件熵 $H(\mathcal{D} \mid A)$ 表示在给定 A 的条件下 $\mathcal{D}$ 的不确定性，则 $H(\mathcal{D})$ 和 $H(\mathcal{D} \mid A)$ 之间的差值表示因利用 A 对 $\mathcal{D}$ 进行划分而使得 $\mathcal{D}$ 的不确定性减少的量。对 $\mathcal{D}$ 而言，信息增益的值依赖于具体的特征，不同特征的信息增益往往不同，信息增益大的特征具有较强的分类能力。

给定包含 l 个不同类别 $L = \{L_1, L_2, \cdots, L_l\}$ 的训练集 $\mathcal{D}$，$|\mathcal{D}|$ 表示 $\mathcal{D}$ 中的样本数，$|L_k|$ 表示标签是 $L_k \in L$ 的样本数。假设特征 A 有 q 个取值 $\{a_1, a_2, \cdots, a_q\}$，根据 A 的取值可以将 $\mathcal{D}$ 分为 q 个样本子集 $\{\mathcal{D}_1, \mathcal{D}_2, \cdots, \mathcal{D}_q\}$，$|\mathcal{D}_i|$ 表示 $\mathcal{D}_i$ 中的样本数且 $\sum_{i=1}^{q} |\mathcal{D}_i| = |\mathcal{D}|$，$\mathcal{D}_{ik}$ 表示 $\mathcal{D}_i$ 中标签为 L_k 的样本的集合。算法 5-1 给出了计算特征 A 的信息增益的伪代码。接下来结合表 5-2 中的数据分别计算特征“年龄”“有工作”“有自己的房子”“信贷情况”的信息增益。

算法 5-1　信息增益算法的伪代码

输入：训练集 $\mathcal{D}$ 和特征 A

输出：A 对 $\mathcal{D}$ 的信息增益 $g(\mathcal{D}, A)$

1:计算 $\mathcal{D}$ 的熵 $H(\mathcal{D}) = -\sum_{k=1}^{l} \frac{|L_k|}{|\mathcal{D}|} \log_2 \frac{|L_k|}{|\mathcal{D}|}$

2:计算 $\mathcal{D}$ 关于 A 的条件熵 $H(\mathcal{D}, A)$：

$$H(\mathcal{D} \mid A) = \sum_{i=1}^{q} \frac{|\mathcal{D}_i|}{|\mathcal{D}|} H(\mathcal{D}_i) = -\sum_{i=1}^{q} \frac{|\mathcal{D}_i|}{|\mathcal{D}|} \left(\sum_{k=1}^{l} \frac{|\mathcal{D}_{ik}|}{|\mathcal{D}_i|} \log_2 \frac{|\mathcal{D}_{ik}|}{|\mathcal{D}_i|} \right)$$

3:计算信息增益：$g(\mathcal{D}, A) = H(\mathcal{D}) - H(\mathcal{D} \mid A)$

表 5-2 贷款申请样本数据表

客户 ID	年 龄	有 工 作	有自己的房子	信 贷 情 况	类 别
1	青年	否	否	一般	否
2	青年	否	否	好	否
3	青年	是	否	好	是
4	青年	是	是	一般	是
5	青年	否	否	一般	否
6	中年	否	否	一般	否
7	中年	否	否	好	否
8	中年	是	是	好	是
9	中年	否	是	非常好	是
10	中年	否	是	非常好	是
11	老年	否	是	非常好	是
12	老年	否	是	好	是
13	老年	是	否	好	是
14	老年	是	否	非常好	是
15	老年	否	否	一般	否

（1）计算 $\mathcal{D}$ 的熵 $H(\mathcal{D})$，即在不考虑任何特征时，将 $\mathcal{D}$ 中不同类别的样本区分开来的不确定性。统计训练集的标签列可知，标签取值为“是”的样本有 9 个，标签取值为“否”的样本有 6 个，因此 $H(\mathcal{D})=-\left(\frac{9}{15}\times\log_2\frac{9}{15}+\frac{6}{15}\times\log_2\frac{6}{15}\right)\approx 0.971$。

（2）分别计算 $\mathcal{D}$ 关于特征“年龄”“有工作”“有自己的房子”“信贷情况”的信息增益。

对于特征“年龄”A_1，取值有“青年”“中年”“老年”，取值为“青年”的样本有(1、2、3、4、5)，取值为“中年”的样本有(6、7、8、9、10)，取值为“老年”的样本有(11、12、13、14、15)，因此“年龄”的信息增益为

$$
\begin{aligned}
g(\mathcal{D},A_1)&=H(\mathcal{D})-\left[\frac{5}{15}H(\mathcal{D}_1)+\frac{5}{15}H(\mathcal{D}_2)+\frac{5}{15}H(\mathcal{D}_3)\right]\\
&=0.971-\left[\frac{5}{15}\left(-\frac{2}{5}\log_2\frac{2}{5}-\frac{3}{5}\log_2\frac{3}{5}\right)+\frac{5}{15}\left(-\frac{3}{5}\log_2\frac{3}{5}-\frac{2}{5}\log_2\frac{2}{5}\right)+\right.\\
&\qquad\left.\frac{5}{15}\left(-\frac{4}{5}\log_2\frac{4}{5}-\frac{1}{5}\log_2\frac{1}{5}\right)\right]\\
&\approx 0.971-0.888\\
&=0.083
\end{aligned}
$$

对于特征“有工作”A_2，取值有“是”“否”，取值为“是”的样本有(3、4、8、13、14)，取值为“否”的样本有(1、2、5、6、7、9、10、11、12、15)，故“有工作”的信息增益为

$$
\begin{aligned}
g(\mathcal{D},A_2)&=H(\mathcal{D})-\left[\frac{5}{15}H(\mathcal{D}_1)+\frac{10}{15}H(\mathcal{D}_2)\right]\\
&=0.971-\left[\frac{5}{15}\times 0+\frac{10}{15}\left(-\frac{4}{10}\log_2\frac{4}{10}-\frac{6}{10}\log_2\frac{6}{10}\right)\right]\\
&\approx 0.324
\end{aligned}
$$

对于特征“有自己的房子”A_3，信息增益为

$$g(\mathcal{D},A_3)=H(\mathcal{D})-\left[\frac{6}{15}H(\mathcal{D}_1)+\frac{9}{15}H(\mathcal{D}_2)\right]$$

$$=0.971-\left[\frac{6}{15}\times 0+\frac{9}{15}\left(-\frac{3}{9}\log_2\frac{3}{9}-\frac{6}{9}\log_2\frac{6}{9}\right)\right]$$

$$\approx 0.420$$

对于特征“信贷情况” A_4，信息增益为

$$g(\mathcal{D},A_4)=H(\mathcal{D})-\left[\frac{5}{15}H(\mathcal{D}_1)+\frac{6}{15}H(\mathcal{D}_2)+\frac{4}{15}H(\mathcal{D}_3)\right]$$

$$=0.971-\left[\frac{5}{15}\left(-\frac{1}{5}\log_2\frac{1}{5}-\frac{4}{5}\log_2\frac{4}{5}\right)+\frac{6}{15}\left(-\frac{4}{6}\log_2\frac{4}{6}-\frac{2}{6}\log_2\frac{2}{6}\right)+\frac{4}{15}\times 0\right]$$

$$\approx 0.363$$

根据上述结果可知，特征“有自己的房子”的信息增益最大。

5.1.2.2 信息增益率

使用信息增益作为评估特征重要性的度量准则存在一个潜在的问题：取值较多的特征往往具有较大的信息增益，当特征的取值较多时，根据此特征划分更容易得到纯度更高的样本子集，从而导致划分后的数据集的熵更低。针对此问题，可以利用信息增益率进行校正。特征 A 对 $\mathcal{D}$ 的信息增益率 $g_{\mathrm{R}}(\mathcal{D},A)$ 等于信息增益 $g(\mathcal{D},A)$ 与 $\mathcal{D}$ 关于 A 的熵 $H_A(\mathcal{D})$ 的比值，即 $g_{\mathrm{R}}(\mathcal{D},A)=\dfrac{g(\mathcal{D},A)}{H_A(\mathcal{D})}$，其中 $H_A(\mathcal{D})=-\sum_{i=1}^{q}\dfrac{|\mathcal{D}_i|}{|\mathcal{D}|}\log_2\dfrac{|\mathcal{D}_i|}{|\mathcal{D}|}$ 表示以特征 A 的取值对 $\mathcal{D}$ 划分后的熵；q 表示特征 A 取值的个数。

以特征“年龄”为例说明如何计算信息增益率。

首先，计算 $\mathcal{D}$ 关于特征“年龄”的熵，“年龄”的取值为“青年”“中年”“老年”，对应的样本数均为 5 个，故 $\mathcal{D}$ 关于年龄的熵为 $H_{年龄}(\mathcal{D})=-\left(\dfrac{5}{15}\log_2\dfrac{5}{15}+\dfrac{5}{15}\log_2\dfrac{5}{15}+\dfrac{5}{15}\log_2\dfrac{5}{15}\right)\approx 1.585$；然后，计算得到“年龄”的信息增益为 0.083，因此 $g_{\mathrm{R}}(\mathcal{D},A)=\dfrac{g(\mathcal{D},A)}{H_A(\mathcal{D})}=\dfrac{0.083}{1.585}\approx 0.052$。

5.1.3 决策树生成

5.1.3.1 ID3 算法

ID3 算法的核心思想：基于贪心策略在决策树的各个非叶子节点上递归地应用信息增益准则来选择分裂特征。具体来说，先从根节点开始，对节点计算每个特征的信息增益，贪心地选择信息增益最大的特征作为当前节点，由该特征的不同取值建立其子节点，每个取值对应一个子节点，每个子节点构成当前节点的一个分支；再对每个子节点递归地调用上述过程，直到所有特征的信息增益均很小，没有可供选择的特征或子节点中的样本属于同一个类别，最终得到一棵决策树。决策树生成过程是一个深度优先搜索的过程，给定训练集 $\mathcal{D}$、特征集 F 及阈值 ε，利用 ID3 算法构造决策树 T 的过程如下。

（1）若 $\mathcal{D}$ 中所有样本属于同一个类别 L_k，则 T 为单节点树，将 L_k 作为该节点的标签，返回 T。

（2）若 F 为空，则 T 为单节点树，将 $\mathcal{D}$ 中样本数占优的类别 L_k 作为该节点的标签，返回 T；否则，计算 F 中每个特征对 $\mathcal{D}$ 的信息增益，并选择信息增益最大的特征 A 作为分裂特征。

（3）若 A 的信息增益小于阈值 ε，则 T 为单节点树，将 $\mathcal{D}$ 中样本数占优的类别 L_k 作为该节点的标签，返回 T；否则，对 A 的每个取值 a_i，依 $A = a_i$ 将 $\mathcal{D}$ 分成若干个非空样本子集 $\mathcal{D}_i$，将 $\mathcal{D}_i$ 中样本数占优的类别作为标签，构建子节点，由节点及其子节点构成树 T，返回 T。

（4）对第 i 个子节点，以 $\mathcal{D}_i$ 为数据集，以 F-{A}为特征集，递归地调用步骤（1）～（3），得到子树 T_i，返回 T_i。

接下来利用 ID3 算法基于表 5-2 中的数据构造一棵决策树。根据 5.1.2.1 节的例子可知，特征“有自己的房子”的信息增益最大，故选择该特征作为根节点。

基于“有自己的房子”将 $\mathcal{D}$ 划分为两个样本子集 $\mathcal{D}_1$（“有自己的房子”取值为“是”）和 $\mathcal{D}_2$（“有自己的房子”取值为“否”）。由于 $\mathcal{D}_1$ 中样本的标签相同，因此其成为一个叶子节点，节点的标签为“是”。对于 $\mathcal{D}_2$，则需要从“年龄”“有工作”“信贷情况”中选出一个特征。三个特征的信息增益分别是 0.251、0.918 和 0.474，故选择“有工作”作为内部节点。

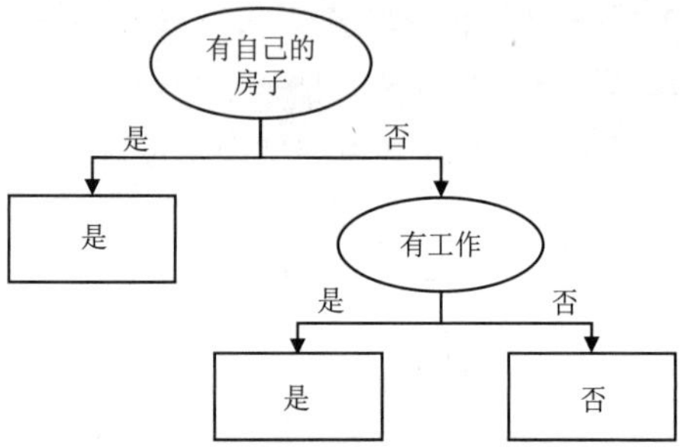

图 5-3 根据 ID3 算法生成的决策树

“有工作”有两个可能的取值，从该节点引出两个子节点：一个是对应取值为“是”的子节点，包含 3 个属于同一个类别的样本，所以该节点是叶子节点，标签为“是”；另一个是对应取值为“否”的子节点，包含 6 个属于同一个类别的样本，所以也是一个叶子节点，标签为“否”。

最后得到一棵如图 5-3 所示的决策树。从图 5-3 中可以看出，构造的决策树只使用了原始数据集中的部分特征，因此决策树具有特征选择的作用，可以从特征空间中选择一组重要的特征。

5.1.3.2 C4.5 算法

针对 ID3 算法利用信息增益评价特征重要性时的偏见、不能处理连续特征及容易过拟合的问题，C4.5 算法给出了相应的解决方案。

针对 ID3 算法偏向于选择取值个数较多的特征的问题，C4.5 算法使用信息增益率代替信息增益来评价特征的重要性。

针对 ID3 算法不能处理连续特征的问题，C4.5 算法对连续特征进行了离散化处理。例如，表 5-1 中的“年收入/万元”是一个连续特征，可以先对样本集中“年收入/万元”特征下的所有取值进行排列，从小到大依次为“6、9、10、12、14、16、18、20”，对应的类标签依次为“是、是、是、否、否、否、否、否”；然后找出标签取值变化的位置，这里的变化位置对应的特征取值在 10 到 12 之间，因此可以取 12 作为阈值将“年收入/万元”小于 12 的取值归为一类，大于或等于 12 的取值归为另一类，从而达到离散化处理的目的。除此之外，还有一些其他常用的离散化处理技术，读者可查阅第 4 章中的相关内容。

针对 ID3 算法容易过拟合的问题，C4.5 算法引入了正则化项来缓解过拟合问题。决策树过拟合的问题主要是由于树的分叉过细造成的，从而导致最后生成的决策树对训练样本拟合得较好，但对新的测试样本的预测能力较差。在 5.1.4 节中将介绍解决该问题的决策树剪枝方法。

给定训练集 $\mathcal{D}$、特征集 F 及阈值 ε，C4.5 算法构造决策树 T 的过程如下。

（1）若 $\mathcal{D}$ 中所有样本属于同一个类别 L_k，则 T 为单节点树，将 L_k 作为该节点的标签，返回 T。

（2）若 F 为空，则 T 为单节点树，将 $\mathcal{D}$ 中样本占优的类别 L_k 作为该节点的标签，返回 T；否则，计算 F 中每个特征对 $\mathcal{D}$ 的信息增益率，并选择信息增益率最大的特征 A 作为分裂特征。

（3）若 A 的信息增益率小于阈值 ε，则 T 为单节点树，将 $\mathcal{D}$ 中样本占优的类别 L_k 作为该节点的标签，返回 T；否则，对 A 的每个取值 a_i，依 $A = a_i$ 将 $\mathcal{D}$ 分裂为若干个非空子集 $\mathcal{D}_i$，将 $\mathcal{D}_i$ 中样本数最多的类别作为标签，构建子节点，由节点及其子节点构成决策树 T，返回 T。

（4）对第 i 个子节点，以 $\mathcal{D}_i$ 为训练样本集，以 F-$\{A\}$ 为特征集，递归地调用步骤（1）～（3），得到子树 T_i，返回 T_i。

接下来给出基于 Python 的决策树算法的代码实现，并在 Python 3.8 环境下对代码进行测试。

导入相关的 Python 包。

```
from math import log
import operator
```

计算给定数据集 dataSet 的熵。dataSet 的每一行代表一个样本，最后一列是数据集的标签。创建字典 labelCounts 存储标签及其出现的次数，并根据标签出现的频率计算熵。

```
def calcShannonEnt(dataSet):
    numEntries = len(dataSet)
    labelCounts = {}
    for featVec in dataSet:
        currentLabel = featVec[-1]
        if currentLabel not in labelCounts.keys():
            labelCounts[currentLabel] = 0
    labelCounts[currentLabel] += 1
    shannonEnt = 0.0
    for key in labelCounts:
        prob = float(labelCounts[key])/numEntries
        shannonEnt -= prob*log(prob, 2)
    return shannonEnt
```

获取给定的特征和特征取值下的样本集合。splitDataSet 函数的输入是数据集 dataSet、特征的索引 idx 及特征的取值 value。

```
def splitDataSet(dataSet, idx, value):
    retDataSet = []
    for featVec in dataSet:
        if featVec[idx] == value:
            reduceFeatVec = featVec[:idx]
            reduceFeatVec.extend(featVec[idx+1:])
            retDataSet.append(reduceFeatVec)
    return retDataSet
```

选择 dataSet 中最好的分裂特征。首先，计算数据集的熵 baseEntropy；然后，计算数据集中每个特征的熵，并找出具有最大信息增益 infoGain 的特征作为分裂特征。

```
def chooseBestFeatureToSplit(dataSet):
    numFeatures = len(dataSet[0]) - 1
    baseEntropy = calcShannonEnt(dataSet)
    bestInfoGain = 0.0
    bestFeature = -1
    for i in range(numFeatures):
        featList = [example[i] for example in dataSet]
        uniqueVals = set(featList)
```

```
        newEntropy = 0.0
        for value in uniqueVals:
            subDataSet = splitDataSet(dataSet, i, value)
            prob = len(subDataSet) / float(len(dataSet))
            newEntropy += prob * calcShannonEnt(subDataSet)
        infoGain = baseEntropy - newEntropy
        if (infoGain > bestInfoGain):
            bestInfoGain = infoGain
            bestFeature = i
    return bestFeature
```

统计标签集 classList 中出现次数最多的标签。首先，统计不同的标签出现的次数，然后，利用 sorted 函数找出出现次数最多的标签，其中 key=operator.itemgetter(1)指定以下标为 1 的元素进行排列。

```
def majorityCnt(classList):
    classCount = {}
        for cls in classList:
            if cls not in classCount.keys():
                classCount[cls] = 0
            classCount[cls] += 1
        sortedClassCount  =  sorted(classCount.items(),  key=operator.itemgetter(1),
reverse=True)
    return sortedClassCount[0][0]
```

生成决策树。createTree 函数的输入是数据集 dataSet、特征的名字 labels 及用于保存最佳分裂特征的列表 featLabels。对于表 5-2，假设将特征按如下方式编码。“年龄”：{青年：0}、{中年：1}、{老年：2}。“有工作”：{否：0}、{是：1}。“有自己的房子”：{否：0}、{是：1}。“信贷情况”：{一般：0}、{好：1}、{非常好：2}。对于类别“是否贷款”：{否：no}、{是：yes}，则 dataSet = [[0, 0, 0, 0, 'no'], [0, 0, 0, 1, 'no'], [0, 1, 0, 1, 'yes'], [0, 1, 1, 0, 'yes'], [0, 0, 0, 0, 'no'], [1, 0, 0, 0, 'no'], [1, 0, 0, 1, 'no'], [1, 1, 1, 1, 'yes'], [1, 0, 1, 2, 'yes'], [1, 0, 1, 2, 'yes'], [2, 0, 1, 2, 'yes'], [2, 0, 1, 1, 'yes'], [2, 1, 0, 1, 'yes'], [2, 1, 0, 2, 'yes'], [2, 0, 0, 0, 'no']]；labels = ['年龄', '有工作', '有自己的房子', '信贷情况']。

```
def createTree(dataSet, labels, featLabels):
    classList = [example[-1] for example in dataSet]
    if classList.count(classList[0]) == len(classList):
        return classList[0]
    if len(dataSet[0]) == 1:
        return majorityCnt(classList)
    bestFeat = chooseBestFeatureToSplit(dataSet)
    bestFeatLabel = labels[bestFeat]
    featLabels.append(bestFeatLabel)
    dtTree = {bestFeatLabel:{}}
    del(labels[bestFeat])
    featValues = [example[bestFeat] for example in dataSet]
    uniqueVls = set(featValues)
    for value in uniqueVls:
        dtTree[bestFeatLabel][value] = createTree(splitDataSet(dataSet, bestFeat,
value), labels, featLabels)
    return dtTree
```

5.1.4　决策树剪枝

决策树生成算法递归地产生决策树，直到不能继续进行下去。这样产生的决策树往往能够准确地对训练样本进行分类，但对测试样本的预测没有那么准确，甚至容易出现过拟合的现象。过拟合的主要原因：在决策树的构建过程中，过多地考虑了如何提高对训练样本的分类能力，从而生成过于复杂的决策树。解决该问题的一个办法是考虑决策树的复杂度，对已生成的决策树进行简化，我们称该过程为剪枝。决策树的剪枝策略主要有预剪枝策略和后剪枝策略。

预剪枝策略在决策树生成过程中对每个节点在分裂前进行性能强弱的评估：如果当前节点的分裂不能提升决策树的泛化性能，则停止叶子节点的生成并将该节点作为叶子节点。后剪枝策略先生成一个完整的决策树，然后自下而上地对非叶子节点进行评估：如果将该节点对应的子树替换为叶子节点能够提升决策树的泛化性能，则将该子树替换为叶子节点。对于泛化能力强弱的评估，可以事先从训练集中预留一部分数据作为验证集，将某个决策树在验证集上的预测能力作为该决策树的泛化性能。接下来介绍一种常用的决策树后剪枝方法。

假设决策树 T 的叶子节点个数为 $|T|$，t 是 T 的一个叶子节点，包括 N_t 个样本，其中来自第 k 个类别的样本有 N_{tk} 个（$1 \leqslant k \leqslant l$），$H_t(T)$ 为节点 t 的熵，α 为惩罚因子，可以将决策树的损失函数定义为 $C_\alpha(T)=\sum_{t=1}^{|T|}N_tH_t(T)+\alpha|T|$，其中 $H_t(T)=-\sum_{k=1}^{l}\frac{N_{tk}}{N_t}\log_2\frac{N_{tk}}{N_t}$。记 $C(T)=-\sum_{t=1}^{|T|}\sum_{k=1}^{l}N_{tk}\log_2\frac{N_{tk}}{N_t}$，有 $C_\alpha(T)=C(T)+\alpha|T|$，其中 $C(T)$ 表示所生成的决策树关于训练集的预测误差；$|T|$ 刻画了模型复杂度；α 控制两者的折中。决策树剪枝的目的就是选择损失函数最小的模型。一般来说，子树越大，与训练样本拟合得越好，但模型的复杂度越高；子树越小，往往与训练样本拟合得不好，但模型的复杂度越低。可以看出，决策树生成主要考虑通过提高信息增益或信息增益率来更好地拟合训练集，而决策树剪枝还考虑了模型的复杂度。对于给定的决策树 T 和参数 α，剪枝过程如下。

（1）计算决策树中每个节点的熵。

（2）递归地从决策树的叶子节点向上回溯，假设一组叶子节点被回缩到其父节点之前与之后的树分别为 T_{A} 与 T_{B}，相应的损失函数值分别为 $C_\alpha(T_{\mathrm{A}})$ 和 $C_\alpha(T_{\mathrm{B}})$。若 $C_\alpha(T_{\mathrm{B}}) \leqslant C_\alpha(T_{\mathrm{A}})$，则进行剪枝，将其父节点设置为新的叶子节点。图 5-4 所示为决策树剪枝的示例。

（3）返回步骤（2），直至不能继续剪枝，得到损失函数值最小的子树 C_α。

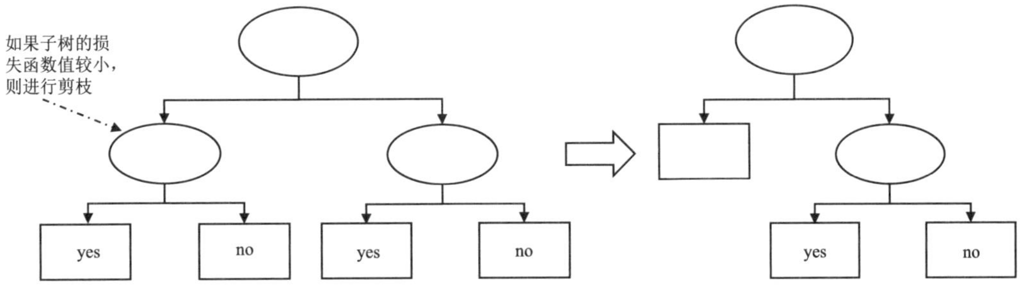

图 5-4　决策树剪枝的示例

5.1.5　案例

利用 scikit-learn 库中实现的决策树算法根据表 5-2 中的数据构建一棵决策树，并用其预测样本(老年；有工作；有自己的房子；信用好)的标签。

```
from sklearn import tree
```

```
import numpy as np
import pandas as pd
datasets = [[0, 0, 0, 0, 'no'], [0, 0, 0, 1, 'no'], [0, 1, 0, 1, 'yes'],
            [0, 1, 1, 0, 'yes'], [0, 0, 0, 0, 'no'], [1, 0, 0, 0, 'no'],
            [1, 0, 0, 1, 'no'], [1, 1, 1, 1, 'yes'], [1, 0, 1, 2, 'yes'],
            [1, 0, 1, 2, 'yes'], [2, 0, 1, 2, 'yes'], [2, 0, 1, 1, 'yes'],
            [2, 1, 0, 1, 'yes'], [2, 1, 0, 2, 'yes'], [2, 0, 0, 0, 'no']]
dataMat = np.mat(datasets)
labelsMat = dataMat[:, 4]
arrMat = dataMat[:, 0:4]
attr_names = ['年龄', '有工作', '有自己的房子', '信贷情况']
attr_pd = pd.DataFrame(data=arrMat, columns=attr_names)
clf = tree.DecisionTreeClassifier()
clf.fit(attr_pd, labelsMat) # train a decision tree
result = clf.predict([[2,1,1,1]]) # prediction
print(result)
```

输出程序的运行结果。

```
['yes']
```

5.2 k 最近邻

k 最近邻（k-Nearest Neighbor，kNN），又被称为懒惰学习（Lazy Learning），是一种理论成熟、简单易懂的机器学习方法。k 最近邻的基本思想是从训练集中寻找与测试样本最近的 k 个样本，将这 k 个样本中数量占优的类别作为测试样本的预测输出。特别地，对于回归任务，可以将这 k 个样本的标签值的平均值作为测试样本的预测值。k 值的选择、距离度量及分类决策规则是 k 最近邻方法的三个基本要素。

5.2.1 k 最近邻模型

对于给定的训练集，当确定 k 值、距离度量和分类决策规则后，k 最近邻可以确定测试样本的标签。这个过程相当于利用以上组件将整个特征空间划分为多个子空间，并确定每个子空间中的数据所属的类别。在特征空间中，对每个数据点 $\boldsymbol{x}$，距离该点比其他点更近的所有点组成一个单元。例如，当 k 值取 3 时，图 5-5 的中央区域的两个五角星和一个三角形可以组成一个单元。每个训练样本拥有一个单元，所有训练样本的单元构成特征空间的一个划分。

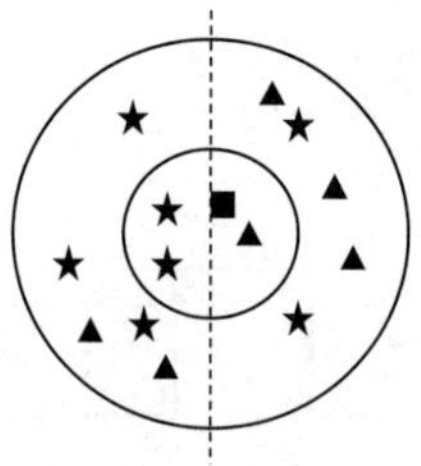

图 5-5 k 最近邻的示意图

对于图 5-5，图中有两类数据，分别用五角星和三角形表示，图中的方块表示待预测的测试数据。假如 k 值取 3，利用多数投票的原则，可以看出离方块最近的三个图形包括两个五角星和一个三角形，为此可将方块的标签预测为五角星。一般来说，给定一个由 m 个样本组成的训练集 $\mathcal{D}=\{(\boldsymbol{x}_1,y_1),(\boldsymbol{x}_2,y_2),\cdots,(\boldsymbol{x}_m,y_m)\}$，$\mathcal{D}$ 中包括 l 个不同的类别 $L=\{L_1,L_2,\cdots,L_l\}$，k 最近邻通过以下过程确定测试样本 $\boldsymbol{x}$ 的标签。

（1）根据给定的 k 值和距离度量准则，从 $\mathcal{D}$ 中找出 $\boldsymbol{x}$ 的 k 个最近邻样本，并将这 k 个样本的集合记为 N_k。

（2）利用 N_k，根据某种方式，如多数投票法确定 $\boldsymbol{x}$ 的标签 $y\in\{L_1,L_2,\cdots,L_l\}$：

$$y=\arg\max_{L_q}\sum_{x_i\in N_k} I(y_i=L_q)\text{，}\ 1\leqslant i\leqslant |N_k|\text{，}\ 1\leqslant q\leqslant l$$

对于多数投票法，假设 $\boldsymbol{x}$ 的预测结果为 $f(\boldsymbol{x})=L_r$，由 $\boldsymbol{x}$ 的 k 个最近邻样本构成集合 $N_k=\{\boldsymbol{x}_1,\boldsymbol{x}_2,\cdots,\boldsymbol{x}_k\}$，则分类错误率为 $L=\frac{1}{k}\sum_{\boldsymbol{x}_i\in N_k} I(y_i\neq L_r)=1-\frac{1}{k}\sum_{\boldsymbol{x}_i\in N_k} I(y_i=L_r)$，其中 I 表示指示函数。由于分类错误率最小等价于 $\sum_{\boldsymbol{x}_i\in N_k} I(y_i=L_r)$ 最大，因此多数表决规则等价于经验风险最小。

接下来给出基于 Python 的 k 最近邻模型的代码实现，并在 Python 3.8 环境下对代码进行测试。导入相关的 Python 库。

```
import numpy as np
import operator
import matplotlib.pyplot as plt
```

实现 k 最近邻模型。首先，计算测试样本 test 与训练集 train 中每个样本之间的距离；然后，选择距离最小的 k 个样本；最后，返回 k 个样本中样本占优的类别作为最终的预测分类。

```
def knnClassify(test, train, labels, k):
    dataSize = train.shape[0]
    x = np.tile(test, (dataSize, 1)) - train
    xPositive = x ** 2
    xDistances = xPositive.sum(axis=1)
    distances = np.sqrt(xDistances)
    sortDisIndex = distances.argsort()
    classCount = {}
    for i in range(k):
        getLabel = labels[sortDisIndex[i]]
        classCount[getLabel] = classCount.get(getLabel, 0) + 1
    sortClass = sorted(classCount.items(), key=operator.itemgetter(1), reverse=True)
    return sortClass[0][0]
```

在主函数中利用 knnClassify 函数判断测试样本[0, 0]的标签，并通过图形化的形式给出训练样本和测试样本的分布。

```
if __name__ == '__main__':
    train = np.array([[1.0, 1.1], [1.0, 1.0], [0.1, 0], [0, 0.1]])
    labels = ['La', 'La', 'Lb', 'Lb']
    test = [0, 0]
    knnClassify(test, train, labels, k = 3)
    x = []
    y = []
    for i in range(len(train)):
        x.append(train [i][0])
        y.append(train [i][1])
    plt.plot(x, y, "*")
    plt.plot(test [0], test [1], "r*")
    plt.show()
```

5.2.2 *k* 值的选择

一般来说，*k* 值的选择会对 k 最近邻的结果产生较大的影响。对于图 5-5，当 *k* 值取 3 时，预测方块的标签为五角星；当 *k* 值取 1 时，预测方块的标签为三角形；当 *k* 值取 13 时，预测方块的标签为五角星。可以看出，选取一个合适的 k 值尤为重要。如果 k 值较小，则相当于使用一个较小邻域中的训练样本来训练模型，这会导致只有与测试样本距离较近的训练样本才能对预测结果产生影响。在 k 值较小的情况下学习到的模型，近似误差会减小，但估计误差会增大。因此，预测结果对近邻的样本非常敏感，如果此时的近邻样本恰好为噪声或异常值，则预测结果将会出错。换而言之，减小 k 值意味着使模型整体变得更加复杂，容易造成模型过拟合的问题。如果选择较大的 k 值，相当于使用一个较大邻域中的训练样本来学习模型，则会导致近似误差增大，估计误差减小，此时与测试样本距离较远的训练样本会对预测结果产生影响。例如，当 k 等于训练样本的个数时，无论什么样的测试样本，都将被简单地预测为在训练样本中占优的类别。增大 k 值意味着模型整体变得简单。在实际应用中，通常将 k 设置为较小的值，如常用的 1 和 3。

5.2.3 距离度量

接下来介绍面向不同类型属性的距离计算方法。

对于标称属性，可分为二值离散型属性和多值离散型属性。二值离散型属性又可分为对称二值离散型属性和非对称二值离散型属性两种。对称二值离散型属性是指属性的不同取值之间没有主次之分，如性别中的男、女是对称的；非对称二值离散型属性是指属性的不同取值之间有主次之分，如医学检验中的阳性和阴性，阳性的重要程度往往高于阴性。给定由 n 个二值离散型属性描述的样本 $\boldsymbol{x}_i=(x_{i1};x_{i2};\cdots;x_{in})$ 和 $\boldsymbol{x}_j=(x_{j1};x_{j2};\cdots;x_{jn})$，属性的取值是 0 或 1。

对于对称二值离散型属性，$\boldsymbol{x}_i$ 和 $\boldsymbol{x}_j$ 之间的距离公式是 $d(\boldsymbol{x}_i,\boldsymbol{x}_j)=\dfrac{a_{10}+a_{01}}{a_{11}+a_{10}+a_{01}+a_{00}}$，其中 $a_{st}=\sum\limits_{k=1}^{n}I(\boldsymbol{x}_{ik}==s\ \&\&\ \boldsymbol{x}_{jk}==t)$，$s,t\in\{0,1\}$。

对于非对称二值离散型属性，$\boldsymbol{x}_i$ 和 $\boldsymbol{x}_j$ 之间的距离公式是 $d(\boldsymbol{x}_i,\boldsymbol{x}_j)=\dfrac{a_{10}+a_{01}}{a_{11}+a_{10}+a_{01}}$。

对于多值离散型属性，$\boldsymbol{x}_i$ 和 $\boldsymbol{x}_j$ 之间的距离公式是 $d(\boldsymbol{x}_i,\boldsymbol{x}_j)=\dfrac{(n-q)}{n}$，其中 q 表示 $\boldsymbol{x}_i$ 和 $\boldsymbol{x}_j$ 取值相同的属性个数。

对于数值型属性，常用的距离度量准则有闵可夫斯基距离、马氏距离、皮尔逊相关系数、夹角余弦值等。

闵可夫斯基距离给出了一组距离的定义，是多个距离度量公式的概括性表述。闵可夫斯基距离值越大，两个样本之间的相似度越低；闵可夫斯基距离值越小，两个样本之间的相似度越高。

给定 n 维空间中的两个样本 $\boldsymbol{x}_i=(x_{i1};x_{i2};\cdots;x_{in})$ 和 $\boldsymbol{x}_j=(x_{j1};x_{j2};\cdots;x_{jn})$，两者的闵可夫斯基距离是 $\mathrm{dist}(\boldsymbol{x}_i,\boldsymbol{x}_j)=\left(\sum\limits_{u=1}^{n}|x_{iu}-x_{ju}|^p\right)^{\frac{1}{p}}$。

当 $p\geqslant 1$ 时，闵可夫斯基距离满足距离度量的基本性质。

特别地，当 $p=2$ 时，上式将转变为欧氏距离 $\mathrm{dist}(\boldsymbol{x}_i,\boldsymbol{x}_j)=\sqrt{\sum\limits_{u=1}^{n}|x_{iu}-x_{ju}|^2}=\|\boldsymbol{x}_i-\boldsymbol{x}_j\|_2$。

当 $p=1$ 时，闵可夫斯基距离等于曼哈顿距离，又被称为街区距离，等于标准坐标系下两点的轴距之和，即 $\mathrm{dist}(\boldsymbol{x}_i,\boldsymbol{x}_j)=\sum\limits_{u=1}^{n}|x_{iu}-x_{ju}|=\|\boldsymbol{x}_i-\boldsymbol{x}_j\|_1$。图 5-6 所示为欧式距离和曼哈顿距离的示

意图，其中虚线表示欧式距离，粗线表示曼哈顿距离，三条黑色粗线的曼哈顿距离相等。

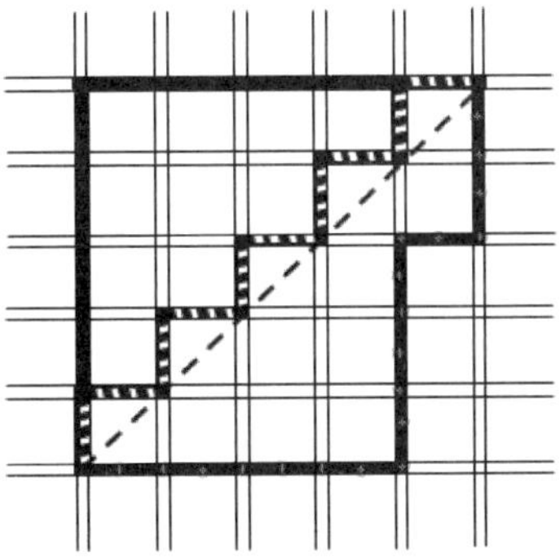

图 5-6　欧式距离和曼哈顿距离的示意图

当 $p \to \infty$时，闵可夫斯基距离等价于切比雪夫距离，等于坐标数值差的绝对值的最大值，即 $\text{dist}(\boldsymbol{x}_i,\boldsymbol{x}_j)=\max\limits_{1\leqslant u\leqslant n}\left|x_{iu}-x_{ju}\right|$。切比雪夫距离表达的含义：在国际象棋游戏中，国王从一点走到另一点的最短距离。图 5-7 所示为位置“**6*f***”（图中“**M**”的位置）的切比雪夫距离的示意图。

9	5	4	3	3	3	3	3	3	3
8	5	4	3	3	2	2	2	2	3
7	5	4	3	3	1	1	1	2	3
6	5	4	3	2	1	**M**	1	2	3
5	5	4	3	2	1	1	1	2	3
4	5	4	3	2	2	2	2	2	3
3	5	4	3	3	3	3	3	3	3
2	5	4	4	4	4	4	4	4	4
1	5	5	5	5	5	5	5	5	5
	a	***b***	***c***	***d***	***e***	***f***	***g***	***h***	***i***

图 5-7　位置“**6*f***”的切比雪夫距离的示意图

马氏距离（Mahalanobis Distance）是由马哈拉诺比斯提出的一种计算两个样本相似度的方法。马氏距离计算的是关于数据的协方差距离，可以被看作欧氏距离的推广。马氏距离考虑不同特征之间的联系，如关于身高的信息会带来关于体重的信息，并且是与尺度无关的。马氏距离值越大，两个样本之间的相似度越低；马氏距离值越小，两个样本之间的相似度越高。给定一个由 m 个样本组成的数据集 $\boldsymbol{X}\in\mathbb{R}^{m\times n}$，每个样本是一个 n 维向量，记 $\boldsymbol{X}$ 的协方差矩阵为 $\boldsymbol{S}\in\mathbb{R}^{n\times n}$，则样本 $\boldsymbol{x}_i=(x_{i1};x_{i2};\cdots;x_{in})$ 和样本 $\boldsymbol{x}_j=(x_{j1};x_{j2};\cdots;x_{jn})$ 之间的马氏距离为 $d_{ij}=\sqrt{(\boldsymbol{x}_i-\boldsymbol{x}_j)^{\mathrm{T}}\boldsymbol{S}^{-1}(\boldsymbol{x}_i-\boldsymbol{x}_j)}$。

给定两个 n 维样本 $\boldsymbol{x}_i=(x_{i1};x_{i2};\cdots;x_{in})$ 和 $\boldsymbol{x}_j=(x_{j1};x_{j2};\cdots;x_{jn})$，两者的皮尔逊相关系数等于 $r_{ij}=\dfrac{\sum\limits_{k=1}^{n}(x_{ik}-\bar{\boldsymbol{x}}_i)(x_{jk}-\bar{\boldsymbol{x}}_j)}{\sqrt{\sum\limits_{k=1}^{n}(x_{ik}-\bar{\boldsymbol{x}}_i)^2\sum\limits_{k=1}^{n}\left(x_{jk}-\bar{\boldsymbol{x}}_j\right)^2}}$，其中 $\bar{\boldsymbol{x}}_i=\dfrac{1}{n}\sum\limits_{k=1}^{n}x_{ik}$，$\bar{\boldsymbol{x}}_j=\dfrac{1}{n}\sum\limits_{k=1}^{n}x_{jk}$。皮尔逊相关系数的绝对值越接近 1，样本之间的相似度越高；皮尔逊相关系数的绝对值越接近 0，样本之间的相似度越低。表 5-3 所示为皮尔逊相关系数的意义。

表 5-3 皮尔逊相关系数的意义

|r|的取值范围	|r|的意义
0.00～0.19	极低相关
0.20～0.39	低度相关
0.40～0.69	中度相关
0.70～0.89	高度相关
0.90～1.00	极高相关

如果将一个 n 维样本看作 n 维空间中的一个向量，则可将两个向量夹角的余弦值作为相似性的度量准则。给定两个 n 维样本 $\boldsymbol{x}_i=(x_{i1};x_{i2};\cdots;x_{in})$ 和 $\boldsymbol{x}_j=(x_{j1};x_{j2};\cdots;x_{jn})$，两者夹角 α 的余弦值是

$$\cos(\alpha)=\frac{x_{i1}x_{j1}+x_{i2}x_{j2}+\cdots+x_{in}x_{jn}}{\sqrt{x_{i1}^2+x_{i2}^2+\cdots+x_{in}^2}\sqrt{x_{j1}^2+x_{j2}^2+\cdots+x_{jn}^2}}=\frac{\sum_{k=1}^{n}x_{ik}x_{jk}}{\sqrt{\sum_{p=1}^{n}x_{ip}^2\sum_{q=1}^{n}x_{jq}^2}}$$

夹角 α 的取值范围是 0°～180°，$\cos(\alpha)$的取值范围是−1～1。当两个向量同向时，$\cos(\alpha)=1$；当两个向量垂直时，$\cos(\alpha)=0$；当两个向量反方向时，$\cos(\alpha)=-1$。两个向量越相似，$|\cos(\alpha)|$ 的值越接近 1，反之 $|\cos(\alpha)|$ 的值越接近 0。

对于混合属性，可以先将数值属性与标称属性分开计算，再通过参数 γ 将两者统一起来。具体来说，将样本 $\boldsymbol{x}_i=(x_{i1};x_{i2};\cdots;x_{in})$ 和 $\boldsymbol{x}_j=(x_{j1};x_{j2};\cdots;x_{jn})$ 按数值属性和标称属性进行组织，有 $\boldsymbol{x}_i=(x_{i1}^{(\mathrm{r})};x_{i2}^{(\mathrm{r})};\cdots;x_{in_\mathrm{r}}^{(\mathrm{r})};x_{i1}^{(\mathrm{c})};x_{i2}^{(\mathrm{c})};\cdots;x_{in_\mathrm{c}}^{(\mathrm{c})})$ 和 $\boldsymbol{x}_j=(x_{j1}^{(\mathrm{r})};x_{j2}^{(\mathrm{r})};\cdots;x_{jn_\mathrm{r}}^{(\mathrm{r})};x_{j1}^{(\mathrm{c})};x_{j2}^{(\mathrm{c})};\cdots;x_{jn_\mathrm{c}}^{(\mathrm{c})})$，则两者的距离为 $d(\boldsymbol{x}_i,\boldsymbol{x}_j)=\sum_{k=1}^{n_\mathrm{r}}(x_{ik}^{(\mathrm{r})}-x_{jk}^{(\mathrm{r})})^2+\gamma\sum_{k=1}^{n_\mathrm{c}}I(x_{ik}^{(\mathrm{c})},x_{jk}^{(\mathrm{c})})$，其中 n_r 和 n_c 分别表示数值属性和标称属性的个数。

一般来说，两个给定样本间的距离取决于所采用的距离度量准则，采用不同的度量方式得到的结果往往不同，应结合实际问题选择合适的度量准则。图 5-8 所示为不同距离度量准则下的相似度比较。根据欧式距离，A 与 B 的距离较 A 与 C 的距离更近，因此 A 与 B 更相似；从夹角余弦值的角度看，A 与 C 较 A 与 B 更相似。

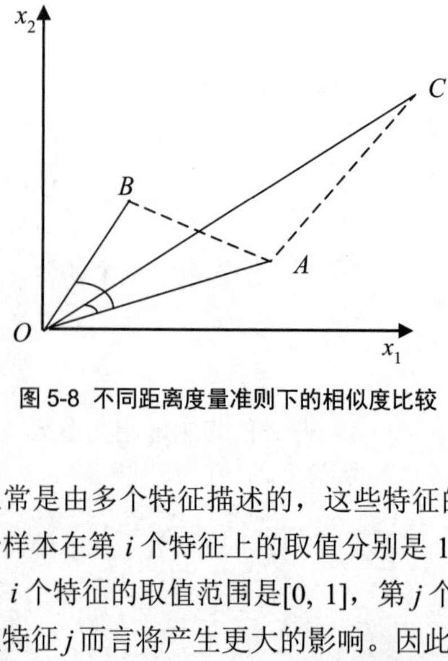

图 5-8 不同距离度量准则下的相似度比较

在实际应用中，除了可以采用以上距离度量准则，还可以采用其他方法。一般来说，欧式距离适用于连续型变量，当数据是 0/1 二进制编码时，可以考虑使用汉明距离。汉明距离定义为在两个等长字符串中不相同位数的个数，如字符串“1111”和“1001”之间的汉明距离为 2。此外，需要注意的是，样本 $\boldsymbol{x}$ 通常是由多个特征描述的，这些特征的取值范围各不相同，并且取值的差别可能会很大，如两个样本在第 i 个特征上的取值分别是 1 和 999。取值范围不同的特征对距离的影响也不一样，如第 i 个特征的取值范围是[0, 1]，第 j 个特征的取值范围是[1, 100]，此时 0.1 的变化量对特征 i 相较特征 j 而言将产生更大的影响。因此，一般先对数据进行归一化处理，将不同特征的取值变换到同一个范围中，如将[1, 100]变换到[0, 1]中。

5.2.4　案例

接下来利用 scikit-learn 库中实现的 k 最近邻算法来预测测试样本(老年；有工作；有房子；信用好)的标签。

```
from sklearn.neighbors import KNeighborsClassifier
import numpy as np
import pandas as pd
datasets = [[0, 0, 0, 0, 'no'], [0, 0, 0, 1, 'no'], [0, 1, 0, 1, 'yes'],
            [0, 1, 1, 0, 'yes'], [0, 0, 0, 0, 'no'], [1, 0, 0, 0, 'no'],
            [1, 0, 0, 1, 'no'], [1, 1, 1, 1, 'yes'], [1, 0, 1, 2, 'yes'],
            [1, 0, 1, 2, 'yes'], [2, 0, 1, 2, 'yes'], [2, 0, 1, 1, 'yes'],
            [2, 1, 0, 1, 'yes'], [2, 1, 0, 2, 'yes'], [2, 0, 0, 0, 'no']]
dataMat = np.mat(datasets)
labelsMat = dataMat[:, 4]
arrMat = dataMat[:, 0:4]
attr_names = ['年龄', '有工作', '有自己的房子', '信贷情况']
attr_pd = pd.DataFrame(data=arrMat, columns=attr_names)
clf = KNeighborsClassifier(n_neighbors = 3)
clf.fit(attr_pd, labelsMat)
result = clf.predict([[2,1,1,1]])
print(result)
```

输出程序的运行结果。

```
['yes']
```

5.3　朴素贝叶斯分类器

5.3.1　贝叶斯定理

贝叶斯定理，又被称为贝叶斯公式或贝叶斯规则，是概率统计分析中利用观察到的数据对相关概率分布的主观判断（先验概率）进行修正的一种方法。虽然事件 A 在事件 B 发生的条件下发生的概率与事件 B 在事件 A 发生的条件下发生的概率所表达的含义不一样，但这两者之间存在着密切关系，贝叶斯定理形式化地描述了这种关系。

假设事件 A 发生的概率是 $p(A)$，事件 B 发生的概率是 $p(B)$，在 A 发生的条件下 B 发生的概率是 $p(B|A)$，在 B 发生的条件下 A 发生的概率为 $p(A|B)=\dfrac{p(A)p(B|A)}{p(B)}$。$p(A)$被称为 A 的先验概率；$p(A|B)$被称为 A 的后验概率；$p(B|A)$被称为 B 的后验概率；$p(B)$被称为 B 的先验概率。

5.3.2　朴素贝叶斯分类器

朴素贝叶斯（Naive Bayes，NB）分类器是一种基于贝叶斯定理和特征条件独立性假设的分类模型。给定一个包含 m 个样本的训练集 $\mathcal{D}=\{(\boldsymbol{x}_1,y_1),(\boldsymbol{x}_2,y_2),\cdots,(\boldsymbol{x}_m,y_m)\}$，$\boldsymbol{x}_i=(x_{i1};x_{i2};\cdots;x_{in})$ 是一个 n 维向量（$1\leqslant i\leqslant m$），$\mathcal{D}$ 中包括 l 个不同的类别 $L=\{L_1,L_2,\cdots,L_l\}$，$y_i\in L$，朴素贝叶斯分类器的目的是计算后验概率 $p(Y=L_k\mid X=\boldsymbol{x})$，即计算样本 $\boldsymbol{x}=(x_1;x_2;\cdots;x_n)$ 的标签是 L_k（$1\leqslant k\leqslant l$）的概率。

根据计数的方式，得到 $p(Y=L_k)$ 和 $p(X=\boldsymbol{x}\mid Y=L_k)$。

根据条件概率公式，有 $p\left(Y=L_k \mid X=\boldsymbol{x}\right)=\dfrac{p\left(X=\boldsymbol{x},Y=L_k\right)}{p\left(X=\boldsymbol{x}\right)}$。

根据概率的乘法公式，有 $p\left(X=\boldsymbol{x},Y=L_k\right)=p\left(X=\boldsymbol{x}\middle|Y=L_k\right)p\left(Y=L_k\right)$。

根据全概率公式，有 $p\left(X=\boldsymbol{x}\right)=\sum_{k=1}^{l}p\left(X=\boldsymbol{x}\middle|Y=L_k\right)p\left(Y=L_k\right)$。

综合上面三个公式，可得贝叶斯定理的公式为

$$p\left(Y=L_k\middle|X=\boldsymbol{x}\right)=\frac{p\left(X=\boldsymbol{x}\middle|Y=L_k\right)p\left(Y=L_k\right)}{\sum_{t=1}^{l}p\left(X=\boldsymbol{x}\middle|Y=L_t\right)p\left(Y=L_t\right)} \tag{5-1}$$

理论上，可以基于式（5-1）计算出样本 $\boldsymbol{x}$ 的标签是 L_k 的概率。然而，由于 $\boldsymbol{x}$ 可能是一个高维向量，包含的特征比较多，可能成千上万甚至更多，此时需要大量的样本来准确地估计 $p\left(X=\boldsymbol{x}\middle|Y=L_k\right)$ 的值。当样本量较少时，会出现 $p\left(X=\boldsymbol{x}\middle|Y=L_k\right)=0$ 的情形。为准确地估计 $p\left(X=\boldsymbol{x}\middle|Y=L_k\right)$，同时降低对样本量的要求，朴素贝叶斯分类器假设在给定类别标签的条件下特征之间是彼此独立的，即

$$\begin{aligned}p\left(X=\boldsymbol{x}\middle|Y=L_k\right)&=p\left(\boldsymbol{x}=\left(x_1;x_2;\cdots;x_n\right)\middle|Y=L_k\right)\\&=p\left(x_1\middle|Y=L_k\right)p\left(x_2\middle|Y=L_k\right)\cdots p\left(x_n\middle|Y=L_k\right)\\&=\prod_{j=1}^{n}p\left(x_j\middle|Y=L_k\right)\end{aligned} \tag{5-2}$$

显然，估计 $p\left(x_j\middle|Y=L_k\right)$ 所需的样本量远远少于估计 $p\left(X=\boldsymbol{x}\middle|Y=L_k\right)$ 所需的样本量。

将式（5-2）带入式（5-1），可得

$$p\left(Y=L_k\middle|X=\boldsymbol{x}\right)=\frac{p\left(Y=L_k\right)\prod_{j=1}^{n}p\left(x_j\mid Y=L_k\right)}{\sum_{t=1}^{l}\left[p\left(Y=L_t\right)\prod_{j=1}^{n}p\left(x_j\mid Y=L_t\right)\right]} \tag{5-3}$$

式（5-3）就是朴素贝叶斯分类器的基本形式。当需要判断测试样本 $\boldsymbol{x}$ 的标签时，首先依次计算在 $\boldsymbol{x}$ 的条件下各个标签 $\{L_1,L_2,\cdots,L_l\}$ 的条件概率 $p\left(Y=L_k\mid X=\boldsymbol{x}\right)$；然后选择条件概率最大的标签 L_k 作为预测值。由于式（5-3）的分母是一个定值，因此可以直接比较分子的大小得到最终预测结果，即

$$y=\arg\max_{L_k}\frac{p\left(Y=L_k\right)\prod_{j=1}^{n}p\left(x_j\mid Y=L_k\right)}{\sum_{t=1}^{l}\left[p\left(Y=L_t\right)\prod_{j=1}^{n}p\left(x_j\mid Y=L_t\right)\right]}=\arg\max_{L_k}p\left(Y=L_k\right)\prod_{j=1}^{n}p\left(x_j\mid Y=L_k\right)$$

接下来给出朴素贝叶斯分类器的训练和预测过程。给定一个由 m 个样本组成的训练集 $\mathcal{D}$，第 i 个样本 $\boldsymbol{x}_i=(x_{i1};x_{i2};\cdots;x_{in})$ 是一个 n 维向量；$x_{ij}\in\left\{a_{j1},a_{j2},\cdots,a_{js_j}\right\}$ 表示 $\boldsymbol{x}_i$ 在第 j 个特征上的取值集合，其中 s_j 表示第 j 个特征可能取值的个数，a_{jq} 表示第 j 个特征的第 q 个取值（$1\leqslant i\leqslant m, 1\leqslant j\leqslant n, 1\leqslant q\leqslant s_j$），可以通过以下过程判断测试样本 $\boldsymbol{x}=(x_1;x_2;\cdots;x_n)$ 的标签。

（1）计算先验概率 $p\left(Y=L_k\right)$，即统计每个标签取值占 $\mathcal{D}$ 的比例。

$$p\left(Y=L_k\right)=\frac{\sum_{i=1}^{m} I\left(y_i=L_k\right)}{m}$$

（2）计算条件概率 $p(x_j=a_{jq}|Y=L_k)$，即在标签为 L_k 的样本统计第 j 个特征取值为 a_{jq} 的样本比例。

$$p(x_j=a_{jq} \mid Y=L_k)=\frac{\sum_{i=1}^{m} I(x_{ij}=a_{jq}, y_i=L_k)}{\sum_{i=1}^{m} I(y_i=L_k)} \quad 1 \leqslant j \leqslant n$$

式中，$I(x_{ij}=a_{jq}, y_i=L_k)$ 表示若样本 $\boldsymbol{x}_i$ 的标签是 L_k 且第 j 个特征的取值是 a_{jq}，则返回 1，否则返回 0。

（3）对于给定的测试样本 $\boldsymbol{x}=(x_1;x_2;\cdots;x_n)$，根据式（5-3）计算 $p(Y=L_k)\prod_{j=1}^{n} p(x_j \mid Y=L_k)$。

（4）确定 $\boldsymbol{x}$ 的标签 $y=\arg\max_{L_k} p(Y=L_k)\prod_{j=1}^{n} P(x_j \mid Y=L_k)$。

步骤（1）和（2）可以被看作朴素贝叶斯分类器的训练过程；步骤（3）和（4）可以被看作朴素贝叶斯分类器的预测过程。通过一个例子来说明如何构造和使用朴素贝叶斯分类器。表 5-4 所示为关于信用卡发放审批的数据集，包括三个特征，其中特征 $X_1 \in \{0,1\}$ 表示“有无工作”，$X_2 \in \{0,1\}$ 表示“是否有房”，$X_3 \in \{D,S,T\}$ 表示“学历等级”，类标签 $Y \in \{0,1\}$ 表示“是否通过审批”。表 5-4 中的每一列是一个样本，第 2～4 行对应三个特征，最后一行表示样本的类标签。现在要求根据表 5-4 中的数据学习一个朴素贝叶斯分类器，并利用该分类器预测样本 $\boldsymbol{x}=(0; 1; D)$的标签。

表 5-4 关于信用卡发放审批的数据集

	1	2	3	4	5	6	7	8	9	10	11	12	13	14	15
X_1	0	0	0	0	0	0	0	1	1	1	1	1	1	1	1
X_2	1	1	1	0	1	0	0	0	0	0	1	1	1	0	0
X_3	T	S	S	T	T	T	D	T	T	D	D	T	T	S	S
Y	1	1	1	0	0	0	0	1	1	1	1	1	1	0	1

首先，计算每个类标签取值的概率，有 $p(Y=0)=\frac{5}{15}$ 和 $p(Y=1)=\frac{10}{15}$。

然后，计算不同类别取值下不同特征取值的条件概率，有

$p(X_1=0 \mid Y=0)=\frac{4}{5}$，$p(X_1=1 \mid Y=0)=\frac{1}{5}$，$p(X_2=0 \mid Y=0)=\frac{4}{5}$，$p(X_2=1 \mid Y=0)=\frac{1}{5}$，

$p(X_3=D \mid Y=0)=\frac{1}{5}$，$p(X_3=S \mid Y=0)=\frac{1}{5}$，$p(X_3=T \mid Y=0)=\frac{3}{5}$，

$p(X_1=0 \mid Y=1)=\frac{3}{10}$，$p(X_1=1 \mid Y=1)=\frac{7}{10}$，$(X_2=0 \mid Y=1)=\frac{4}{10}$，$p(X_2=1 \mid Y=1)=\frac{6}{10}$，

$p(X_3=D \mid Y=1)=\frac{2}{10}$，$p(X_3=S \mid Y=1)=\frac{3}{10}$，$p(X_3=T \mid Y=1)=\frac{5}{10}$。

对于 $\boldsymbol{x}=(0; 1; D)$，通过比较 $p(Y=0 \mid X=\boldsymbol{x})$ 和 $p(Y=1 \mid X=\boldsymbol{x})$ 进行预测。在此推测 $\boldsymbol{x}$ 的标签

为 1，由于 $p(Y=0 \mid X=\boldsymbol{x}) \propto p(Y=0)p(X_1=0 \mid Y=0)p(X_2=1 \mid Y=0)p(X_3=D \mid Y=0)=\frac{4}{375}$，因此 $p(Y=1 \mid X=\boldsymbol{x}) \propto p(Y=1)p(X_1=0 \mid Y=1)p(X_2=1 \mid Y=1)p(X_3=D \mid Y=1)=\frac{3}{125}$。

5.3.3 不同类型的朴素贝叶斯

对于 $p(x_j=a_{jq} \mid Y=L_k)$ 的计算，若 $\mathcal{D}$ 的第 j 个特征是离散型变量，那么可以假设其符合多项式分布，并通过计数的方式计算 $p(x_j=a_{jq} \mid Y=L_k)=\frac{\sum_{i=1}^{m} I(x_{ij}=a_{jq}, y_i=L_k)}{\sum_{i=1}^{m} I(y_i=L_k)}$。然而，有时会出现训练集中第 j 个特征的某个特定取值 a_{jq} 的样本数 $\sum_{i=1}^{m} I(x_{ij}=a_{jq}, y_i=L_k)=0$ 的情况，这将导致 $p(Y=L_k)\prod_{j=1}^{n} p(x_j \mid Y=L_k)=0$，从而不能正确反映该特征的概率值。为此，通常采用拉普拉斯平滑避免该情况，即 $p(x_j=a_{jq} \mid Y=L_k)=\frac{\sum_{i=1}^{m} I(x_{ij}=a_{jq}, y_i=L_k)+\lambda}{\sum_{i=1}^{m} I(y_i=L_k)+s_j\lambda}$。通常取 λ 的值为 1。

若特征是连续型变量，则无法通过简单计数的方式来完成。一种处理方式是假设该特征服从某种分布，如均值为 μ_k、方差为 σ_k^2 的高斯分布 $p(x_j=a_{jq} \mid Y=L_k) \sim N(\mu_k, \sigma_k^2)$，或者均匀分布等，并通过概率密度函数计算 $p(x_j=a_{jq} \mid Y=L_k)$。

对于高斯分布，可以利用矩估计或最大似然估计的方式从训练集中估计出 μ_k 和 σ_k^2。对于测试样本 $\boldsymbol{x}=(x_1;x_2;\cdots;x_n)$，可以利用式（5-4）估计第 j 个特征的条件概率。

$$P(x_j=a_{jq} \mid Y=L_k)=\frac{1}{\sqrt{2\pi\sigma_k^2}}\exp\left(-\frac{(a_{jq}-\mu_k)^2}{2\sigma_k^2}\right) \tag{5-4}$$

对于均匀分布，可以从训练集中确定第 j 个特征在类别为 L_k 的样本中的取值范围 U_k，则测试样本 $\boldsymbol{x}=(x_1;x_2;\cdots;x_n)$ 的第 j 个特征的条件概率为 $P(x_j=a_{jq} \mid Y=L_k)=\frac{1}{U_k}$。

5.3.4 案例

利用 scikit-learn 库中实现的朴素贝叶斯分类器来推断测试样本(老年；有工作；有自己的房子；信用好)的标签。

```
from sklearn.naive_bayes import GaussianNB
import numpy as np
import pandas as pd
datasets = [[0, 0, 0, 0, 'no'], [0, 0, 0, 1, 'no'], [0, 1, 0, 1, 'yes'],
            [0, 1, 1, 0, 'yes'], [0, 0, 0, 0, 'no'], [1, 0, 0, 0, 'no'],
            [1, 0, 0, 1, 'no'], [1, 1, 1, 1, 'yes'], [1, 0, 1, 2, 'yes'],
            [1, 0, 1, 2, 'yes'], [2, 0, 1, 2, 'yes'], [2, 0, 1, 1, 'yes'],
```

```
            [2, 1, 0, 1, 'yes'], [2, 1, 0, 2, 'yes'], [2, 0, 0, 0, 'no']]
dataMat = np.mat(datasets)
arrMat = dataMat[:, 0:4]
labelsMat = dataMat[:, 4]
attr_names = ['年龄', '有工作', '有自己的房子', '信贷情况']
attr_pd = pd.DataFrame(data=arrMat, columns=attr_names)
clf = GaussianNB()
clf.fit(attr_pd, labelsMat)
result = clf.predict([[2, 1, 1, 1]])
print(result)
```

输出程序的运行结果。

```
['yes']
```

习题

5-1 简述决策树算法的基本思想。

5-2 ID3 决策树算法的停止条件有哪些？

5-3 给出完整的利用 ID3 算法构建关于表 5-2 中数据的决策树的过程。

5-4 给出完整的利用 C4.5 算法构建关于表 5-2 中数据的决策树的过程。

5-5 比较分析决策树预剪枝策略和后剪枝策略的优缺点。

5-6 试编程实现 ID3 算法并将其应用于表 5-2 中数据的分类。

5-7 分析 k 最近邻方法的时间复杂度，并说明造成其时间复杂度高的原因。

5-8 在 5.2.4 节中采用多种不同的距离度量准则，观察预测结果。

5-9 简述朴素贝叶斯分类器的基本思想及利用条件独立性假设的原因。

5-10 试编程实现朴素贝叶斯分类器并将其应用于表 5-4 中数据的分类。

第 6 章 集成学习

机器学习的目标是利用某个学习算法从训练集中学习一个在特定任务上预测性能不错的模型。然而，由于现实问题的复杂性及人们对问题认识的片面性，从数据中直接学习一个强学习器（Strong Learner）往往不是一件容易的事情，一个自然的想法是组合利用多个弱学习器（Weak Learner）来达到强学习器的性能。集成学习（Ensemble Learning）就是基于这样的想法被提出的，目标是通过结合多个弱学习器来获得比单一学习器更好的泛化能力。Lars Hanson 和 Peter Salamon 于 1990 年提出了神经网络集成的概念，并证明当单个神经网络的精度高于 50% 时，通过投票方式将神经网络结合在一起可以明显地提高学习系统的泛化能力。Yoav Freund 和 Robert Schapire 于 1995 年提出了经典的 AdaBoost（Adaptive Boosting）算法，该算法通过改变训练样本的权重，顺序地学习一系列的弱学习器，并通过线性加权这些弱学习器的方式来得到一个强学习器。Leo Breiman 于 1996 年提出了著名的 Bagging（Bootstrap Aggregating）算法，该算法先通过自助法产生多个训练集，然后在每个训练集上训练一个弱学习器，最后将多个弱学习器结合起来得到一个强学习器。AdaBoost 算法和 Bagging 算法代表了两类构建集成学习模型的不同思路，这也是设计集成学习模型的基础架构。本章将介绍集成学习的相关内容，着重讨论上述两种集成学习模型。在 6.1 节中介绍集成学习的基本原理，说明个体学习器（又被称为弱学习器）的构造和结合；在 6.2 节中将结合代码的方式介绍基于 Bagging 算法的集成学习模型，其中随机森林（Random Forest）是 Bagging 模型的一个典型代表，采用决策树作为弱学习器，同时对样本空间和特征空间进行采样；在 6.3 节中将结合一个具体示例介绍 AdaBoost 算法的工作原理；在 6.4 节中将介绍基于堆栈（Stacking）的集成学习模型，其可以被看作一种特殊的结合弱学习器的方式。

6.1 集成学习简介

集成学习体现了“三个臭皮匠顶个诸葛亮”“人多力量大”等人类的经验和智慧。集成学习的基本思想：首先，学习一组弱学习器；然后，根据某种策略结合这些弱学习器，从而获得比单个弱学习器更好的学习效果，如图 6-1 所示。在构建集成学习模型时，我们期望该学习模型具有“好而不同”的特点，即每个弱学习器的预测能力足够好，同时弱学习器之间彼此不同。如果集成学习模型中的弱学习器相同，那么该模型的预测结果将与单个弱学习器的预测结果相同，显然这不能提高集成学习模型的预测能力。因此，弱学习器的准确性和多样性是集成学习的两大关键核心内容，两者决定着集成学习模型的泛化能力。

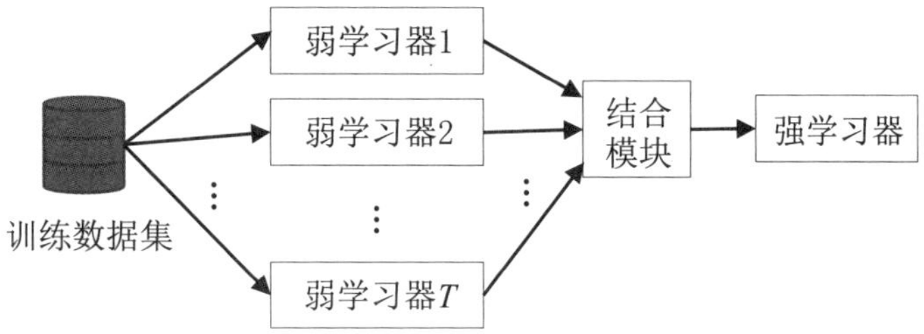

图 6-1　集成学习的示意图

表 6-1 所示为关于二分类问题的示例。表 6-1 中的每一列对应一个样本，其中第 1 行表示样本的真实值，第 2～6 行分别表示 5 个弱学习器的预测结果，最后一行是集成学习基于多数投票原则给出的输出。从表 6-1 中可以看出，集成学习可以更正弱学习器的错误预测，从而提高集成学习模型的准确率。

表 6-1　关于二分类问题的示例

样本的真实值	0	1	1	0	0	1	1
弱学习器 1 的预测值	0	0	1	1	0	1	0
弱学习器 2 的预测值	1	1	1	1	0	1	0
弱学习器 3 的预测值	0	1	0	0	1	0	1
弱学习器 4 的预测值	0	1	0	0	1	1	1
弱学习器 5 的预测值	0	0	1	0	0	0	1
集成学习模型的输出	0	1	1	0	0	1	1

集成学习包括两个基本问题，即弱学习器的构造和结合。根据每个弱学习器是否由相同类型的学习算法得到，可将集成学习分为同质集成和异质集成。同质集成中的弱学习器由相同类型的学习算法生成，如使用多个人工神经网络来构造一个集成模型、集成多棵决策树来得到一个随机森林等，（如果弱学习器的类型一样，则又被称为基学习器）所用的学习算法被称为基学习算法。异质集成不要求使用同一类型的学习算法来构造弱学习器，如可以利用决策树、k 最近邻和朴素贝叶斯分类器等来构造一个集成学习模型，一般称其中的弱学习器为组件学习器。

根据弱学习器的生成方式及弱学习器之间的依赖关系，可将集成学习分为并行方法和串行方法。并行方法的基本思想：首先，在给定训练集和学习算法的条件下，采取有放回地随机抽样的方式从训练集中产生本次迭代所需的数据集；然后，利用学习算法训练一个弱学习器，重复该过程多次，直至达到最大迭代轮数；最后，按照某种方式将这些弱学习器结合起来得到一个强学习器。Bagging 算法和随机森林是此类方法的两个代表。串行方法从训练集开始，首先为每个训练样本均匀分配初始权重，并训练一个弱学习器；其次提高预测错误率高的样本权重，降低预测错误率低的样本权重，并在重新加权的样本上训练一个弱学习器；再次依此逐轮迭代，直至达到最大迭代轮数或组合产生的强学习器能够完全正确预测全部训练样本；最后将这些弱学习器结合起来得到一个强学习器。串行方法的典型代表有 AdaBoost 算法和提升树（Boosting Tree）算法。

集成学习中的结合策略是指将若干个弱学习器组合在一起得到一个强学习器的方式。接下来介绍几种常见的结合策略。

给定训练集 $\mathcal{D}=\{(\boldsymbol{x}_1,y_1),(\boldsymbol{x}_2,y_2),\cdots,(\boldsymbol{x}_m,y_m)\}$，$\mathcal{D}$ 中有 l 个不同类别 $L=\{L_1,L_2,\cdots,L_l\}$，$y_i\in L$（$1\leqslant i\leqslant m$），记最大迭代次数为 T，迭代次数计数器为 t，测试样本为 $\boldsymbol{x}$，可以通过以下

方式合并 T 个弱学习器 $\{h_1,h_2,\cdots,h_T\}$ 来得到一个强学习器 $H(\boldsymbol{x})$。

（1）对于数值型输出，用 $h_t(\boldsymbol{x})$ 表示弱学习器 h_t 在 $\boldsymbol{x}$ 上的输出。

一种直观的方式是利用简单平均法进行结合，即 $H(\boldsymbol{x})=\dfrac{1}{T}\sum\limits_{t=1}^{T}h_t(\boldsymbol{x})$；另一种方式是考虑不同弱学习器的置信度，通过加权的方式进行结合，即 $H(\boldsymbol{x})=\dfrac{1}{T}\sum\limits_{t=1}^{T}w_t h_t(\boldsymbol{x})$，其中 w_t 表示弱学习器的重要性。一般要求 $w_t \geqslant 0$ 且 $\sum\limits_{t=1}^{T}w_t=1$，可以使用弱学习器的分类错误率、准确率等指标来表示弱学习器的重要性。

（2）对于类别型输出，一般按照某种投票原则进行表决，常用的投票方法有绝对多数投票法、相对多数投票法、加权投票法等。记 $h_t^i(\boldsymbol{x})$ 表示弱学习器 h_t 在类别标签 L_i 上的输出。

绝对多数投票法将在 T 个弱学习器中对 $\boldsymbol{x}$ 的预测结果中得票过半的预测值作为强学习器的输出，即

$$H(\boldsymbol{x})=\begin{cases} L_i & \sum\limits_{t=1}^{T}h_t^i(\boldsymbol{x})>\dfrac{1}{2}\sum\limits_{j=1}^{l}\sum\limits_{t=1}^{T}h_t^j(\boldsymbol{x}) \\ \text{拒绝预测} & \sum\limits_{t=1}^{T}h_t^i(\boldsymbol{x})\leqslant\dfrac{1}{2}\sum\limits_{j=1}^{l}\sum\limits_{t=1}^{T}h_t^j(\boldsymbol{x}) \end{cases}$$

对于绝对多数投票法，若利用 5 个完全独立的分类器，每个分类器的预测准确率是 70%，则绝对多数投票法的预测准确率为 $0.7^5+C_5^1\times0.7^4\times0.3+C_5^2\times0.7^3\times0.3^2=83.7\%$；若使用 101 个完全独立的分类器，则绝对多数投票法的准确率为 99.9%。

相对多数投票法将 T 个弱学习器对 $\boldsymbol{x}$ 的预测结果中得票最多的预测作为其学习结果，即

$$H(\boldsymbol{x})=\arg\max_{L_i}\sum_{t=1}^{T}h_t^i(\boldsymbol{x})$$

加权投票法考虑了每个弱学习器的权重，根据加权求和的结果给出的学习结果，即

$$H(\boldsymbol{x})=\arg\max_{L_i}\sum_{t=1}^{T}w_t h_t^i(\boldsymbol{x})$$

式中，w_t 表示弱学习器 h_t 的重要性，并且一般要求 $w_t\geqslant 0$ 且 $\sum\limits_{t=1}^{T}w_t=1$。

值得注意的是，在分类任务中，$h_t^i(\boldsymbol{x})$ 的输出有两种常见的类型，若 $h_t^i(\boldsymbol{x})\in\{0,1\}$，则称其输出的是硬标签（Hard Label），相应的投票方式为硬投票；若 $h_t^i(\boldsymbol{x})\in[0,1]$，则称其输出的是软标签（Soft Label），相应的投票方式为软投票。不同类型的 $h_t^i(\boldsymbol{x})$ 值一般不能混用，可以将硬标签输出转化为软标签输出或将软标签输出转化为硬标签输出之后，再结合其结果。

6.2 Bagging 算法

Bagging 算法利用自助法首先从训练集中有放回地随机抽取一定数量的样本来得到一个新的数据集，然后在新的数据集上训练一个弱学习器，重复上述过程 T 次，得到 T 个弱学习器，最后将这 T 个弱学习器结合起来得到一个强学习器。图 6-2 所示为 Bagging 算法的示意图。

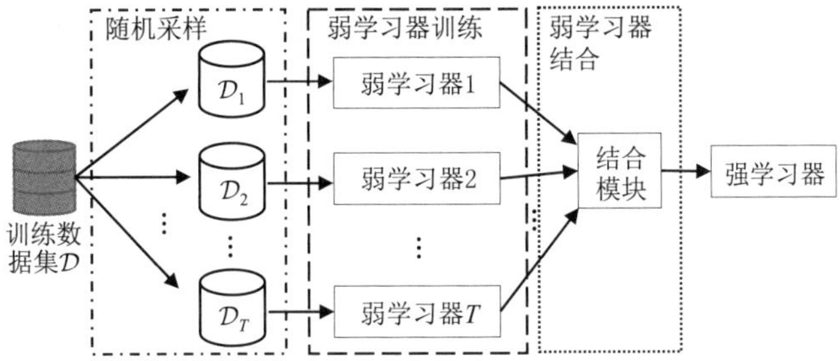

图 6-2 Bagging 算法的示意图

给定基学习器 $\mathcal{L}$ 及训练集 $\mathcal{D}=\{(\boldsymbol{x}_1,y_1),(\boldsymbol{x}_2,y_2),\cdots,(\boldsymbol{x}_m,y_m)\}$，$\mathcal{D}$ 中有 l 个不同的类别 $L=\{L_1,L_2,\cdots,L_l\}$，$y_i\in L$（$1\leqslant i\leqslant m$），算法 6-1 所示为 Bagging 模型训练过程的伪代码。假设基学习器的时间复杂度为$O(u)$，结合策略的时间复杂度为$O(s)$，则 Bagging 模型的时间复杂度为$O(Tu+s)$。考虑到结合策略的时间复杂度较小，当 T 是一个不太大的数时，训练一个 Bagging 模型与训练一个弱学习器的时间复杂度是同一个数量级的；当 T 较大时，可以考虑利用并行计算来提高构造 Bagging 模型的效率，因为 Bagging 模型天然满足数据并行的要求。

算法 6-1 Bagging 模型训练过程的伪代码

输入：训练集 $\mathcal{D}$，基学习器 $\mathcal{L}$，迭代次数 T
输出：强学习器 $H(\boldsymbol{x})$
1:for $t=1$ to T
2: 利用自助法从 $\mathcal{D}$ 中采样得到 $\mathcal{D}_t$
3: 利用 $\mathcal{L}$ 训练一个弱学习器 $h_t(\boldsymbol{x})=\mathcal{L}(\mathcal{D}_t)$
4:endfor
5:结合 $\{h_1,h_2,\cdots,h_T\}$ 得到一个强学习器 $H(\boldsymbol{x})$

随机森林是一种典型的 Bagging 模型，以 CART 决策树为基学习器，在训练每个弱学习器时，不但随机采样样本空间，而且随机采样特征空间。这在一定程度上提高了弱分类器的多样性和随机森林的泛化能力。结合 Bagging 模型，可以按照以下步骤构造一个随机森林。

（1）对于给定的训练集 $\mathcal{D}=\{(\boldsymbol{x}_1,y_1),(\boldsymbol{x}_2,y_2),\cdots,(\boldsymbol{x}_m,y_m)\}$，有放回地随机抽取 m 次，每次抽取 1 个样本，得到由 m 个样本组成的数据集，记为 $\mathcal{D}_t$。

（2）利用 $\mathcal{D}_t$ 训练一个 CART 决策树。具体来说，当每个样本有 n 个特征时，先在决策树的每个内部节点需要分裂时，随机从这 n 个特征中选取出 k 个特征（$k<n$）；然后采用某种策略（如信息增益、信息增益率等）从这 k 个特征中选择一个特征作为该节点的分裂特征。在决策树的形成过程中每个节点都按照该方式进行分裂，直至不能分裂。

（3）重复步骤（1）和步骤（2）T 次，可以得到由 T 棵 CART 决策树组成的随机森林。

需要注意的是，由于构造每棵 CART 决策树所需的训练样本是从原来的训练集 $\mathcal{D}$ 中通过有放回地随机抽取的方式获得的，因此 $\mathcal{D}$ 中的部分样本可能多次出现在 CART 决策树的训练集中，也可能不出现在该训练集中。在 CART 决策树的每个节点需要分裂时，使用的特征是从所有特征中按照一定比例无放回地随机抽取的，这个比例的经验值可以取 $\sqrt{n}$、$\sqrt{n}/2$ 或 $2\sqrt{n}$。

此外，与 ID3 算法中利用信息增益来确定分裂特征，CART 算法针对分类问题和回归问题采用了与其不同的评价准则。对于分类问题，CART 算法利用基尼（Gini）指数来确定分裂特征。基尼指数的定义是 $\text{Gini}=1-\sum_{i=1}^{n}p_i\times p_i$，其中 p_i 表示当前节点上样本集中第 i 类样本的比例。例如，对于二分类问题，当前节点包括 70 个来自类别 1 的样本和 30 个来自类别 2 的样本，则

$\text{Gini}=1-0.7\times0.7-0.3\times0.3=0.42$。类别分布越平均，Gini 值越大；类分布越不均匀，Gini 值越小，这一点与熵具有相似的性质。为此，可以基于 $\arg\max\limits_{f,\theta}(\text{Gini}_0-\text{Gini}_l-\text{Gini}_r)$ 来寻找最佳的分裂特征 A 和阈值 θ，其中 Gini_0 表示未使用 A 进行分裂前的样本集的基尼指数，Gini_l 表示以 θ 分割 A 时，A 的取值小于 θ 的样本集的基尼指数，Gini_r 表示以 θ 分割 A 时，A 的取值大于或等于 θ 的样本集的基尼指数。

对于回归问题，可以基于 $\arg\max\limits_{f,\theta}(\text{Var}_0-\text{Var}_l-\text{Var}_r)$ 寻找最佳的分裂特征 A 和阈值 θ，其中 Var_l 表示未使用 A 进行分裂前的样本集的方差，Var_l 表示以 θ 分割 A 时，A 的取值小于 θ 的样本集的方差，Var_r 表示以 θ 分割 A 时，A 的取值大于或等于 θ 的样本集的方差。

对于测试样本 $\boldsymbol{x}$，随机森林按如下过程进行预测。

（1）对于第 t 棵决策树，从当前树的根节点开始，根据当前节点的阈值，判断进入哪个分支，直至达到某个叶子节点，并输出预测值。

（2）对随机森林中的每棵决策树重复执行步骤（1），得到每个决策树的输出值，如果是分类问题，则输出所有决策树中预测概率总和最大的类别标签；如果是回归问题，则输出所有决策树的输出值的平均值。

Bagging 算法与随机森林的主要区别在于：Bagging 算法每次在生成决策树的节点时，从全部的特征中进行选择，而随机森林则随机从全部的特征中选择一个大小固定的子集。随机森林的性能主要受森林中任意两棵树之间的相关性及每棵树的预测能力的影响。一般来说，任意两棵树之间的相关性越大，随机森林的预测错误率越高；每棵树的预测能力越强，随机森林的预测错误率越低。此外，为了确保树的多样性，随机森林采用了有放回地抽样的方式来产生样本集，在这个过程中有一些样本从来没有被抽到，可以用这些没被抽到的袋外数据（可以将这些袋外数据看作验证集）来测试随机森林的性能。

接下来给出 scikit-learn 库中实现的随机森林的用法。采用的数据集是鸢尾花卉，包含 150 个数据样本，共分为 3 类，每类包含 50 个数据，每个数据包含花萼长度、花萼宽度、花瓣长度和花瓣宽度 4 个属性。本实验将数据集按 7∶3 的比例随机分为训练集和测试集，其中训练集用于训练随机森林，测试集用于检验所训练的随机森林的性能。

导入相关的 Python 包。train_test_split 函数用于将数据集划分为训练集和测试集。

```
from sklearn.ensemble import RandomForestClassifier
from sklearn.model_selection import train_test_split
from sklearn.metrics import classification_report
from sklearn.datasets import load_iris
```

加载数据集并将其分为训练集和测试集；设置随机森林中的超参数，并通过基于网格搜索的方式确定最优超参数取值；训练随机森林并输出其性能指标。

```
X, y = load_iris(return_X_y=True)
X_train, X_test, y_train, y_test = train_test_split(X, y, test_size=0.3, random_state=0)

param_grid = { # 超参数寻优
    'criterion': ['entropy', 'gini'], # 节点分裂准则
    'max_depth':[5, 6, 7], # 每棵树的深度
    'n_estimators': [5, 7, 9], # 树的个数
    'max_features': [0.4, 0.5, 0.6], # 随机选择特征的比例
    'min_samples_split': [4, 8, 12] # 节点的最小拆分样本量
}
```

```
rfc = RandomForestClassifier()
# 超参数优化
rfc_cv = GridSearchCV(estimator=rfc, param_grid=param_grid, scoring='roc_auc', cv=4)
rfc_cv.fit(X_train, y_train)
test_est = rfc_cv.predict(X_test)
print(classification_report(test_est, y_test))
```

6.3 Boosting 算法

Boosting（提升）算法是一类可以将弱学习器提升为强学习器的算法的统称。Boosting 算法的基本思想：首先，在训练数据集上训练一个弱学习器，并根据弱学习器的表现调整训练样本的权重，使得先前弱学习器做出错误预测的样本在后续模型学习中得到更多关注；然后，基于调整的训练集训练下一个弱学习器；重复上述过程，直至弱学习器的个数达到事先指定的值 T，最终加权组合这 T 个弱学习器，得到一个强学习器。图 6-3 所示为 Boosting 算法的示意图。

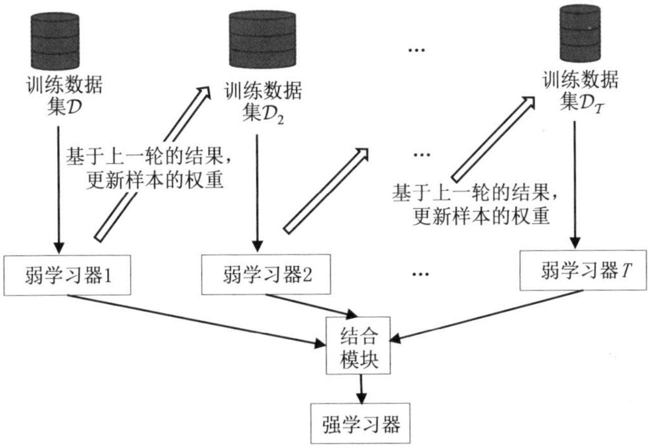

图 6-3 Boosting 算法的示意图

Boosting 算法的关键在于，在每轮学习中如何改变样本的权重分布及如何将弱学习器结合起来得到一个强学习器。使用不同的样本分布更新方法和弱学习器结合策略可以得到不同的 Boosting 算法，提升树和 AdaBoost 算法是其中两种最经典的实现方式。提升树是一种以二叉决策树为弱学习器的提升方法；AdaBoost 算法则没有限制弱学习器的类型，既可以用于分类任务（包括二分类和多分类），也可以用于回归任务。本书主要介绍二分类 AdaBoost 算法。

给定一个由 m 个样本组成的训练集 $\mathcal{D}=\{(\boldsymbol{x}_1,y_1),(\boldsymbol{x}_2,y_2),\cdots,(\boldsymbol{x}_m,y_m)\}$， $y_i\in\{-1,1\}$ 及基学习器 $\mathcal{L}$，AdaBoost 算法训练过程的伪代码如算法 6-2 所示。

算法 6-2 AdaBoost 算法训练过程的伪代码

输入：训练集 $\mathcal{D}$，基学习器 $\mathcal{L}$，迭代次数 T
输出：强学习器 $H(x)$
1:初始化样本 x_i 的权重： $w_1(\boldsymbol{x}_i)=1/m$ （$i=1,2,\cdots,m$）
2:for $t=1$ to T
3:　在 $\mathcal{D}$ 上基于权重 $w_t(\boldsymbol{x})$ 训练弱学习器 $h_t(\boldsymbol{x})=\mathcal{L}(\mathcal{D},w_t(\boldsymbol{x}))$
4:　计算 $h_t(\boldsymbol{x})$ 在加权数据集上的错误率： $\varepsilon_t=\sum_{i=1}^{m}w_t(\boldsymbol{x}_i)[h_t(\boldsymbol{x}_i)\neq y_i]$

5: if $\varepsilon_t > 0.5$

6: break

7: endif

8: 计算 $h_t(\boldsymbol{x})$ 的重要性 $\alpha_t = \frac{1}{2}\log_{\mathrm{e}}(\frac{1-\varepsilon_t}{\varepsilon_t})$

更新 x_i 的权重（$i = 1, 2, \cdots, m$）：

9: $w_{t+1}(\boldsymbol{x}_i) = \frac{w_t(\boldsymbol{x}_i)}{Z_t} \times \begin{cases} \exp(-\alpha_t), & h_t(\boldsymbol{x}_i) = y_i \\ \exp(\alpha_t), & h_t(\boldsymbol{x}_i) \neq y_i \end{cases}$

$= \frac{w_t(\boldsymbol{x}_i)}{Z_t}\exp(-\alpha_t h_t(\boldsymbol{x}_i) y_i)$

式中，$Z_t = \sum_{i=1}^{m} w_t(\boldsymbol{x}_i)\exp(-\alpha_t h_t(\boldsymbol{x}_i) y_i)$ 是规范化因子

10:endfor

11:线性组合弱学习器，得 $f(\boldsymbol{x}) = \sum_{t=1}^{T} \alpha_t h_t(\boldsymbol{x})$

12:输出强学习器：$H(\boldsymbol{x}) = \mathrm{sgn}(\sum_{t=1}^{T} \alpha_t h_t(\boldsymbol{x}))$

在 AdaBoost 算法中，弱学习器的权重 α_t 可以由最小化式（6-1）中的指数损失函数得到。

$$\mathrm{loss}(\alpha_t h_t \mid w_t) = \mathrm{e}^{-\alpha_t}(1-\varepsilon_t) + \mathrm{e}^{\alpha_t}\varepsilon_t \tag{6-1}$$

指数损失函数关于参数 α_t 求偏导，可得

$$\frac{\partial \mathrm{loss}(\alpha_t h_t \mid w_t)}{\partial \alpha_t} = -\mathrm{e}^{-\alpha_t}(1-\varepsilon_t) + \mathrm{e}^{\alpha_t}\varepsilon_t$$

令偏导数等于 0，有

$$-\mathrm{e}^{-\alpha_t}(1-\varepsilon_t) + \mathrm{e}^{\alpha_t}\varepsilon_t = 0$$

经过整理后，可得

$$\alpha_t = \frac{1}{2}\log_{\mathrm{e}}\left(\frac{1-\varepsilon_t}{\varepsilon_t}\right)$$

对于样本的权重更新公式 $w_{t+1}(\boldsymbol{x}) = \frac{w_t(\boldsymbol{x})}{Z_t} \times \begin{cases} \exp(-\alpha_t) & h_t(\boldsymbol{x}_i) = y_i \\ \exp(\alpha_t) & h_t(\boldsymbol{x}_i) \neq y_i \end{cases}$，当样本被错误预测时，有 $h_t(\boldsymbol{x}_i)y_i = -1$，$w_{t+1}(\boldsymbol{x}) = \frac{w_t(\boldsymbol{x})}{Z_t}\exp(\alpha_t) = \frac{w_t(\boldsymbol{x})}{Z_t}\exp\left(\frac{1}{2}\log_{\mathrm{e}}\left(\frac{1-\varepsilon_t}{\varepsilon_t}\right)\right) = \frac{w_t(\boldsymbol{x})}{Z_t}\sqrt{\frac{1-\varepsilon_t}{\varepsilon_t}}$；当样本被正确预测时，有 $h_t(\boldsymbol{x}_i)y_i = 1$，$w_{t+1}(\boldsymbol{x}) = \frac{w_t(\boldsymbol{x})}{Z_t}\exp(-\alpha_t) = \frac{w_t(\boldsymbol{x})}{Z_t}\exp\left(-\frac{1}{2}\log_{\mathrm{e}}\left(\frac{1-\varepsilon_t}{\varepsilon_t}\right)\right) = \frac{w_t(\boldsymbol{x})}{Z_t}\sqrt{\frac{\varepsilon_t}{1-\varepsilon_t}}$。

可以看出，当样本被错误预测时，权重增加；当样本被正确预测时，权重减小。相较被正确预测的样本，被错误预测的样本的权重被放大了 $\exp(2\alpha_t) = \frac{1-\varepsilon_t}{\varepsilon_t}$ 倍，这使得被错误分类的样本在下一轮学习中将得到更多的重视。当 $\varepsilon_t \leqslant 0.5$ 时，$\alpha_t \geqslant 0$ 并且 α_t 随着 ε_t 的减小而增大，因此错误分类率小的弱学习器在强学习器中的作用越大。

接下来以表 6-2 中的数据集为例来介绍 AdaBoost 算法。表 6-2 中共有 5 个样本，特征是一维的连续型变量，标签的取值为-1 和 1。假设基学习器是深度为 1 的决策树（又被称为决策桩）对于连续型变量，决策桩对应一条与坐标轴平行的线。我们的目标是利用 AdaBoost 算法把 0、1、2、3、4 这 5 个数分为两类，其中一类对应的输出是“-1”，另一类对应的输出是“1”。

表 6-2 训练数据集

样本序号	s_1	s_2	s_3	s_4	s_5
样本点 x	0	1	2	3	4
类别 y	−1	−1	1	−1	1

从训练集可以看出，数 0 和 1 对应的输出是“−1”，数 2 对应的输出是“1”，数 3 对应的输出是“−1”，数 4 对应的输出是“1”。因此，决策桩的分界点 x 在数 1 与 2 之间、数 2 与 3 之间或数 3 与 4 之间。在本例中，可取 $x = 1.5$、$x = 2.5$ 或 $x = 3.5$。

按照 AdaBoost 算法的流程，初始化样本的权重分布。在算法迭代轮数 $t = 1$ 时，每个样本的权重为 0.2，即 $w_1(x_i) = 0.2$（$i = 1, 2, \cdots, 5$），下面进入迭代过程。

（1）在第 1 轮迭代中，根据训练样本的权重分布 $w_1(x_i)$，可知以下内容。

若分界点 $x=1.5$，当 $x<1.5$ 时 y 取−1，当 $x>1.5$ 时，y 取 1，则 s_4 被错误预测，错误率为 0.2。

若分界点 $x = 2.5$，当 $x < 2.5$ 时 y 取−1，当 $x > 2.5$ 时 y 取 1，则 s_3 和 s_4 被错误预测，错误率为 0.4。

若分界点 $x=3.5$，当 $x<3.5$ 时 y 取−1，当 $x>3.5$ 时 y 取 1，则 s_3 被错误预测，错误率为 0.2。

分界点可以取 $x=1.5$ 或 $x=3.5$，在此取分界点 $x=1.5$，并可以得到第 1 轮迭代的弱学习器：
$h_1(x)=\begin{cases}-1 & x<1.5\\ 1 & x>1.5\end{cases}$，$\varepsilon_1=0.2$，以及 $h_1(x)$ 在强学习器中的系数 $\alpha_1=\frac{1}{2}\log_{\mathrm{e}}\left(\frac{1-\varepsilon_1}{\varepsilon_1}\right)\approx 0.6931$。

根据 $w_{t+1}(\boldsymbol{x}_i)=\frac{w_t(\boldsymbol{x}_i)}{Z_t}\exp(-\alpha_t h_t(\boldsymbol{x}_i)y_i)$ 更新训练样本的权重，其中规范化因子为

$$
\begin{aligned}
Z_1 &= \sum_{i=1}^{5} w_1(x_i)\exp(-\alpha_1 h_1(x_i)y_i)\\
&= 0.2\exp(-\alpha_1\times(-1)\times(-1))+0.2\exp(-\alpha_1\times(-1)\times(-1))+0.2\exp(-\alpha_1\times1\times1)+\\
&\quad 0.2\exp(-\alpha_1\times1\times(-1))+0.2\exp(-\alpha_1\times1\times1)\\
&= 0.8\exp(-\alpha_1)+0.2\exp(\alpha_1)\\
&= 0.8
\end{aligned}
$$

将第 1 个样本的权重更新为 $w_2(\boldsymbol{x}_1)=\frac{w_1(\boldsymbol{x}_1)}{Z_1}\exp(-\alpha_1)=\frac{0.2}{0.8}\exp(-0.6931)=0.125$。类似地，将其他样本的权重分别更新为 0.125、0.125、0.5 和 0.125，即 $w_2(x)=(0.125,0.125,0.125,0.5,0.125)$。此时的分类函数 $f_1(x)=\mathrm{sgn}(0.6931h_1(x))$ 不能被完全正确地分类训练样本，为此继续迭代产生下一个弱学习器。

（2）在第 2 轮迭代中，根据训练样本的权重分布 $w_2(x_i)$，可知以下内容。

若分界点 $x=1.5$，当 $x<1.5$ 时 y 取−1，当 $x>1.5$ 时 y 取 1，则 s_4 被错误预测，错误率为 0.5。

若分界点 $x = 2.5$，当 $x < 2.5$ 时 y 取−1，当 $x > 2.5$ 时 y 取 1，则 s_3 和 s_4 被错误预测，错误率为 0.625。

若分界点 $x=3.5$，当 $x<3.5$ 时 y 取−1，当 $x>3.5$ 时 y 取 1，则 s_3 被错误预测，错误率为 0.125。

分界点 $x = 3.5$ 的错误率最小，故取 $x = 3.5$，相应地可以得到第 2 轮迭代的弱学习器：
$h_2(x)=\begin{cases}-1 & x<3.5\\ 1 & x>3.5\end{cases}$，$\varepsilon_2=0.125$，以及 $h_2(x)$ 在强学习器中的系数 $\alpha_2=\frac{1}{2}\log_{\mathrm{e}}\left(\frac{1-\varepsilon_2}{\varepsilon_2}\right)\approx 0.973$。

根据 $w_{t+1}(\boldsymbol{x}_i)=\frac{w_t(\boldsymbol{x}_i)}{Z_t}\exp(-\alpha_t h_t(\boldsymbol{x}_i)y_i)$ 更新训练样本的权重，其中规范化因子为

$$
\begin{aligned}
Z_2 &= \sum_{i=1}^{5} w_2(x_i)\exp(-\alpha_2 h_2(x_i) y_i) \\
&= 0.125\exp(-\alpha_2\times(-1)\times(-1)) + 0.125\exp(-\alpha_2\times(-1)\times(-1)) + 0.125\exp(-\alpha_2\times(-1)\times 1) + \\
&\quad 0.5\exp(-\alpha_2\times(-1)\times(-1)) + 0.125\exp(-\alpha_2\times 1\times 1) \\
&= 0.8\exp(-\alpha_1) + 0.2\exp(\alpha_1) \\
&= 0.6614
\end{aligned}
$$

更新第 1 个样本的权重为 $w_3(\boldsymbol{x}_1)=\dfrac{w_2(\boldsymbol{x}_1)}{Z_2}\exp(-\alpha_2)=0.0714$。类似地，依次更新其他样本的权重，可得 $w_3(x)=(0.0714,0.0714,0.5001,0.2857,0.0714)$。

此时，可得分类函数 $f_2(x)=\mathrm{sgn}(0.6931h_1(x)+0.973h_2(x))$，该强学习器在训练集上对 s_3 的预测错误。为此继续迭代产生下一个弱学习器。

（3）在第 3 轮迭代中，根据训练样本的权重分布 $w_3(x_i)$，可知以下内容。

若分界点 $x=1.5$，当 $x<1.5$ 时 y 取−1，当 $x>1.5$ 时 y 取 1，则 s_4 被错误预测，错误率为 0.2857。

若分界点 $x=2.5$，当 $x<2.5$ 时 y 取−1，当 $x>2.5$ 时 y 取 1，则 s_3 和 s_4 被错误预测，错误率为 $0.5001+0.2857=0.7858>0.5$；若当 $x<2.5$ 时 y 取 1，当 $x>2.5$ 时 y 取−1，则 s_1、s_2 和 s_5 被错误预测，错误率为 $0.0714+0.0714+0.0714=0.2142$。

若分界点 $x=3.5$，当 $x<3.5$ 时 y 取−1，当 $x>3.5$ 时 y 取 1，则 s_3 被错误预测，错误率为 $0.5001>0.5$；若当 $x<3.5$ 时 y 取 1，$x>3.5$ 时 y 取−1，则 s_1、s_2、s_4 和 s_5 被错误预测，错误率为 $0.0714+0.0714+0.2857+0.0714=0.4999$。

分界点 $x=2.5$ 的错误率最小，故取 $x=2.5$，相应地可以得到第 3 轮迭代的弱学习器：$h_3(x)=\begin{cases}1 & x<2.5\\ -1 & x>2.5\end{cases}$，$\varepsilon_3=0.2142$，以及 $h_3(x)$ 在强学习器中的系数 $\alpha_3=\dfrac{1}{2}\log_{\mathrm{e}}\left(\dfrac{1-\varepsilon_3}{\varepsilon_3}\right)\approx 0.6499$。

根据 $w_{t+1}(\boldsymbol{x}_i)=\dfrac{w_t(\boldsymbol{x}_i)}{Z_t}\exp(-\alpha_t h_t(\boldsymbol{x}_i)y_i)$ 更新训练样本的权重，其中规范化因子为

$$
\begin{aligned}
Z_3 &= \sum_{i=1}^{5} w_3(x_i)\exp(-\alpha_3 h_3(x_i) y_i) \\
&= 0.0714\exp(-0.6499\times 1\times(-1)) + 0.0714\exp(-0.6499\times 1\times(-1)) + 0.5001\exp(-0.6499\times 1\times 1) + \\
&\quad 0.2857\exp(-0.6499\times(-1)\times(-1)) + 0.0714\exp(-0.6499\times(-1)\times 1) \\
&= 0.8205
\end{aligned}
$$

可得 $w_4(x)=(0.1667,0.1667,0.3182,0.1818,0.1667)$。

此时，可得分类函数 $f_3(x)=\mathrm{sgn}(0.6931h_1(x)+0.973h_2(x)+0.6499h_3(x))$，有

$f_3(x=0)=\mathrm{sgn}(0.6931h_1(0)+0.973h_2(0)+0.6499h_3(0))=\mathrm{sgn}(-0.6931-0.973+0.6499\times 1)=-1$，

$f_3(x=1)=\mathrm{sgn}(0.6931h_1(0)+0.973h_2(0)+0.6499h_3(0))=\mathrm{sgn}(-0.6931-0.973+0.6499\times 1)=-1$，

$f_3(x=2)=\mathrm{sgn}(0.6931h_1(0)+0.973h_2(0)+0.6499h_3(0))=\mathrm{sgn}(0.6931-0.973+0.6499\times 1)=1$，

$f_3(x=3)=\mathrm{sgn}(0.6931h_1(0)+0.973h_2(0)+0.6499h_3(0))=\mathrm{sgn}(0.6931-0.973-0.6499)=-1$，

$f_3(x=4)=\mathrm{sgn}(0.6931h_1(0)+0.973h_2(0)+0.6499h_3(0))=\mathrm{sgn}(0.6931+0.973-0.6499)=1$。

$f_3(x)$ 可以被完全正确地分类所有的训练样本。至此整个训练过程结束，AdaBoost 算法得到强学习器 $H(x)=\mathrm{sgn}(\sum_{t=1}^{3}\alpha_t h_t(x))=\mathrm{sgn}(0.6931h_1(x)+0.973h_2(x)+0.6499h_3(x))$。表 6-3 总结了上述过程中权重分布和分类函数预测结果的情况。

表 6-3 训练样本权重和分类函数预测结果汇总

样本序号	s_1	s_2	s_3	s_4	s_5
样本点 x	0	1	2	3	4
类别 y	−1	−1	1	−1	1
权重分布 w_1	0.2	0.2	0.2	0.2	0.2
权重分布 w_2	0.125	0.125	0.125	0.5	0.125
$\mathrm{sgn}(f_1(x))$	−1	−1	1	1	1
权重分布 w_3	0.0714	0.0714	0.5001	0.2857	0.0714
$\mathrm{sgn}(f_2(x))$	−1	−1	−1	−1	1
权重分布 w_4	0.1667	0.1667	0.3182	0.1818	0.1667
$\mathrm{sgn}(f_3(x))$	−1	−1	1	−1	1

接下来给出基于 Python 的 AdaBoost 算法的代码实现。对于给定的训练集 data 和相应的标签 label，假设可以利用基学习器 baseClassifier(data, labels, w)训练弱学习器，并返回获得的弱学习器 classifieri、该弱学习器的错误率 error 及样本的预测标签 classEst，则可以基于 AdaBoost 算法的思想计算弱学习器的权重 alpha，更新样本的权重 w，计算强学习器的错误率 errorRate，并据此判断是否提前结束迭代过程。

```
def adaBoostTrain(data, labels, numIt=50):
    weakCls = []
    m = shape(data)[0]
    w = mat(ones((m, 1)) / m)
    aggClassEst = mat(zeros((m, 1)))
    for i in range(numIt):
        classifieri, error, classEst = baseClassifier(data, labels, w)
        alpha = float(0.5 * log((1.0 - error) / max(error, 1e-16))) #防止分母为0
        classifieri['alpha'] = alpha
        weakCls.append(classifieri)
        expon = multiply(-1 * alpha * mat(classLabels).T, classEst)
        w = multiply(w, exp(expon))
        w = w / w.sum()
        aggClassEst += alpha * classEst
        aggErrors = multiply(sign(aggClassEst) != mat(labels).T, ones((m, 1)))
        errorRate = aggErrors.sum()/m
        if errorRate == 0.0:
            break
    return weakCls, aggClassEst
```

AdaBoost 算法提供了一种通用的学习框架，我们可以在其中使用不同类型的学习算法来训练基学习器。AdaBoost 算法不要求弱学习器的先验知识，也不需要知道弱学习器的错误率上界，最后得到的强学习器的性能依赖于所有的弱学习器，并且训练错误率会随着迭代的进行逐渐下降；可以根据弱学习器的反馈，自适应地调整弱学习器在强学习器中的重要性。由于 AdaBoost 算法在训练过程中通过指数加权的方式更新样本的权重，因此容易受噪声的影响。由于 AdaBoost 算法采用串行方式进行训练，时间复杂度是弱学习器的 T 倍。

Bagging 算法与 AdaBoost 算法的区别主要体现在以下几方面。第一，用于训练弱学习器的训练样本的产生方式不同：Bagging 算法随机从原始训练集中通过有放回地随机抽取一定数量的样本构成训练集；而 AdaBoost 算法则基于当前弱学习器的错误率来更新训练样本的权重，并将加权后的数据用于下一轮弱学习器的训练，也就是说弱学习器的训练集不是相互独立的。第二，弱学习器的生成方式不同：Bagging 算法可以并行生成多个弱学习器，而 AdaBoost 算法则需要按顺序依次生成弱学习器。

多分类 AdaBoost 算法与二分类 AdaBoost 算法的原理类似，两者的主要区别在于如何确定弱学习器的权重。例如，在 SAMME 算法中弱学习器的权重为 $\alpha_t = \frac{1}{2}\log_e\left(\frac{1-\varepsilon_t}{\varepsilon_t}\right) + \log_e(l-1)$。可以看出，当 $l=2$ 时，SAMME 算法和二分类 AdaBoost 算法中的系数相同。

接下来给出 scikit-learn 库中实现的 AdaBoost 的用法。用于实现 AdaBoost 的函数是 AdaBoostClassifier(base_estimator = None, *, n_estimators = 50, learning_rate = 1.0, algorithm = 'SAMME.R', random_state = None)。其中，base_estimator 表示基学习器；n_estimators 表示最大的弱学习器的个数，为避免过拟合，一般提前停止学习过程；learning_rate 表示每次迭代中应用到每个弱学习器的权重；algorithm 表示弱学习器的权重的度量方式，可选的参数值有'SAMME'和'SAMME.R'。前者使用分类效果作为弱学习器的权重，后者则使用预测概率的大小作为弱学习器的权重；random_state 表示随机数种子，用于保证实验结果的可重复性。

导入相关的 Python 包。

```
from sklearn.tree import DecisionTreeClassifier
from sklearn.ensemble import AdaBoostClassifier
from sklearn.model_selection import train_test_split, GridSearchCV
from sklearn.metrics import classification_report
from sklearn.datasets import load_iris
```

加载数据集并将其分为训练集和测试集，采用决策树作为基学习器，训练 AdaBoost 算法并输出其性能指标。

```
X, y = load_iris(return_X_y=True)
X_train, X_test, y_train, y_test = train_test_split(X, y, test_size=0.3, random_state=0)
abc = AdaBoostClassifier(base_estimator=DecisionTreeClassifier(max_depth=3))
abc.fit(X_train,y_train)
test_est = abc.predict(X_test)
print(metrics.classification_report(test_est, y_test))
```

6.4 Stacking 方法

Stacking 方法本质上是一种用于综合利用多个弱学习器的结合策略，通过训练一个新的模型来结合弱学习器。具体来说，首先利用初级学习算法训练多个弱学习器；然后将各个弱学习器的输出作为新的输入，并利用次级学习算法训练一个新的模型来预测最终的结果。图 6-4 所示为 Stacking 方法的示意图。

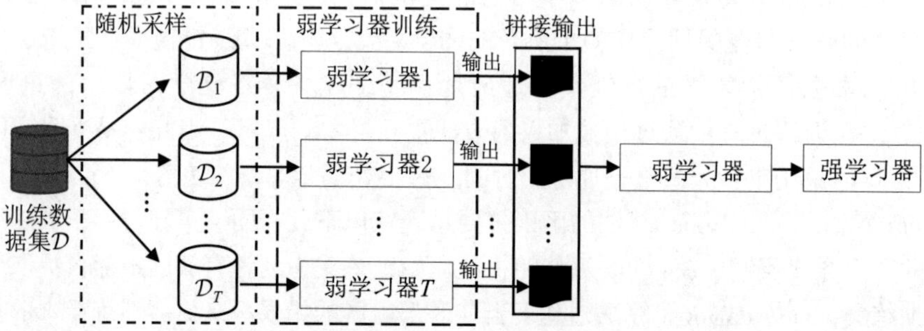

图 6-4 Stacking 方法的示意图

给定训练集 $\mathcal{D} = \{(\boldsymbol{x}_1, y_1), (\boldsymbol{x}_2, y_2), \cdots, (\boldsymbol{x}_m, y_m)\}$，初级学习算法 $\{\mathcal{L}_1, \mathcal{L}_2, \cdots, \mathcal{L}_T\}$，次级学习算法 $\mathcal{L}$ 及基学习器的个数 T，Stacking 方法训练过程的伪代码如算法 6-3 所示。

算法 6-3　stacking 方法训练过程的伪代码

输入：训练集 $\mathcal{D}$，初级学习算法 $\mathcal{L}_1, \mathcal{L}_2, \cdots, \mathcal{L}_T$，次级学习算法 $\mathcal{L}$，基学习器的个数 T

输出：强学习器 $H(x)$

1: for $t = 1$ to T
2:　　$h_t = \mathcal{L}_t(D)$
3: endfor
4: $\mathcal{D}_0 = \varnothing$
5: for $i = 1$ to m
6:　　for $t = 1$ to T
7:　　　　$z_{it} = h_t(\boldsymbol{x}_i)$
8:　　endfor
9:　　$\mathcal{D}_0 = \mathcal{D}_0 \cup ((z_{i1}, z_{i2}, \cdots, z_{iT}), y_i)$
10: endfor
11: $h = \mathcal{L}(\mathcal{D}_0)$
11: $H(\boldsymbol{x}) = h(h_1(\boldsymbol{x}), h_2(\boldsymbol{x}), \cdots, h_T(\boldsymbol{x}))$

可以看出，Stacking 方法先将各个初级弱学习器的输出拼接起来形成新的特征向量，然后将该特征向量输入到次级弱学习器中。更一般地，我们可以进行多次 Stacking 操作得到一个多层次的模型。

接下来给出 scikit-learn 库中实现的 Stacking 模型的用法，该模型以 k 最近邻方法、朴素贝叶斯分类器及随机森林作为初级弱学习器，以逻辑回归作为次级弱学习器。

首先，导入相关的 Python 包。

```python
from sklearn.neighbors import KNeighborsClassifier
from sklearn.naive_bayes import GaussianNB
from sklearn.ensemble import RandomForestClassifier
from sklearn.linear_model import LogisticRegression
from mlxtend.classifier import StackingCVClassifier
from sklearn.model_selection import cross_val_score
from sklearn.datasets import load_iris
```

然后，加载数据集，构建 Stacking 模型。最后，采用 k 折交叉检验的方式测试初级弱学习器和 Stacking 模型的性能。k 折交叉检验是指，随机将数据集大致等分为 k 份，依次取其中的一份作为测试集来测试模型，剩余的 $(k-1)$ 份作为训练集来训练模型，并将 k 次实验结果的平均值作为模型的性能指标。

```python
X, y = load_iris(return_X_y=True)
cls1 = KNeighborsClassifier(n_neighbors=1)
cls2 = GaussianNB()
cls3 = RandomForestClassifier()
lr = LogisticRegression()

sclf = StackingCVClassifier(classifiers=[cls1, cls2, cls3], meta_classifier=lr,
random_state=0)

print('5-fold cross validation:\n')
for cls, label in zip([cls1, cls2, cls3, sclf], ['KNN', 'Random Forest', 'Naive
Bayes', 'StackingClassifier']):
```

```
scores = cross_val_score(cls, X, y, cv=5, scoring='accuracy')
print("Accuracy: %0.2f (+/- %0.2f) [%s]" % (scores.mean(), scores.std(), label))
```

习题

6-1 简述集成学习的基本思想。

6-2 影响集成学习模型性能的主要因素有哪些？

6-3 比较分析 AdaBoost 算法和 Bagging 算法。

6-4 随机森林与基于决策树的模型相比有何不同？

6-5 Stacking 方法与基于简单统计的结合策略相比有何不同？

6-6 根据表 6-4，以决策桩为基学习器构建一个 AdaBoost 模型。

表 6-4 训练集

样本序号	s_1	s_2	s_3	s_4	s_5	s_6	s_7
样本点 x	0	1	2	3	4	5	6
类别 y	−1	−1	1	−1	1	−1	−1

6-7 试编程实现基于 k 最近邻的 AdaBoost 算法。

6-8 试编程实现随机森林算法。

6-9 试编程实现基于 Stacking 方法的集成学习模型。

6-10 在集成学习模型中，弱学习器的多样性极大地影响着模型的性能，除了随机采样，还可以采取哪些方法来提高弱学习器的多样性？

第 7 章 聚类

聚类（Clustering）是一种典型的无监督学习方法，按照某个特定准则将一组对象分成为若干个簇，使得在同一个簇中的对象之间的相似性尽可能大，而不在同一个簇中的对象之间的差异性尽可能大。也就是说，聚类的目标是使相似的对象尽可能地接近，而不相似的对象尽可能地远离。能够实现上述目标的聚类算法众多，常用的聚类算法主要分为基于划分的方法、基于层次的方法、基于密度的方法、基于网格的方法及基于模型的方法。基于划分的方法构建一组数据的划分，每个划分表示一个簇，并且要求每个簇至少包含一个对象，每个对象属于且仅属于一个簇，代表性算法有 k 均值（k-Means）算法和 k 中心点算法。基于层次（Hierarchical Clustering）的方法通过自下而上或自上而下的方式将给定的对象组织成层次结构来完成聚类。基于密度的方法通过密度来描述簇，只要对象组成的领域的密度值超过某个给定的阈值，就继续聚类。DBSCAN（Density-Based Spatial Clustering of Applications with Noise）是其中一个较具代表性的算法，能够将具有高密度的区域划分为簇，并且可以在有噪声的数据集中发现任意形状的簇。基于网格的方法把对象空间切分为有限的单元，从而形成一个网格结构，所有的聚类操作在网格内进行。基于模型的方法为每个簇假定一个模型，并寻找数据集对给定模型的最佳拟合。高斯混合模型（Gaussian Mixture Model，GMM）是一种常用的基于模型的聚类算法，假设数据是由有限数量的混合高斯分布生成的。可以将高斯混合模型看作 k 均值算法的扩展，包含数据集的协方差结构及隐高斯模型中心的信息，并且可以给出样本属于某个簇的概率。本章主要介绍 k 均值和层次聚类这两种典型的聚类算法。在 7.1 节中将给出与聚类有关的基本概念和术语；在 7.2 节和 7.3 节中将结合 Python 代码实现介绍 k 均值算法和层次聚类算法。

7.1 基本概念和术语

本节介绍在聚类方法中常用的基本概念和术语。

簇（Cluster）：如果一个集合中任意两个对象之间的距离小于或等于一个给定的正数，则该集合被称为簇。对于一个包含 m_G 个样本的数据集 G，d_{ij} 表示 G 中两个样本 $\boldsymbol{x}_i$ 和 $\boldsymbol{x}_j$ 之间的距离，给定一个正数 ε，如果下列条件之一成立，那么 G 是一个簇：① $\frac{1}{m_G - 1}\sum_{1\leqslant j\leqslant m_G, i\neq j} d_{ij} \leqslant \varepsilon$，$\forall i$；② $d_{ij} \leqslant \varepsilon$，$\forall i, j$；③ $\frac{2}{m_G(m_G - 1)}\sum_{1\leqslant i\leqslant m_G}\sum_{i<j\leqslant m_G} d_{ij} \leqslant \varepsilon$。

簇中心：同一个簇 G 中样本的均值，即 $\bar{\boldsymbol{x}}_G = \frac{1}{m_G}\sum_{\boldsymbol{x}_i \in G} \boldsymbol{x}_i$。

簇直径：一个簇 G 中任意两个样本之间距离的最大值，即 $D_G = \max\limits_{x_i, x_j \in G}\{d_{ij}\}$。

簇的散列矩阵 $\boldsymbol{A}_G$：用于衡量簇 G 中样本的分散情况，$\boldsymbol{A}_G = \sum\limits_{x_i \in G}(\boldsymbol{x}_i - \bar{\boldsymbol{x}}_G)(\boldsymbol{x}_i - \bar{\boldsymbol{x}}_G)^{\mathrm{T}}$。

簇间最小距离：将簇 G_p 与簇 G_q 的样本之间的最短距离定义为这两个簇之间的最小距离，即 $d_{G_pG_q} = \min\{d_{ij} \mid \boldsymbol{x}_i \in G_p, \boldsymbol{x}_j \in G_q\}$。

簇间最大距离：将簇 G_p 与簇 G_q 的样本之间的最长距离定义为这两个簇之间的最大距离，即 $d_{G_pG_q} = \max\{d_{ij} \mid \boldsymbol{x}_i \in G_p, \boldsymbol{x}_j \in G_q\}$。

簇间中心距离：将簇 G_p 的簇中心 $\bar{\boldsymbol{x}}_{G_p}$ 与簇 G_q 的簇中心 $\bar{\boldsymbol{x}}_{G_q}$ 之间的距离定义为这两个簇之间的中心距离，即 $d_{G_pG_q} = d_{\bar{\boldsymbol{x}}_{G_p}\bar{\boldsymbol{x}}_{G_q}}$。

簇间的平均距离：将簇 G_p 与簇 G_q 的样本之间的平均距离定义为两个簇之间的平均距离，即 $d_{G_pG_q} = \dfrac{1}{m_p m_q}\sum\limits_{x_i \in G_p}\sum\limits_{x_j \in G_q} d_{ij}$。

硬聚类（Hard Clustering）。硬聚类是指一个样本只能属于一个簇或簇的交集为空集的聚类方式。本章将介绍的 k 均值算法和层次聚类算法属于硬聚类。

软聚类（Soft Clustering）。软聚类是指一个样本可以属于多个簇或簇的交集不为空集的聚类方式。高斯混合模型属于软聚类算法，以概率形式量化一个样本在多大程度上属于某一个簇。

7.2 k 均值算法

k 均值算法是一种基于划分的聚类算法，通过迭代的方式将一组样本分到 k 个簇中，使得同一个簇中的对象尽可能地接近、不同簇中的对象尽可能地远离，最终返回 k 个平坦的、非层次化的簇。

给定由 m 个样本组成的数据集 $\mathcal{D}$，k 均值算法通过以下过程将 $\mathcal{D}$ 分成 k 个簇。

（1）初始化：令迭代计数器 $t = 0$，从 $\mathcal{D}$ 中随机选择 k 个样本作为初始簇中心，记为 $\{\boldsymbol{m}_1^{(t)}, \boldsymbol{m}_2^{(t)}, \cdots, \boldsymbol{m}_k^{(t)}\}$。

（2）样本聚类：计算 $\mathcal{D}$ 中每个样本到每个簇中心 $\{\boldsymbol{m}_1^{(t)}, \boldsymbol{m}_2^{(t)}, \cdots, \boldsymbol{m}_k^{(t)}\}$ 的距离，并将每个样本分配到与该样本距离最近的簇中，得到聚类结果 $C^{(t)} = \{C_1^{(t)}, C_2^{(t)}, \cdots, C_k^{(t)}\}$，其中 $C_i^{(t)}$ 保存了离簇中心 $\boldsymbol{m}_i^{(t)}$ 较其他簇中心 $\boldsymbol{m}_j^{(t)}$ 距离更近的样本（$1 \leqslant i \neq j \leqslant k$）。

（3）重新计算簇中心：计算每个簇 $C_i^{(t)}$ 中样本的均值 $\boldsymbol{m}_i^{(t+1)} = \dfrac{1}{\left|C_i^{(t)}\right|}\sum\limits_{x \in C_i^{(t)}} \boldsymbol{x}$，并将其作为新的簇中心。

（4）检查是否满足停机条件。若满足停机条件，则输出聚类结果 $C^* = C^{(t)}$，否则令 $t = t + 1$，转到步骤（2）。

例如，当 $k = 2$ 时，k 均值算法执行以下过程将样本分到两个簇中。

（1）从 $\mathcal{D}$ 中随机选取两个样本作为初始簇中心 C_1 和 C_2。

（2）基于给定的距离度量准则，计算 $\mathcal{D}$ 中每个样本分别到 C_1 和 C_2 的距离，根据距离最小

原则把 $\mathcal{D}$ 中时样本分到 C_1 或 C_2 中。

（3）分别计算 C_1 和 C_2 的簇中心，并将其作为新的簇中心 C_1 和 C_2。

（4）检查是否满足停止条件。若满足，则输出聚类结果，否则重复步骤（2）和（3）。

利用 k 均值算法对表 7-1 中的数据进行聚类。假设将表 7-1 中的数据分成两个簇，选择 $\boldsymbol{x}_3$ 和 $\boldsymbol{x}_7$ 作为初始簇中心，采用欧式距离的平方作为距离度量准则。

表 7-1 用于聚类的数据集

样 本	特征向量	样 本	特征向量
$\boldsymbol{x}_1$	(1; 1)	$\boldsymbol{x}_5$	(4; 3)
$\boldsymbol{x}_2$	(2; 1)	$\boldsymbol{x}_6$	(5; 3)
$\boldsymbol{x}_3$	(1; 2)	$\boldsymbol{x}_7$	(4; 4)
$\boldsymbol{x}_4$	(2; 2)	$\boldsymbol{x}_8$	(5; 4)

首先，计算每个样本与每个簇中心的距离，计算结果如表 7-2 所示。

表 7-2 每个样本与每个簇中心的距离

样 本	特征向量	与 $\boldsymbol{x}_3$ 的距离	与 $\boldsymbol{x}_7$ 的距离
$\boldsymbol{x}_1$	(1; 1)	1	18
$\boldsymbol{x}_2$	(2; 1)	2	13
$\boldsymbol{x}_3$	(1; 2)	0	13
$\boldsymbol{x}_4$	(2; 2)	1	8
$\boldsymbol{x}_5$	(4; 3)	10	1
$\boldsymbol{x}_6$	(5; 3)	17	2
$\boldsymbol{x}_7$	(4; 4)	13	0
$\boldsymbol{x}_8$	(5; 4)	20	1

可以看出，$\boldsymbol{x}_1$、$\boldsymbol{x}_2$、$\boldsymbol{x}_3$ 和 $\boldsymbol{x}_4$ 被分到一个簇中，新的簇中心为(2.5; 2.5)；$\boldsymbol{x}_5$、$\boldsymbol{x}_6$、$\boldsymbol{x}_7$ 和 $\boldsymbol{x}_8$ 被分到一个簇中，新的簇中心为(4.5; 3.5)；

然后，重新计算每个样本与新的簇中心的距离，结果如表 7-3 所示。

表 7-3 每个样本与新的簇中心的距离

样 本	特征向量	(2.5; 2.5)	(4.5; 3.5)
$\boldsymbol{x}_1$	(1; 1)	4.5	18.5
$\boldsymbol{x}_2$	(2; 1)	2.5	12.5
$\boldsymbol{x}_3$	(1; 2)	2.5	14.5
$\boldsymbol{x}_4$	(2; 2)	0.5	8.5
$\boldsymbol{x}_5$	(4; 3)	2.5	0.5
$\boldsymbol{x}_6$	(5; 3)	6.5	0.5
$\boldsymbol{x}_7$	(4; 4)	4.5	0.5
$\boldsymbol{x}_8$	(5; 4)	8.5	0.5

此时，$\boldsymbol{x}_1$、$\boldsymbol{x}_2$、$\boldsymbol{x}_3$ 和 $\boldsymbol{x}_4$ 被分到一个簇中，新的簇中心为(2.5; 2.5)；$\boldsymbol{x}_5$、$\boldsymbol{x}_6$、$\boldsymbol{x}_7$ 和 $\boldsymbol{x}_8$ 被分到一个簇中，新的簇中心为(4.5; 3.5)。可以看出，两个簇的中心未发生变化，因此结束算法并返回得到的簇。

对于 k 均值算法，k 值、初始簇中心、距离度量准则及停止条件是影响其性能的四个关键因素。

1. k 值

在 k 均值算法中，k 值表示将一个数据集划分为多少个簇，对最终的聚类结果有较大的影响，并且我们往往事先不知道应该将数据集分为多少个簇。通常采用人工经验设定、参数敏感性分析等方式确定最佳 k 值。

2．初始簇中心

初始簇中心的选择影响着 k 均值算法的迭代次数，合适的初始点选择可以极大地减少迭代次数，从而降低时间开销。一般随机从数据集中选择 k 个样本作为初始簇中心，虽然这种方式不是一种最优的选择。

例如，对于表 7-1，如果选择 $\boldsymbol{x}_1$ 和 $\boldsymbol{x}_3$ 作为初始簇中心，则迭代过程如下。

第一次迭代，先分别找到距离两个初始簇中心最近的样本，产生两个簇$\{\boldsymbol{x}_1, \boldsymbol{x}_2\}$和$\{\boldsymbol{x}_3, \boldsymbol{x}_4, \boldsymbol{x}_5, \boldsymbol{x}_6, \boldsymbol{x}_7, \boldsymbol{x}_8\}$，然后计算每个簇的中心，分别为(1.5; 1)和(3.5; 3)。

第二次迭代，先重新将样本分配到距离(1.5; 1)和(3.5; 3)最近的簇中，得到两个新的簇$\{\boldsymbol{x}_1, \boldsymbol{x}_2, \boldsymbol{x}_3, \boldsymbol{x}_4\}$和$\{\boldsymbol{x}_5, \boldsymbol{x}_6, \boldsymbol{x}_7, \boldsymbol{x}_8\}$，然后重新计算每个簇的中心，分别为(1.5; 1.5)和(4.5; 3.5)。

第三次迭代，先重新将样本分配到距离(1.5; 1.5)和(4.5; 3.5)最近的簇中，得到两个新的簇仍然为$\{\boldsymbol{x}_1, \boldsymbol{x}_2, \boldsymbol{x}_3, \boldsymbol{x}_4\}$和$\{\boldsymbol{x}_5, \boldsymbol{x}_6, \boldsymbol{x}_7, \boldsymbol{x}_8\}$，两个簇未发生变化，算法结束，返回最终获得的簇。

可以看出，与选择 $\boldsymbol{x}_3$ 和 $\boldsymbol{x}_7$ 作为初始簇中心相比，选择 $\boldsymbol{x}_1$ 和 $\boldsymbol{x}_3$ 作为初始簇中心需要更多的迭代次数。

3．距离度量准则

考虑到相似度与距离密切相关，可以采用在第 5 章中介绍的距离度量准则。对于距离度量准则的选择应结合实际问题，如当需要处理球面数据时，欧式距离是一个糟糕的选择，测地线距离则是一个好的选择；当需要刻画样本间的趋势相近度时，可以考虑利用皮尔逊相关系数。

4．停止条件

除了设定最大迭代次数、查看连续两次迭代的簇中心是否发生改变，还可以通过 k 均值算法的损失函数值来判断算法的收敛性。k 均值算法的损失函数等于每个簇中的样本到对应簇中心的距离的均值。假设 m 个样本 $\{\boldsymbol{x}_1,\boldsymbol{x}_2,\cdots,\boldsymbol{x}_m\}$ 被划分到 k 个簇 $\{C_1,C_2,\cdots,C_k\}$ 中，每个簇的中心点是 $\boldsymbol{\mu}_i=\dfrac{1}{|C_i|}\sum\limits_{\boldsymbol{x}\in C_i}\boldsymbol{x}$，则簇 C_i 的损失函数是 $\sum\limits_{\boldsymbol{x}\in C_i}\|\boldsymbol{x}-\boldsymbol{\mu}_i\|_2$，所有簇的损失函数是 k 个簇的损失函数值的均值，即 $E=\dfrac{1}{k}\sum\limits_{i=1}^{k}\sum\limits_{\boldsymbol{x}\in C_i}\|\boldsymbol{x}-\boldsymbol{\mu}_i\|_2$。当 E 值小于某个给定的阈值时，则认为 k 均值算法收敛，可以返回最终的聚类结果。

基于上述讨论可知，k 均值算法具有以下几个突出特点。

（1）一般需要事先指定 k 值，并以样本到所属簇中心的距离总和作为目标函数，但基于迭代方式确定最终聚类结果的方式往往不能得到全局最优解。

（2）初始簇中心的选择会影响迭代过程和最终的聚类结果。

（3）对于 k 值的选择，一般需要尝试不同的值，可通过轮廓系数（Silhouette Coefficient）法或手肘法（Elbow Method）来确定最优 k 值。手肘法的核心思想是随着 k 值的增大，每个簇的聚合程度会逐渐提高，损失函数值会逐渐变小。当 k 值小于真实簇数时，k 值的增大会提高簇的聚合程度，损失函数值快速下降；当 k 值等于真实簇数时，再增加 k 值，所得到的聚合程度的增量将变小，损失函数值下降的速度变慢。也就是说，k 值和损失函数值的关系曲线呈手肘形状，这个明显的拐点（一般被称为手肘点）对应数据集的真实簇数。在具体实现时，首先选择多个不同的 k 值；其次在不同的 k 值下运行 k 均值算法，运行结束后，计算每个 k 值对应的损失函数值；最后按照 k 值从小到大的顺序，以 k 值为横坐标、以损失函数值为纵坐标画出相应的曲线，找出手肘点。

（4）当结果簇是密集的时，k 均值算法效果较好，但不适于发现非凸面形状的簇或大小差别很大的簇，并且对数据集中的噪声和孤立点敏感。

接下来给出基于 Python 的 k 均值算法的代码实现，并在 Python 3.8 环境下对代码进行测试。

导入相关的 Python 包。

```
import random
import pandas as pd
import numpy as np
import matplotlib.pyplot as plt
```

计算每个样本到簇中心的欧式距离。

```
def calcDis(dataSet, centroids, k):
    clalist = []
    for data in dataSet:
        diff = np.tile(data, (k, 1)) - centroids
        squaredDiff = diff ** 2
        squaredDist = np.sum(squaredDiff, axis=1)
        distance = squaredDist ** 0.5
        clalist.append(distance)
    clalist = np.array(clalist)
    return clalist
```

根据样本到簇的距离计算簇中心，并判断簇中心是否发生改变。

```
def classify(dataSet, centroids, k):
    clalist = calcDis(dataSet, centroids, k)
    minDistIndices = np.argmin(clalist, axis=1)
    newCentroids = pd.DataFrame(dataSet).groupby(minDistIndices).mean()
    newCentroids = newCentroids.values
    changed = newCentroids - centroids
    return changed, newCentroids
```

指定数据集 dataSet 和簇数 k，实现 k 均值算法。如果簇中心发生改变，则通过迭代的方式重复样本的分配和簇中心的更新。kmeans 函数返回簇中心和每个簇中的样本。

```
def kmeans(dataSet, k):
    centroids = random.sample(dataSet, k)
    changed, newCentroids = classify(dataSet, centroids, k)
    while np.any(changed != 0):
        changed, newCentroids = classify(dataSet, newCentroids, k)
    centroids = sorted(newCentroids.tolist())
    cluster = []
    clalist = calcDis(dataSet, centroids, k)
    minDistIndices = np.argmin(clalist, axis=1)
    for i in range(k):
        cluster.append([])
    for i, j in enumerate(minDistIndices):
        cluster[j].append(dataSet[i])
    return centroids, cluster
```

在主函数中指定数据集 data，调用 kmeans 函数。

```
if __name__ == '__main__':
    data = [[1,1], [2,1], [1,2], [2,2], [4,3], [5,3], [4,4], [5,4]]
        centroids, cluster = kmeans(data, 2)
```

利用 scikit-learn 库中实现的 KMeans 函数来划分表 7-1 中的数据。

```
from sklearn.cluster import KMeans
import numpy as np
```

```
import matplotlib.pyplot as plt
data = np.array([[1,1], [2,1], [1,2], [2,2], [4,3], [5,3], [4,4], [5,4]])
kmeans = KMeans(n_clusters=2, random_state=0).fit(data)
centroids = kmeans.cluster_centers_
for i in range(len(data)):
    plt.scatter(data[i][0], data[i][1], marker='o', color='green', s=40)
for j in range(len(centroids)):
    plt.scatter(centroids[j][0], centroids[j][1], marker='x', color='red', s=50)
plt.show()
```

输出程序的运行结果，如图 7-1 所示。

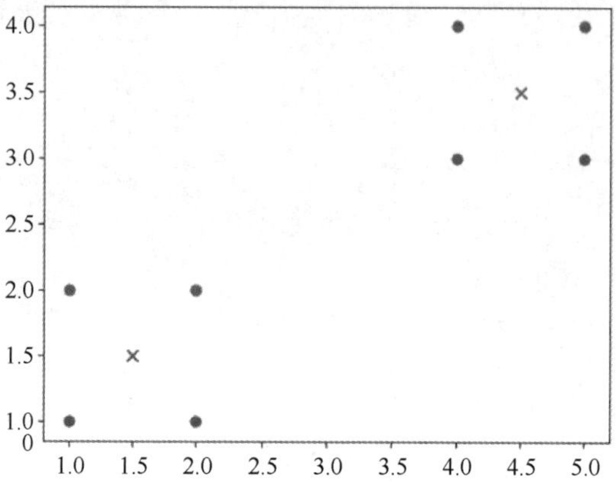

图 7-1 k 均值算法的运行结果

7.3 层次聚类算法

层次聚类算法按照层次的方式构建样本间的关系，从而达到对数据聚类的目的。按照层次构建的方式，层次聚类算法可分为凝聚型层次聚类和分裂型层次聚类。前者采用自下而上的方式，起始时先将每个样本视作一个单独的簇，然后按照簇间距离最小的原则不断地合并两个距离最小的簇来得到越来越大的簇，直至满足某个停止条件；后者采用自上向下的策略，先将所有样本置于一个簇中，然后将簇逐渐细分为越来越小的簇，直至遇到某个停止条件。由于凝聚型层次聚类比分裂型层次聚类更容易理解和实现，因此在多数统计分析软件中，凝聚型层次聚类更为常用，在本节中主要介绍凝聚型层次聚类。

凝聚型层次聚类算法通过计算两个对象之间的相似度来选择两个最相似的对象进行合并，并反复迭代这一过程。给定由 m 个样本组成的数据集 $\mathcal{D}$，凝聚型层次聚类算法通过以下过程对 $\mathcal{D}$ 进行层次聚类。

（1）计算 m 个样本中两两样本之间的距离，并保存在距离矩阵 $\boldsymbol{D}=\begin{bmatrix} d_{11} & d_{12} & \cdots & d_{1m} \\ d_{21} & d_{22} & \cdots & d_{2m} \\ \vdots & \vdots & & \vdots \\ d_{m1} & d_{m2} & \cdots & d_{mm} \end{bmatrix}_{m\times m}$ 中，d_{ij} 表示第 i 个样本和第 j 个样本之间的距离（$1 \leqslant i,j \leqslant m$）。

（2）将这 m 个样本看作 m 个簇。

（3）合并簇间距离最小的两个簇，并形成一个新的簇替换原来的两个簇。

（4）若当前簇的总数达到指定值或没有可以合并的簇，则停止程序，并返回获得的簇；否则，计算新的簇与当前各个簇之间的距离，转到步骤（3）。

可以看出，距离度量准则、簇合并规则及停止条件是凝聚型层次聚类的三个核心组件。可以采用闵可夫斯基距离、马氏距离、皮尔逊相关系数、夹角余弦值等来计算两个样本之间的距离。对于簇的合并，需要确定如何度量两个集合之间的相似性。常用的集合相似性度量方式有最小距离、最大距离、中心距离、均值距离等，正如在 7.1 节中介绍的。凝聚型层次聚类算法的停止条件可以是簇的个数达到给定值、簇的直径超过某个阈值、没有可供合并的簇等。

接下来利用凝聚型层次聚类对表 7-1 中的数据进行聚类，其中聚类准则采用欧式距离的平方，集合之间的距离采用簇间中心距离。

第 1 步，根据初始簇计算簇之间的距离，得到如表 7-4 所示的对称矩阵（在此只给出了下三角中的值），找出距离最小的两个簇进行合并，合并$\{\boldsymbol{x}_1, \boldsymbol{x}_2\}$成为一个簇 C_{12}，C_{12}的中心是(1.5; 1)。

表 7-4 起始的距离矩阵

	$\boldsymbol{x}_1$	$\boldsymbol{x}_2$	$\boldsymbol{x}_3$	$\boldsymbol{x}_4$	$\boldsymbol{x}_5$	$\boldsymbol{x}_6$	$\boldsymbol{x}_7$	$\boldsymbol{x}_8$
$\boldsymbol{x}_1$	0							
$\boldsymbol{x}_2$	**1**	0						
$\boldsymbol{x}_3$	1	2	0					
$\boldsymbol{x}_4$	2	1	1	0				
$\boldsymbol{x}_5$	13	8	10	5	0			
$\boldsymbol{x}_6$	20	13	17	10	1	0		
$\boldsymbol{x}_7$	18	13	13	8	1	2	0	
$\boldsymbol{x}_8$	25	18	20	13	2	1	1	0

第 2 步，对上一次合并后的簇计算簇之间的距离，如表 7-5 所示，找出距离最近的两个簇进行合并，合并后$\{\boldsymbol{x}_3, \boldsymbol{x}_4\}$成为一簇 C_{34}，C_{34}的中心是(1.5; 2)。

表 7-5 合并一次后的距离矩阵

	$\{\boldsymbol{x}_1, \boldsymbol{x}_2\}$	$\boldsymbol{x}_3$	$\boldsymbol{x}_4$	$\boldsymbol{x}_5$	$\boldsymbol{x}_6$	$\boldsymbol{x}_7$	$\boldsymbol{x}_8$
$\{\boldsymbol{x}_1, \boldsymbol{x}_2\}$	0						
$\boldsymbol{x}_3$	1.25	0					
$\boldsymbol{x}_4$	1.25	**1**	0				
$\boldsymbol{x}_5$	10.25	10	5	0			
$\boldsymbol{x}_6$	16.25	17	10	1	0		
$\boldsymbol{x}_7$	15.25	13	8	1	2	0	
$\boldsymbol{x}_8$	21.25	20	13	2	1	1	0

第 3 步，对上一次合并后的簇计算簇之间的距离，如表 7-6 所示，找出距离最近的两个簇进行合并，合并$\{\boldsymbol{x}_5, \boldsymbol{x}_6\}$成为一个簇 C_{56}，C_{56}的中心是(4.5; 3)。

表 7-6 合并两次后的距离矩阵

	$\{\boldsymbol{x}_1, \boldsymbol{x}_2\}$	$\{\boldsymbol{x}_3, \boldsymbol{x}_4\}$	$\boldsymbol{x}_5$	$\boldsymbol{x}_6$	$\boldsymbol{x}_7$	$\boldsymbol{x}_8$
$\{\boldsymbol{x}_1, \boldsymbol{x}_2\}$	0					
$\{\boldsymbol{x}_3, \boldsymbol{x}_4\}$	1					
$\boldsymbol{x}_5$	10.25	7.25	0			
$\boldsymbol{x}_6$	16.25	13.25	**1**	0		
$\boldsymbol{x}_7$	15.25	10.25	1	2	0	
$\boldsymbol{x}_8$	21.25	16.25	2	1	1	0

第 4 步，对上一次合并后的簇计算簇之间的距离，如表 7-7 所示，找出距离最近的两个簇进行合并，合并$\{\boldsymbol{x}_7, \boldsymbol{x}_8\}$成为一个簇 C_{78}，C_{78}的中心是(4.5; 4)。

表 7-7 合并三次后的距离矩阵

	$\{x_1, x_2\}$	$\{x_3, x_4\}$	$\{x_5, x_6\}$	x_7	x_8
$\{x_1, x_2\}$	0				
$\{x_3, x_4\}$	1	0			
$\{x_5, x_6\}$	13.25	10	0		
x_7	15.25	10.25	1.25	0	
x_8	21.25	16.25	1.25	**1**	0

第 5 步，对上一次合并后的簇计算簇之间的距离，如表 7-8 所示，找出距离最近的两个簇进行合并，合并 C_{12} 和 C_{34} 成为一个簇 C_{1234}，该簇包括$\{x_1, x_2, x_3, x_4\}$，C_{1234} 的中心是(1.5; 1.5)。

表 7-8 合并四次后的距离矩阵

	$\{x_1, x_2\}$	$\{x_3, x_4\}$	$\{x_5, x_6\}$	$\{x_7, x_8\}$
$\{x_1, x_2\}$	0			
$\{x_3, x_4\}$	**1**	0		
$\{x_5, x_6\}$	13	10	0	
$\{x_7, x_8\}$	18	13	1	0

第 6 步，对上一次合并后的簇计算簇之间的距离，如表 7-9 所示，找出距离最近的两个簇进行合并，合并 C_{56} 和 C_{78} 成为一个簇 C_{5678}，该簇包括$\{x_5, x_6, x_7, x_8\}$，C_{5678} 的中心是(4.5; 3.5)。

表 7-9 合并五次后的距离矩阵

	$\{x_1, x_2, x_3, x_4\}$	$\{x_5, x_6\}$	$\{x_7, x_8\}$
$\{x_1, x_2, x_3, x_4\}$	0		
$\{x_5, x_6\}$	11.25	0	
$\{x_7, x_8\}$	15.25	**1**	0

第 7 步，合并 C_{1234} 和 C_{5678} 成为一个簇，程序终止，图 7-2 给出了最后的层次图。

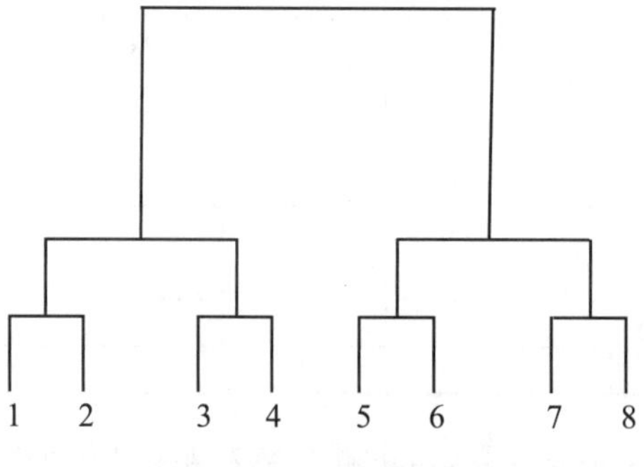

图 7-2 凝聚型层次聚类算法结果

需要注意的是，用户可根据需要确定最终的簇数。例如，若在第 5 步运行结束后停止，则返回 3 个簇，分别是 C_{1234}、C_{56} 和 C_{78}。

在使用层次聚类算法时不要求预先设定最终的簇数，这有助于发现簇的层次关系和任意形状的簇。然而，层次聚类算法的计算复杂度较高，假设起始有 m 个簇，算法结束后返回 1 个簇，总共需要迭代 m 次，在第 i 次迭代中需要在 $m-i+1$ 个簇中找到两个距离最近的簇，故算法的复杂度为 $O(m^2)$。此外，一旦合并了一组对象，接下来的操作将在新生成的簇上进行，不能撤销已做的操作，若撤销，则导致发生不同簇之间不能交换对象的情况。层次聚类算法有可能将数据聚集成链状结构，并且异常点会对聚类结果产生较大的影响。

接下来利用 scikit-learn 库中实现的 AgglomerativeClustering 函数对表 7-1 中的数据进行层次聚类。AgglomerativeClustering 函数的重要参数有 n_clusters、linkage 和 affinity。需要用户指定簇数 n_clusters，层次聚类算法根据簇数确定聚类的层次；linkage 指定用于衡量簇与簇之间距离的方式，如最小距离、最大距离、中心距离等；affinity 指定簇之间距离的计算方法，包括欧式空间和非欧式空间中的距离计算方法。

```
from sklearn.cluster import AgglomerativeClustering
data = [[1,1], [2,1], [1,2], [2,2], [4,3], [5,3], [4,4], [5,4]]
clustering = AgglomerativeClustering(n_clusters=4).fit(data)
print(clustering.labels)
```

利用 scipy 库完成层次聚类。linkage 函数用于层次聚类；dendrogram 函数用于画图；fcluster 函数用于从层次聚类中得到平面聚类，第一个参数 Z 是 linkage 函数返回的用于记录聚类的层次信息的矩阵。

```
import numpy
import pandas
from sklearn import datasets
import scipy.cluster.hierarchy as hcluster
import scipy
data = [[1,1], [2,1], [1,2], [2,2], [4,3], [5,3], [4,4], [5,4]]
Z = hcluster.linkage(data, method='centroid')
hcluster.dendrogram(Z, leaf_font_size=10)
p = hcluster.fcluster(Z, 3, criterion='maxclust')
```

习题

7-1 简述聚类算法的基本思想。

7-2 比较分析硬聚类和软聚类。

7-3 简述 k 均值聚类算法的过程。

7-4 影响 k 均值算法性能的主要因素有哪些？

7-5 试编程实现 k 均值算法，设置多组不同的 k 值、初始簇中心，并在表 7-1 中的数据集上进行实验比较。

7-6 设计一个能够自动确定 k 值的 k 均值算法，并基于表 7-1 中的数据进行实验。

7-7 比较分析凝聚型层次聚类算法和分裂型层次聚类算法的异同点。

7-8 利用分裂型层次聚类算法对表 7-1 中的数据进行聚类。

7-9 试编程实现凝聚型层次聚类算法，并对表 7-1 中的数据进行聚类。

7-10 试编程实现分裂型层次聚类算法，并对表 7-1 中的数据进行聚类。

第 8 章 关联规则

20 世纪 90 年代，沃尔玛超市在统计分析数据仓库中存储的商品交易记录时发现了一个有趣的现象：啤酒与尿布这两种看上去不相干的商品经常出现在顾客的同一个购物篮中。经过后续的调查与研究发现，这主要是因为在有婴幼儿的家庭中，通常是母亲在家照看孩子，父亲到超市购买尿布，而父亲在购买尿布的同时，往往会顺便购买啤酒来犒劳自己，从而形成啤酒与尿布这两种商品经常出现在同一个购物篮中的现象。“啤酒+尿布”是营销分析中的经典案例，也是经常被大家提到的关于数据价值的例证。我们称上例中啤酒与尿布之间的关系为关联性（Association）。购物篮分析是关联规则挖掘的一种典型应用场景，通过寻找顾客购物篮中商品之间的关联来分析顾客的购物行为。购物篮分析结果可用于营销规划、广告策划及分类设计，如沃尔玛超市利用发现的关联知识，指导商品布局进行交叉销售。除了购物篮分析，关联规则也被广泛地应用在其他领域。京东、淘宝等网上商城利用商品之间的关联，将配套产品推荐给用户，如购买了新手机的用户在一个月内通常会购买手机膜和手机壳，这种方式在增强用户购物体验感的同时，有助于提高商品销量；今日头条、网易等站点通过分析带有时间戳的用户浏览行为和新闻内容来挖掘用户的新闻浏览模式，进而设计个性化推荐系统，推送用户可能感兴趣的新闻。

关联规则（Association Rule）是一种描述性（Descriptive）而非预测性（Predictive）的数据挖掘方法，反映一个事物与其他事物之间的相互依存性和关联性。若两个或多个事物之间存在一定的关联关系，则可以通过其中的一些事物来预测其他事物。关联规则挖掘的目的是通过某种方法从数据中发现事物之间的关联规则。例如，啤酒与尿布的例子隐含着“啤酒→尿布”和“尿布→啤酒”两条规则。Rakesh Agrawal 早在 1993 年就提出了关联规则的概念和问题描述。由于数据集中潜在的关联规则的数目是随着数据集中事物的数量增加呈指数级增长的，通过暴力搜索的方式来枚举所有可能的关联规则往往是不可行的，特别是在处理大数据时。这对如何设计和实现高效的搜索和评估算法提出了较高要求。研究人员在后续的研究中提出了大量的关联规则挖掘算法。本章将主要讲解与关联规则相关的内容，结合代码实现重点介绍两个典型的关联规则挖掘算法：Apriori 算法和 FP 增长（FP-Growth）算法，并简要介绍关于关联规则的高级进阶内容。在 8.1 节中将介绍与关联规则挖掘相关的概念和术语；在 8.2 节中将介绍 Apriori 算法，该算法用于从数据中挖掘关联规则的较早被提出的经典算法，是设计其他关联规则挖掘算法的基础，具有简单、易实现的优点，但由于需要多次扫描数据集，因此时间复杂度较高；在 8.3 节中将介绍 FP 增长算法，相较 Apriori 算法，FP 增长算法只需两次扫描数据集，具有较低的时间复杂度；在 8.4 节中将结合一个具体应用说明如何利用 Apriori 算法和 FP 增长算法从数据中发现关联规则；在 8.5 节中将针对特定应用问题，简要介绍面向流、序列、图等复杂数据结构的关联规则挖掘方法。

8.1　频繁项集与关联规则

以购物篮分析为例介绍在关联规则挖掘中常用的基本概念和术语。表 8-1 所示为某商场收集的关于顾客购物行为的数据。为方便起见，用不同的字母代表不同的商品。

表 8-1　某商场收集的关于顾客购物行为的数据

TID	顾客购买的商品
1	A, H, J, P, R
2	A, B, S, T, U, V, W, Z
3	A
4	B, O, R, S
5	A, B, P, Q, R, T, Z
6	A, B, E, Q, S, T, Z

项目与项集。设 $\mathcal{I} = \{i_1, i_2, \cdots, i_n\}$是 n 个不同项目的集合，每个 i_i（$1 \leqslant i \leqslant n$）被称为一个项目（Item），项目的集合 $\mathcal{I}$ 被称为项集（Itemset）。集合中元素的个数被称为项集的长度，长度为 k 的项集被称为 k-项集（k-Itemset）。

对于表 8-1，项集 $\mathcal{I} = \{A, B, E, H, J, O, P, Q, R, S, T, U, V, W, Z\}$，$\mathcal{I}$ 的长度为 15；项集$\{A, H, J, P, R\}$包含了 5 个项目，是 5-项集。称表 8-1 中的每一行代表一个事务（Transaction）$\mathcal{T}$，包含了顾客在一次购物行为中所购买的商品，$\mathcal{T}$ 是 $\mathcal{I}$ 的一个子集。每个事务有一个 ID 号（TID），事务的全体构成了事务数据库 $\mathcal{D}$，记 $\mathcal{D}$ 中事务的个数为$|\mathcal{D}|$。关于表 8-1 的事务数据库的大小$|\mathcal{D}|$为 6。

将项集 X 的支持度（Support）定义为项集 X 在事务数据库 $\mathcal{D}$ 中出现的频率。

$$\text{support}(X) = \frac{\text{count}(X)}{|\mathcal{D}|} \tag{8-1}$$

式中，count(X)表示 $\mathcal{D}$ 中包含项集 X 的事务的个数。表 8-1 中项集$\{A\}$的支持度 support($\{A\}$) = 0.83，项集$\{A, Z\}$的支持度 support($\{A, Z\}$) = 0.5。

项集 X 的支持度反映了 X 在事务数据库中的重要性。在关联规则的发现过程中，通常要求一条关联规则必须满足最小的支持度阈值，该阈值被称为项集的最小支持度（Minimal Support），记为 $\text{sup}_{\min}$。最小支持度表达了顾客感兴趣的关联规则必须满足的最低重要性。

频繁项集。支持度不小于最小支持度的项集被称为频繁项集或频繁项（Frequent Itemset），小于最小支持度的项集被称为非频繁项集。如果 k-项集是频繁的，则是频繁 k-项集，记为 L_k。对于表 8-1，当 $\text{sup}_{\min} = 0.5$ 时，$\{A, Z\}$是频繁项集；当 $\text{sup}_{\min} = 0.6$ 时，$\{A, Z\}$是非频繁项集。特别地，当$|\mathcal{D}| = 1$时，即事务数据库中只包含一个事务时，所有的项集都是频繁的，但这失去了统计意义。

关联规则。一般用蕴含式 R：$X \rightarrow Y$ 表示一条关联规则。其中，X 表示规则的前件；Y 表示规则的后件，并且 $X \cap Y = \varnothing$；R 表示 X 的出现会以一定的概率导致 Y 的出现。关联规则 R 的支持度等于事务数据库中同时包含 X 和 Y 的事务数占事务数据库大小的比例。

$$\text{support}(X \rightarrow Y) = \frac{\text{count}(X \cup Y)}{|\mathcal{D}|} \tag{8-2}$$

关联规则 R 的支持度反映的是前件 X 和后件 Y 同时在 $\mathcal{D}$ 中出现的频率。对于表 8-1，当 $\text{sup}_{\min} = 0.5$ 时，$\{A, Z\}$的支持度是 0.5，是频繁 2-项集 L_2，对应的关联规则$\{A\} \rightarrow \{Z\}$和$\{Z\} \rightarrow \{A\}$的支持

度等于 0.5。

通过进一步分析可以发现，虽然关联规则$\{A\} \to \{Z\}$和$\{Z\} \to \{A\}$的支持度相同，但是两者所表达的含义存在着差别：同时购买A和Z的次数是 3，但购买A的事务有 5 个，购买Z的事务只有 3 个，也就是说这两条规则的可靠性不同。

关联规则的置信度。R：$X \to Y$的置信度（Confidence）等于$\mathcal{D}$中同时包含X和Y的事务数与包含X的事务数的比值。

$$\text{confidence}(X \to Y) = \frac{\text{count}(X \cup Y)}{\text{count}(X)} \tag{8-3}$$

并联规则R的置信度反映了当事务中包含X时，Y同时出现在该事务中的概率。关联规则R的置信度越大，表示Y出现在包含X的事务中的可能性越大，反之越小。结合式（8-2）和式（8-3），可得

$$\text{confidence}(X \to Y) = \frac{\text{support}(X \cup Y)}{\text{support}(X)}$$

例如，关于表 8-1 的关联规则$\{A\} \to \{Z\}$和$\{Z\} \to \{A\}$的置信度分别是 0.6 和 1.0，这说明$\{Z\} \to \{A\}$是比$\{A\} \to \{Z\}$更可靠的一条关联规则。

与支持度类似，可以定义关联规则需要满足的最小置信度阈值，记为 $\text{conf}_{\min}$。支持度衡量的是关联规则需要满足的最低重要性，而置信度刻画的是关联规则需要满足的最低可靠性。通常使用这两者来评价一条关联规则，并据此将关联规则分为强关联规则和弱关联规则。

对于关联规则R：$X \to Y$，若 $\text{support}(X \to Y) \geqslant \text{sup}_{\min}$ 且 $\text{confidence}(X \to Y) \geqslant \text{conf}_{\min}$ 成立，则称R为强关联规则，否则称R为弱关联规则。

从数据集中获取关联规则的一种简单直观的方式是先通过暴力搜索的方式来枚举所有可能的关联规则，然后基于 $\text{sup}_{\min}$ 和 $\text{conf}_{\min}$ 来筛选强关联规则。由于可能的关联规则的数量随着项集$\mathcal{I}$的增加呈指数级增长，通过暴力搜索方式来处理大规模数据集往往是不可行的，因此这种方法适用于处理小规模数据集。

根据式（8-2），可得

$$\text{support}(X \to Y) = \frac{\text{count}(X \cup Y)}{|\mathcal{D}|} = \text{support}(X \cup Y) = \text{support}(Y \to X)$$

可以发现，关联规则R：$X \to Y$的支持度等于项集$X \cup Y$的支持度。也就是说，若$X \cup Y$的支持度小于 $\text{sup}_{\min}$，则可以直接裁剪掉候选关联规则$X \to Y$和$Y \to X$，不必再计算其置信度。这使我们可以忽略一条规则左右两边的不同，寻找满足最低支持度要求的项的组合，并在此基础上产生关联规则。因此，可以将关联规则的挖掘过程分为以下两个阶段。

（1）找出事务数据库$\mathcal{D}$中所有的频繁项集。

（2）基于最小置信度从频繁项集中产生强关联规则。

该过程面临的主要挑战在于如何高效地找出$\mathcal{D}$中的频繁项集，由于可能的频繁项集的个数等于 $C_{|\mathcal{I}|}^1 + C_{|\mathcal{I}|}^2 + \cdots + C_{|\mathcal{I}|}^{|\mathcal{I}|}$，并随着$\mathcal{I}$的增加呈指数级增长。对于$\mathcal{I}$，可以利用离散数学中的格（Lattice）来枚举所有可能的项集。图 8-1（a）给出了$\mathcal{I} = \{A, B, C, D\}$的格结构，其中根节点代表不包含任何项的空集。

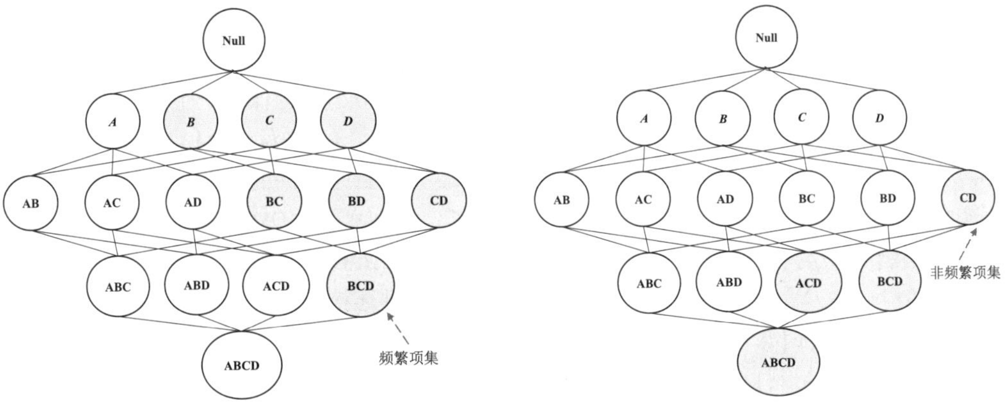

（a）频繁项集的子集是频繁的　　（b）非频繁项集的超集是非频繁的

图 8-1　关于项集{*A*, *B*, *C*, *D*}的格结构

通过组合格中同一层的多个集合可以得到下一层更大的集合。例如，组合第二层中的节点 *A* 和 *B* 可以得到下一层的节点 AB。基于格结构发现频繁项集的方式是将格中的每个节点与 $\mathcal{D}$ 中的每个事务 $\mathcal{T}$ 进行比较，从而得到其支持度计数。此方法的时间复杂度为 $O((2^{|\mathcal{T}|}-1)\times|\mathcal{D}|\times\max(|\mathcal{T}\in\mathcal{D}|))$，其中 $\max(|\mathcal{T}\in\mathcal{D}|)$ 表示 $\mathcal{D}$ 中事务的最大长度。显然，减少候选频繁项集的个数及候选频繁项集与 $\mathcal{D}$ 中事务的比较次数是改善上述过程的两个关键因素。接下来介绍两个最具代表性也是被广泛应用的关联规则挖掘算法：Apriori 算法和 FP 增长算法。

8.2　Apriori 算法

Apriori 算法是由 Rakesh Agrawal 和 Ramakrishnan Srikant 基于项集格（Itemset Lattice）设计，用于从数据中挖掘关联规则的经典算法。Apriori 算法具有简单直观、易实现的优点。在 8.2.1 节中将通过一个简单的示例来介绍如何基于先验定理来提高 Apriori 算法搜索频繁项集的效率，并给出相应的代码片段以帮助读者深入理解算法思想；在 8.2.2 节中将讲解如何从频繁项集中产生关联规则，并给出递归产生关联规则的代码片段；在 8.2.3 节中将总结 Apriori 算法的优缺点。

8.2.1　频繁项集的产生

根据式（8.2）和集合的运算规则，可以得到先验定理：如果一个项集是频繁的，则该项集的任意子集一定也是频繁的。基于先验定理，有以下两个重要推论。

推论 1 若项集 X 是一个频繁 k-项集，则该项集的所有子集也是频繁的。

推论 2 若项集 X 不是频繁$(k-1)$-项集，则该项集一定不是频繁 k-项集。

例如，若图 8-1（a）中的项集{*B*, *C*, *D*}是频繁的，则该项集的所有子集（灰色背景指示的节点）都是频繁的；若图 8-1（b）中的项集{*C*, *D*}不是频繁的，则该项集的所有超集（灰色背景指示的节点）都不是频繁的，因此可以对包含{*C*, *D*}超集的子树进行剪枝，这极大地减少了需要评估的候选频繁项集的数量。这种策略被称为基于支持度的剪枝（Support-based Pruning）。

Apriori 算法就是利用基于支持度的剪枝技术来搜索频繁项集的，基本做法是：首先，产生所有候选频繁 1-项集的集合 C_1，基于最小支持度阈值剔除 C_1 中的非频繁项集，得到频繁 1-项集的集合 L_1；其次，连接 L_1 中的两个元素，得到候选频繁 2-项集的集合 C_2，利用先验定理剔除 C_2 中的非频繁项集；再次，基于最小支持度阈值剔除 C_2 中的非频繁项集，得到频繁 2-项集的集合

L_2；重复上述过程，直至无法通过连接 L_{k-1} 中的两个元素来产生新的候选频繁 k-项集。

可以看出，Apriori 算法的两个核心步骤是连接操作和剪枝操作。前者是指基于前一次迭代获得的频繁(k−1)-项集的集合 L_{k-1} 产生候选频繁 k-项集的集合 C_k。为保证产生候选频繁项集的完整性，Apriori 算法由频繁(k−1)-项集产生频繁 k-项集的范式是 $L_{k-1}\times L_{k-1}\to C_k$，且在连接 L_{k-1} 中的两个元素时要求：所选择的 L_{k-1} 中的两个元素有 k−2 个项目是相同的，即只有一个项目是不同的。例如，给定频繁 2-项集的集合 $L_2=(\{A, B\}, \{A, C\}, \{C, D\}, \{A, D\})$，在产生候选频繁 3-项集时，可以连接$\{A, B\}$与$\{A, C\}$，得到$\{A, B, C\}$，也可以连接$\{A, C\}$与$\{C, D\}$，得到$\{A, C, D\}$，但不能连接$\{A, B\}$与$\{C, D\}$，因为两者有 2 个不同的项目。这种连接方式使得产生的候选频繁项集的集合是完全的，不会遗漏任何频繁项集。然而，这种方式会产生重复的候选频繁项集，如合并$\{A, C\}$和$\{C, D\}$可以得到$\{A, C, D\}$，合并$\{C, D\}$和$\{A, D\}$也可以得到$\{A, C, D\}$。为避免产生重复的候选频繁项集，一般采用字典序升序排列每个频繁项集中的项目。对于 L_{k-1} 中的每个频繁项集 X，可以只用比 X 中的所有项目的字典序都大的频繁项目对 X 进行扩展。例如，可以用项目 D 扩展项集$\{A, B\}$，因为 D 的字典序比 A 和 B 的都大；但不能用项目 B 扩展$\{A, D\}$，因为 B 的字典序比 D 的小。

Apriori 算法的剪枝操作是指利用基于支持度的剪枝策略直接删除非频繁的候选频繁项集。具体来说，对于 C_k 中的某个候选频繁 k-项集 c_k，如果 c_k 的任意一个子集不是频繁项集，则 c_k 不可能是频繁 k-项集，可以直接从 C_k 中将其删除。这种剪枝操作可以被看作一种知识驱动的过程，通过该操作可以避免产生太多不必要的候选频繁项集。

在剪枝后需要再次扫描一次事务数据库 $\mathcal{D}$ 来对 C_k 中的项集进行支持度计数。在支持度计数过后，基于最小支持度进一步删除 C_k 中的非频繁项集，最终得到频繁 k-项集组成的集合 L_k。对于支持度计数，一种简单的实现方式是将 $\mathcal{D}$ 中的每个事务与每个候选频繁项集进行比较，如果候选频繁项集出现在事务中，则更新相应的支持度计数。

接下来以表 8-1 为例说明 Apriori 算法产生频繁项集的过程。假设最小支持度 $\sup_{\min}$ 为 0.5，即最小支持度计数为 3。

（1）先扫描一次事务数据库 $\mathcal{D}$，统计 $\mathcal{I}$ 中每个项目的计数，得到候选频繁 1-项集的集合 C_1，然后基于 $\sup_{\min}$ 过滤 C_1，得到频繁 1-项集的集合 L_1：$\{A\}$、$\{B\}$、$\{R\}$、$\{S\}$、$\{T\}$和$\{Z\}$。如图 8-2 所示。

候选频繁1-项集的集合 C_1

项集	支持度计数
$\{A\}$	5
$\{B\}$	4
$\{E\}$	1
$\{H\}$	1
$\{J\}$	1
$\{O\}$	1
$\{P\}$	2
$\{Q\}$	2
$\{R\}$	3
$\{S\}$	3
$\{T\}$	3
$\{U\}$	1
$\{V\}$	1
$\{W\}$	1
$\{Z\}$	3

基于 $\sup_{\min}$ 删除非频繁项集 →

频繁1-项集的集合 L_1

项集	支持度计数
$\{A\}$	5
$\{B\}$	4
$\{R\}$	3
$\{S\}$	3
$\{T\}$	3
$\{Z\}$	3

图 8-2 候选频繁 1-项集的集合 C_1 和频繁 1-项集的集合 L_1

（2）连接 L_1 中任意两个只有一个不同项目的元素，得到候选频繁 2-项集的集合 C_2；由于 C_2 中的每个项集的子集都在 L_1 中，无须对 C_2 进行剪枝；对于 C_2 中的每个候选频繁 2-项集 c_k，扫描一次事务数据库 $\mathcal{D}$，统计 c_k 的支持度计数，基于 $\sup_{\min}$ 得到频繁 2-项集的集合 L_2：$\{A, B\}$、$\{A, T\}$、$\{A, Z\}$、$\{B, S\}$、$\{B, T\}$、$\{B, Z\}$和$\{T, Z\}$。为便于后期剪枝，将非频繁 2-项集保存在 NF_2 中：$\{A, R\}$、$\{A, S\}$、$\{B, R\}$、$\{R, T\}$、$\{R, S\}$、$\{R, Z\}$、$\{S, T\}$和$\{S, Z\}$，如图 8-3 所示。

频繁1-项集的集合L_1

项集	支持度计数
{A}	5
{B}	4
{R}	3
{S}	3
{T}	3
{Z}	3

连接L_1中的两个元素 →

候选频繁2-项集的集合C_2

项集	支持度计数
{A, B}	3
{A, R}	2
{A, S}	2
{A, T}	3
{A, Z}	3
{B, R}	2
{B, S}	3
{B, T}	3
{B, Z}	3
{R, S}	1
{R, T}	1
{R, Z}	0
{S, T}	2
{S, Z}	2
{T, Z}	3

基于$\sup_{\min}$删除非频繁项集 →

频繁2-项集的集合L_2

项集	支持度计数
{A, B}	3
{A, T}	3
{A, Z}	3
{B, S}	3
{B, T}	3
{B, Z}	3
{T, Z}	3

图 8-3 候选频繁 2-项集的集合 C_2 和频繁 2-项集的集合 L_2

（3）连接 L_2 中任意两个只有一个不同项目的元素，得到候选频繁 3-项集的集合 C_3；利用 NF_2 对 C_3 进行剪枝，直接删除项集$\{A, B, S\}$、$\{B, S, T\}$和$\{B, S, Z\}$；对于 C_3 中剩余的每个候选频繁 3-项集 c_k，扫描一次事务数据库 $\mathcal{D}$，统计 c_k 的支持度计数，基于 $\sup_{\min}$ 得到频繁 3-项集的集合 L_3：$\{A, B, T\}$、$\{A, B, Z\}$、$\{A, T, Z\}$和$\{B, T, Z\}$。同时，将非频繁 3-项集保存在 NF_3 中：$\{A, B, S\}$、$\{B, S, T\}$和$\{B, S, Z\}$，如图 8-4 所示。

频繁2-项集的集合L_2

项集	支持度计数
{A, B}	3
{A, T}	3
{A, Z}	3
{B, S}	3
{B, T}	3
{B, Z}	3
{T, Z}	3

连接L_2中的两个元素 →

候选频繁3-项集的集合C_3

项集	支持度计数
{A, B, S}	剪枝
{A, B, T}	3
{A, B, Z}	3
{A, T, Z}	3
{B, S, T}	剪枝
{B, S, Z}	剪枝
{B, T, Z}	3

基于先验定理和$\sup_{\min}$删除非频繁项集 →

频繁3-项集的集合L_3

项集	支持度计数
{A, B, T}	3
{A, B, Z}	3
{A, T, Z}	3
{B, T, Z}	3

图 8-4 候选频繁 3-项集的集合 C_3 和频繁 3-项集的集合 L_3

（4）连接 L_3 中任意两个只有一个不同项目的元素，得到候选频繁 4-项集的集合 C_4；利用 NF_3 对 C_4 进行剪枝，删除非频繁项集；对于 C_4 中剩余的每个候选频繁 4-项集 c_k，扫描一次事务数据库 $\mathcal{D}$，统计 c_k 的支持度计数，基于 $\sup_{\min}$ 得到频繁 4-项集的集合 L_4：$\{A, B, T, Z\}$。此时，不能继续产生候选频繁 5-项集，算法结束，如图 8-5 所示。

频繁3-项集的集合L_3

项集	支持度计数
{*A*, *B*, *T*}	3
{*A*, *B*, *Z*}	3
{*A*, *T*, *Z*}	3
{*B*, *T*, *Z*}	3

→ 连接L_3中的两个元素 →

候选频繁4-项集的集合C_4

项集	支持度计数
{*A*, *B*, *T*, *Z*}	3

→ 基于先验定理和sup_{min}删除非频繁项集 →

频繁4-项集的集合L_4

项集	支持度计数
{*A*, *B*, *T*, *Z*}	3

图 8-5 候选频繁 4-项集的集合 C_4 和频繁 4-项集的集合 L_4

算法 8-1 所示为 Apriori 算法产生频繁项集的伪代码，其中第 5 行对应 Apriori 算法的生成操作，第 6 行对应基于先验定理的剪枝操作，第 7～13 行统计候选频繁项集的支持度计数，第 14 行表示基于最小支持度删除非频繁项集。

算法 8-1 Apriori 算法产生频繁项集部分的伪代码

输入： 事务数据库 $\mathcal{D}$，最小支持度 sup_{min}

```
1: k = 1
2: 扫描事务数据库 D，得到频繁 1-项集的集合 L1
3: while True
4:   k = k + 1
5:   利用生成操作基于 L(k-1) 产生 Ck
6:   利用剪枝操作直接删除 Ck 中的非频繁项集
7:   for each T in D
8:     for ck in Ck
9:       if ck ⊂ T
10:        count(ck) = count(ck) + 1
11:      endif
12:    endfor
13:  endfor
14:  Lk = {ck | ck ∈ Ck && count(ck) ≥ |D| *supmin}
15:  if not Lk
16:    break;
17:  endif
18: endwhile
```

输出： 频繁项集的集合$\{L_1, L_2, \cdots, L_k\}$

接下来给出基于 Python 的 Apriori 算法的频繁项集产生的代码实现，并在 Python 3.8 环境下以表 8-1 中的数据作为输入进行测试。

导入 numpy 库。

```
from numpy import *
```

构建候选集合 C1。在 createC1 函数中，首先建立一个空列表，用来存储所有不重复的项；然后遍历事务数据库 dataset 中的每个事务 transaction，将未出现过的项目添加到 C1 中；循环结束后，对 C1 中的元素进行升序排列，最后返回候选 1-项集的集合。其中，frozenset 函数返回一个冻结的集合，冻结后集合不能再添加或删除任何元素；map(function, iterable)函数中的第一个参数 function 以参数序列 iterable 中的每个元素调用 function 函数，返回包含每次 function 函数返回值的新列表。

```
def createC1(dataset):
    C1 = []
    for transaction in dataset:
        for item in transaction:
            if not [item] in C1:
```

```
                C1.append([item])
        C1.sort(reverse = False)
            return list(map(frozenset, C1))
```

基于最小支持度阈值删除支持度小的项，得到频繁 1-项集的集合 L1。scanDataset 函数的输入包括 dataset、候选频繁 k-项集 Ck 及最小支持度阈值 supmin。首先，统计 Ck 中每个项集 canIT 的出现次数；然后，将每项的支持度与 supmin 进行比较，删除支持度小的项集，得到频繁项集；最后，返回频繁项集的列表 freqList 及用于保存项集支持度的字典 supportDict。

```
def scanDataset(dataset, Ck, supmin):
    ssCnt = {}
    for tid in dataset:
        for canIT in Ck:
            if canIT.issubset(tid):
                if canIT in ssCnt:
                    ssCnt[canIT] += 1
                else:
                    ssCnt[canIT] = 1
    freqList = []
    supportDict = {}
    for key in ssCnt:
        support = ssCnt[key] / float(len(dataset))
        supportDict[key] = support
        if support >= supmin:
            freqList.insert(0, key)
    return freqList, supportDict
```

由频繁(k-1)-项集生成候选频繁 k-项集。aprioriGenerate 函数的输入是所有频繁(k-1)-项集的列表 Lk_1 和用于约束候选 k-项集中元素个数的 k 值。在产生候选频繁项集的过程中，合并 Lk_1 中任意两个前(k-1)个元素相同的项集，把符合条件的项集保存在列表 candiList 中。

```
def aprioriGenerate(Lk_1, k):
    candiList = []
    lenLk1 = len(Lk_1)
    for i in range(lenLk1):
        for j in range(i + 1, lenLk1):
            L1 = list(Lk_1[i])[:k-2]
            L2 = list(Lk_1[j])[:k-2]
            L1.sort()
            L2.sort()
            if L1 == L2:
                candiList.append(Lk_1[i] | Lk_1[j])
    return candiList
```

利用 apriori 函数返回所有的频繁项集。针对 dataset 和 supmin，循环产生所有的频繁项集和用于保存项集支持度的字典 supportDict。需要注意的是，在此只通过计数的方式来判断候选项集是否频繁，而没有先利用剪枝策略，再基于计数的方式进行判断。

```
def apriori(dataset, supmin = 0.5):
    C1 = createC1(dataset)
    Data = list(map(set, dataset))
    L1, supportDict = scanDataset(Data, C1, supmin)
    Ls = [L1]
    k = 2
    while (len(Ls[k-2]) > 0):
```

```
            Ck = aprioriGenerate(Ls[k-2], k)
            Lk, supportk = scanDataset(Data, Ck, supmin)
            supportDict.update(supportk)
            if len(Lk) == 0:
                break
            Ls.append(Lk)
            k += 1
    return Ls, supportDict
```

将表 8-1 中的数据作为输入，产生当 supmin = 0.5 时的所有频繁项集。

```
if __name__ == "__main__":
    dataset = [['A', 'H', 'J', 'P', 'R'],
               ['A', 'B', 'S', 'T', 'U', 'V', 'W', 'Z'],
               ['A'], ['B', 'O', 'R', 'S'],
               ['A', 'B', 'P', 'Q', 'R', 'T', 'Z'],
               ['A', 'B', 'E', 'Q', 'S', 'T', 'Z']]
    Ls, supportDict = apriori(dataset, supmin=0.5)
    all_fs = []
    for Lk in Ls:
        for itemset in Lk:
            all_fs.append(list(itemset))
    print(all_fs)
```

8.2.2　关联规则的产生

在产生频繁项集的集合 $L = \{L_1, L_2, \cdots, L_k\}$ 之后，可以通过以下过程来产生强关联规则。

（1）对于频繁 i-项集的集合 L_i（$1 \leqslant i \leqslant k$）中的每个频繁项集 f_j（$1 \leqslant j \leqslant |L_i|$）。

（2）产生 f_j 的所有非空真子集 s，如果 confidence$(s \rightarrow (f_j - s)) \geqslant \mathrm{conf}_{\min}$，则输出关联规则 R：$s \rightarrow \{f_j - s\}$。其中，$f_j - s$ 表示由在 f_j 中但不在 s 中的项目构成的集合。

由于关联规则 R：$X \rightarrow Y$ 是从频繁项集 $\{X, Y\}$ 中得到的，在产生频繁项集的过程中，已经统计过 $\{X\}$ 和 $\{X, Y\}$ 的支持度计数，因此无须再次扫描事务数据库来计算关联规则 R：$X \rightarrow Y$ 的置信度。算法 8-2 所示为 Apriori 算法产生关联规则的伪代码。

算法 8-2 Apriori 算法产生关联规则的伪代码

输入：频繁项集的集合：$L_1, L_2, ..., L_k$
　　　频繁项集的支持度计数 count

1: **for** $i = 1$ **to** k
2: **for** itemset **in** L_k
3: **for** s **in** f_j #每个非空子集
4: **if** count(f_j)/count$(s) >= \mathrm{conf}_{\min}$
5: rules.add$(s \rightarrow (f_j - s))$
6: **endif**
7: **endfor**
8: **endfor**
9: **endfor**
输出：rules

对于表 8-1，当 $\mathrm{sup}_{\min} = 0.5$ 时，$\{A, Z, T\}$ 的支持度是 0.5，是频繁 3-项集，对应的关联规则及置信度包括（$\{A\} \rightarrow \{Z, T\}$, 0.6）、（$\{Z\} \rightarrow \{A, T\}$, 1）、（$\{T\} \rightarrow \{A, Z\}$, 1）、（$\{A, Z\} \rightarrow \{T\}$, 1）、（$\{A, T\} \rightarrow \{Z\}$, 1）和（$\{Z, T\} \rightarrow \{A\}$, 1）。当 $\mathrm{conf}_{\min} = 0.8$ 时，除 $\{A\} \rightarrow \{Z, T\}$ 之外都是强关联规则。

进一步地，对于关联规则：$X \to Y\text{–}X$ 和 $X' \to Y - X'$，若 X'是 X 的子集，有 count(X') $\geqslant$ count(X)，confidence($X \to Y - X$) $\geqslant$ confidence($X' \to Y - X'$)。基于此观察，Apriori 算法以关联规则的后件中的项数来标识层，并构建相应的格结构，进而采用一种逐层的方式来产生关联规则。图 8-6 所示为关于频繁项集$\{A, B, C\}$的格结构。Apriori 算法首先提取在关联规则的后件中只含一个项目的所有置信度高的规则，然后基于这些提取的规则来产生新的候选关联规则。例如，对于强关联规则$\{A, B\} \to \{C\}$和$\{A, C\} \to \{B\}$，可以合并其后件来产生候选关联规则$\{A\} \to \{B, C\}$。如果格中的节点的置信度较低，则可以直接裁剪掉由该节点生成的整个子树。例如，若关联规则$\{A, B\} \to \{C\}$的置信度小于 $\text{conf}_{\min}$，则可以丢掉后件中包含$\{C\}$的所有的关联规则，如图 8-6 中虚线内的关联规则。

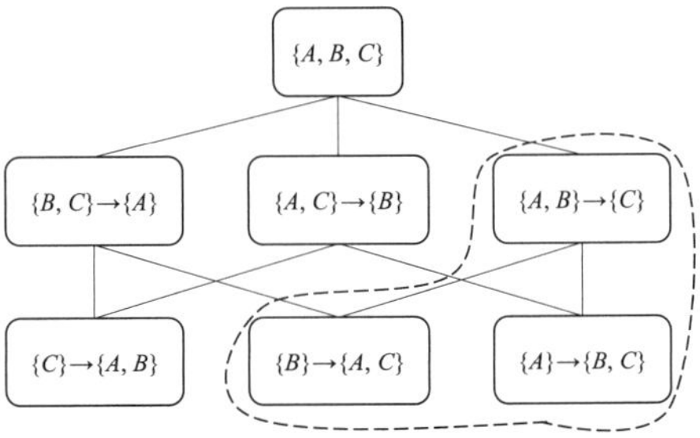

图 8-6 关于频繁项集{A, B, C}的格结构

接下来给出基于 Python 的 Apriori 算法的关联规则产生部分的代码实现，并以表 8-1 中的数据作为输入进行测试。

计算规则的支持度，同时为实现基于剪枝策略的关联规则产生，记录置信度大于或等于最小置信度阈值 confmin 的规则的右件。calcConf 函数的输入包括频繁项集 freqSet、关联规则的可行的后件的集合 rightH、频繁项集支持度的字典 supportDict、关联规则列表的数组 ruleList 及 confmin。calcConf 函数的作用是找出符合置信度要求的规则并将其存在 ruleList 中，同时把该关联规则的后件存在 prunedH 中。

```
def calcConf(freqSet, rightH, supportDict, ruleList, confmin):
    prunedH = []
    for rightSeq in rightH:
        conf = supportDict[freqSet] / supportDict[freqSet - rightSeq]
        if conf >= confmin:
            ruleList.append((freqSet - rightSeq, rightSeq, conf))
            prunedH.append(rightSeq)
            print (freqSet- rightSeq, '->', rightSeq, 'conf:', conf)
    return prunedH
```

递归地产生关联规则。rulesFromFreqseq 函数的输入与 calcConf 函数的输入一样，主要区别是 calcConf 函数用于处理 L1 中的频繁项集，rulesFromFreqseq 函数用于处理长度大于 2 的频繁项集。rulesFromFreqseq 函数在递归过程中通过 aprioriGenerate 函数生成关联规则的可行的后件 rightHcandi，如果返回的 rightHcandi 不为空，则继续调用递归过程进行求解。递归停止的条件是关联规则的前件为空。

```
def rulesFromFreqseq(freqSet, rightH, supportDict, ruleList, confmin):
    m = len(rightH[0])
    rightHcandi = calcConf(freqSet, rightH, supportDict, ruleList, confmin)
    if len(freqSet) > (m + 1):
        rightHcandi = aprioriGenerate(rightHcandi, m+1)
```

```
        if len(rightHcandi) > 1:
            rulesFromFreqseq(freqSet, rightHcandi, supportDict, ruleList, confmin)
```

生成所有频繁项集的所有可能的关联规则。由于 L1 只有一个元素，没有关联规则，因此从 L2 开始遍历。generateRules 函数的输入是频繁项集的集合 LS、confmin 及关于频繁项集和频繁项集支持度的字典 supportDict。对于 Lk 中的每个频繁项集，通过计算其置信度来得到强关联规则。特别地，对于 L2，调用 calcConf 函数；对于其他频繁项集，调用 rulesFromFreqseq 函数。

```
def generateRules(LS, supportDict, confmin):
    RuleList = []
    for i in range(1, len(LS)):
        for freqSet in LS[i]:
            rightH = [frozenset([item]) for item in freqSet]
            if i == 1:
                calcConf(freqSet, rightH, supportDict, RuleList, confmin)
            else:
                rulesFromFreqseq(freqSet, rightH, supportDict, RuleList, confmin)
    return RuleList
```

在主函数中，调用上述方法，产生关于 supmin = 0.5 和 confmin = 0.8 的关联规则。

```
if __name__ == "__main__":
    dataset = [['A', 'H', 'J', 'P', 'R'],
               ['A', 'B', 'S', 'T', 'U', 'V', 'W', 'Z'],
               ['A'],
               ['B', 'O', 'R', 'S'],
               ['A', 'B', 'P', 'Q', 'R', 'T', 'Z'],
               ['A', 'B', 'E', 'Q', 'S', 'T', 'Z']]
    LS, supportDict = apriori(dataset, supmin = 0.5)
    print("关联规则：")
    rules = generateRules(LS, supportDict, confmin = 0.8)
```

输出程序的运行结果。

```
关联规则：
frozenset({'T'}) => frozenset({'A'}) conf:  1.0
frozenset({'Z'}) => frozenset({'A'}) conf:  1.0
frozenset({'S'}) => frozenset({'B'}) conf:  1.0
frozenset({'T'}) => frozenset({'B'}) conf:  1.0
frozenset({'Z'}) => frozenset({'B'}) conf:  1.0
......
```

8.2.3 Apriori 算法分析

Apriori 算法具有逻辑清晰、易于实现和理解的优点，在产生频繁项集的过程中有两个突出的特点。第一，基于格理论采用逐层搜索的方式从频繁 1-项集迭代到频繁 k_{max}-项集（k_{max} 对应事务数据库中频繁项集的最大长度）中。第二，采用产生-测试的策略来生成频繁项集。在由前一次迭代结果产生候选频繁项集的过程中，通过字典序和限定性连接的方式来确保产生不重复、完全的候选频繁项集；在产生频繁项集后，先利用先验定理直接删除非频繁项集，然后对剩余的候选频繁项集进行支持度计数并基于 sup_{min} 得到频繁项集。

Apriori 算法需要迭代 $k_{max}+1$ 次，每次迭代的产生-测试过程不但会产生大量的候选频繁项集，而且需要扫描一次事务数据库，造成时间复杂度高，并且随着频繁项集长度的增加，连接两个频繁项集的时间开销也会增加。

8.3　FP 增长算法

FP 增长算法是由 Jiawei Han 等人于 2000 年基于一种被称为频繁模式树（Frequent Patten Tree，FP 树）的数据结构提出的，一个能够在不产生候选频繁项集的条件下直接从 FP 树中提取频繁项集的算法，极大地提高了从数据中发现频繁模式的时间性能。FP 增长算法主要包括 FP 树构建和在 FP 树上挖掘频繁项集两个过程。本节基于表 8-1 介绍 FP 增长算法。

8.3.1　构建 FP 树

FP 树本质上是一种用于压缩信息的数据结构，是通过逐个读入事务并把事务映射到树中一条路径的方式来构建的。由于不同的事务可能会有若干个相同的项目，因此其路径可能部分重叠，并且重叠越多，FP 树的压缩效果越好。FP 树的构建过程主要包括以下两个步骤。

第一步，先扫描一遍事务数据库 $\mathcal{D}$，基于最小支持度 sup_{min} 得到频繁 1-项集，然后删除事务数据库 $\mathcal{D}$ 中的非频繁 1-项集，并按项目的支持度计数降序排列每个事务 $\mathcal{T}$ 中的项目。

（1）统计事务数据库中每个项目的次数。表 8-2 给出了表 8-1 中的项目的计数，每个项目的计数在最后一列给出，共 15 个项目。

表 8-2　每个项目出现次数的统计

ID	项　目	计　数
1	*A*	5
2	*B*	4
3	*E*	1
4	*H*	1
5	*J*	1
6	*O*	1
7	*P*	2
8	*Q*	2
9	*R*	3
10	*S*	3
11	*T*	3
12	*U*	1
13	*V*	1
14	*W*	1
15	*Z*	3

（2）基于 sup_{min} 删除非频繁项集，得到频繁 1-项集。构建 FP 树的主要目的是挖掘频繁项集，即 FP 树中的所有节点都应该是频繁的，为此可以删除事务数据库 $\mathcal{D}$ 中的非频繁项集，以减少后续的计算量。假定 sup_{min} 等于 0.5，即最小支持度计数为 3，通过过滤表 8-2，可以得到表 8-3。可以看出，项目由原来的 15 个减少到了 6 个。

表 8-3　频繁 1-项集

ID	项　目	计　数
1	*A*	5
2	*B*	4
3	*R*	3
4	*S*	3
5	*T*	3
6	*Z*	3

（3）删除事务数据库 $\mathcal{D}$ 中的非频繁 1-项集，按项目的支持度计数降序排列每个事务 $\mathcal{T}$ 中的项目，对于具有相同计数的项目，按字典序排列。表 8-4 给出了排列后的结果，表 8-5 给出了从表 8-1 中删除了非频繁 1-项集并对事务中的项目进行降序排列后的结果。

表 8-4 降序排列后的频繁 1-项集

ID	项　目	计　数
1	A	5
2	B	4
3	Z	3
4	T	3
5	S	3
6	R	3

表 8-5 排列过滤后的事务数据库

TID	购买的商品
1	A, R
2	A, B, Z, T, S
3	A
4	B, R, S
5	A, B, Z, T, R
6	A, B, Z, T, S

第二步，第二次扫描事物数据库 $\mathcal{D}$，构建 FP 树并建立频繁项集头表。

（1）以排列和过滤后的事物数据库 $\mathcal{D}$ 中的事务作为输入，构建 FP 树。具体来说，从空集开始，根据每个事务中项目的顺序，按照自上而下的方式建立 FP 树中的节点：若事务中的项目已在 FP 树中的路径上，则将树中相应节点的支持度计数加 1（节点的支持度计数的初始值为 0）；若事务中的项目未出现在路径上，则在 FP 树中添加一个新的分支。对于表 8-5，FP 树的构建过程具体如下。

① 初始化 FP 树的根节点为空集（Null）。

② 读取第 1 个事务 $\{A, R\}$，创建标记为 A 和 R 的节点，形成路径 Null $\to A \to R$。将该路径上所有节点的支持度计数加 1，如图 8-7（a）所示。

③ 首先，读取第 2 个事务 $\{A, B, Z, T, S\}$，该事务与第 1 个事务拥有共同前缀 A，由于该事务的路径 Null $\to A \to B \to Z \to T \to S$ 与第 1 个事务的路径 Null $\to A \to R$ 部分重叠，因此 A 的支持度计数增加 1，变为 2。然后，创建标记为 B、Z、T 和 S 的节点并设置其支持度计数为 1，如图 8-7（b）所示。

④ 读取第 3 个事务 $\{A\}$，由于该事务的路径 Null $\to A$ 与第 1 个事务的路径 Null $\to A \to R$ 部分重叠，因此节点 A 的支持度计数变为 3，如图 8-7（c）所示。

⑤ 读取第 4 个事务 $\{B, R, S\}$，创建标记为 B、R 和 S 的节点，形成路径 Null $\to B \to R \to S$。将该路径上的节点的支持度计数设置为 1，如图 8-7（d）所示。

⑥ 首先，读取第 5 个事务 $\{A, B, Z, T, R\}$，该事务与第 2 个事务拥有共同前缀 A、B、Z 和 T，由于该事务的路径 Null $\to A \to B \to Z \to T \to R$ 与第 2 个事务的路径 Null $\to A \to B \to Z \to T \to S$ 部分重叠，故节点 A、B、Z 和 T 的支持度计数增加 1。然后，创建标记为 R 的节点并设置该节点的支持度计数为 1，如图 8-7（e）所示。

⑦ 读取第 6 个事务 $\{A, B, Z, T, S\}$，由于该事务与第 2 个事务的路径相同，因此将路径上节点的支持度计数加 1，如图 8-7（f）所示。

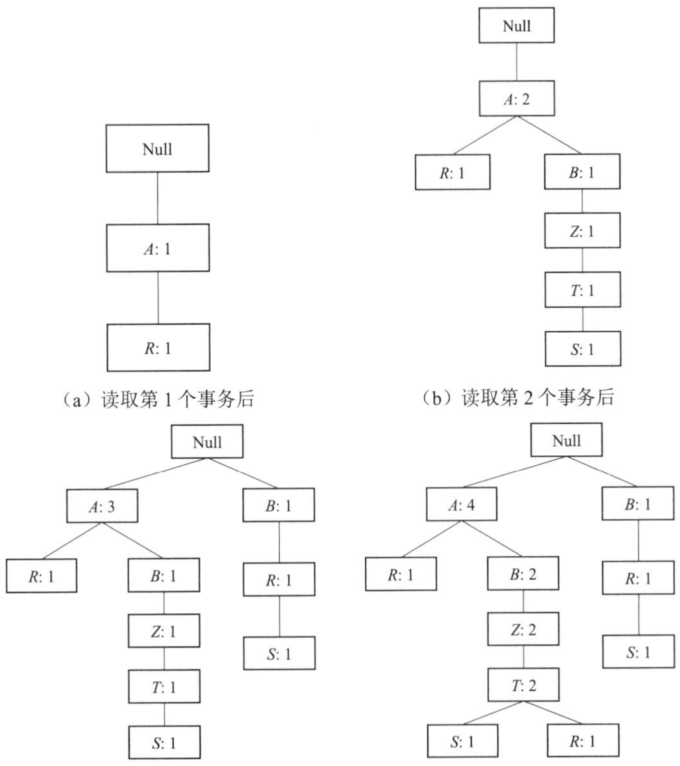

（a）读取第 1 个事务后 （b）读取第 2 个事务后 （c）读取第 3 个事务后

（d）读取第 4 个事务后 （e）读取第 5 个事务后 （f）读取第 6 个事务后

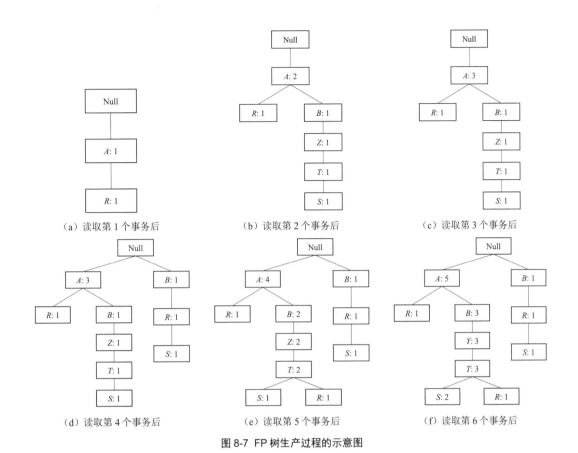

图 8-7 FP 树生产过程的示意图

（2）为便于遍历 FP 树，创建频繁项集头表。频繁项集头表的每个表项由项目名称和指针两个域组成，其中指针指向 FP 树中具有与该表项相同项目名称的第一个节点。FP 树中的非根节点包括三个域：项目名称、项目的支持度计数（记录所在路径代表的事务中包含此节点的项目个数）及指针。FP 树中的指针指向 FP 树中下一个具有相同项目名称的节点，如果下一个节点不存在，则指针为空，如图 8-8 中的虚线所示。

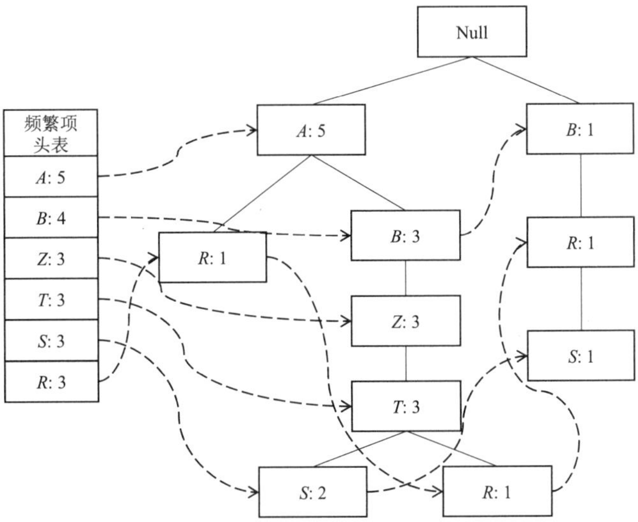

图 8-8 构建的包含频繁项集头表的 FP 树

8.3.2 基于 FP 树挖掘频繁项集

由于每个事务都被映射到了 FP 树中的一条路径上，因此可以通过分析包含特定节点的路径来寻找以该节点结尾的频繁项集。可以基于频繁项集头表中的支持度计数，从支持度最低的频繁项集开始到支持度最高的频繁项集结束的方式来产生频繁项集。对于图 8-8 中的 FP 树，首先产生以节点 *R* 结尾的频繁项集，然后产生以节点 *S* 结尾的频繁项集，最后产生分别以节点 *T*、*Z*、*B* 和 *A* 结尾的频繁项集。在该过程中，为产生以某个特定节点结尾的所有的频繁项集，FP 增长算法采用分而治之的策略，将原问题分解为若干个较小的子问题进行求解。例如，为产生以节点 *S* 结尾的所有频繁项集，FP 增长算法首先判断项集{*S*}是不是频繁的，如果是频繁的，则求解以节点(*T*, *S*)结尾的频繁项集的子问题；然后分别求解以节点(*Z*, *S*)、(*B*, *S*)、(*A*, *S*)结尾的频繁项集的子问题；最后通过合并这些子问题的解，得到以节点 *S* 结尾的所有的频繁项集。接下来以产生以节点 *S* 结尾的频繁项集为例说明上述过程。

（1）收集包含节点 *S* 的所有的前缀路径。借助 FP 树中的指针，可以快速、方便地访问节点 *S* 的前缀路径。图 8-9（a）给出了以节点 *S* 结尾的前缀树。

（2）将上述路径中节点 *S* 的支持度计数相加，得到项集{*S*}的支持度计数。基于 sup_{min} 判断项集{*S*}是不是频繁的。项集{*S*}的支持度等于 3，故是频繁的，并递归产生以节点 *S* 结尾的频繁项集；若{*S*}的支持度小于 sup_{min}，则停止搜索以节点 *S* 结尾的频繁项集。

（3）由于{*S*}是频繁项集，产生节点 *S* 的条件 FP 树。

① 构造项集{*S*}的条件模式基（Conditional Pattern Base）。项目 p 的条件模式基是指沿着 p 的链表，找出所有包含 p 的前缀路径。条件模式基由两个域构成：前缀路径和该前缀路径的支持度计数。条件模式基的构造方式是沿着频繁项集的链接来遍历 FP 树，通过累计该项的前缀路径来形成一个条件模式基。对于图 8-8 中的 FP 树，频繁项集{*S*}的前缀路径有 *A-B-Z-T* 和 *B-R*，构造的条件模式基是 *A-B-Z-T*: 2 和 *B-R*: 1。类似地，可以得到其他频繁 1-项集的条件模式基，如表 8-6 所示，其中项集{*A*}的条件模式基不存在。

表 8-6 构造的条件模式基

频繁项目	条件模式基
A	—
B	*A*: 3
R	*A*: 1, *A-B-Z-T*: 1, *B*: 1
S	*A-B-Z-T*: 2, *B-R*: 1
T	*A-B-Z*: 3
Z	*A-B*: 3

② 为条件模式基中的每个条件项建立分支，路径上相同的项的支持度累计计数；基于最小支持度删除分支中的非频繁项集，并保留相应的频繁项集，构建出条件 FP 树。节点 *S* 的条件 FP 树如图 8-9（b）所示。由于节点 *R* 的支持度计数为 1，故将其从条件 FP 树中删除。

（4）递归地解决分别产生以(*T*, *S*)、(*Z*, *S*)、(*B*, *S*)和(*A*, *S*)结尾的频繁项集的子问题。

① 产生以(*T*, *S*)结尾的频繁项集。从节点 *S* 的条件 FP 树中收集节点 *T* 的前缀路径，通过该路径将与节点 *T* 相关联的支持度计数相加，得到项集{*T*, *S*}的支持度计数，如图 8-9（c）所示。项集{*T*, *S*}的支持度计数是 2，故不是频繁项集，以(*T*, *S*)结尾的频繁项集的搜索结束。

② 产生以(*Z*, *S*)结尾的频繁项集。从节点 *S* 的条件 FP 树中收集节点 *Z* 的前缀路径，通过该路径将与节点 *Z* 相关联的支持度计数相加，得到项集{*Z*, *S*}的支持度计数，如图 8-9（d）所示。

项集{Z, S}的支持度计数是 2，故不是频繁项集，以(Z, S)结尾的频繁项集的搜索结束。

③ 产生以(B, S)结尾的频繁项集。从节点 S 的条件 FP 树中收集节点 B 的前缀路径，如图 8-9（e）所示。通过该路径将与节点 B 相关联的支持度相加，得到项集{B, S}的支持度计数。项集{B, S}的支持度计数是 3，故是频繁项集，接下来递归地解决产生以(A, B, S)结尾的频繁项集的子问题。首先，利用步骤（3）构建出(B, S)的条件 FP 树，而(B, S)的条件 FP 树为空，说明以(A, B, S)结尾的频繁项集不存在，以(A, B, S)结尾的频繁项集的搜索结束。

④ 产生以(A, S)结尾的频繁项集。从节点 S 的条件 FP 树中收集节点 A 的前缀路径，如图 8-9（f）所示。通过该路径将与节点 A 相关联的支持度计数相加，得到项集{A, S}的支持度计数。项集{T, S}的支持度计数是 2，故不是频繁项集，以(A, S)结尾的频繁项集的搜索结束。

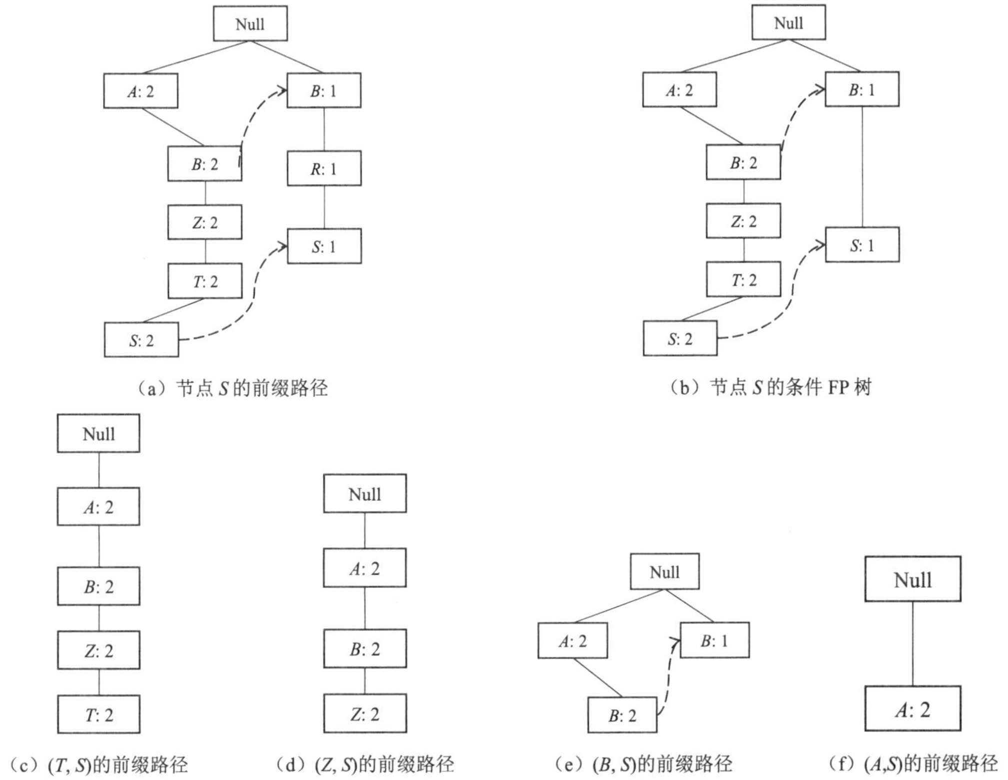

图 8-9　基于 FP 树的频繁项集挖掘

至此，完成了以节点 S 结尾的所有频繁项集的搜索。可以看出，FP 增长算法递归地从条件 FP 树中产生频繁项集，将原问题分解为多个较小的子问题进行求解，并合并子问题的解来得到原问题的解。

FP 增长算法的代码实现较为复杂，在此仅给出 FP 树结构体的代码片段。感兴趣的读者可查阅相关资料自行学习。

```
class Node:
    def __init__(self, nameValue, numOccur, parentNode):
        self.name = nameValue
        self.count = numOccur
        self.nodeLink = None
        self.parent = parentNode
        self.children = {}
```

```
    def inc(self, numOccur):
        self.count += numOccur

    def disp(self, ind=1):
        print(' ' * ind, self.name, ' ', self.count)
        for child in self.children.values():
        child.disp(ind + 1)
```

8.3.3 算法分析

FP 增长算法中的 FP 树结构有助于压缩事务数据库，减少扫描事务数据库的次数，避免产生大量的候选频繁项集，进而提高产生频繁项集的效率。在搜索频繁项集的过程中，FP 增长算法采用分治策略，通过问题分解与合并的方式来求解原问题。已有实验结果表明，当生成的 FP 树足够小时，FP 增长算法的时间成本较 Apriori 算法减小了几个数量级。但是，如果生成的 FP 树的分支较多、较长，FP 增长算法的时空代价较高。当事务数据库非常庞大时，若进行数据更新，则 FP 增长算法在生成新的 FP 树时需要进行两次遍历，并反复申请本地资源及数据库资源来查询相同的海量资源，这在降低算法效率的同时，使数据库高负荷运行。

8.4 关联规则应用示例

本节以 UCI 机器学仓库（UCI Machine Learning Repository）中的蘑菇数据集为例来说明如何获得频繁模式，进而分析有毒蘑菇的特征之间的关系。毒蘑菇又被称为毒蕈，是指人或畜禽食用大型真菌的子实体后产生中毒反应的物种。误食毒蘑菇而引发的中毒事件的主要原因是有些毒菌和食用菌的宏观特征没有明显区别，因此鉴别毒蘑菇是一件有意义的事情。在本示例中，每个毒蘑菇相当于一个购物篮，毒蘑菇的特征相当于购物篮中的商品。接下来应用 Apriori 算法找出毒蘑菇的频繁模式，利用这些发现的模式有利于避免吃到有毒的蘑菇。读者可在 UCI 官网上下载该数据集，该数据集由 23 个特征和 8124 个样本组成。表 8-7 所示为毒蘑菇数据集描述。

表 8-7 毒蘑菇数据集描述

序 号	特 征	特征说明
0	蘑菇类型（class）	食用菌（e）、毒菌（p）
1	帽形状（cap-shape）	钟形（b）、锥形（c）、凸形（x）、扁平（f）、把手形（f）、凹陷形（s）
2	帽表面（cap-surface）	纤维（f）、凹槽（a）、鳞片状（v）、光滑（s）
3	帽颜色（cap-color）	棕色（n）、浅黄色（b）、肉桂色（c）、灰色（g）、绿色（r）、粉红色（p）、紫色（u）、红色（e）、白色（w）、黄色（y）
4	有无挫伤（bruises）	有（t）、无（f）
5	气味（odor）	杏仁（a）、茴香（l）、杂酚油（c）、腥味（y）、恶臭（f）、霉味（m）、无味（n）、刺鼻（p）、辣（s）
6	菌褶附属物（gill-attachment）	附着（a）、下倾（d）、干净（f）、缺口（n）
7	菌褶间距（gill-spacing）	闭合（c）、紧凑（w）、稀疏（d）
8	菌褶尺寸（gill-size）	宽（b）、窄（n）
9	菌褶颜色（qill-color）	黑色（k）、棕色（n）、浅黄色（b）、巧克力色（h）、灰色（a）、绿色（r）、橘黄色（o）、粉色（p）、紫色（u）、红色（e）、白色（w）、黄色（v）
10	茎形状（stalk-shape）	扩展形（e）、锥形（t）

续表

序　号	特　征	特 征 说 明
11	茎根部（stalk-root）	球根状（b）、团状（c）、杯状（u）、相等（e）、根状菌索（z）、根状（r）、缺失值（?）
12	蕈圈上部茎表面（stalk-surface-above-ring）	纤维（f）、鳞片状（y）、柔滑（k）、光滑（s）
13	蕈圈下部茎表面（stalk-surface-below-ring）	纤维（f）、鳞片状（y）、柔滑（k）、光滑（s）
14	蕈圈上部茎颜色（stalk-color-above-ring）	棕色（n）、浅黄色（b）、肉桂色（c）、灰色（g）、橘黄色（o）、粉色（p）、红色（e）、白色（w）、黄色（y）
15	蕈圈下部茎颜色（stalk-color-below-ring）	棕色（b）、浅黄色（b）、肉桂色（c）、灰色（g）、橘黄色（o）、粉色（p）、红色（e）、白色（w）、黄色（y）
16	网类型（veil-type）	局部（p）、常规（u）
17	网颜色（veil-color）	棕色（n）、橘黄色（o）、白色（w）、黄色（y）
18	蕈圈数量（ring-number）	无（n）、1 个（o）、2 个（t）
19	蕈圈类型（ring-type）	蛛网状（c）、消逝波形（e）、火光闪耀形（f）、大的（l）、无（n）、垂状（p）、覆盖形（s）、区域形（z）
20	孢子颜色（spore-print-color）	黑色（k）、棕色（n）、浅黄色（b）、巧克力色（h）、绿色（r）、橘黄色（o）、紫色（u）、白色（w）、黄色（y）
21	数量（population）	丰富（a）、簇（c）、大量（n）、分散（s）、几个（v）、单个（y）
22	栖息地（habitat）	草地（a）、树叶（l）、草甸（m）、小路（p）、城市（u）、废物堆（w）、树林（d）

首先下载毒蘑菇数据集到指定的目录下，然后加载相应的库函数和数据集。

```
import pandas as pd
df = pd.read_csv('agaricus-lepiota.data.txt', header=None)
```

对数据集进行相关预处理，包括编码特征名、删除等操作。

```
df.columns = ['蘑菇类型', '帽形状', '帽表面', '帽颜色', '有无挫伤', '气味',
              '菌褶附属物', '菌褶间距', '菌褶尺寸', '菌褶颜色', '茎形状','茎根部',
              '蕈圈上部茎表面', '蕈圈下部茎表面', '蕈圈上部茎颜色',
              '蕈圈下部茎颜色', '网类型', '网颜色', '蕈圈数量', '蕈圈类型',
              '孢子颜色', '数量', '栖息地']
for i in range(df.shape[1]):
    col = df.iloc[:, i].value_counts()
    if len(col) <= 1:
        print(col)
df['网类型'].value_counts()
df.drop('网类型', axis=1, inplace=True)
df_ = df.copy()
for i in range(1, df.shape[1]):
    df.iloc[:, i] = df.iloc[:, i].apply(lambda x: df.columns[i] + '-' + x)
dataset = df.values.tolist()
```

设置最小支持度阈值为 0.3；利用 Apriori 算法生成频繁项集 L，找出与毒蘑菇项（p）有关的频繁项集并保存在列表 Ltemp 中；从 Ltemp 中找出毒蘑菇特征的集合 Lmsr。

```
L, suppDict = apriori(dataset, supmin = 0.3)
Ltemp = []
Lmsr = []
for i in range(len(L)):
    for item in L[i]:
        if item.intersection('p'):
```

```
            Ltemp.append(item)

    for i in range(len(Ltemp)):
        for item in Ltemp[i]:
            if item not in Lmsr:
                Lmsr.append(item)
    print(Lmsr)
```

根据输出结果，可以看出毒蘑菇的特征主要有['p', '菌褶附属物-f', '菌褶间距-c', '网颜色-w', '蕈圈数量-o', '数量-v', '有无挫伤-f']。当蘑菇上出现部分或全部上述特征时，需要特别注意。接下来通过设置最小置信度阈值为0.95来找出与毒蘑菇相关的关联规则。

```
    rules = generateRules(L, suppDict, confmin = 0.95)
    for i in range(len(rules)):
        if frozenset({'p'}) in rules[i]:
            print(rules[i])
```

输出程序运行结果。

```
    (frozenset({'p'}), frozenset({'网颜色-w'}), 0.9979570990806946)
    (frozenset({'p'}), frozenset({'菌褶间距-c'}), 0.9713993871297243)
    (frozenset({'p'}), frozenset({'菌褶附属物-f'}), 0.9954034729315628)
    (frozenset({'p'}), frozenset({'蕈圈数量-o'}), 0.9724208375893769)
    ......
```

由程序运行结果可知，毒蘑菇与'网颜色-w'、'菌褶间距-c'、'菌褶附属物-f'、'蕈圈数量-o'等特征具有强关联。最后，在程序中添加计时功能的代码片段比较 Apriori 算法和 FP 增长算法的运行时间。

```
    from time import time
    start = time()
    """运行的代码块"""
    end = time()
    print("时间代价", end - start)
```

在配置了英特尔四核 i5 3.2GHz 的处理器、4G 内存条的机器上的实验结果表明，Apriori 算法需要花费 7s 来生成频繁项集，而 FP 增长算法仅需花费 0.5s 来生成频繁项集；Apriori 算法需要花费 10s 来生成频繁项集和关联规则，而 FP 增长算法仅需花费 3s 来生成频繁项集和关联规则。

8.5 关联规则高级进阶

在上述几节中事务数据库只记录了项目出现在事务中的情形，涉及的数据类型是布尔型。本节将简要介绍如何从其他类型数据（如离散型数据、连续型数据、流数据、序列数据、图结构数据等）、特定应用场景（如概念分层、负关联规则、大数据等）中挖掘关联规则。

8.5.1 面向不同类型变量的关联规则挖掘

根据变量类型，可将关联规则分为布尔型关联规则、离散型关联规则和连续型关联规则。

8.5.1.1 布尔型关联规则

布尔型关联规则是指数据集中项目的取值只能是二元的，如 0 和 1。在购物篮分析中用二元变量进行编码：若某个商品出现在事务中，则该商品的值为 1；若某个商品没出现在事务中，则该商品的值为 0，如表 8-8 所示。由于通常认为项目出现在事务中比不出现在事务中更重要，在每个事务中一般只记录了顾客购买的商品，因此一般用表 8-1 来表示表 8-8 的内容。此时，可以直接利用 Apriori 算法或 FP 增长算法来挖掘布尔型关联规则，正如 8.2 和 8.3 节所介绍的方式。

表 8-8 购物记录的布尔表示

TID	*A*	*B*	*E*	*H*	*J*	*O*	*P*	*Q*	*R*	*S*	*T*	*U*	*V*	*W*	*Z*
1	1	0	0	1	1	0	1	0	1	0	0	0	0	0	0
2	1	1	0	0	0	0	0	0	0	1	1	1	1	1	1
3	1	0	0	0	0	0	0	0	0	0	0	0	0	0	0
4	0	1	0	0	0	1	0	0	1	1	0	0	0	0	0
5	1	1	0	0	0	0	1	1	1	0	1	0	0	0	1
6	1	1	1	0	0	0	0	1	0	1	1	0	0	0	1

8.5.1.2　离散型关联规则

离散型关联规则是指规则中项目的取值有多个选择。这种选择可以是有限个离散取值的变量或标称变量。表 8-9 给出了关于用户活动的统计数据，其中包括布尔属性，如风速和活动，也包括标称属性，如天气和温度。为使用已有的关联规则挖掘算法，可以为每个“属性-值”对构造一个新的项目，如对于属性“天气”，可以构造“天气=晴”“天气=阴”“天气=雨”三个项目。表 8-10 给出了对表 8-9 中的变量进行变换后的结果。接下来，可以将 Apriori 算法或 FP 增长算法应用于表 8-10 来挖掘频繁模式。

表 8-9 具有离散属性的用户活动数据

天　气	温　度	风　速	活　动
晴	热	弱	取消
晴	热	强	取消
阴	热	弱	进行
雨	中	弱	进行
雨	冷	弱	进行
阴	冷	强	进行

表 8-10 转化为布尔属性的用户活动数据

天气=晴	天气=阴	天气=雨	温度=热	温度=中	温度=冷	风速=强	风速=弱	活动=进行	活动=取消
1	0	0	1	0	0	0	1	0	1
1	0	0	1	0	0	1	0	0	1
0	1	0	1	0	0	0	1	1	0
0	0	1	0	1	0	0	1	1	0
0	0	1	0	0	1	0	1	1	0
0	1	0	0	0	1	1	0	1	0

8.5.1.3　连续型关联规则

连续型关联规则是指规则中项目的取值是连续的。一般包含连续变量的关联规则被称为量化关联规则（Quantitative Association Rule）。表 8-11 给出了某地区人群参加培训的情况，包括连续属性“收入”。对于属性“年龄”，可以被看作离散属性或连续属性。对于连续型关联规则挖掘，常用的分析方法有基于离散化的方法和基于统计学的方法。

对于基于离散化的方法，可以通过某种手段离散化连续属性的取值。例如，对于表 8-11，可将年龄划分成(0, 30]、(30, 45]和(45, 120]三个区间，将收入划分成(0, 15]、(15, 25]和(25, 60]三个区间。

表 8-11 包含连续属性的培训数据

年龄/岁	收入/千元	是否培训
26	10	否
30	15	否
45	20	是
60	35	是
35	18	是
55	32	是

基于统计学的方法可以用来推断数据集总体的统计性质，如找出这样一条关联规则 R：{收入在(15, 25]之间，参加培训} → 年龄：均值 = 40。对于此类问题，一般首先确定需要刻画的目标属性（在此例中是年龄）；其次对其他的连续属性和离散属性进行布尔化；再次从布尔化的数据集中挖掘出频繁项集，并在每个频繁项集中统计目标属性的统计值（在此例中是计算年龄的均值）；最后将频繁项集和对应的目标属性的统计值结合起来，得到关联规则。

8.5.2 面向概念分层的关联规则

概念分层是指定义一个特定域中的各类概念或实体的多层组织，如笔记本电脑和台式计算机都是计算机，脱脂牛奶和加糖牛奶都是牛奶。根据数据的抽象层次，可以将关联规则分为单层关联规则和多层关联规则。在单层关联规则中，所有的变量均不涉及不同抽象层次的项目。例如，规则“用户 Bob 购买计算机 → Bob 购买打印机”计算机和打印机处于同一个概念层次。在多层关联规则中，变量涉及不同抽象层次的项目。又如，规则“年龄段在[30, 40]之间的用户 Bob → Bob 购买计算机”与规则“年龄段在[30, 40]之间的用户 Bob → Bob 购买笔记本电脑”是多层关联规则，因为计算机是比笔记本电脑更高的抽象层。

面向概念分层的关联分析的一种常用方法是先用项目 item 及 item 的所有抽象概念来扩展 item，然后在扩展的事务上，利用 Apriori 算法等已有算法来完成跨概念层的频繁项集挖掘。例如，假设笔记本电脑的高层抽象概念是计算机、办公用品和电子产品，加糖牛奶的高层抽象是牛奶和饮品，那么可以将项集{笔记本电脑, 加糖牛奶}扩展为{笔记本电脑, 加糖牛奶, 计算机, 办公用品, 电子产品, 牛奶, 饮品}。

8.5.3 负关联规则挖掘

在介绍 Apriori 算法和 FP 增长算法时，假设出现在事务中的项目比不出现在事务中的项目更重要，并且没有将不出现的项目包含在事务中，如表 8-1 中每个事务只包含用户购买的商品。事实上，关于未出现项目的关联规则也可能包含着一些有意义的模式，如“购买咖啡 → 未购买茶叶”这一规则暗示喝咖啡的人很少喝茶。

设 $\mathcal{I} = \{i_1, i_2, \cdots, i_n\}$ 是 n 个不同项目的集合，负项 $\overline{i_k}$ 表示项目 i_k 未出现在给定的事务中。负项集 X 是一个具有以下性质的项集：$X = P \cup \overline{Q}$。其中，P 是正项的集合，$\overline{Q}$ 是负项的集合，$\text{support}(X) \geqslant \text{sup}_{\min}$。如果某条规则同时满足从负项集中提取、支持度不小于 $\text{sup}_{\min}$、置信度不小于 $\text{conf}_{\min}$，则称这条规则是负关联规则（Negative Association Rule）。

从事务数据库 $\mathcal{D}$ 中提取负关联规则的一种简单方法是，将每个项目看作一个布尔变量，通过负项增广的方式，将原事务变成正项和负项的事务，如表 8-12 给出了表 8-1 的负项增广事务

（由于页面空间限制，在此只给出当$\mathcal{I} = \{A, B, E, H, J\}$时的结果），并利用已有的关联规则挖掘算法进行求解。

表 8-12　关于表 8-1 中部分项目的负项增广

TID	A	$\bar{A}$	B	$\bar{B}$	E	$\bar{E}$	H	$\bar{H}$	J	$\bar{J}$
1	1	0	0	1	0	1	1	0	1	0
2	1	0	1	0	0	1	0	1	0	1
3	1	0	0	1	0	1	0	1	0	1
4	0	1	1	0	0	1	0	1	0	1
5	1	0	1	0	0	1	0	1	0	1
6	1	0	1	0	1	0	0	1	0	1

8.5.4　面向特定数据的关联规则挖掘

8.5.4.1　流数据关联规则挖掘

流数据是一组顺序、大量、快速、连续到达的数据序列。在物联网时代，人们的日常生产生活等活动无时无刻不在产生大量的流数据。对于持续动态生成新数据的应用场景，如网络监控、安全控制、工业关键控制等，我们需要及时处理流数据以迅速对新情况做出响应，此时基于多次数据扫描的关联规则挖掘算法难以适用。

一种可行的解决方案是通过滑动窗口技术对数据流作区域性限制进行窗口查询，其中基于 FP-Stream 的流数据频繁模式挖掘算法是一个代表性算法。FP-Stream 是一种与 FP 树类似的数据结构，包括用于记录频繁项集和次频繁项集（Sub-frequent Itemset）信息的内存频繁模式树及每个频繁模式的倾斜时间窗口表（Tilted-Time Window Table）。该算法通过在流数据上建立、维护和更新 FP-Stream 结构的方式来获得在流数据环境下时间敏感的频繁模式。

8.5.4.2　频繁序列模式挖掘

在很多应用收集的数据中往往包含了大量的时序信息。这种时序信息是指广义上的偏序关系，可能是时间、空间、逻辑等方面的先后次序，如在基于传感器数据的人体活动识别中，往往将一段时间内的传感器数据拼接成序列；用户的网上购物行为是由“点击搜索框、输入文本、点击搜索按钮、查看搜索结果、下单、支付”组成的事件序列。对于这些应用，序列模式挖掘（Sequential Pattern Mining）发挥着重要的作用。

序列是元素（Element）的有序列表，记序列 $s = \langle e_1, e_2, \cdots, e_n \rangle$，其中 $e_i = \{i_1, i_2, \cdots, i_k\}$是事件的集合。可以用序列的长度和出现的事件个数来描述一个序列。序列的基数 n 等于出现在序列中的元素（项集）的个数，一个序列中事件的个数被称为该序列的长度，长度为 k 的序列被称为 k-序列，代表包括 k 个事件（项目）的序列。例如，序列$\langle\{1, 2\}, \{2, 3\}, \{4\}, \{5, 6\}\rangle$包含 4 个元素，6 个事件。序列数据库是由一个或多个数据序列组成的数据集。序列 $t = \langle t_1, t_2, \cdots, t_m \rangle$被称为序列 $s = \langle s_1, s_2, \cdots, s_n \rangle$的子序列，若存在正整数 $1 \leqslant j_1 < j_2 < \cdots \leqslant j_m \leqslant n$，使得$t_1 \subset s_{j_1}$，$t_2 \subset s_{j_2}$，…，$t_m \subset s_{j_m}$ 成立。例如，$\langle\{1\}, \{2\}, \{5\}\rangle$是$\langle\{1, 2\}, \{2, 3\}, \{4\}, \{5, 6\}\rangle$的子序列，$\langle\{1, 2\}, \{3\}\rangle$不是$\langle\{1\}, \{3, 4\}, \{2, 3\}\rangle$的子序列。

给定序列数据库和最小支持度阈值 $\text{sup}_{\min}$，频繁序列模式挖掘的任务是找出所有满足 $\text{support}(s) \geqslant \text{sup}_{\min}$ 的序列 s。序列 s 的支持度 support(s)是指序列数据库中包括 s 的序列数占序列数据库中总序列数的比例。

由于序列中包含时序信息，序列模式挖掘是一项具有重要意义但充满挑战性的任务。例如，$<\{A, H\}, \{J\}, \{P, R\}>$、$<\{A\}, \{H\}, \{J\}, \{P\}, \{R\}>$和$<\{A\}, \{H\}, \{J, P, R\}>$代表不同的序列。而我们在前面分析表 8-1 中的顾客购物行为的数据时，忽略了其中的时序信息，认为序列中的每项是同时出现的，此时这三个序列是相同的。常见的序列模式挖掘方法有 AprioriAll 算法、AprioriSome 算法、广义序列模式（Generalized Sequential Pattern，GSP）算法、多支持度广义序列模式（Multiple Supports-generalized Sequential Pattern）算法及前缀投影序列模式挖掘（Prefix-projected Sequential Pattern Mining）算法。其中，GSP 算法是一种类 Apriori 的算法，整个过程与 Apriori 算法类似。GSP 算法的基本思路如下。

（1）扫描序列数据库，获得长度为 1 的序列模式 L_1 作为初始的种子集。

（2）根据长度为 i 的种子集 L_i，通过连接操作和剪切操作生成长度为 i+1 的候选序列模式 C_i；扫描序列数据库，计算每个候选序列模式的支持度，产生长度为 i+1 的序列模式 L_{i+1} 并作为新的种子集。

（3）重复步骤（2），直至没有新的序列模式或新的候选序列模式产生。

8.5.4.3 频繁子图挖掘

在实际应用中有大量的数据是以图的形式存在的，如传感器网络、社交网络、化合物的化学分子结构及蛋白质结构，找出图中常见的公共子结构对于进一步分析和解决问题有着重要的指导作用。

频繁子图挖掘（Frequent Subgraph Mining）的目的是从给定的图集合 G 中找出所有满足 $\text{support}(g) \geqslant \text{sup}_{\text{min}}$ 的子图 g。根据图是否有方向，频繁子图挖掘可分为有向图频繁子图挖掘和无向图频繁子图挖掘；根据挖掘出的频繁子图的类型，可分为一般子图、连通子图、诱导子图等。由于图的复杂性，频繁子图挖掘具有较高的复杂性和一定的难度。常用的频繁子图挖掘算法主要有：基于 Apriori 算法的算法，如图挖掘（Apriori-based Graph Mining，AGM）算法、连通图挖掘（Apriori-based connected Graph Mining，AcGM）算法和频繁子图挖掘（Frequent Subgraph Discovery，FSG）算法；基于 FP 增长算法的算法，如基于图的子结构模式挖掘（graph-based Substructure Pattern Mining，gSpan）算法、封闭图模式挖掘（Closed Graph Pattern Mining，CloseGraph）算法及快速频繁子图挖掘（Fast Frequent Subgraph Mining，FFSM）算法。在实际应用中应结合问题特点选择算法。

8.5.5 面向大数据的关联规则挖掘

大数据环境下的关联规则挖掘对内存消耗、时间性能等提出了较高要求，往往难以在单机环境下完成，数据采样法和分布式并行技术是解决此类问题的有效方案。其中，数据采样是指利用采样技术从原数据集合中抽取一部分样本进行后续分析处理；并行计算是指一种能够让多条指令同时执行的计算模式，可以通过多条流水线同时作业、多个处理器并发计算的方式来降低解决复杂问题所需的时间；分布式计算首先将一个需要大算力才能解决的问题分成多个小问题，然后把这些小问题分配给多个计算机进行处理，最后把分散的计算结果合并起来得到原问题的解。常用的面向海量数据的关联规则挖掘算法有计数分布算法、数据分布算法、候选分布算法及自适应并行挖掘算法。

习题

8-1 简述 Apriori 算法。

8-2 简述 FP 增长算法。

8-3 对比分析 Apriori 算法和 FP 增长算法。

8-4 利用 FP 增长算法找出表 8-1 中的频繁项集。设最小支持度为 0.5。

8-5 利用 Apriori 算法找出表 8-10 中的频繁项集。设最小支持度为 0.5。

8-6 利用 Apriori 算法和 FP 增长算法找出表 8-12 中的频繁项集。设最小支持度为 0.5。

8-7 试编程实现 Apriori 算法，并将其应用于表 8-12 中的数据集。

8-8 试编程实现 AprioriAll 算法。

8-9 试编程实现 GSP 算法。

8-10 试编程实现 AGM 算法。

第 9 章 人工神经网络与深度学习

自图灵奖得主、计算机科学家和认知心理学家 Geoffrey Hinton 于 2006 年在 *Science* 杂志发表题为 *Reducing the Dimensionality of Data with Neural Networks* 的论文以来，得益于日益剧增的数据量、模型规模及计算机算力，深度学习得到了快速发展，并在自然语言理解、图像处理、机器人视觉、普适计算等众多领域取得了突破性进展和超过人类表现的性能。本章将主要介绍深度学习模型及与深度学习模型密切相关的人工神经网络。在 9.1 节中将介绍最基本的神经元模型；在 9.2 节中将介绍感知机模型与多层神经元网络；在 9.3 节中将介绍用于训练神经网络模型的误差反向传播算法；在 9.4 节中将介绍在神经网络中常用的激活函数与损失函数；在 9.5 节中将介绍不同版本的梯度下降算法；在 9.6 节中将简述深度学习模型的概念和特点；在 9.7 节和 9.8 节中将着重介绍卷积神经网络和循环神经网络这两种最常用的深度学习模型。

本章使用的符号约定如下：大写斜体字母表示随机变量，如 X，随机变量可以表示标量、向量、矩阵及张量；记 X 的概率分布为 $P(X)$，两个变量的联合分布为 $P(X,Y)$，条件分布为 $P(Y|X)$；小写斜体字母 x 表示标量，小写加粗斜体字母表示向量，如 n 维向量 $\boldsymbol{x}=(x_1;x_2;\cdots;x_n)$，其中 x_i 表示 $\boldsymbol{x}$ 的第 i 个分量；大写加粗斜体字母表示矩阵，如 $\boldsymbol{X}$，$X_{i,j}$ 表示 $\boldsymbol{X}$ 的第 i 行第 j 列的元素，$X_{i,:}$ 表示 $\boldsymbol{X}$ 的第 i 行，$X_{:,j}$ 表示 $\boldsymbol{X}$ 的第 j 列，$\boldsymbol{X}^{\mathrm{T}}$ 表示矩阵 $\boldsymbol{X}$ 的转置；张量（多维数组）写作花体 $\mathcal{X}$。对于一个数据集 $\boldsymbol{X}\in\mathbb{R}^{m\times n}$ 的矩阵表示，第 i 行表示第 i 个样本 $\boldsymbol{x}_i$，相应地，$\boldsymbol{y}_i$ 表示 $\boldsymbol{x}_i$ 对应的标签值。

9.1 神经元模型

人工神经网络（Artificial Neural Networks，ANNs），又被称为神经网络模型或神经网络，是一种模仿生物的神经网络行为特征进行分布式并行信息处理的数学模型，通过调整内部大量节点之间相互连接的关系和强度来达到处理信息的目的。神经元模型是人工神经网络中最基本的组成单元，这一概念来源于生物神经网络。生物神经元是神经系统最基本的结构与功能单位，主要包括细胞体和突起两个部分。突起分为树突和轴突，前者直接由细胞体扩张突出形成树枝状，作用是接收其他神经元轴突传来的冲动信号并传给细胞体；后者的作用是接收外来刺激信号后，再由细胞体传出。神经元的输入分兴奋型输入和抑制型输入，一般能够接收多个输入，具有空间整合特性和阈值特性。当神经元的膜电位超过某个阈值时，表现为神经元兴奋；反之，表现为神经元抑制。基于上述生物神经元特性，神经学家 Warren McCulloch 和逻辑学家 Walter Pitts 于 1943 年提出了经典的 M-P 神经元模型，如图 9-1 所示。

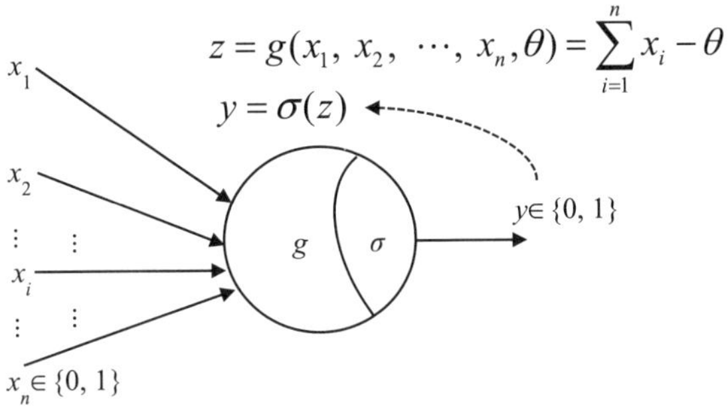

图 9-1 M-P 神经元模型

M-P 神经元模型主要包括 g 和 σ 两个部分。前者接收外界输入并执行聚集求和操作；后者根据聚集结果做出最终决策，一般被称为激活函数。在图 9-1 中，$x_i \in \{0,1\}$ 表示当前神经元接收的来自外界的第 i 个输入，其中 0 表示抑制型输入，1 表示兴奋型输入；$y \in \{0,1\}$ 代表神经元的输出，其中 0 表示神经元处于抑制状态，1 表示神经元处于兴奋状态。式（9-1）给出的是 M-P 神经元模型的输入与输出之间的关系。

$$y = \sigma\left(\sum_{i=1}^{n} x_i\right) = \begin{cases} 1 & \sum_{i=1}^{n} x_i \geqslant \theta \\ 0 & \sum_{i=1}^{n} x_i < \theta \end{cases} \tag{9-1}$$

式中，θ 表示神经元的阈值，又被称为偏置（Bias）。可以看出，M-P 神经元模型本质上先对 n 个二值输入 $\{x_1, x_2, \cdots, x_n\}$ 进行求和并传递，然后与阈值 θ 进行比较后产生最终输出。当神经元的膜电位超过 θ 时，神经元表现为兴奋；否则，神经元表现为抑制。表 9-1 所示为 M-P 神经元模型与生物神经元之间的对应关系。

表 9-1 M-P 神经元模型与生物神经元之间的对应关系

生物神经元	输　入	权　重	输　出	求　和	膜 电 位	阈　值
M-P 神经元模型	$\{x_1, x_2, \cdots, x_n\}$	1	y	$\sum$	$\sum_{i=1}^{n} x_i$	θ

为便于理解，用图 9-2 表示上述过程，即先将阈值合并到 g 中，然后执行 σ 操作。相应地，根据式（9-2）进行计算。

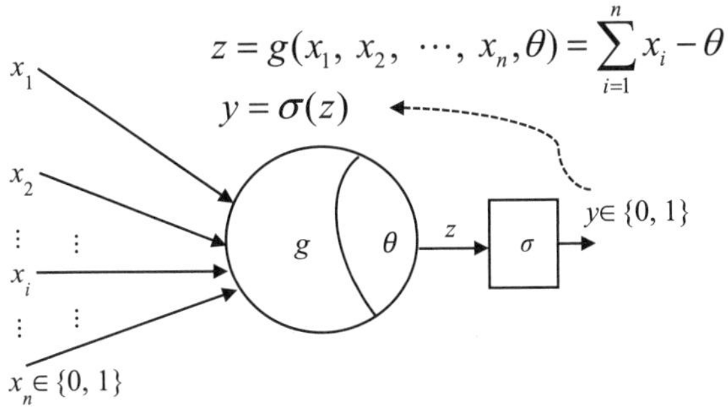

图 9-2 两阶段 M-P 神经元模型

$$y=\sigma\left(\sum_{i=1}^{n}x_i-\theta\right)=\begin{cases}1 & \sum_{i=1}^{n}x_i-\theta\geqslant 0\\ 0 & \sum_{i=1}^{n}x_i-\theta<0\end{cases} \tag{9-2}$$

M-P 神经元模型是关于生物神经元的第一个计算模型，在多方面体现出生物神经元所具备的特性。目前其他形式的人工神经元模型大多数是在 M-P 神经元模型的基础上发展演变而来的。总的来说，对 M-P 神经元模型的改进主要包括放宽对输入和输出类型的要求，如允许数值型输入和输出；在神经元中使用不同的激活函数 σ。

9.2 感知机与多层神经元网络

1958 年，心理学家 Frank Rosenblatt 提出了经典的感知机模型。感知机是较 M-P 神经元模型更通用、更具实用价值的一种计算模型，引入了数值权重的概念及自动学习权重值的机制，支持实数输入，不再局限于二进制 0/1 输入，这在一定程度上克服了 M-P 神经元模型的局限性。图 9-3 所示为感知机模型的示意图，在图 9-3（a）中 $w_i\in\mathbb{R}$ 表示神经元与输入 x_i 之间的连接权重，连接权重值代表连接强度。一般来说，$|w_i|$ 的连接权重值越大，代表连接强度越强；反之，代表连接强度越弱。连接权重值为 0 代表对应的连接不存在。

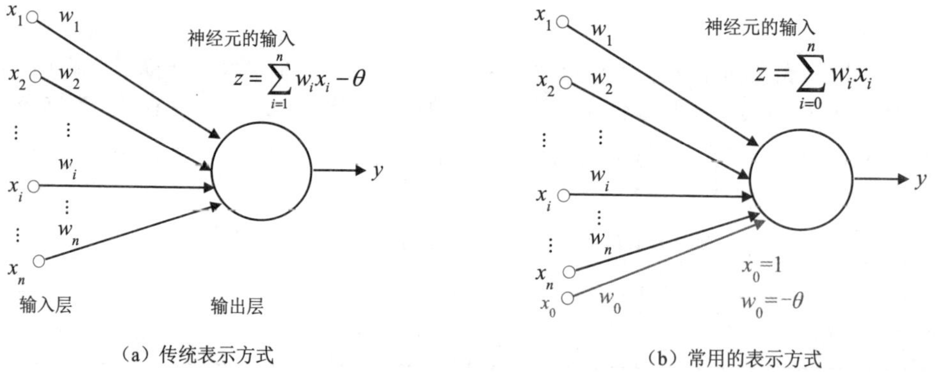

图 9-3 感知机模型的示意图

感知机由两层神经元组成，一般第一层被称为输入层，第二层被称为输出层。输入层接收外界输入信号后将该信号传递给输出层，输出层是 M-P 神经元。值得注意的是，感知机只有输出层神经元进行激活函数处理。与 M-P 神经元模型不同，感知机先对输入进行加权求和，然后将加权求和的结果与阈值进行比较后输出最终结果 y，如式（9-3）所示。

$$y=\sigma\left(\sum_{i=1}^{n}w_ix_i-\theta\right)=\begin{cases}1 & \sum_{i=1}^{n}w_ix_i-\theta\geqslant 0\\ 0 & \sum_{i=1}^{n}w_ix_i-\theta<0\end{cases} \tag{9-3}$$

阈值 θ 可以被看作一个输入为 $x_0=1$ 的节点所对应的连接权重 w_0 的负数，即 $w_0=-\theta$。相应地，可以得到如图 9-3（b）所示的感知机的示意图，并有

$$y=\sigma\left(\sum_{i=0}^{n}w_ix_i\right)=\begin{cases}1 & \sum_{i=0}^{n}w_ix_i \geqslant 0\\ 0 & \sum_{i=0}^{n}w_ix_i < 0\end{cases} \tag{9-4}$$

如果将感知机的输入组织成向量的形式 $\boldsymbol{x}=(x_0;x_1;x_2;\cdots;x_n)$，连接权重也写成向量的形式 $\boldsymbol{w}=(w_0;w_1;w_2;\cdots;w_n)$，则感知机的输出 $y=\sigma\left(\sum_{i=1}^{n}w_ix_i-\theta\right)=\sigma\left(\sum_{i=0}^{n}w_ix_i\right)=\sigma(\boldsymbol{w}^{\mathrm{T}}\boldsymbol{x})$。

根据式（9-4）可知，感知机本质上是一个存在于样本空间的超平面，将空间分成了两个部分：正半空间和负半空间。其中，产生输出 1 的输入位于正半空间，产生输出 0 的输入位于负半空间。因此，感知机可用于处理线性可分问题，能够很容易地实现逻辑“与”“或”“非”运算，但不能处理线性不可分问题。

图 9-4 所示为逻辑“或”“与”“非”“异或”的四个超平面，图中的“+”“−”分别表示正半空间和负半空间，黑色的点和白色的点分别对应类别 1 和 0。从图 9-4 中可以看出，能够很容易地找到一个超平面划分逻辑“或”“与”“非”中不同类别的点。

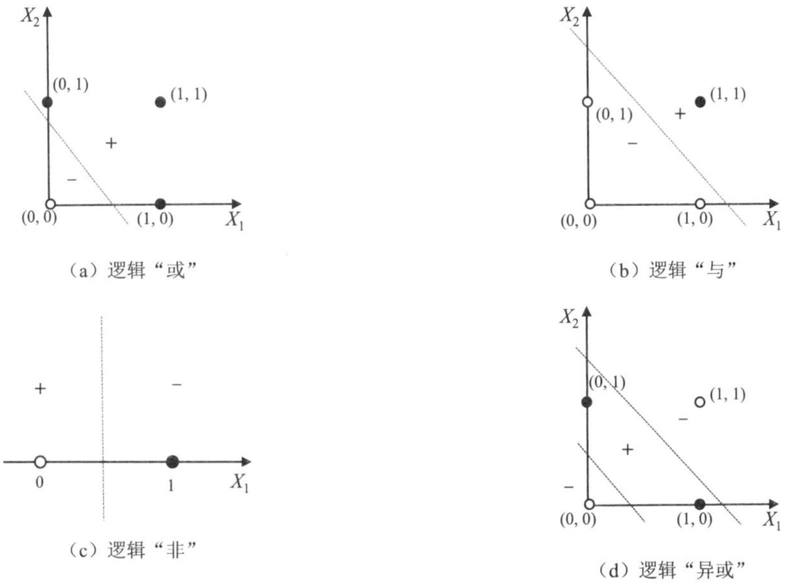

图 9-4　逻辑“或”“与”“非”“异或”的四个超平面

以两个变量的逻辑“或”问题为例说明如何寻找这样的超平面。表 9-2 所示为关于变量 X_1 和 X_2 的逻辑“或”的真值表。

表 9-2　关于变量 X_1 和 X_2 的逻辑“或”的真值表

X_1	X_2	“或”函数
0	0	0
1	0	1
0	1	1
1	1	1

根据式（9-4），可得

$$\begin{cases} w_0 + w_1 \cdot 0 + w_2 \cdot 0 < 0 \Rightarrow w_0 < 0 \\ w_0 + w_1 \cdot 0 + w_2 \cdot 1 \geqslant 0 \Rightarrow w_2 > -w_0 \\ w_0 + w_1 \cdot 1 + w_2 \cdot 0 \geqslant 0 \Rightarrow w_1 > -w_0 \\ w_0 + w_1 \cdot 1 + w_2 \cdot 1 \geqslant 0 \Rightarrow w_1 + w_2 > -w_0 \end{cases}$$

它有多个可行解，如($w_0 = -1, w_1 = 1.2, w_2 = 1.2$)和($w_0 = -1, w_1 = 2, w_2 = 2$)是其中的两个解。因此，一个核心的问题是如何找到最优解。幸运的是，感知机提供了一种用于从数据中自动学习连接权重（包括阈值）的机制。这也是感知机相对于 M-P 神经元模型的优势。

感知机的自动学习连接权重的机制非常简单，对于某个训练样本($\boldsymbol{x}, y$)，如果当前感知机的输出为 $\hat{y}$，则感知机根据式（9-5）调整连接权重 w_i（$0 \leqslant i \leqslant n$）：

$$\begin{cases} w_i = w_i + \Delta w_i \\ \Delta w_i = \eta (y - \hat{y}) x_i \end{cases} \tag{9-5}$$

式中，$\eta \in (0,1)$ 为学习率。可以看出，若感知机的输出 $\hat{y}$ 与真实值 y 相同，则不更新连接权重；否则，根据 $\boldsymbol{x}$ 的第 i 个分量 x_i 的值对 $\boldsymbol{w}$ 的第 i 个分量 w_i 进行调整。输入下一个训练样本，重复上述过程，直至所有的训练样本的输出均被正确预测。

然而，对于线性不可分的逻辑“异或”问题，感知机无法找到一个超平面将黑色的点和白色的点完全正确地分开。要解决线性不可分问题，需要利用由多层神经元构成的网络。图 9-5 给出了一个两层人工神经网络，两层人工神经网络能够解决逻辑“异或”问题。在该网络中，输入层和输出层之间的一层神经元被称为隐含层。

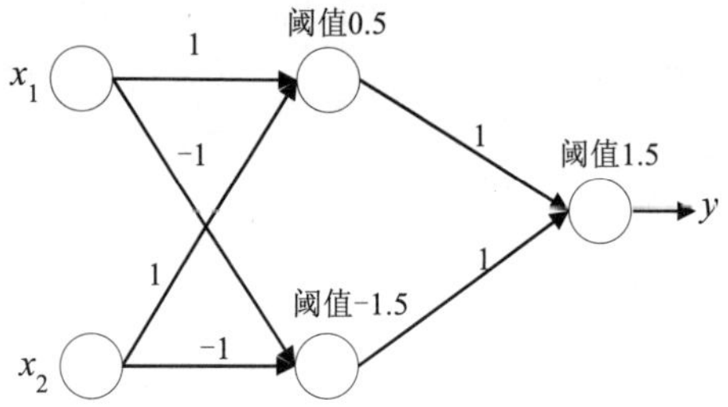

图 9-5 可解决逻辑“异或”问题的两层人工神经网络

进一步地，可以在神经元中使用其他的激活函数 σ［除如式（9-4）所示的阶跃函数之外，在 9.3 节中将给出几种常用的激活函数］；可以将大量的神经元按照不同的方式连接起来，得到不同类型的神经网络，如前馈神经网络和循环神经网络。前馈神经网络是较常见和较常用的一种网络，在该网络中，每层的神经元与下一层的神经元全连接，同层的神经元之间不连接，也不存在跨层连接的问题。图 9-6（a）和 9-6（b）分别给出了具有单隐含层和双隐含层的前馈神经网络，其中输入层神经元接收外界输入，隐含层和输出层中的神经元对信号进行加工，由输出层神经元输出最终结果。在本书中，我们不将输入层纳入神经网络层数的计数范围，即具有单隐含层的网络为两层网络。与前馈神经网络不同，循环神经网络允许网络中存在环形结构，将一些神经元的输出反馈回来作为输入信号，这使得循环神经网络在 t 时刻的输出、t 时刻的输入和 t-1 时刻的网络状态都相关。图 9-6（c）给出了 Elman 神经网络，是一种动态递归神经网络，通过增加一个承接层使得隐含层的输出自连到隐含层的输入，从而达到增强网络全局稳定性的目的。

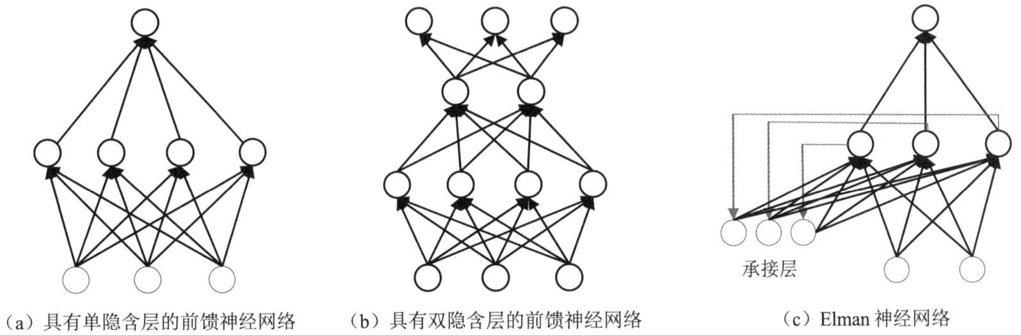

图 9-6　前馈神经网络和 Elman 神经网络的示意图

在不引起混淆的情况下，可以用如图 9-7（a）所示的方式来表示包括多个隐含层、每层含有多个神经元的神经网络，图中的省略号表示隐含层或某一层中的神经元节点；也可以用如图 9-7（b）所示的神经网络的表示形式，其中每个长方形代表神经网络的层（输入层、隐含层或输出层）；还可以用圆圈表示神经网络的层，即每个圆圈表示神经网络中某一层的神经元，通常从下自上第一个圆圈表示输入层，最后一个圆圈表示输出层，如图 9-7（c）所示。

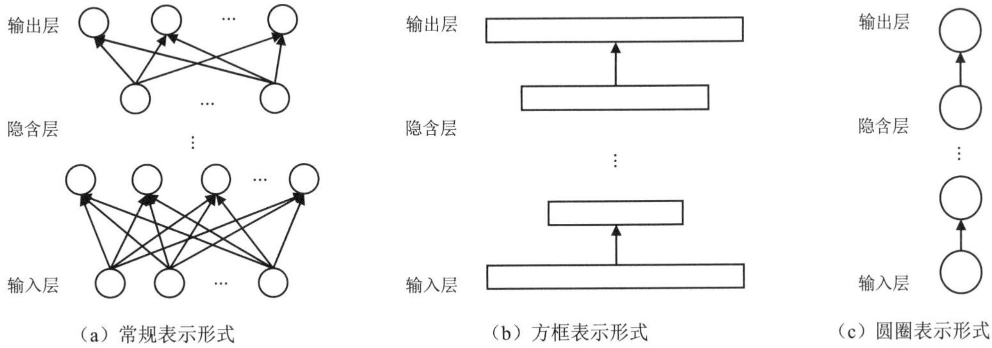

图 9-7　前馈神经网络的不同图式

神经网络中输入层和输出层中神经元的个数往往依赖于特定的应用。一般来说，输入层中神经元的数目等于样本空间中描述样本的特征的个数。对于回归问题，输出层一般用一个神经元表示最终的预测值 $\hat{y}$，或者用多个神经元表示预测的向量值 $\hat{\boldsymbol{y}}=(\hat{y}_1;\hat{y}_2;\cdots;\hat{y}_d)$，其中每个神经元输出向量的一个分量。对于二分类问题，如预测是否发生物联网系统入侵事件，输出层可以用一个神经元预测入侵事件发生的概率；也可以用两个神经元表示预测的结果，其中一个神经元输出入侵事件发生的概率，另一个神经元输出入侵事件未发生的概率。对于多分类问题，输出层神经元的个数一般设置为标签空间的大小，如根据空气质量参数预测三种天气状况{晴、多云、雨}的概率，此时输出层有三个神经元，对应输出三种天气状况的预测概率。对于分类问题，一般以最大预测概率值对应的类别作为最终的预测结果。

9.3　误差反向传播算法

根据 9.2 节内容可知，一个具有确定结构和连接权重的神经网络可以对输入数据进行处理并输出结果。其中，涉及两个核心问题：神经网络结构的设计和连接权重的确定。对于那些研究成熟的问题，如逻辑“异或”问题，可以利用已有的领域专家知识，通过知识驱动的方式确定神经网络的结构和连接权重。然而，对于相对复杂的新问题，往往难以依靠专家知识确定合适的神经网络的结构和连接权重。一种可行的解决方案是通过数据驱动的方式从数据中自行学习。神经架构搜索是一种可以自动设计神经网络结构的技术，能够根据训练数据集自动设计出高性能的网络结构，在某些任务上达到了人类专家的水准，甚至发现了一些之前未曾提出的网络结构。本书重点介绍在已经确定网络结构的情况下，如何确定网络中的连接权重，即根据训练集调整神经元间的连接权重和每个神经元的阈值。误差反向传播（error Back Propagation，BP）算法是迄今最成功、使用最为广泛的神经网络学习算法之一，不仅适用于前馈神经网络，而且适用于循环神经网络、递归神经网络等其他类型的神经网络。

将 BP 算法应用于优化神经网络的思想最早由 Paul Werbos 于 1974 年在博士论文中首次论证，然而当时人工智能的发展处于低谷期，该工作未得到足够重视。在 Geoffrey Hinton 和 David E. Rumelhart 等人的努力下，BP 算法于 1986 年被再次提出并应用于训练神经网络。BP 算法的核心思想是通过在神经网络的训练过程中自适应地调整神经元之间的连接权重和神经元的阈值，以获得最佳的输入与输出之间的映射函数，使得损失函数达到最小，即找到合适的连接权重和阈值使得神经网络关于样本 $\boldsymbol{x}$ 的预测值 $\hat{\boldsymbol{y}}$ 与真实值 $\boldsymbol{y}$ 之间的差距 $E=\text{loss}(\boldsymbol{y},\hat{\boldsymbol{y}})$ 最小。因此，神经网络本质上是一个包含参数 $\{\boldsymbol{w},\boldsymbol{\theta}\}$ 的函数 $f(\boldsymbol{x};\boldsymbol{w},\boldsymbol{\theta})$，能够计算输入样本 $\boldsymbol{x}$ 的预测值 $\hat{\boldsymbol{y}}$。

接下来介绍前向传播算法。所谓前向传播算法，是指将上一层的输出作为下一层的输入并计算其输出，重复该过程直至完成输出层的运算。对于如图 9-8 所示的单隐含层多输出神经网络（按照符号使用惯例，我们用 $\boldsymbol{b}$ 代替 $\boldsymbol{\theta}$ 表示神经元的阈值），其输入为 n 维向量 $\boldsymbol{x}=(x_1;x_2;\cdots;x_n)$，输出为 d 维向量 $\boldsymbol{y}=(y_1;y_2;\cdots;y_d)$。可以得到第一层（Layer 1）中第 p 个神经元的输出为 $a_p^{(1)}=\sigma\left(\sum_{i=1}^{n}w_{ip}^{(1)}a_i^{(0)}+b_p^{(1)}\right)$，第二层（Layer 2）中第 k 个神经元的输出为 $a_k^{(2)}=\sigma\left(\sum_{p=1}^{q}w_{pk}^{(2)}a_p^{(1)}+b_k^{(2)}\right)$，其中 $1\leqslant p\leqslant q$，$1\leqslant k\leqslant d$。

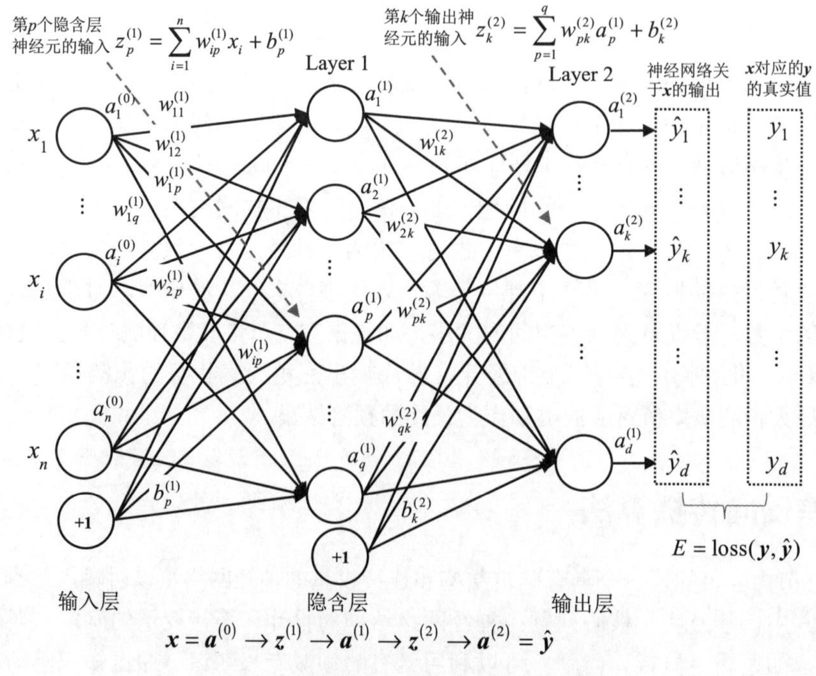

图 9-8 单隐含层多输出神经网络的示意图

一般来说，可以将神经网络第 l 层（$1 \leqslant l \leqslant 2$）的计算写成向量形式：

$$\begin{cases} \boldsymbol{z}^{(l)} = \boldsymbol{W}^{(l)}\boldsymbol{a}^{(l-1)} + \boldsymbol{b}^{(l)} \\ \boldsymbol{a}^{(l)} = \sigma(\boldsymbol{z}^{(l)}) \end{cases} \tag{9-6}$$

式中，$\boldsymbol{a}^{(0)} = \boldsymbol{x}$ ，$\boldsymbol{z}^{(1)} = (z_1^{(1)};\cdots;z_p^{(1)};\cdots;z_q^{(1)})$ ，$\boldsymbol{a}^{(1)} = (a_1^{(1)};\cdots;a_p^{(1)};\cdots;a_q^{(1)})$ ，$\boldsymbol{b}^{(1)} = (b_1^{(1)};\cdots;b_p^{(1)};\cdots;b_q^{(1)})$ ，$\boldsymbol{z}^{(2)} = (z_1^{(2)};\cdots;z_k^{(2)};\cdots;z_d^{(2)})$ ，$\boldsymbol{a}^{(2)} = (a_1^{(2)};\cdots;a_k^{(2)};\cdots;a_d^{(2)})$ ，$\boldsymbol{b}^{(2)} = (b_1^{(2)};\cdots;b_k^{(2)};\cdots;b_d^{(2)})$ 。$\boldsymbol{W}^{(l)}$ 是第 l 层的连接权重矩阵，$\boldsymbol{W}^{(1)} = \begin{bmatrix} w_{11}^{(1)} & w_{21}^{(1)} & \cdots & w_{i1}^{(1)} & \cdots & w_{n1}^{(1)} \\ w_{12}^{(1)} & w_{22}^{(1)} & \cdots & w_{i2}^{(1)} & \cdots & w_{n2}^{(1)} \\ \vdots & \vdots & & \vdots & & \vdots \\ w_{1p}^{(1)} & w_{2p}^{(1)} & \cdots & w_{ip}^{(1)} & \cdots & w_{np}^{(1)} \\ \vdots & \vdots & & \vdots & & \vdots \\ w_{1q}^{(1)} & w_{2q}^{(1)} & \cdots & w_{iq}^{(1)} & \cdots & w_{nq}^{(1)} \end{bmatrix}$，$\boldsymbol{W}^{(2)} = \begin{bmatrix} w_{11}^{(2)} & w_{21}^{(2)} & \cdots & w_{p1}^{(2)} & \cdots & w_{q1}^{(2)} \\ w_{12}^{(2)} & w_{22}^{(2)} & \cdots & w_{p2}^{(2)} & \cdots & w_{q2}^{(2)} \\ \vdots & \vdots & & \vdots & & \vdots \\ w_{1k}^{(2)} & w_{2k}^{(2)} & \cdots & w_{pk}^{(2)} & \cdots & w_{qk}^{(2)} \\ \vdots & \vdots & & \vdots & & \vdots \\ w_{1d}^{(2)} & w_{2d}^{(2)} & \cdots & w_{pd}^{(2)} & \cdots & w_{qd}^{(2)} \end{bmatrix}$。

需要注意的是，在将激活函数 σ 应用于向量、矩阵或张量时，表示逐元素地将 σ 应用于数组，即将 σ 应用于向量、矩阵或张量中的每个元素。通过向量、矩阵或张量表示神经网络，可以提高计算的并行性，降低时间开销。

以图 9-3（b）中不含隐含层的单输出神经网络为例介绍 BP 算法。对于训练样本 $(\boldsymbol{x}, y)$，其中 $\boldsymbol{x} = (x_0;x_1;x_2;\cdots;x_n)$ ，假设神经网络对 $\boldsymbol{x}$ 的预测值为 $\hat{y}$ ，则神经网络关于 $\boldsymbol{x}$ 的损失为 $E = \mathrm{loss}(y,\hat{y})$ 。对于连接权重 w_i ，求其关于损失函数的导数。注意到 w_i 首先影响到输出层神经元的输入值 z ，然后影响到输出值 $\hat{y} = \sigma(z)$，最后影响到 E，根据链式求导法则有

$$\Delta w_i = \frac{\partial E}{\partial w_i} = \frac{\partial E}{\partial z}\frac{\partial z}{\partial w_i} = \frac{\partial E}{\partial \hat{y}}\frac{\partial \hat{y}}{\partial z}\frac{\partial z}{\partial w_i}$$

由于 $\dfrac{\partial \hat{y}}{\partial z} = \delta'(z)$ ，$\dfrac{\partial z}{\partial w_i} = x_i$ ，可得 $\Delta w_i = \dfrac{\partial E}{\partial \hat{y}}\sigma'(z)x_i$ 。这个表达式给出了改变权值 w_i 所需的步骤。

BP 算法基于梯度下降法（Gradient Descent Method），取 w_i 的负梯度方向以学习率 η 对 w_i 进行更新，即 $w_i = w_i - \eta\Delta w_i$ 。

现在考虑单隐含层多输出单元神经网络（见图 9-8）的 BP 算法。对于样本 $(\boldsymbol{x},\boldsymbol{y})$，$\boldsymbol{x} = (x_1;x_2;\cdots;x_n)$， $\boldsymbol{y} = (y_1;y_2;\cdots;y_d)$，假设神经网络的预测输出为 $\hat{\boldsymbol{y}} = (\hat{y}_1;\cdots;\hat{y}_k;\cdots;\hat{y}_d)$。记神经网络在 $(\boldsymbol{x},\boldsymbol{y})$ 上的损失为 $E = \mathrm{loss}(\boldsymbol{y},\hat{\boldsymbol{y}})$ 。在第二层中，连接权重 $w_{pk}^{(2)}$ 的更新规则与不含隐含层的神经网络的更新规则相同，即 $w_{pk}^{(2)}$ 首先影响到第 k 个输出层神经元的输入值 $z_k^{(2)}$，然后影响到输出值 $\hat{y}_k = a_k^{(2)}$，最后影响到 E。根据链式求导法则有

$$\Delta w_{pk}^{(2)} = \frac{\partial E}{\partial w_{pk}^{(2)}} = \frac{\partial E}{\partial z_k^{(2)}}\frac{\partial z_k^{(2)}}{\partial w_{pk}^{(2)}} = \frac{\partial E}{\partial a_k^{(2)}}\frac{\partial a_k^{(2)}}{\partial z_k^{(2)}}\frac{\partial z_k^{(2)}}{\partial w_{pk}^{(2)}} = \frac{\partial E}{\partial a_k^{(2)}}\sigma'(z_k^{(2)})a_p^{(1)}$$

类似地，对于阈值 $b_k^{(2)}$ 的更新，根据链式求导法则有

$$\Delta b_k^{(2)} = \frac{\partial E}{\partial b_k^{(2)}} = \frac{\partial E}{\partial a_k^{(2)}}\frac{\partial a_k^{(2)}}{\partial z_k^{(2)}}\frac{\partial z_k^{(2)}}{\partial b_k^{(2)}} = \frac{\partial E}{\partial a_k^{(2)}}\sigma'(z_k^{(2)})$$

对于第一层中连接权重 $w_{ip}^{(1)}$ 的更新，需要利用如图 9-9 所示的复合函数的链式求导法则。由于 $w_{ip}^{(1)}$ 首先影响到第一层中的 $a_p^{(1)}$ ，其次影响到第二层的 $\boldsymbol{z}^{(2)}$ ，再次影响到输出值 $\boldsymbol{a}^{(2)} = \hat{\boldsymbol{y}}$ ，最后影响到 E，所以根据链式求导法则有

$$\Delta w_{ip}^{(1)}=\frac{\partial E}{\partial w_{ip}^{(1)}}=\frac{\partial E}{\partial a_p^{(1)}}\frac{\partial a_p^{(1)}}{\partial w_{ip}^{(1)}}=\left\{\sum_{k=1}^{d}\frac{\partial E}{\partial z_k^{(2)}}\frac{\partial z_k^{(2)}}{\partial a_p^{(1)}}\right\}\frac{\partial a_p^{(1)}}{\partial w_{ip}^{(1)}}$$

$$=\left\{\sum_{k=1}^{d}\frac{\partial E}{\partial a_k^{(2)}}\frac{\partial a_k^{(2)}}{\partial z_k^{(2)}}\frac{\partial z_k^{(2)}}{\partial a_p^{(1)}}\right\}\frac{\partial a_p^{(1)}}{\partial w_{ip}^{(1)}}=\left\{\sum_{k=1}^{d}\frac{\partial E}{\partial a_k^{(2)}}\frac{\partial a_k^{(2)}}{\partial z_k^{(2)}}\frac{\partial z_k^{(2)}}{\partial a_p^{(1)}}\right\}\frac{\partial a_p^{(1)}}{\partial z_p^{(1)}}\frac{\partial z_p^{(1)}}{\partial w_{ip}^{(1)}}$$

$$=\left\{\sum_{k=1}^{d}\frac{\partial E}{\partial a_k^{(2)}}\sigma'(z_k^{(2)})w_{pk}^{(2)}\right\}\sigma'(z_p^{(1)})x_i$$

链式求导法则：

$$x=g(s)\qquad y=h(s)\qquad z=f(x,y)$$

$$\frac{\partial z}{\partial s}=\frac{\partial z}{\partial x}\frac{\partial x}{\partial s}+\frac{\partial z}{\partial y}\frac{\partial y}{\partial s}$$

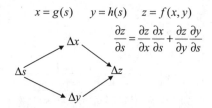

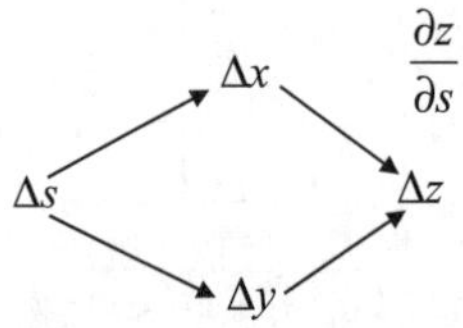

图 9-9 复合函数的链式求导法则

在理解上述过程的基础上，可以得到 BP 算法的向量表达形式。结合式（9-6），对于神经网络的第二层中的参数 $\{\boldsymbol{W}^{(2)},\boldsymbol{b}^{(2)}\}$，可得

$$\Delta\boldsymbol{W}^{(2)}=\frac{\partial E}{\partial\boldsymbol{a}^{(2)}}\frac{\partial\boldsymbol{a}^{(2)}}{\partial\boldsymbol{z}^{(2)}}\frac{\partial\boldsymbol{z}^{(2)}}{\partial\boldsymbol{W}^{(2)}}=\frac{\partial E}{\partial\boldsymbol{a}^{(2)}}\frac{\partial\boldsymbol{a}^{(2)}}{\partial\boldsymbol{z}^{(2)}}\boldsymbol{a}^{(1)}\tag{9-7}$$

$$\Delta\boldsymbol{b}^{(2)}=\frac{\partial E}{\partial\boldsymbol{a}^{(2)}}\frac{\partial\boldsymbol{a}^{(2)}}{\partial\boldsymbol{z}^{(2)}}\frac{\partial\boldsymbol{z}^{(2)}}{\partial\boldsymbol{b}^{(2)}}=\frac{\partial E}{\partial\boldsymbol{a}^{(2)}}\frac{\partial\boldsymbol{a}^{(2)}}{\partial\boldsymbol{z}^{(2)}}\tag{9-8}$$

为表述方便，可将式（9-7）和式（9-8）中的公共部分记为误差项 $\delta^{(2)}=\frac{\partial E}{\partial\boldsymbol{a}^{(2)}}\frac{\partial\boldsymbol{a}^{(2)}}{\partial\boldsymbol{z}^{(2)}}=\frac{\partial E}{\partial\boldsymbol{z}^{(2)}}$。

对于神经网络的第一层，可得

$$\delta^{(1)}=\frac{\partial E}{\partial\boldsymbol{z}^{(2)}}\frac{\partial\boldsymbol{z}^{(2)}}{\partial\boldsymbol{z}^{(1)}}=\delta^{(2)}\frac{\partial\boldsymbol{z}^{(2)}}{\partial\boldsymbol{z}^{(1)}}$$

式中，$\boldsymbol{z}^{(2)}=\boldsymbol{W}^{(2)}\boldsymbol{a}^{(1)}+\boldsymbol{b}^{(2)}=\boldsymbol{W}^{(2)}\sigma(\boldsymbol{z}^{(1)})+\boldsymbol{b}^{(2)}$；$\frac{\partial\boldsymbol{z}^{(2)}}{\partial\boldsymbol{z}^{(1)}}=(\boldsymbol{W}^{(2)})^{\mathrm{T}}\otimes\sigma'(\boldsymbol{z}^{(1)})$。$\boldsymbol{W}\otimes\boldsymbol{V}$ 表示 $\boldsymbol{W}$ 和 $\boldsymbol{V}$ 的逐元素乘积（Hadamard 积）。

这样，我们得到了关于 $\delta^{(2)}$ 的递归关系式。也就是说，只要得到了第 l 层的 $\delta^{(l)}$，就可以很容易地得到参数 $\boldsymbol{W}^{(l)}$ 和 $\boldsymbol{b}^{(l)}$ 对应的梯度。对于图 9-8 中的神经网络，有

$$\begin{cases}\Delta\boldsymbol{W}^{(1)}=\dfrac{\partial E}{\partial\boldsymbol{a}^{(1)}}\dfrac{\partial\boldsymbol{a}^{(1)}}{\partial\boldsymbol{z}^{(1)}}\boldsymbol{a}^{(0)}=\delta^{(1)}\boldsymbol{a}^{(0)}\\[2ex]\Delta\boldsymbol{b}^{(1)}=\dfrac{\partial E}{\partial\boldsymbol{a}^{(1)}}\dfrac{\partial\boldsymbol{a}^{(1)}}{\partial\boldsymbol{z}^{(1)}}\dfrac{\partial\boldsymbol{z}^{(1)}}{\partial\boldsymbol{b}^{(1)}}=\delta^{(1)}\end{cases}$$

若存在两个隐含层，则可以利用上述策略来更新第一层中的连接权重和阈值，损失由输出层神经元通过第二层传播到第一层。

更一般地，对于一个 L 层神经网络（见图 9-10），第 l（$0<l\leqslant L$）层的前向计算为

$$\begin{cases}\boldsymbol{z}^{(l)}=\boldsymbol{W}^{(l)}\boldsymbol{a}^{(l-1)}+\boldsymbol{b}^{(l)}\\\boldsymbol{a}^{(l)}=\sigma(\boldsymbol{z}^{(l)})\end{cases}$$

式中，$\boldsymbol{z}^{(l)}$、$\boldsymbol{a}^{(l)}$ 和 $\boldsymbol{b}^{(l)}$ 分别表示该层的输入、输出和阈值。在反向传播过程中，首先计算第 L

层的参数（包括连接权重和阈值）的梯度，然后计算第 $L-1$ 层的参数的梯度，直至计算第 1 层的参数的梯度。

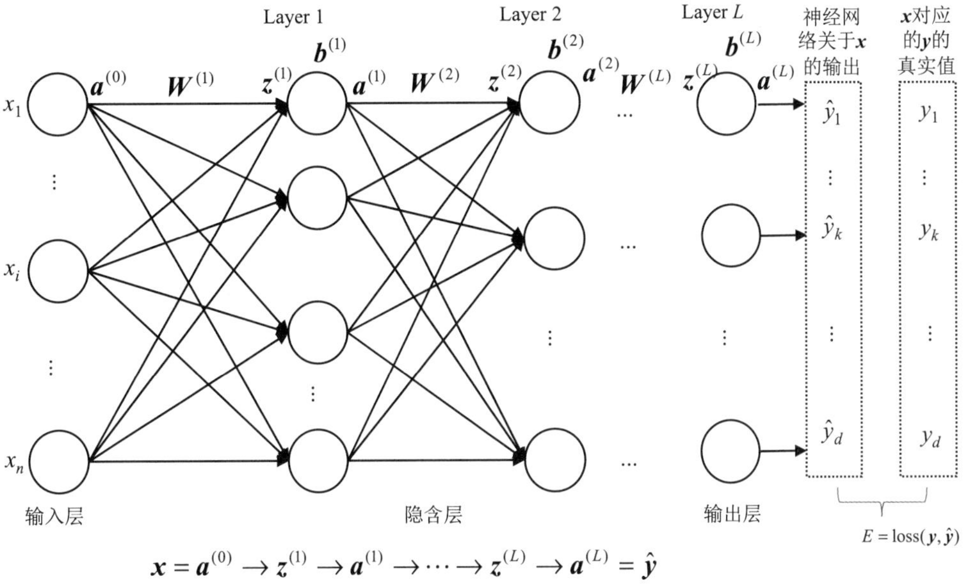

图 9-10　多隐含层神经网络

具体来说，首先计算第 L 层的误差项 $\delta^{(L)} = \frac{\partial E}{\partial \boldsymbol{a}^{(L)}} \frac{\partial \boldsymbol{a}^{(L)}}{\partial \boldsymbol{z}^{(L)}}$。假设已经求出第 $l+1$ 层的 $\delta^{(l+1)}$，那么第 l 层的 $\delta^{(l)}$ 为

$$\delta^{(l)} = \frac{\partial E}{\partial \boldsymbol{z}^{(l+1)}} \frac{\partial \boldsymbol{z}^{(l+1)}}{\partial \boldsymbol{z}^{(l)}} = \delta^{(l+1)} \frac{\partial \boldsymbol{z}^{(l+1)}}{\partial \boldsymbol{z}^{(l)}}$$

可得第 l 层对应的梯度为

$$\begin{cases} \Delta \boldsymbol{W}^{(l)} = \delta^{(l)} \boldsymbol{a}^{(l-1)} \\ \Delta \boldsymbol{b}^{(l)} = \delta^{(l)} \end{cases}$$

然后利用梯度下降法，分别以学习率 η_1 和 η_2 更新 $\boldsymbol{W}^{(l)}$ 和 $\boldsymbol{b}^{(l)}$。

$$\begin{cases} \boldsymbol{W}^{(l)} = \boldsymbol{W}^{(l)} - \eta_1 \Delta \boldsymbol{W}^{(l)} \\ \boldsymbol{b}^{(l)} = \boldsymbol{b}^{(l)} - \eta_2 \Delta \boldsymbol{b}^{(l)} \end{cases}$$

如果按照如图 9-3（b）所示的方式看待阈值，那么连接权重和阈值的学习可统一为连接权重的学习。综上所述，可得基于 BP 算法的神经网络训练过程。算法 9-1 所示为基于 BP 算法的神经网络学习过程的伪代码，其中主要包括前向传播（第 3～5 行）和反向连接权重更新（第 6～12 行）两个过程。

算法 9-1　基于 BP 算法的神经网络学习过程的伪代码

输入：神经网络的层数 L，各隐含层及输出层的神经元个数和激活函数 σ，损失函数 loss，学习率 η_1 和 η_2，最大迭代次数 Epoches，停止迭代阈值 ε，训练样本 (x, y)

1: 随机初始化神经网络中的参数 $\boldsymbol{W}, \boldsymbol{b}$

2: for count = 1 to Epoches

3:　for $l = 1$ to L　//前向传播

4:　　$\boldsymbol{z}^{(l)} = \boldsymbol{W}^{(l)} \boldsymbol{a}^{(l-1)} + \boldsymbol{b}^{(l)}$，$\boldsymbol{a}^{(l)} = \sigma(\boldsymbol{z}^{(l)})$

5:　endfor

计算损失 loss，计算第 L 层的梯度和误差项 $\delta^{(L)}$
for $l=L-1$ to 1 //反向传播
  计算第 l 层的误差项 $\delta^{(l)}$
endfor
for $l=1$ to L //参数更新
  $\boldsymbol{W}^{(l)}=\boldsymbol{W}^{(l)}-\eta_1\Delta\boldsymbol{W}^{(l)}$，$\boldsymbol{b}^{(l)}=\boldsymbol{b}^{(l)}-\eta_2\Delta\boldsymbol{b}^{(l)}$
endfor
如果在连续两次迭代中 $\boldsymbol{W},\boldsymbol{b}$ 的变化值小于 ε，则停机并输出 $\boldsymbol{W},\boldsymbol{b}$
count = count + 1
endfor
输出：$\boldsymbol{W},\boldsymbol{b}$

神经网络训练过程的收敛性在很大程度上取决于参数的初始值，理想的参数初始化方案使得模型训练的效率提高，而糟糕的初始化方案会影响神经网络的收敛效果，甚至会引起梯度弥散（Vanishing Gradient）或梯度爆炸（Exploding Gradient）问题。参数值不能全部被初始化为0，这是因为在反向传播时梯度值相同，得到的所有参数值都一样，导致无法正常训练神经网络。常用的神经网络参数初始化方案有随机初始化、Xavier 初始化和 MSRA 初始化。

随机初始化是一种最直观的初始化方法，利用某个概率分布对参数赋予初值，其中均匀分布和高斯分布是两种常用的概率分布。随机初始化需要仔细设置参数的初始值，否则可能导致训练收敛变慢，甚至不能收敛。当神经网络中隐含层较多时，可能出现梯度弥散问题，使得前几层难以得到训练。

Xavier 初始化通过计算适当的随机初始化范围，使得网络在计算前向传播和反向传播时，每层输出数值的方差与上一层保持一致，这在一定程度上可以避免因网络层次加深而导致的梯度弥散问题。假设参数所在层的输入维度是 F_{in}，输出维度是 F_{out}，则 Xavier 以均匀分布的形式在 $\left[-\sqrt{\dfrac{6}{F_{\text{in}}+F_{\text{out}}}},\sqrt{\dfrac{6}{F_{\text{in}}+F_{\text{out}}}}\right]$ 的范围内初始化参数值。

MSRA 初始化采用均值为 0、方差为 $\dfrac{2}{F_{\text{in}}}$ 的高斯分布。这种方法主要适用于深层网络、激活函数为 ReLU 的情况。

为直观地理解神经网络的学习过程，以一个不包括偏置项的两层神经网络来说明 BP 算法，如图 9-11 所示，其中圆圈中的数字代表神经元的编号，神经元之间边上的符号表示连接权重，如 w_{31} 表示 3 号和 1 号神经元之间的连接权重。给定样本 $\boldsymbol{x}=(x_1;x_2)=(0.35;\ 0.9)$及其真实标签值 $y_{\text{out}}=0.5$，采用平方损失函数和 Sigmoid 激活函数（将在 9.4 节中介绍）训练该神经网络。每个神经元均有输入和输出，其中输入是未经过激活函数的值，输出是经过激活函数后的值，我们在此用 z 表示神经元的输入，y 表示神经元的输出，如 z_3 和 y_3 分别表示 3 号神经元的输入和输出。

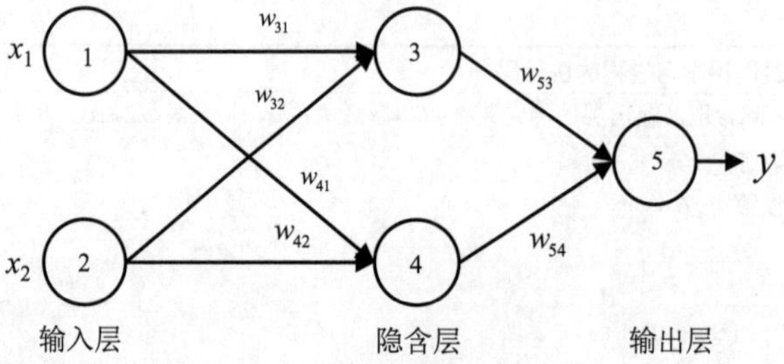

图 9-11 一个两层神经网络的示意图

第一步，随机初始化网络中的连接权重。假设网络的初始连接权重为 $W_1=\begin{bmatrix} w_{31} & w_{31} \\ w_{41} & w_{42} \end{bmatrix}=\begin{bmatrix} 0.1 & 0.8 \\ 0.4 & 0.6 \end{bmatrix}$，$W_2=[w_{53}\ \ w_{54}]=[0.3\ \ 0.9]$。

第二步，通过前向传播 $\boldsymbol{x}$ 来计算神经网络中各个神经元的输入和输出，可得

$$(z_3;z_4)=W_1\times \boldsymbol{x}=\begin{bmatrix} w_{31} & w_{31} \\ w_{41} & w_{42} \end{bmatrix}\times(x_1;x_2)=(w_{31}\times x_1+w_{31}\times x_2;w_{41}\times x_1+w_{42}\times x_2)$$
$$=(0.1\times0.35+0.8\times0.9;0.4\times0.35+0.6\times0.9)=(0.755;0.68)$$
$$(y_3;y_4)=\text{sigmoid}(z_3;z_4)=(0.68;0.664)$$
$$z_5=W_2\times(y_3;y_4)=w_{53}\times y_3+w_{54}\times y_4=0.802$$
$$y_5=\text{sigmoid}(z_5)=0.69$$

第三步，计算关于 $\boldsymbol{x}$ 的平方损失 $E=0.5\times(y_5-y_{\text{out}})^2=0.5\times(0.690-0.5)^2=0.01805$。

第四步，通过反向传播来调节连接权重。

（1）求 E 关于各个连接权重的偏导数。

对于 w_{53}，由于 $E=0.5\times(y_5-y_{\text{out}})^2$，$y_5=\text{sigmoid}(z_5)$，$z_5=w_{53}\times y_3+w_{54}\times y_4$，有

$$\frac{\partial E}{\partial w_{53}}=\frac{\partial E}{\partial y_5}\frac{\partial y_5}{\partial z_5}\frac{\partial z_5}{\partial w_{53}}=(y_5-y_{\text{out}})\times\text{sigmoid}(z_5)\times(1-\text{sigmoid}(z_5))\times y_3$$
$$=(0.69-0.5)\times0.69\times(1-0.69)\times0.68=0.02764$$

对于 w_{54}，有

$$\frac{\partial E}{\partial w_{54}}=\frac{\partial E}{\partial y_5}\frac{\partial y_5}{\partial z_5}\frac{\partial z_5}{\partial w_{54}}=(y_5-y_{\text{out}})\times\text{sigmoid}(z_5)\times(1-\text{sigmoid}(z_5))\times y_4=0.02694$$

对于 w_{31}，有

$$\frac{\partial E}{\partial w_{31}}=\frac{\partial E}{\partial z_3}\frac{\partial z_3}{\partial w_{31}}=\frac{\partial E}{\partial z_5}\frac{\partial z_5}{\partial z_3}\frac{\partial z_3}{\partial w_{31}}=\frac{\partial E}{\partial z_5}\frac{\partial z_5}{\partial y_3}\frac{\partial y_3}{\partial z_3}\frac{\partial z_3}{\partial w_{31}}$$
$$=(y_5-y_{\text{out}})\times\text{sigmoid}(z_5)\times(1-\text{sigmoid}(z_5))\times w_{53}\times$$
$$\text{sigmoid}(z_3)\times(1-\text{sigmoid}(z_3))\times x_1$$
$$=(0.69-0.5)\times0.69\times(1-0.69)\times0.3\times0.68\times(1-0.68)\times0.35=9.3933e-04$$

同理，可求得 $\frac{\partial E}{\partial w_{32}}$、$\frac{\partial E}{\partial w_{41}}$ 及 $\frac{\partial E}{\partial w_{42}}$。

（2）利用梯度下降法，更新网络中的连接权重参数，在此取步长为 1。

$$w_{31}=w_{31}-\frac{\partial E}{\partial w_{31}},\quad w_{32}=w_{32}-\frac{\partial E}{\partial w_{32}},\quad w_{41}=w_{41}-\frac{\partial E}{\partial w_{41}},$$
$$w_{42}=w_{42}-\frac{\partial E}{\partial w_{42}},\quad w_{53}=w_{53}-\frac{\partial E}{\partial w_{53}},\quad w_{54}=w_{54}-\frac{\partial E}{\partial w_{54}}$$

第五步，若满足停止条件，则停止并输出最后学习到的连接权重；否则，转到第二步。

9.4　激活函数与损失函数

由 9.3 节可知，激活函数 σ 和损失函数是神经网络中的两个重要组件，在很大程度上决定着神经网络的性能。由于 BP 算法需要对激活函数和损失函数进行求导，这要求神经网络的激活函数和损失函数是可导的。本节将给出几种常用的激活函数和损失函数。

9.4.1 激活函数

为提高神经网络的表达能力，我们一般采用非线性激活函数。如果神经网络中使用的是线性激活函数，不失一般性，可以假设 $\sigma(z)=z$，那么对于一个两层神经网络（见图 9-8），可得

$$\begin{cases} \boldsymbol{z}^{(1)}=\boldsymbol{W}^{(1)}\boldsymbol{x}+\boldsymbol{b}^{(1)} \\ \boldsymbol{a}^{(1)}=\sigma(\boldsymbol{z}^{(1)})=\boldsymbol{z}^{(1)} \\ \boldsymbol{z}^{(2)}=\boldsymbol{W}^{(2)}\boldsymbol{a}^{(1)}+\boldsymbol{b}^{(2)}=\boldsymbol{W}^{(2)}(\boldsymbol{W}^{(1)}\boldsymbol{x}+\boldsymbol{b}^{(1)})+\boldsymbol{b}^{(2)} \\ \boldsymbol{a}^{(2)}=\sigma(\boldsymbol{z}^{(2)})=\boldsymbol{z}^{(2)} \\ \hat{\boldsymbol{y}}=\boldsymbol{a}^{(2)}=\boldsymbol{W}^{(2)}\boldsymbol{W}^{(1)}\boldsymbol{x}+\boldsymbol{W}^{(2)}\boldsymbol{b}^{(1)}+\boldsymbol{b}^{(2)} \end{cases}$$

可以看出，当采用线性激活函数时，无论使用多少个隐含层，输出 $\hat{\boldsymbol{y}}$ 仅仅是输入 $\boldsymbol{x}$ 的线性组合。此时，不使用神经网络也可以构造出这样的线性组合。

- 阶跃函数（sgn 函数）。

$$\operatorname{sgn}(z)=\begin{cases} 1 & z\geqslant 0 \\ 0 & z<0 \end{cases}$$

阶跃函数是理想的激活函数，将输入映射为 0 或 1，其中 0 对应神经元的抑制状态，1 对应神经元的兴奋状态。假如某个神经元的连接权重和阈值分别是 $\boldsymbol{w}=(-1;1)$和-3，对于输入 $\boldsymbol{x}=(1;2)$，该神经元在阶跃函数下的输出值为 $y=\operatorname{sgn}(-1\times1+1\times2+3)=1$。

然而，阶跃函数具有不光滑、不连续的特点，对优化问题的求解不友好，并且在z的取值跨越 0 时，激活函数的输出会发生突然改变（由 0 变为 1）。在实际应用中，我们期望一个具有平滑输出的激活函数。

- Sigmoid 函数。

$$\sigma(z)=1/\left(1+\mathrm{e}^{-z}\right)$$

Sigmoid 函数的导数为

$$\sigma'(z)=\sigma(z)(1-\sigma(z))$$

与阶跃函数相比，Sigmoid 函数由于具有平滑、连续的性质，因此在实际中应用得较多。图 9-12 所示为 Sigmoid 函数的图形，该图形像一条 S 形曲线。Sigmoid 函数的输出范围是[0, 1]，相当于对神经元的输出进行归一化，一般用在将预测概率作为输出的神经网络中。

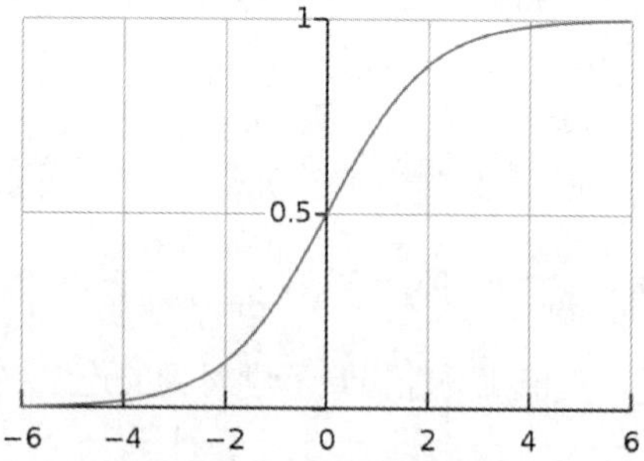

图 9-12 Sigmoid 函数的图形

然而，Sigmoid 函数的输出不以 0 为中心，这会降低连接权重更新的效率，并且 Sigmoid 函数执行指数运算，时间代价较大。当 z 具有较大的绝对值取值时，Sigmoid 函数的曲线斜率（梯度）较小，甚至趋近于零，在反向传播算法中易出现梯度弥散问题。具体来说，当隐含层过多，即网络太深时，若使用 Sigmoid 函数将存在梯度弥散问题，这主要因为 Sigmoid 函数每求一

次导数，其参数值将衰减至原来的 25%，当网络层数过多时，其参数将越乘越小，无法达到参数更新的目的。

- 双曲正切函数（tanh 函数）。

$$\sigma(z)=\frac{e^{z}-e^{-z}}{e^{z}-e^{-z}}$$

tanh 函数的导数为

$$\sigma'(z)=1-\sigma^{2}(z)$$

tanh 函数和 Sigmoid 函数的曲线相似，但与 Sigmoid 函数相比，tanh 函数更具优势。第一，虽然在输入较大或较小时，梯度较小，不利于连接权重更新，但是 tanh 函数的输出间隔为 1，并且以 0 为中心，比 Sigmoid 函数具有更好的性质。第二，tanh 函数将负值映射为负，0 输入映射为 0。

- 修正线性单元（Rectified Linear Unit，ReLU）函数。

$$\sigma(z)=\begin{cases} z & z\geqslant 0 \\ 0 & z<0 \end{cases}$$

ReLU 函数的导数为

$$\sigma'(z)=\begin{cases} 1 & z\geqslant 0 \\ 0 & z<0 \end{cases}$$

ReLU 函数是目前被广为使用的激活函数。在 ReLU 函数中只存在线性关系，具有较快的计算速度，并且当输入为正数时，不存在梯度饱和问题。但是，ReLU 函数存在死亡 ReLU（dead ReLU）问题，即当梯度值过大时，连接权重更新后为负数，经 ReLU 处理后变为 0，导致后面连接权重不再被更新。

- 带泄露单元的 ReLU（Leaky Rectified Linear Unit，Leaky ReLU）函数。

$$\sigma(z)=\begin{cases} z & z>0 \\ \alpha z & z\leqslant 0 \end{cases}$$

Leaky ReLU 函数的导数为

$$\sigma'(z)=\begin{cases} 1 & z>0 \\ \alpha & z\leqslant 0 \end{cases}$$

Leaky ReLU 函数把 z 的负分量设置为 αz 来调整负值的零梯度问题（α 的值通常取 0.01 左右），这扩大了 ReLU 函数的取值范围，可用来解决死亡 ReLU 问题。

- 指数线性单元（Exponential Linear Unit，ELU）函数。

$$\sigma(z)=\begin{cases} z & z>0 \\ \alpha(e^{z}-1) & z\leqslant 0 \end{cases}$$

ELU 函数的导数为

$$\sigma'(z)=\begin{cases} 1 & z>0 \\ \alpha e^{z} & z\leqslant 0 \end{cases}$$

ELU 函数也是为了解决死亡 ReLU 问题而被提出的。ELU 函数可以输出负数，这使得激活的均值接近零，有助于加快神经网络的训练。

9.4.2　损失函数

机器学习问题的本质是在假设空间 $\mathcal{F}$ 中选取模型 f 作为决策函数。给定样本空间 $\mathbb{X}$ 和输出空间$\mathbb{Y}$，对于输入$X\in\mathbb{X}$，由f给出相应的预测值$f(X)$，这个预测值$f(X)$和X的真实值$Y\in\mathbb{Y}$可能一致，也可能不一致，可以用一个损失函数（Loss Function）或代价函数（Cost Function）来度量预测的性能，记为$\text{loss}(f(X),Y)$。假设空间是决策函数的集合，即$\mathcal{F}=\{f\mid Y=f(X)\}$。

对于神经网络的参数学习问题，假设空间$\mathcal{F}$是所有可能的连接权重$\boldsymbol{W}$和阈值$\boldsymbol{b}$的取值的集合，我们的目标是从中找出一组连接权重和阈值的取值来得到神经网络的具体形式f，使得神经网络对于X的预测值$f(X)$与真实值Y之间的差别最小。也就是说，神经网络的目标是学习参数$\boldsymbol{\theta}=\{\boldsymbol{W},\boldsymbol{b}\}$的取值，使得$\mathcal{F}=\{f\mid Y=f(X;\boldsymbol{\theta})\}$与训练数据集最佳匹配。

接下来给出几种常用的关于模型f的损失函数。给定样本$(\boldsymbol{x},\boldsymbol{y})$，$\boldsymbol{x}$和$\boldsymbol{y}$分别是$X$和$Y$的实例化，可以定义如下函数。

- 0-1 损失函数。

$$\text{loss}(\boldsymbol{y},f(\boldsymbol{x}))=\begin{cases}1 & \boldsymbol{y}\neq f(\boldsymbol{x})\\0 & \boldsymbol{y}=f(\boldsymbol{x})\end{cases}$$

- 平方损失函数。

$$\text{loss}(\boldsymbol{y},f(\boldsymbol{x}))=(\boldsymbol{y}-f(\boldsymbol{x}))^2$$

- 绝对损失函数。

$$\text{loss}(\boldsymbol{y},f(\boldsymbol{x}))=|\boldsymbol{y}-f(\boldsymbol{x})|$$

- 对数损失函数。

$$\text{loss}(\boldsymbol{y},f(\boldsymbol{x}))=-\log_2 P(\boldsymbol{y}\mid\boldsymbol{x})$$

对数损失函数表达的是样本$\boldsymbol{x}$在类别$\boldsymbol{y}$的情况下，使条件概率$p(\boldsymbol{y}\mid\boldsymbol{x})$达到最大值，即参数$\boldsymbol{\theta}$取什么值才能使我们观察到这组样本$(\boldsymbol{x},\boldsymbol{y})$的概率最大。由于 log 函数是单调递增函数，在前面加负号等同于最小化损失函数。

- 铰链损失（Hinge Loss）函数。

$$\text{loss}(\boldsymbol{y},f(\boldsymbol{x}))=\max(0,1-\boldsymbol{y}^{\mathrm{T}}f(\boldsymbol{x}))$$

- 二分类交叉熵损失（Cross Entropy Loss）函数。

在二分类情况下，模型需要预测的结果有两种情况，其中一类被称为正类，另一类被称为负类。此时样本$\boldsymbol{x}$的标签为标量y，正类取值为 1，负类取值为 0。记模型预测$\boldsymbol{x}$的类别为正类的概率为p。二分类交叉熵损失函数为

$$\text{loss}(y,f(\boldsymbol{x}))=-(y\log_2 p+(1-y)\log_2(1-p))$$

- 多分类交叉熵损失函数。

在多分类情况下，一般采用 one-hot 编码将样本$\boldsymbol{x}$的标签组织为向量的形式。例如，根据空气质量参数预测三种天气状况{晴; 多云; 雨}，可采用 one-hot 编码方案，将“晴”编码为(1; 0; 0)，“多云”编码为(0; 1; 0)，“雨”编码为(0; 0; 1)。一般来说，对于d分类问题，样本$\boldsymbol{x}$的标签的 one-hot 编码为$\boldsymbol{y}=(y_1;y_2;\cdots;y_c;\cdots;y_d)$，并且只有当$\boldsymbol{x}$的真实类别为第$c$个类时，$y_c=1$；否则，$y_c=0$。在分类问题中，一般将模型的输出转化为概率输出$\hat{\boldsymbol{y}}$，如利用 softmax 函数进行变换。假设模型预测样本$\boldsymbol{x}$属于类别c的概率为p_c，则多分类交叉熵损失函数为

$$\text{loss}(\boldsymbol{y},f(\boldsymbol{x}))=-\sum_{c=1}^{d}y_c\log_2 p_c \tag{9-9}$$

可以将式（9-9）写成向量的形式$\text{loss}(\boldsymbol{y},f(\boldsymbol{x}))=-\boldsymbol{y}^{\mathrm{T}}\log_2(\hat{\boldsymbol{y}})$，其中$\hat{\boldsymbol{y}}=(p_1;p_2;\cdots;p_c;\cdots;p_d)$，log 函数是逐元素操作的。此时，$E=-\boldsymbol{y}^{\mathrm{T}}\log_2(\hat{\boldsymbol{y}})$关于$\hat{\boldsymbol{y}}$的偏导数为

$$\frac{\partial E}{\partial \hat{\boldsymbol{y}}}=\begin{bmatrix}\dfrac{\partial E}{\partial p_1}\\ \dfrac{\partial E}{\partial p_2}\\ \vdots\\ \dfrac{\partial E}{\partial p_d}\end{bmatrix}=-\begin{bmatrix}\dfrac{y_1}{p_1}\\ \dfrac{y_2}{p_2}\\ \vdots\\ \dfrac{y_d}{p_d}\end{bmatrix}=-\frac{\boldsymbol{y}}{\hat{\boldsymbol{y}}}$$

需要注意的是，神经网络的输出值 $f(\boldsymbol{x})$ 可能是标量、向量、矩阵或张量，这与具体的应用相关。根据模型 $f(\boldsymbol{x})$ 的输出结果，上述损失函数的计算方式存在着差别。

当 $f(\boldsymbol{x})$ 的输出值是标量时，根据标量的运算方式进行计算。例如，用于判断是否发生物联网系统入侵事件的单输出神经网络，如果样本 $\boldsymbol{x}$ 的真实标签是 $y=1$，神经网络的预测值是 0.6，则该神经网络在 $\boldsymbol{x}$ 上的平方损失是 $E=(1-0.6)^2=0.16$。

当 $f(\boldsymbol{x})$ 的输出值是向量时，需要利用向量的计算法则。例如，若某个神经网络对于某天 $\boldsymbol{x}$ 的三种天气状况（晴; 多云; 雨）的预测概率为(0.3; 0.4; 0.3)，对应的真实天气状况是 $\boldsymbol{y}=(0;1;0)$，则该网络关于 $\boldsymbol{x}$ 的平方损失是 $E=(0-0.3)^2+(1-0.4)^2+(0-0.3)^2=0.54$，交叉熵损失是 $E=-(0\times\log_2 0.3+1\times\log_2 0.4+0\times\log_2 0.3)\approx 1.32$。

一般来说，损失函数的值越小，模型的泛化能力越强。给定输入变量 $X\in\mathbb{X}$ 和输出向量 $Y\in\mathbb{Y}$ 的联合概率分布是 $p(X,Y)$，损失函数的期望 $R_{\text{exp}}(f)$ 等于：

$$R_{\text{exp}}(f)=E_{p(X,Y)}\text{loss}(Y,f(X))=\int_{\boldsymbol{x},\boldsymbol{y}\sim p}\text{loss}(\boldsymbol{y},f(\boldsymbol{x}))P(\boldsymbol{x},\boldsymbol{y})\text{d}\boldsymbol{x}\text{d}\boldsymbol{y}$$

它表示理论上模型 $f(\boldsymbol{x})$ 关于 $p(X,Y)$ 的平均损失，又被称为期望损失。由于 $p(X,Y)$ 往往是未知的，因此我们一般采用经验损失函数。经验损失函数又被称为经验风险函数。

给定由 m 个样本组成的训练集 $T=\{(\boldsymbol{x}_1,\boldsymbol{y}_1),(\boldsymbol{x}_2,\boldsymbol{y}_2),\cdots,(\boldsymbol{x}_i,\boldsymbol{y}_i),\cdots,(\boldsymbol{x}_m,\boldsymbol{y}_m)\}$，其中第 i 个样本 $\boldsymbol{x}_i=(x_{i1};x_{i2};\cdots;x_{in})$ 是 n 维向量，$\boldsymbol{y}_i=(y_{i1};y_{i2};\cdots;y_{id})$ 是 d 维向量，模型 $f(\boldsymbol{x})$ 关于 T 的经验风险是 $R_{\text{emp}}(f)=\dfrac{1}{m}\sum_{i=1}^{m}\text{loss}(\boldsymbol{y}_i,f(\boldsymbol{x}_i))$。经验风险最小化策略认为，经验风险最小的模型 f^* 是最优的模型，$f^*=\min\limits_{f\in\mathcal{F}}\dfrac{1}{m}\sum_{i=1}^{m}\text{loss}(\boldsymbol{y}_i,f(\boldsymbol{x}_i))$。

当样本量足够大时，经验风险最小化能够保证较好的学习效果；当样本量较小时，经验风险损失函数面临着过拟合的风险，特别是对于存在大量待学习参数的神经网络。为此，研究人员提出了结构风险最小化策略，以减轻或避免过拟合问题。通过在经验风险上加上表示模型复杂度的正则化项或惩罚项 $J(f)$，可以得到结构风险损失函数：

$$R_{\text{srm}}(f)=\frac{1}{m}\sum_{i=1}^{m}\text{loss}(\boldsymbol{y}_i,f(\boldsymbol{x}_i))+\lambda J(f)$$

一般来说，模型 f 越复杂，$J(f)$ 越大；模型 f 越简单，$J(f)$ 越小。$\lambda\geqslant 0$ 是惩罚项系数，用于平衡经验风险和模型复杂度。当 $\lambda=0$ 时，结构风险退化为经验风险。我们一般对模型 $f(\boldsymbol{x};\boldsymbol{\theta})$ 中的参数 $\boldsymbol{\theta}$ 施加惩罚，即 $J(f)=J_f(\boldsymbol{\theta})$，如在神经网络中对连接权重施加惩罚。

对于连接权重向量 $\boldsymbol{w}=(w_1;w_2;\cdots;w_n)$，常用的正则化项有以下几种。

- L^2 范数正则化。

$$J_f(\boldsymbol{w})=\frac{1}{2}\|\boldsymbol{w}\|^2=\frac{1}{2}\sqrt{\sum_{i=1}^{n}w_i^2}$$

- L^1 范数正则化。

$$J_f(\boldsymbol{w})=\frac{1}{2}\|\boldsymbol{w}\|=\sum_{i=1}^{n}|w_i|$$

- L^0 范数正则化。

$$J_f(\boldsymbol{w})=\sum_{i=1}^{n}I(w_i\neq 0)$$

对于连接权重矩阵 $\boldsymbol{W}\in\mathbb{R}^{n\times d}$，常用的正则化项是 Frobenius 范数

$$J_f(\boldsymbol{W})=\sqrt{\sum_{i=1}^{n}\sum_{j=1}^{d}(w_{ij})^2}$$

9.5 梯度下降法

结构风险最小化的目标是找到合适的参数 $\boldsymbol{\theta}=\{\boldsymbol{W},\boldsymbol{b}\}$ 取值使得结构风险最小，即

$$\min_{\theta}E=\min_{\theta}\frac{1}{m}\sum_{i=1}^{m}\text{loss}(\boldsymbol{y}_i,f(\boldsymbol{x}_i;\boldsymbol{\theta}))+\lambda J_f(\boldsymbol{\theta})$$

假设 E 是凸的、可微的，可以运用梯度下降法求解。

$$\boldsymbol{\theta}^{k+1}=\boldsymbol{\theta}^k-\eta\nabla_{\boldsymbol{\theta}}\{\frac{1}{m}\sum_{i=1}^{m}\text{loss}(\boldsymbol{y}_i,f(\boldsymbol{x}_i;\boldsymbol{\theta}))+\lambda J_f(\boldsymbol{\theta})\} \quad (9\text{-}10)$$

式中，$\boldsymbol{\theta}^k$ 表示在第 k 次迭代时 $\boldsymbol{\theta}$ 的值；$\nabla_{\boldsymbol{\theta}}\boldsymbol{y}$ 表示 $\boldsymbol{y}$ 关于 $\boldsymbol{\theta}$ 导数。

根据在求梯度时利用训练集 $T=\{(\boldsymbol{x}_1,\boldsymbol{y}_1),(\boldsymbol{x}_2,\boldsymbol{y}_2),\cdots,(\boldsymbol{x}_i,\boldsymbol{y}_i),\cdots,(\boldsymbol{x}_m,\boldsymbol{y}_m)\}$ 的方式，可以将梯度下降法分为以下三种。

1．批量梯度下降

批量梯度下降（Batch Gradient Descent）是指在每次迭代中使用所有的样本进行梯度更新，正如式（9-10）所表达的。当样本量较大时，计算量较大。

2．随机梯度下降

随机梯度下降（Stochastic Gradient Descent）是指在每次迭代中仅使用一个样本 $\boldsymbol{x}_{sk}$ 进行梯度的更新。

$$\boldsymbol{\theta}^{k+1}=\boldsymbol{\theta}^k-\eta\nabla_{\boldsymbol{\theta}}(\text{loss}(\boldsymbol{y}_{sk},f(\boldsymbol{x}_{sk};\boldsymbol{\theta}))+\lambda J_f(\boldsymbol{\theta}^k))$$

式中，$\boldsymbol{x}_{sk}$ 是从 $\{\boldsymbol{x}_1,\boldsymbol{x}_2,\cdots\boldsymbol{x}_m\}$ 中随机抽取的一个样本。由于在每轮迭代中随机优化某个训练样本上的损失函数，因此每轮参数的更新速度大大加快。然而，由于单个样本并不能代表全体样本的趋势，可能会收敛到局部最优。

3．小批量梯度下降

小批量梯度下降（Mini-batch Gradient Descent）是指在每次迭代中随机使用小批量的样本集合 $\mathcal{I}_k\subset\{1, 2, \cdots, m\}$ 进行梯度更新。此时，损失函数为

$$E=\frac{1}{|\mathcal{I}_k|}\sum_{s\in\mathcal{I}_k}\text{loss}(\boldsymbol{y}_s,f(\boldsymbol{x}_s;\boldsymbol{\theta}))+\lambda J_{\boldsymbol{\theta}}(f)$$

梯度下降法是 $\boldsymbol{\theta}^{k+1} = \boldsymbol{\theta}^k - \eta \nabla_{\boldsymbol{\theta}} \{\frac{1}{|\mathcal{I}_k|} \sum_{s \in \mathcal{I}_k} \mathrm{loss}(\boldsymbol{y}_s, f(\boldsymbol{x}_s; \boldsymbol{\theta})) + \lambda J_f(\boldsymbol{\theta}^k)\}$ 。

由上述分析可知，在 9.3 节中给出的是基于随机梯度下降法的 BP 算法，该算法通过单个训练样本更新连接权重。在实际训练神经网络时，为更好地平衡训练的速度和稳定性，一般采用小批量梯度下降法，如算法 9-2 所示。

算法 9-2 基于小批量梯度下降法的 BP 算法的伪代码

输入：神经网络层数 L，各隐含层及输出层的神经元个数、激活函数 σ，损失函数 loss，学习率 η_1 和 η_2，最大迭代次数 Epoches，停止迭代阈值 ε，训练集 T，批量大小 batch_size

1: 随机初始化神经网络中的参数 $\boldsymbol{W}, \boldsymbol{b}$

2: for count = 1 to Epoches

3: 打乱 T 中样本的顺序，根据 batch_size 将 T（近似）等分成 M 份

4: 　for i = 1 to M　//对每个小批量

5: 　　for l = 1 to L　//对 batch_size 个样本做前向传播

6: 　　　$\boldsymbol{z}^{(l)} = \boldsymbol{W}^{(l)} \boldsymbol{a}^{(l-1)} + \boldsymbol{b}^{(l)}$，$\boldsymbol{a}^{(l)} = \sigma(\boldsymbol{z}^{(l)})$

7: 　　endfor

8: 　　计算损失 loss，计算输出层的梯度和误差项 $\delta^{(L)}$

9: 　　for l = L-1 to 1　//反向传播

10: 　　　计算第 l 层的误差项 $\delta^{(L)}$

11: 　　endfor

12: 　　for l = 1 to L　//参数更新

13: 　　　$\boldsymbol{W}^{(l)} = \boldsymbol{W}^{(l)} - \eta_1 \Delta \boldsymbol{W}^{(l)}$，$\boldsymbol{b}^{(l)} = \boldsymbol{b}^{(l)} - \eta_2 \Delta \boldsymbol{b}^{(l)}$

14: 　　endfor

15: 　end for

16: 如果在连续两次迭代中 $\boldsymbol{W}, \boldsymbol{b}$ 的变化值小于 ε，停机并输出 $\boldsymbol{W}, \boldsymbol{b}$

17: count = count + 1

18: endfor

19: 输出 $\boldsymbol{W}, \boldsymbol{b}$

进一步地，对于小批量梯度下降，可以将小批量样本组织成矩阵或张量的形式作为神经网络的输入，一次输入到神经网络中，而不是通过循环的方式每次输入一个样本。例如，首先将

m 个向量输入组织成矩阵 $\boldsymbol{X} = \begin{bmatrix} x_{11} & x_{12} & \cdots & x_{1n} \\ x_{21} & x_{22} & \cdots & x_{2n} \\ \vdots & \vdots & & \vdots \\ x_{m1} & x_{m2} & \cdots & x_{mn} \end{bmatrix}$，其中 $X_{i,:}$ 表示第 i 个输入样本 $\boldsymbol{x}_i$，其次将其作

为神经网络的输入，并与 $\boldsymbol{W}^{(1)}$ 相乘、与 $\boldsymbol{b}^{(1)}$ 相加，得到 $\boldsymbol{Y}^{(1)} = \sigma(\boldsymbol{X}\boldsymbol{W}^{(1)} + \boldsymbol{b}^{(1)})$，再次将 $\boldsymbol{Y}^{(1)}$ 送到网络

的第二层，直至得到神经网络的输出 $\boldsymbol{Y}^{(L)} = \begin{bmatrix} \hat{y}_{11} & \hat{y}_{12} & \cdots & \hat{y}_{1d} \\ \hat{y}_{21} & \hat{y}_{22} & \cdots & \hat{y}_{2d} \\ \vdots & \vdots & & \vdots \\ \hat{y}_{m1} & \hat{y}_{m2} & \cdots & \hat{y}_{md} \end{bmatrix}$，其中 $Y_{i,:}$ 表示 $\boldsymbol{x}_i$ 的 d 维预测输出

$\hat{\boldsymbol{y}}_i$。通过矩阵运算，每次在小批量数据上优化神经网络参数并不会比单个数据慢太多，并且每次使用小批量样本可以大大减小训练过程收敛所需的迭代次数，同时可以使收敛到的结果更加接近梯度下降的结果。

9.6 深度学习模型

大量数据分析任务的核心问题是使用哪些特征来表示所研究的对象，如对于物联网系统入侵事件检测，一个有用的特征是单位时间内网络服务访问的次数，这个特征为判断是否发生入侵事件提供了有效的信息；评估居家老人健康状态的一个重要特征是每天的睡眠时长统计。事实上，采用不同的特征在很大程度上影响着一个模型的性能，或者说在很大程度上决定着待解决问题的难易程度。例如，图 9-13 所示为不同特征表示的示例，其中 9-13（a）是在笛卡儿坐标系下的特征表示；9-13（b）是在极坐标系下的特征表示。显然，在极坐标系下可以容易地将两类数据区分开来，但在笛卡儿坐标系下难以做到。这个示例说明了选取一组合适特征的重要性。

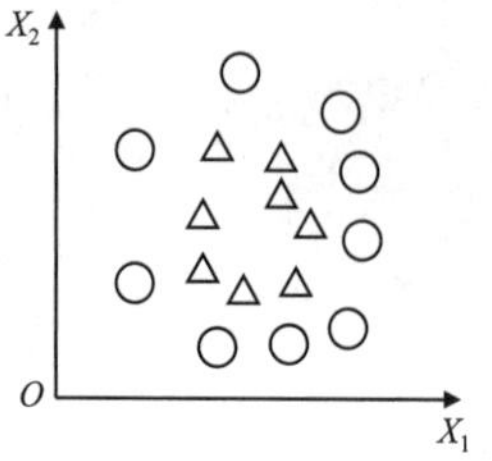

（a）笛卡儿坐标系的特征表示

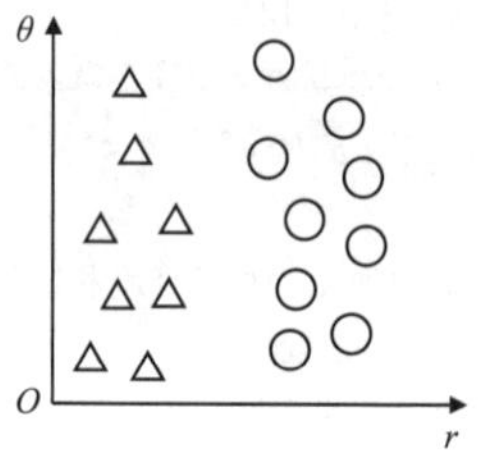

（b）极坐标系的特征表示

图 9-13 不同特征表示的示例

对于简单的任务，可以利用专家知识来手工设计（Hand-crafted）特征。例如，利用声学知识提取谱图、梅尔倒谱系数等特征来分析语音信号。然而，在大多数情况下，通常不知道应该提取哪些特征，也不知道如何编码这些特征来让计算机程序能够读懂外界输入。例如，想编写一个程序来自动检测图片中是否有汽车。我们知道汽车由轮子、车门、车灯等部件组成，因此一种解决方案是检测图片中是否包含轮子、车门和车灯。不幸的是，我们很难通过图片的像素值来告诉计算机程序轮子、车门和车灯看上去像什么及是否出现在图片中，并且轮子、车门和车灯易受光照、背景等环境因素的影响，导致基于手工设计特征构建的识别模型的鲁棒性较差。

解决上述问题的一种方式是利用算法自动从数据中挖掘特征表示本身，而不仅仅是建立表示与输出之间的映射关系，这种方法被称为表示学习（Representation Learning）。已有研究表明，通过表示学习获得的特征往往比手工设计的特征表现得更好，并且表示学习能够在很少甚至不依赖专家知识的情况下自动发现一个好的特征集；手工设计的特征则需要耗费大量的人力和物力，甚至花费研究人员几年甚至更长的时间才设计出一种不错的特征。显然，从原始数据中自动学习出抽象的特征不是一件容易的事情。深度学习（Deep Learning）通过简单表示来表达复杂表示，解决了表示学习中的核心问题。简单来说，深度学习通过层次化的概念体系来建模世界，而每个概念是通过与某些相对简单的概念间的关系来定义的。这使得计算机能够通过构建较简单的概念来学习相对复杂的概念。图 9-14（a）给出了利用层次化概念进行任务处理的深度学习框架；图 9-14（b）表达的是深度学习在图像处理任务中通过组合简单概念来表示图像中物体的概念，首先学习低级特征（Low-level Feature）“边”，然后学习中级特征（Mid-level Feature）“角、轮廓”，最后学习高级特征（High-level Feature）“对象部分”。

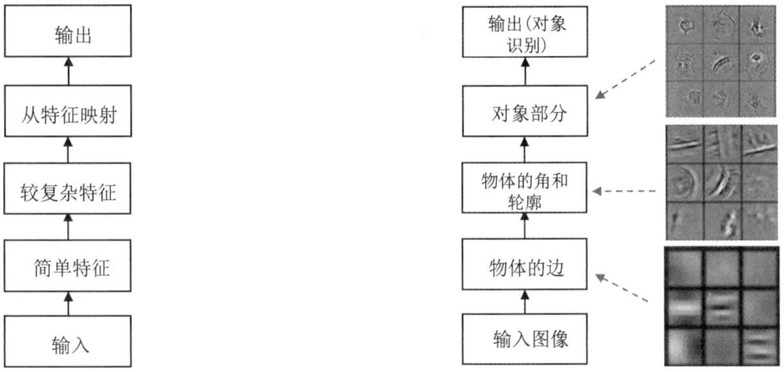

（a）层次化概念模型　　（b）层次化的物体识别系统

图 9-14　深度学习模型的示意图

深度学习属于人工智能研究学派中的联结主义，目前广泛使用的深度模型是以神经网络为基础的，通常具有多个隐含层的神经网络被称为深度神经网络（Deep Neural Networks，DNN）。广义的深度神经网络包括多层感知机、卷积神经网络、循环神经网络、自编码器等。除基于神经网络外，有研究人员提出了基于树的深度森林（Deep Forest）模型。深度森林模型本质上是一种决策树级联方法，在一些应用领域中获得了与深度神经网络相当的性能。鉴于深度神经网络在实际中的广泛应用和取得的优异性能，本章主要介绍卷积神经网络和循环神经网络这两种被广泛应用的深度神经网络。关于深度学习模型的深度，目前有两种度量方式：一种是基于评估架构所需执行的顺序指令的数目，另一种是将描述概念彼此如何关联的图的深度视为模型深度。由于不总清楚哪个更有意义并且不同的人可能选择不同的最小元素集来构建图，因此深度学习模型的深度不存在标准答案。然而，已有研究表明，增加模型层数有助于改善任务性能，但这往往是以更大的数据量和更高的算力为代价的。

9.7　卷积神经网络

卷积神经网络（Convolutional Neural Network，CNN）是深度学习模型中一种专门用来处理类似于网格结构（如有规律地采样形成的一维时间序列数据、二维矩阵形式的图像）的神经网络，在诸多应用领域表现优异。图灵奖得主、计算机科学家 Yann Lecun 早在 1998 年就利用卷积神经网络技术开发出了 LeNet-5 模型，并将其用于识别手写邮政编码数字图像。Alex Krizhevsky 等人于 2012 年设计了 AlexNet，并将其应用于 ImageNet 大规模视觉识别挑战比赛。AlexNet 将 ImageNet 图像识别的 Top-5 错误率降低到了 15.32%（Top-5 错误率是指，如果在预测概率前 5 的 5 个预测值中包含正确答案，就认为预测正确）。Kaiming He 等人于 2015 年提出了基于残差学习单元的残差网络 ResNet，将 Top-5 错误率降低到了 3.57%，这个结果低于人类 ToP-5 错误率（5.1%）。除了图像处理任务，卷积神经网络还极大地推动了计算机视觉、自然语言理解、语音分析等领域的发展。

9.7.1　卷积神经网络的组件

卷积神经网络的经典结构模式为{输入层, (卷积层+, 池化层, 非线性函数?)+, 全连接层 +, softmax 层?}。其中，模式匹配符“+”表示至少匹配 1 次，“?”表示匹配 0 次或 1 次。图 9-15 所示为 LeNet-5 的网络结构，主要包括卷积（Convolution）、池化（Pooling）、全连接（Fully Connection）等基本组件（Building Block）。LeNet-5 共有 7 层（不包括输入层），输入的图像大小是 32px×32px，卷积层用 C_i 表示，池化层用 S_i 表示，全连接层用 F_i 表示。为便于表述和理解，接下来以二维图像输入为例介绍卷积神经网络的组件。

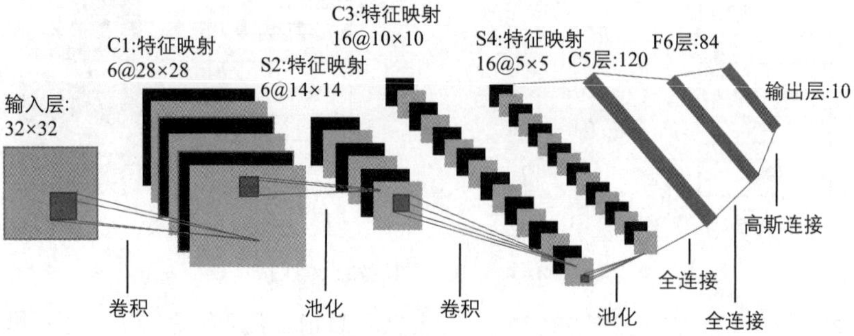

图 9-15 LeNet-5 的网络结构

1．输入层

输入层（Input Layer）用于接收外界输入信号。通常将输入组织成向量 $\boldsymbol{x}$、矩阵 $\boldsymbol{W}$ 或张量 $\mathcal{X}$ 的形式。由于外界输入信号可能来自多个信道，使用通道（Channel）来表明输入信号包含的信道数。例如，灰度图像由 1 个通道的矩阵组成；RGB 三原色的彩色图像包含 3 个通道的矩阵，可以将彩色图像看作由 3 个矩阵堆叠组成。图 9-15 中的输入是一个 32px×32px 的灰度图像，像素值的取值范围是 0～255。

2．卷积

卷积是关于两个实变函数 f 和 g 的一种数学运算，运算符通常用*表示。卷积的连续形式是

$$(f*g)(T)=\int_{-\infty}^{\infty}f(t)g(T-t)dt$$

卷积的离散形式是

$$(f*g)(T)=\sum_{t=-\infty}^{\infty}f(t)g(t-t)$$

卷积操作先对函数 g 进行翻转，相当于在数轴上把 g 从右边折到左边，再把 g 平移到 T 上，在这个位置对 g 和 f 的对应点相乘并相加。也就是说，两个函数的卷积本质上是先将一个函数翻转，再进行滑动叠加。在连续情况下，叠加是对两个函数的乘积求积分；在离散情况下，叠加则是加权求和。

例如，在信号分析中，假设一维输入信号 $f(t)$ 是随时间变化而变化的，系统的响应函数是 $g(t)$。也就是说，对于 $t=0$ 时刻的一个输入 $f(0)$，在 $t=T$ 时刻，$f(0)$ 的值将变为 $f(0)*g(T)$。那么，在 T 时刻的输出信号值是 $(f*g)(T)=\sum_{t=0}^{T}f(t)g(T-t)$。

在图像处理任务中，对于二维图像 $\boldsymbol{X}=\begin{bmatrix}x_{1,1} & x_{1,2} & \cdots & x_{1,n}\\ x_{2,1} & x_{2,2} & \cdots & x_{2,n}\\ \vdots & \vdots & & \vdots\\ x_{m,1} & x_{m,2} & \cdots & x_{m,n}\end{bmatrix}$，假设矩阵 $\boldsymbol{W}$ 是一个 3×3 的矩阵

$\boldsymbol{W}=\begin{bmatrix} w_{-1,-1} & w_{-1,0} & w_{-1,1} \\ w_{0,-1} & w_{0,0} & w_{0,1} \\ w_{1,-1} & w_{1,0} & w_{1,1} \end{bmatrix}$，此时 $f(i,j)=X_{i,j}$，$g(i,j)=W_{i,j}$。根据卷积的定义，二维离散形式的卷积公式是 $(f*g)(u,v)=\sum_i\sum_j f(i,j)g(u-i,v-j)=\sum_i\sum_j X_{i,j}W_{u-i,v-j}$。

从卷积的定义看，应沿着图像的两个方向进行叠加求和，并且 i,j 都从负无穷到正无穷进行取值。然而，上述 $\boldsymbol{W}$ 是一个 3×3 的矩阵，在除原点附近以外，其他所有点的取值都为 0。因此，在计算 $(f*g)(u,v)$ 时，只需要选出 (u,v) 附近的点进行计算。具体来说，首先从 $\boldsymbol{X}$ 取出 (u,v) 处的矩阵 $\boldsymbol{S}=\begin{bmatrix} x_{u-1,v-1} & x_{u-1,v} & x_{u-1,v+1} \\ x_{u,v-1} & x_{u,v} & x_{u,v+1} \\ x_{u+1,v-1} & x_{u+1,v} & x_{u+1,v+1} \end{bmatrix}$，然后对 $\boldsymbol{W}$ 进行翻转（先水平翻转，再垂直翻转）得到 $\boldsymbol{T}=\begin{bmatrix} w_{1,1} & w_{1,0} & w_{1,-1} \\ w_{0,1} & w_{0,0} & w_{0,-1} \\ w_{-1,1} & w_{-1,0} & w_{-1,-1} \end{bmatrix}$，最后计算 $\boldsymbol{S}$ 和 $\boldsymbol{T}$ 对应位置的乘积并求和，可得

$$(f*g)(u,v)=x_{u-1,v-1}w_{1,1}+x_{u-1,v}w_{1,0}+\ldots+x_{u+1,v+1}w_{-1,-1}$$

在卷积网络中，通常卷积 $(f*g)(t)$ 的第一个参数 f 被称为输入，第二个参数 g 被称为核函数（Kernel Function）、核（Kernel）或过滤器（Filter），卷积的输出被称为特征映射（Feature Map）。在深度学习应用中，卷积核 $\boldsymbol{W}$ 是卷积网络的待学习参数，在 LeNet-5 中使用的卷积核大小是 5×5。在实际计算中，通常假设除在存储了数值的有限点集以外的函数值均为零，这样我们可以通过对有限个数组元素的求和来实现无限求和。值得注意的是，在卷积神经网络中，卷积操作是先直接求 $\boldsymbol{S}$ 和 $\boldsymbol{W}$ 的对应位置元素的乘积，再求和，这是与标准卷积操作不同的地方（标准卷积先计算 $\boldsymbol{S}$ 和 $\boldsymbol{T}$ 的对应位置元素的乘积，再求和）。

基于上述讨论，我们可以进行 $\boldsymbol{X}$ 和 $\boldsymbol{W}$ 之间的卷积。图 9-16 给出了 5×5 的 $\boldsymbol{X}$ 和 3×3 的卷积核 $\boldsymbol{W}$ 在点 (u,v) 处的卷积。为得到 $\boldsymbol{X}$ 和 $\boldsymbol{W}$ 之间完整的特征映射，需要在 $\boldsymbol{X}$ 上滑动 $\boldsymbol{W}$，这涉及滑动的起点、滑动的方向、每次滑动的步长等问题。在卷积神经网络中，通常约定按照“从左往右、从上往下”的方式遍历 $\boldsymbol{X}$，并且卷积核每滑动一次后就计算相应位置的特征映射。在此过程中，需要设置步长（Stride）、零填充（Zero-padding）和卷积核的深度（Depth）等参数的值来控制所产生的特征映射。

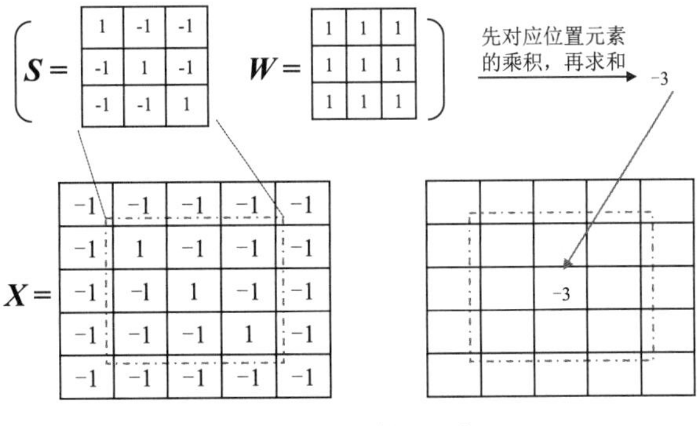

图 9-16　卷积运算的示意图

步长是指在输入信号上卷积核滑动一次的长度。具体来说，卷积核从左上角开始，每次水平向右移动 k 个元素，当移动到最右边后或超过右边边界时，返回最左边，并向下移动 k 个元素

后，开始从左往右移动。重复上述过程，直至在输入信号上完成整个遍历过程。例如，对于二维图像，步长为 1，表示每次移动 1px；步长为 2，表示移动 2px。图 9-17 给出的是当步长为 1 时，3×3 的卷积核在 5×5 的矩阵上的遍历过程，其中黑色实线框表示卷积核遍历起始的位置。

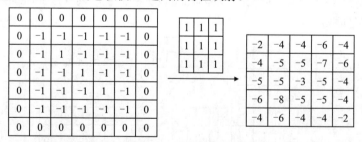

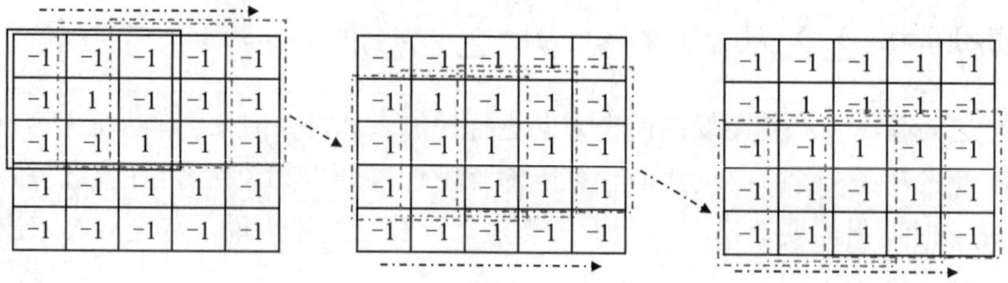

图 9-17 当步长为 1 时的遍历过程

零填充是指在输入信号的周围填充数值 0。可以利用零填充来控制卷积操作输出的特征映射大小。一般有零填充的卷积被称为宽卷积（Wide Convolution），无零填充的卷积被称为窄卷积（Narrow Convolution）。零填充的作用是使卷积操作不减少输入信号的大小，这对构建深层网络很重要。另外，零填充有助于保存更多图像边缘的信息，若没有零填充，下一层的值将很少被图像的边缘影响。图 9-18 所示为当零填充大小分别为 1 和 2 时的填充结果。

0	0	0	0	0	0	0
0	-1	-1	-1	-1	-1	0
0	-1	1	-1	-1	-1	0
0	-1	-1	1	-1	-1	0
0	-1	-1	-1	1	-1	0
0	-1	-1	-1	-1	-1	0
0	0	0	0	0	0	0

（a）padding = 1

0	0	0	0	0	0	0	0	0
0	0	0	0	0	0	0	0	0
0	0	-1	-1	-1	-1	-1	0	0
0	0	-1	1	-1	-1	-1	0	0
0	0	-1	-1	1	-1	-1	0	0
0	0	-1	-1	-1	1	-1	0	0
0	0	-1	-1	-1	-1	-1	0	0
0	0	0	0	0	0	0	0	0
0	0	0	0	0	0	0	0	0

（b）padding = 2

图 9-18 当零填充大小分别为 1 和 2 时的填充结果

通过上述方式，可以得到 $\boldsymbol{X}$ 和 $\boldsymbol{W}$ 之间的特征映射。图 9-19 给出了当步长为 1、零填充大小为 1 时，5×5 的输入 $\boldsymbol{X}$ 和 3×3 的卷积核 $\boldsymbol{W}$ 之间的特征映射。

0	0	0	0	0	0	0
0	-1	-1	-1	-1	-1	0
0	-1	1	-1	-1	-1	0
0	-1	-1	1	-1	-1	0
0	-1	-1	-1	1	-1	0
0	-1	-1	-1	-1	-1	0
0	0	0	0	0	0	0

1	1	1
1	1	1
1	1	1

→

-2	-4	-4	-6	-4
-4	-5	-5	-7	-6
-5	-5	-3	-5	-4
-6	-8	-5	-5	-4
-4	-6	-4	-4	-2

图 9-19 单通道输入单卷积核情形下的特征映射

为提高特征映射的多样性，可以将多个不同的卷积核应用在输入上以获得多个特征映射。在卷积操作中所使用的卷积核的个数被称为卷积核的深度（Depth）。图 9-20 给出了将 2 个卷积核 $\boldsymbol{W}_1$ 和 $\boldsymbol{W}_2$ 应用在 $\boldsymbol{X}$ 上，可以得到 2 个特征映射 $\boldsymbol{Y}_1$ 和 $\boldsymbol{Y}_2$。其中，$\boldsymbol{X}$ 与 $\boldsymbol{W}_1$ 的卷积得到 $\boldsymbol{Y}_1$，$\boldsymbol{X}$ 与 $\boldsymbol{W}_2$ 的卷积得到 $\boldsymbol{Y}_2$。可以看出，卷积核的个数决定网络下一层输入的通道数。

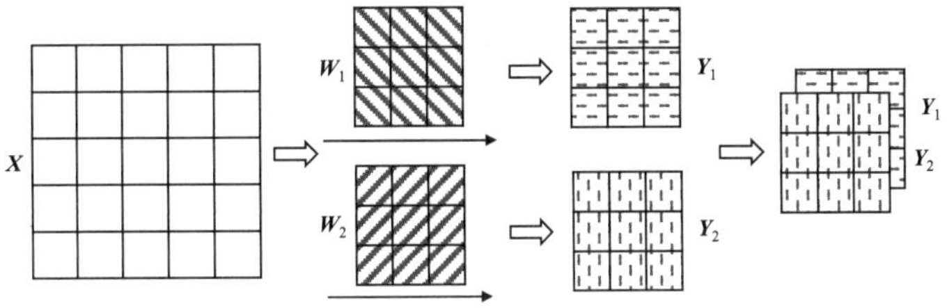

图 9-20　单通道输入多卷积核情形下的特征映射

我们有时需要处理多通道数据，如 RGB 三原色的彩色图像。在处理多通道数据时，卷积核的通道数应等于输入的通道数。当输入的尺寸为 $m \times n \times c$ 时，每个卷积核的尺寸为 $k \times k \times c$，即若当前输入有 c 个通道，则卷积核的尺寸应为 $k \times k \times c$。相应的卷积过程：首先输入的每个通道的数据与对应通道的卷积核进行卷积；然后，将每个通道卷积结果的对应位置累加求和。图 9-21 给出了三通道输入的卷积操作的示意图，其中三通道输入$\{\boldsymbol{X}_1, \boldsymbol{X}_2, \boldsymbol{X}_3\}$和卷积核$\{\boldsymbol{W}_1, \boldsymbol{W}_2, \boldsymbol{W}_3\}$的卷积结果是 $\boldsymbol{Y}$。具体计算过程：首先，对 $\boldsymbol{W}_1$ 与 $\boldsymbol{X}_1$ 进行卷积得到 $\boldsymbol{Y}_1$，对 $\boldsymbol{W}_2$ 和 $\boldsymbol{X}_2$ 进行卷积得到 $\boldsymbol{Y}_2$，对 $\boldsymbol{W}_3$ 和 $\boldsymbol{X}_3$ 进行卷积得到 $\boldsymbol{Y}_3$；然后对 $\boldsymbol{Y}_1$、$\boldsymbol{Y}_2$ 和 $\boldsymbol{Y}_3$ 的对应位置元素进行求和得到最终输出 $\boldsymbol{Y}$。

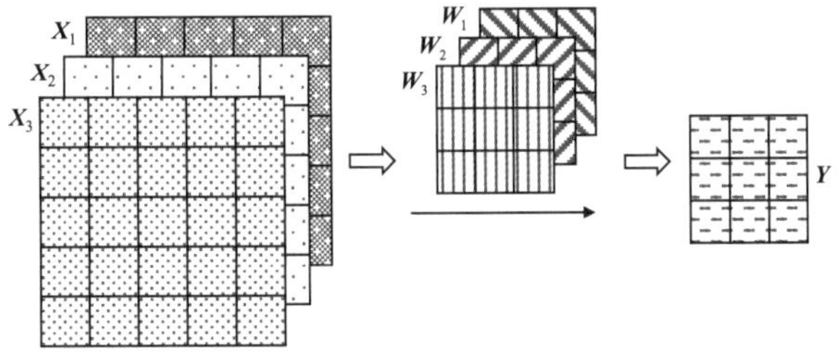

图 9-21　多通道输入单卷积核情形下的特征映射

更一般地，可以得到关于多通道多个卷积的卷积操作。图 9-22 给出了使用两个卷积核对输入进行处理的示意图。卷积的输入是三通道数据$\{\boldsymbol{X}_1, \boldsymbol{X}_2, \boldsymbol{X}_3\}$，使用两个卷积核$\{\boldsymbol{W}_1^{(1)}, \boldsymbol{W}_2^{(1)}, \boldsymbol{W}_3^{(1)}\}$和$\{\boldsymbol{W}_1^{(2)}, \boldsymbol{W}_2^{(2)}, \boldsymbol{W}_3^{(2)}\}$处理输入，并将每个卷积核的输出堆叠起来，得到 $\boldsymbol{Y}_1$ 和 $\boldsymbol{Y}_2$。在实际操作中，通常将数据表示成张量的形式，如将 $\boldsymbol{X}_1$、$\boldsymbol{X}_2$ 和 $\boldsymbol{X}_3$ 组织成三阶张量 $\mathcal{X}$，其中 $\mathcal{X}(:,:,1) = \boldsymbol{X}_1$，$\mathcal{X}(:,:,2) = \boldsymbol{X}_2$，$\mathcal{X}(:,:,3) = \boldsymbol{X}_3$；将 $\boldsymbol{W}_1^{(1)}$、$\boldsymbol{W}_2^{(1)}$ 和 $\boldsymbol{W}_3^{(1)}$ 组织成张量 $\mathcal{W}_1$，将 $\boldsymbol{W}_1^{(2)}$、$\boldsymbol{W}_2^{(2)}$ 和 $\boldsymbol{W}_3^{(2)}$ 组织成张量 $\mathcal{W}_2$；将 $\boldsymbol{Y}_1$ 和 $\boldsymbol{Y}_2$ 组织成张量 $\mathcal{Y}$。对于三阶以上的情形，可以利用更高阶的张量进行描述。

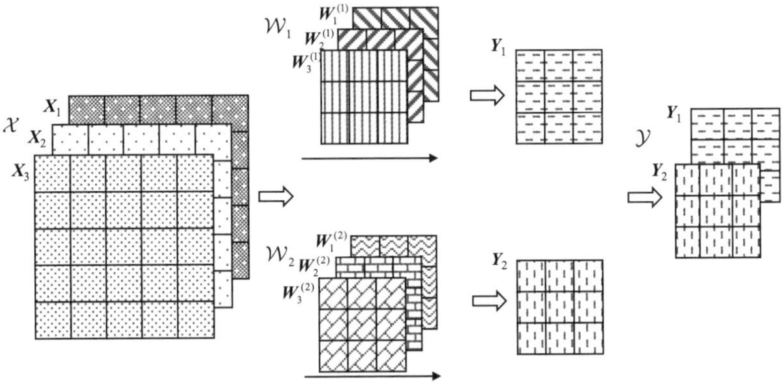

图 9-22　多通道输入多卷积核情形下的特征映射

对于 LeNet-5，卷积层“C1: 特征映射: 6@28×28”表示该层使用 6 个卷积核，每个特征映射是由 5×5 的卷积核以步长为 1 在，32×32 的输入上滑动得到的，大小为(32−5+1)×(32−5+1) = 28×28，“6@28×28”表示该层有 6 个大小为 28×28 的特征映射。对于 C3 层，“C3: 特征映射: 16@10×10”表示该层使用16个卷积核，每个特征映射由5×5×6的卷积核以步长为1，在14×14×6的输入 S2 上滑动得到的（因为 S2 中有 6 个通道，所以每个卷积核的通道数等于 6），大小为(14−5+1)×(14−5+1) = 10×10，“16@10×10”表示该层有 16 个大小为 10×10 的特征映射。对于 C5 层，有 120 个卷积核，每个特征映射是由 5×5×16 的卷积核以步长为 1，在 5×5×16 的输入 S4 上滑动得到的，大小为(5−5+1)×(5−5+1) = 1×1，“120”表示有 120 个大小为 1×1 的特征映射。

与传统神经网络相比，基于卷积操作的卷积神经网络具有以下优点。

（1）卷积网络具有稀疏交互（Sparse Interactions）或稀疏权重（Sparse Weights）的特点。传统的神经网络使用矩阵乘法来建立输入与输出之间的连接，每个输出单元与每个输入单元都产生交互，而卷积网络的输出单元可以只与一部分输入单元相连接。例如，对于 n 个输入和 m 个输出的情形，传统神经网络需要 $m \times n$ 个参数，若限制特征映射连接数为 k，卷积网络只需 $m \times k$ 个参数。在深度卷积网络中，处于网络深层的单元可能与绝大部分输入是间接交互的。这允许卷积网络通过稀疏连接的方式来描述多个变量间的复杂关系。

（2）卷积网络具有参数共享（Parameter Sharing）的特点。传统的神经网络在计算一层的输出时，连接权重矩阵的每个元素只被使用一次；而在卷积网络中，卷积核通过滑动的方式作用在输入的每个位置上，为此我们只需学习一个参数集合（卷积核中的参数），而不是对输入的每个位置都学习一个单独的参数集合。

参数共享的特殊形式是使神经网络具有平移等变性（Equivariance）。例如，对于图像，卷积会产生一个二维映射来表明某些特征在输入中出现的位置。如果移动输入中的对象，则该对象也会在输出中移动同样的量。在处理时序数据时，通过卷积可以得到一个由输入中出现不同特征的时刻组成的时间轴。如果把输入中的一个事件向后延时，则在输出中仍然会有完全相同的表示，只是时间延后了。但是，卷积对于放缩和旋转等其他变换不是天然等变的。

3. 池化

池化使用某一位置的相邻输出的统计特征作为该位置的输出。池化的本质是下采样（Subsampling），主要作用是在保留主要特征的同时，减小参数和计算量。池化具有平移（Translation）、旋转（Rotation）、尺度（Scale）等不变性（Invariance），其中平移不变性是指对输入进行少量平移，经过池化的大多数输出不会发生改变。当我们关心某个特征是否出现而不关心该特征出现的具体位置时，局部平移不变性是一个很有用的性质。

池化一般用在卷积之后，操作过程是在给定的特征映射上按“从左往右、由上到下”的方式以给定的步长移动特定大小的窗口，在每个滑动位置上计算窗口内的统计特征。最大池化（Max Pooling）和均值池化（Mean Pooling）是两种常用的池化函数。前者返回某一位置的相邻输出的最大值；后者计算某一位置的相邻输出的均值。

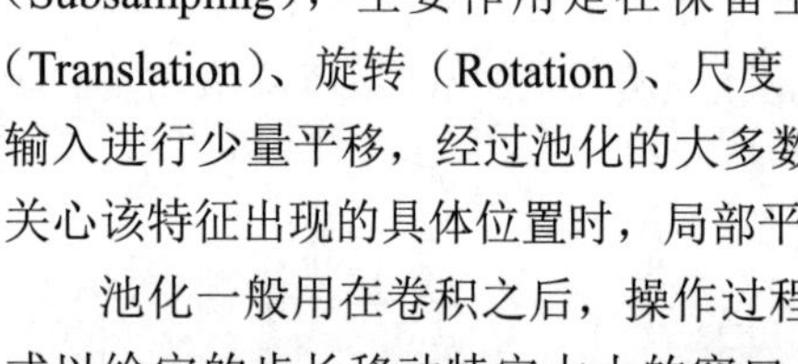

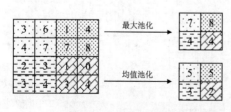

图 9-23 池化的示意图

图 9-23 给出了对于 4×4 的特征映射，池化窗口大小为 2×2、步长为 2 时的池化结果。当池化窗口在滑动过程中越过特征映射的边界时，除了可以采用零填充的方式扩展特征映射的大小，还可以采用重叠池化的方式进行池化操作（重叠池化是指相邻池化窗口之间有重叠的区域）。对于 LeNet-5，池化层

“S2: 特征映射: 6@14×14”表示对 C1 层进行 2×2 池化后得到的结果。类似地，S4 层是对 C3 层进行 2×2 池化得到的结果。

4．非线性

非线性通过激活函数对之前的结果进行非线性激活响应。在卷积神经网络中，ReLU 是一种常用的激活函数。

5．全连接层

全连接层（Fully Connected Layer，FC）是将每个节点与上一层的所有节点相连接，可以把前面提取到的特征综合起来，起到将学到的分布式特征表示映射到标签空间的作用。对于 LeNet-5，全连接层 F6 有 84 个神经元。

6．输出层

输出层（Output Layer）是神经网络的输出部分，一般也是全连接层。在分类问题中，输出层神经元的个数一般设置为待预测的类别数。在 LeNet-5 中，输出层有 10 个神经元，分别代表手写体数字 0～9，并且输出层采用的是高斯函数（又被称为径向基函数）的网络连接方式。在处理分类任务时，一般在全连接层后接上一个 softmax 层来将神经元的输出映射到[0, 1]区间。假设最后一个全连接层的输出是 $\boldsymbol{a}=(a_1;a_2;\cdots;a_d)$，那么 softmax 层的第 i（$0\leqslant i\leqslant d$）个输出 s_i 是 $s_i=\text{softmax}(a_i)=\dfrac{\mathrm{e}^{a_i}}{\sum_{j=1}^{d}\mathrm{e}^{a_j}}$，写成向量的形式是 $\boldsymbol{s}=\dfrac{\mathrm{e}^{\boldsymbol{a}}}{\boldsymbol{1}^{\mathrm{T}}\mathrm{e}^{\boldsymbol{a}}}$，其中 $\boldsymbol{1}$ 表示全为 1 的 d 维列向量。例如，输出 $\boldsymbol{a}=(2.5;-1;3.2;0.5)$经过 softmax 函数后，变为 $\boldsymbol{s}=(0.3145;0.0095;0.6334;0.0426)$。显然，归一化结果的累加和为 $\sum_{i=1}^{d}s_i=1$。

对于 $\boldsymbol{s}=\text{softmax}(\boldsymbol{a})$，有 $\dfrac{\partial\boldsymbol{s}}{\partial\boldsymbol{a}}=\text{diag}(\boldsymbol{s})-\boldsymbol{s}\boldsymbol{s}^{\mathrm{T}}$，其中 $\text{diag}(\boldsymbol{s})$ 表示对角线元素是由 $\boldsymbol{s}$ 的分量构建的对角矩阵。

9.7.2　卷积神经网络的训练

与训练神经网络类似，卷积神经网络的训练过程同样包括两个阶段：第一个阶段是前向传播阶段；第二个阶段是反向传播阶段。在反向传播阶段，计算前向传播的预测值与真实值的误差，将误差从网络的高层向低层进行传播和更新连接权重。卷积神经网络的具体训练过程如下。

（1）随机初始化卷积神经网络中的参数，包含卷积核、全连接层的连接权重和阈值等。

（2）输入数据经过卷积层、池化层、全连接层的前向传播得到预测值。

（3）计算预测值与真实值之间的误差。

（4）当误差大于给定的阈值时，将误差回传到网络中，依次求得全连接层、池化层、卷积层的误差，反之结束训练。

（5）根据得到的误差更新卷积神经网络的参数，并转到步骤（2）。

可以看出，训练卷积神经网络和训练神经网络的主要不同之处在于卷积神经网络中卷积层和池化层的误差传递。具体来说，卷积层采用的是局部连接的方式，误差的传递也是通过卷积核进行的。在误差传递过程中，需要通过卷积核找到卷积层和上一层的连接节点。求卷积层的上一层的误差的过程：首先，对卷积层的误差进行 padding = 1 的零填充；然后，将卷积核旋转 180°；最后，计算零填充的误差矩阵和旋转后的卷积核之间的卷积，从而得到上一层的误差。

对于池化层，不需要更新连接权重，只需向上一层传递误差。具体来说，若采用的是最大池化，则直接将误差传到上一层连接的节点中；若采用的是均值池化，则将误差均匀地分布到上一层的连接节点中。

9.7.3 典型的卷积神经网络

本节将介绍两种被广泛使用的卷积神经网络：VGGNet 和深度残差网络。

1．VGGNet

VGGNet 是由牛津大学的视觉几何小组（Visual Geometry Group）提出的，表明增加网络深度能够在一定程度上影响网络最终的性能。VGGNet 相较 AlexNet 的一个改进是采用连续的多个 3×3 卷积核代替 AlexNet 中的较大卷积核（如 5×5、7×7 和 11×11）。对于给定的感受野，使用堆积的小尺寸卷积核往往优于大尺寸卷积核。这是由于多层非线性层能够增加网络深度来学习更复杂的模式，而且需要学习的参数量更少。VGGNet 的结构简洁，整个网络使用同样大小的卷积核和池化窗口。图 9-24 所示为 VGGNet-19 的结构，其中“3*3 conv, 64”表示 64 个 3×3 的卷积核，“fc 4096”表示全连接层中有 4096 个神经元。

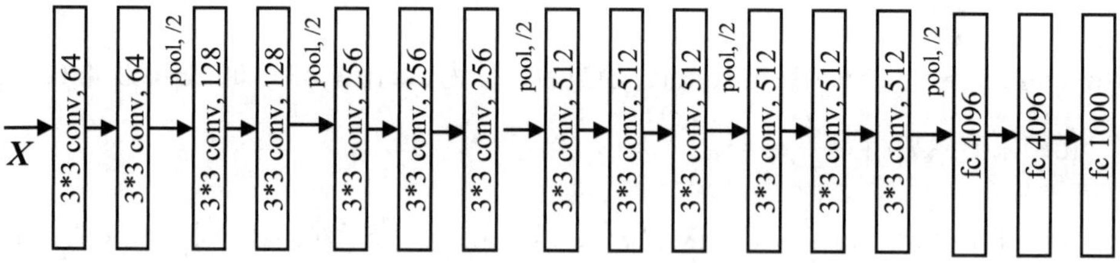

图 9-24 VGGNet-19 的结构

2．深度残差网络

深度残差网络（Deep Residual Network，ResNet）是由 Kaiming He 等人发表在 2016 年国际计算机视觉与模式识别会议上的研究工作。ResNet 被提出的动机是研究人员发现深度神经网络的训练易出现退化问题，即当网络深度增加时，网络的准确度会出现饱和，甚至出现下降的情况。ResNet 通过创新性地引入残差单元这一结构（见图 9-25），解决深度模型难训练的问题。该残差单元与电路中的“短路”类似，是一种短路连接（Shortcut Connection）。接下来简要分析而非严格证明为什么更容易训练基于残差单元的深度网络。

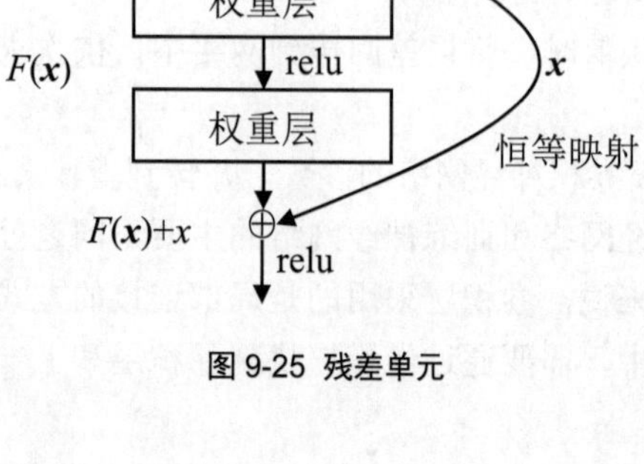

图 9-25 残差单元

根据残差单元的结构，有

$$\begin{cases} \boldsymbol{y}_l = F(\boldsymbol{x}_l, \mathbf{W}_l) + \boldsymbol{x}_l \\ \boldsymbol{x}_{l+1} = \sigma(\boldsymbol{y}_l) \end{cases} \tag{9-11}$$

式中，$\boldsymbol{x}_l$ 和 $\boldsymbol{x}_{l+1}$ 分别表示第 l 个残差单元的输入和输出；σ 表示 ReLU 函数。

基于式（9-11），可以得到从第 l 层到第 L 层的学习特征 $\boldsymbol{x}_L$ 为 $\boldsymbol{x}_L = \boldsymbol{x}_l + \sum_{i=l}^{L-1} F(\boldsymbol{x}_i, \mathbf{W}_i)$。

根据链式求导法则，有

$$\frac{\partial E}{\partial \boldsymbol{x}_l} = \frac{\partial E}{\partial \boldsymbol{x}_L}\frac{\partial \boldsymbol{x}_L}{\partial \boldsymbol{x}_l} = \frac{\partial E}{\partial \boldsymbol{x}_L}\left(1 + \frac{\partial}{\partial \boldsymbol{x}_l}\sum_{i=l}^{L-1} F(\boldsymbol{x}_i, \mathbf{W}_i)\right)$$

式中，$\frac{\partial E}{\partial \boldsymbol{x}_L}$ 表示损失函数 E 在 L 层的梯度；1 表示短路机制可以无损地传播梯度，另外一项残差梯度需要经过权重层传播。由于残差梯度值全为-1 的概率很小，而且就算该值比较小，1 的存在也不会导致梯度弥散，因此可以更容易地训练深层网络。

可以在残差结构的基础上构建 ResNet，图 9-26 给出了一个包含 15 个网络层的 ResNet，在每两层间增加了短路连接，其中虚线指示特征映射的数量发生了改变。

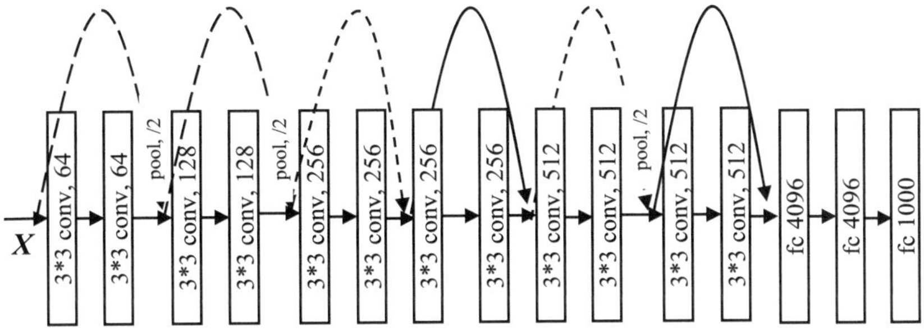

图 9-26 ResNet 的结构

9.7.4 卷积神经网络的代码示例

卷积神经网络在农业、安防、医疗诊断等众多领域中得到了广泛应用并取得了显著成果，如目前人脸识别系统的核心算法。当前有多种框架对实现深度学习模型提供了良好支持，这降低了深度学习应用的门槛和成本。常用的深度学习框架有 PyTorch、TensorFlow、Caffee、MXNet、PaddlePaddle 等。本节以手写数字识别数据集 MNIST 为例实现基于 PyTorch 的卷积神经网络。MNIST 由 0～9 的手写数字图片和数字标签组成，包括 6 万个训练样本和 1 万个测试样本，其中每个样本是一张 28px×28px 的灰度手写数字图片。读者可以从 MNIST 官网上获取该数据集。

导入相关的库。

```
import torch
from torch.autograd import Variable
from torchvision import datasets, transforms
from torch.utils.data import DataLoader
from torch import nn, optim
```

定义超参数，包括最大迭代次数 num_epoches，小批量样本的个数 batch_size 和学习率 learning_rate；准备训练数据和测试数据，可以通过设置 shuffle=True 随机打乱训练样本的顺序。

```
num_epoches =50
batch_size = 64
learning_rate = 0.02
train_dataset = datasets.MNIST(root='离线下载后的数据的路径', train=True,
                               transform=transforms.ToTensor(), download=True)
test_dataset = datasets.MNIST(root='离线下载后的数据的路径', train=False,
                              transform=transforms.ToTensor(), download=True)
train_loader = DataLoader(dataset=train_dataset, batch_size=batch_size, shuffle=True)
test_loader = DataLoader(dataset=test_dataset, batch_size=batch_size, shuffle=False)
```

构建一个包括 2 个卷积层、2 个池化层和 2 个全连接层的卷积神经网络。函数 Conv2d(in_channels, out_channels, kernel_size, stride, padding, dilation = 1, groups = 1, bias = True, padding_mode = 'zeros',)中的参数 in_channels 表示输入的通道数，out_channels 表示输出的通道数，kernel_size 表示卷积核的尺寸，stride 表示步长，padding 表示零填充的大小。可以将卷积、非线性和池化作为 Sequential 函数的输入。Forward 函数返回前向传播结果，其中调用的 view 函数可将特征映射拉伸为向量，以便与全连接层中的神经元相连接。

```
class CNN(nn.Module):
    def __init__(self):
        super(CNN, self).__init__()
        self.conv1 = nn.Sequential(nn.Conv2d(1, 32, 5, 1, 2), nn.ReLU(), nn.MaxPool2d(2, 2))
        self.conv2 = nn.Sequential(nn.Conv2d(32, 64, 5, 1, 2), nn.ReLU(), nn.MaxPool2d(2, 2))
        self.fc1 = nn.Sequential(nn.Linear(64*7*7, 1000), nn.ReLU())
        self.fc2 = nn.Sequential(nn.Linear(1000, 10), nn.Softmax(dim=1))
    def forward(self, x):
        x = self.conv1(x)
        x = self.conv2(x)
        x = x.view(x.size()[0], -1)
        x = self.fc1(x)
        x = self.fc2(x)
        return x
```

定义损失函数和梯度下降算法。在此使用 CrossEntropyLoss 交叉熵损失函数和随机梯度下降算法来学习网络中的参数 parameters。

```
CNNnet = CNN()
crossEntroloss = nn.CrossEntropyLoss()
optimizer = optim.SGD(CNNnet.parameters(), lr = learning_rate)
```

训练卷积神经网络模型。使用训练数据中的小批量数据，首先前向传播得到预测结果 out，然后计算预测值 out 和真实值 labels 之间的损失 loss，最后清除上一个小批量数据相关的梯度信息后，计算梯度，并通过优化器 optimizer 更新参数。

```
def train():
    for i, data in enumerate(train_loader):
    inputs, labels = data
    inputs = Variable(inputs)
    labels = Variable(labels)
    out = CNNnet(inputs)
    loss = crossEntropyloss(out, labels)
    optimizer.zero_grad()
    loss.backward()
    optimizer.step()
```

将训练好的卷积神经网络应用于测试集。由于卷积神经网络的输出是向量，因此首先将预测概率最大值对应的标签作为预测值输出，然后统计在每个小批量中有多少个样本的标签被正确预测，最后输出关于整个测试集的平均准确率。

```
def test():
    test_count = 0
    for i, data in enumerate(test_loader):
        inputs, labels = data
        inputs = Variable(inputs)
        labels = Variable(labels)
        out = CNNnet(inputs)
        _, pred = torch.max(out, 1)
        num_correct = (pred == labels).sum()
        test_count += num_correct.item()
    print('Acc: {:.3f}'.format(test_count/len(test_dataset)))
```

在主函数中调用上述方法。

```
if __name__== "__main__":
    for epoch in range(num_epoches):
        train()
        test()
```

9.8　循环神经网络

循环神经网络（Recurrent Neural Network，RNN）是一类用于处理序列数据的神经网络。循环神经网络的参数共享机制使其擅长挖掘数据中的时序语义信息，能够处理不同长度的样本并且具有较好的泛化能力。当我们关注的信息出现在序列上的多个位置时，参数共享机制尤为重要。例如，自然语言处理与分析中的一个任务是训练一个能够提取语句中地点实体的模型。对于语句“中国的首都是北京”和“北京是中国的首都”，我们期望所训练的模型能够提取出实体“北京”，无论其出现在句子的开头还是结尾。传统的全连接前馈神经网络将给每个输入特征分配一个单独的参数，此时需要分别学习句子中每个位置的所有语言规则，并且全连接前馈网络往往处理具有固定长度的输入；而循环神经网络通过共享权重，可以不需要分别学习句子的每个位置的所有语言规则。卷积神经网络也能处理时序数据，卷积输出的每项是相邻几项输入的函数，参数共享机制体现在每个时间步的卷积核是相同的，但是这种参数共享机制是浅层的，循环神经网络则采用不同的参数共享机制，可以更好地捕获句子中的时序依赖性。

循环神经网络的输入可以是标量、向量、矩阵或张量。本节主要以向量输入的形式介绍循环神经网络。对于给定的序列 $\boldsymbol{x}_1,\boldsymbol{x}_2,\cdots,\boldsymbol{x}_\tau$，长度为 τ，t 时刻的数据为 $\boldsymbol{x}_t$（$1 \leqslant t \leqslant \tau$）。需要注意的是，时刻 t 是广义上的时间，代表数据在序列中的索引，可能对应时间、空间等维度。本节将介绍几种常见的循环神经网络模型。

9.8.1　基本循环神经网络

根据不同的应用场景，可以设计隐含层神经元和输出层神经元之间不同的连接方式。常用的循环神经网络设计模式包括以下三种方式。

第一种方式，隐含层单元之间存在循环连接，并且每个时间步都有输出，如图 9-27 所示，其中左侧为回路原理图，右侧为展开的计算图。例如，在基于传感器数据进行实时异常监测时，需要根据当前的传感器读数 $\boldsymbol{x}_t$，同时结合上一时刻的输出 $\boldsymbol{o}_{t-1}$ 进行异常预警。

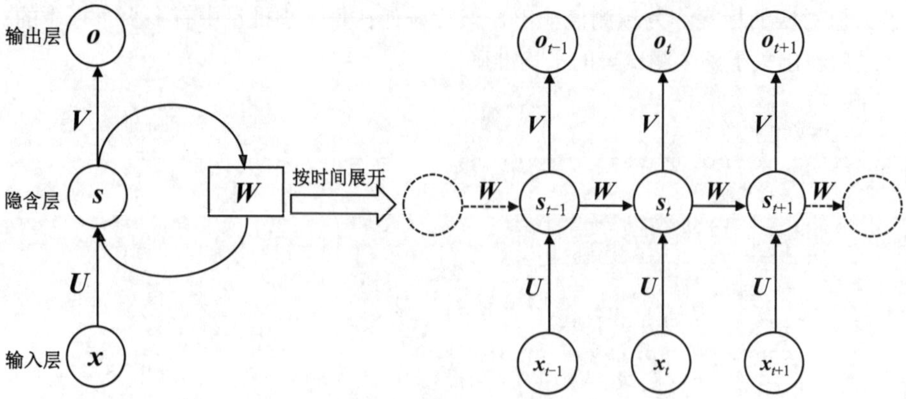

图 9-27 隐含层存在连接且每步有输出的循环神经网络

假设 t 时刻的输入是 $\boldsymbol{x}_t$，隐含层单元的值是 $\boldsymbol{s}_t$，输出层单元的值是 $\boldsymbol{o}_t$，$\boldsymbol{U}$ 是输入层和隐含层之间的连接权重，$\boldsymbol{V}$ 是隐含层和输出层之间的连接权重，$\boldsymbol{W}$ 是时间点之间的权重矩阵并且每个时刻的 $\boldsymbol{W}$ 是相同的，该类型循环神经网络的计算公式为

$$\boldsymbol{o}_t = g(\boldsymbol{V}\boldsymbol{s}_t) \tag{9-12}$$

$$\boldsymbol{s}_t = f(\boldsymbol{U}\boldsymbol{x}_t + \boldsymbol{W}\boldsymbol{s}_{t-1}) \tag{9-13}$$

式中，g 和 f 表示激活函数。根据式（9-12）和（9-13），可得

$$\begin{aligned}\boldsymbol{o}_t &= g(\boldsymbol{V}\boldsymbol{s}_t)\\ &=g\left(\boldsymbol{V}f\left(\boldsymbol{U}\boldsymbol{x}_t+\boldsymbol{W}\boldsymbol{s}_{t-1}\right)\right)\\ &=g\left(\boldsymbol{V}f\left(\boldsymbol{U}\boldsymbol{x}_t+\boldsymbol{W}f(\boldsymbol{U}\boldsymbol{x}_{t-1}+\boldsymbol{W}\boldsymbol{s}_{t-2})\right)\right)\\ &=g\left(\boldsymbol{V}f\left(\boldsymbol{U}\boldsymbol{x}_t+\boldsymbol{W}f(\boldsymbol{U}\boldsymbol{x}_{t-1}+\boldsymbol{W}f(\boldsymbol{U}\boldsymbol{x}_{t-2}+\cdots))\right)\right)\end{aligned}$$

可以看出，循环神经网络的输出值 $\boldsymbol{o}_t$ 受前面输入值 $\boldsymbol{x}_t,\boldsymbol{x}_{t-1},\cdots,\boldsymbol{x}_1$ 的影响。循环神经网络可用于解决序列问题的关键在于，其可以记住每个时刻的信息，并且 t 时刻的 $\boldsymbol{s}_t$ 不仅由该时刻的 $\boldsymbol{x}_t$ 决定，还由 t-1 时刻的 $\boldsymbol{s}_{t-1}$ 决定。由于更换输入序列的顺序将得到不同的结果，因此循环神经网络对序列敏感。另外，无论序列的长度是多少，循环神经网络具有相同的输入大小。

下面结合一个例子来说明该类型循环神经网络的计算过程。给定一个训练好的循环神经网络，假设其阈值是 0，$\boldsymbol{W}$、$\boldsymbol{U}$ 和 $\boldsymbol{V}$ 中的元素值均是 1，用到的激活函数是线性函数，并且输入、输出和隐含层都是二维的，即 $\boldsymbol{W} = \boldsymbol{U} = \boldsymbol{V} = [1, 1; 1, 1]$。计算输入序列{(1; 1)，(1; 1)，(2; 2)}的输出。

在 t = 1 时刻，$\boldsymbol{x}_1 = (1;1)$。上一时刻的隐含层输出不存在，将其初始值设置为 $\boldsymbol{s}_0 = (0;0)$。此时隐含层的值是 $\boldsymbol{s}_1 = f(\boldsymbol{U} * \boldsymbol{x}_1 + \boldsymbol{W} * \boldsymbol{s}_0) = \boldsymbol{U} * \boldsymbol{x}_1 + \boldsymbol{W} * \boldsymbol{s}_0 = (2;2)$，输出 $\boldsymbol{o}_1 = g(\mathbf{V} * \boldsymbol{s}_1) = (4;4)$。

在 t = 2 时刻，$\boldsymbol{x}_2 = (1;1)$。上一时刻的隐含层输出为 $\boldsymbol{s}_1 = (2;2)$，此时隐含层的值是 $\boldsymbol{s}_2 = f(\boldsymbol{U} * \boldsymbol{x}_2 + \boldsymbol{W} * \boldsymbol{s}_1) = (6;6)$，输出 $\boldsymbol{o}_2 = g(\boldsymbol{V} * \boldsymbol{s}_2) = (12;12)$。

在 t = 3 时刻，$\boldsymbol{x}_3 = (2;2)$。上一时刻的隐含层输出为 $\boldsymbol{s}_2 = (6;6)$，此时隐含层的值是 $\boldsymbol{s}_3 = f(\boldsymbol{U} * \boldsymbol{x}_3 + \boldsymbol{W} * \boldsymbol{s}_2) = (16;16)$，输出 $\boldsymbol{o}_3 = g(\boldsymbol{V} * \boldsymbol{s}_3) = (32;32)$。

第二种方式，隐含层单元之间存在循环连接，读取整个序列后产生一个输出，而不是每个时间步都产生输出，如图 9-28 所示。例如，基于可穿戴传感器数据的人体动作识别，一般使用多个时刻的传感器数据 $\boldsymbol{x}_1, \boldsymbol{x}_1, \cdots, \boldsymbol{x}_\tau$ 来识别穿戴者的动作；分析一段文字的情感倾向，通常是朗读者读完整段话后再预测其情感倾向是正向、负向还是中立的。

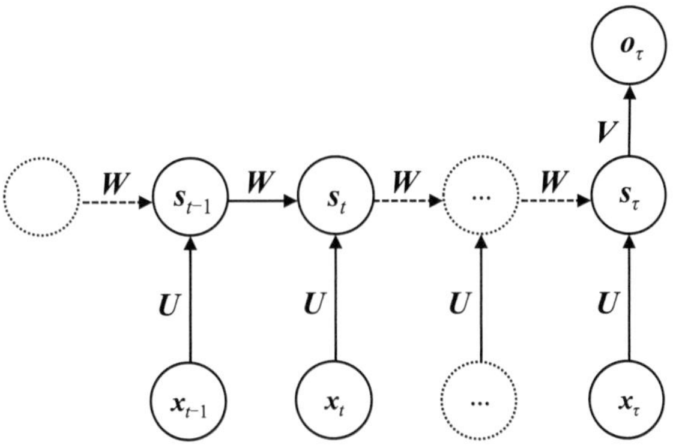

图 9-28　隐含层存在连接且只有最后一步有输出的循环神经网络

第三种方式，每个时间步都有输出，并且上一时刻的输出连接到当前时刻的隐含层，如图 9-29 所示。

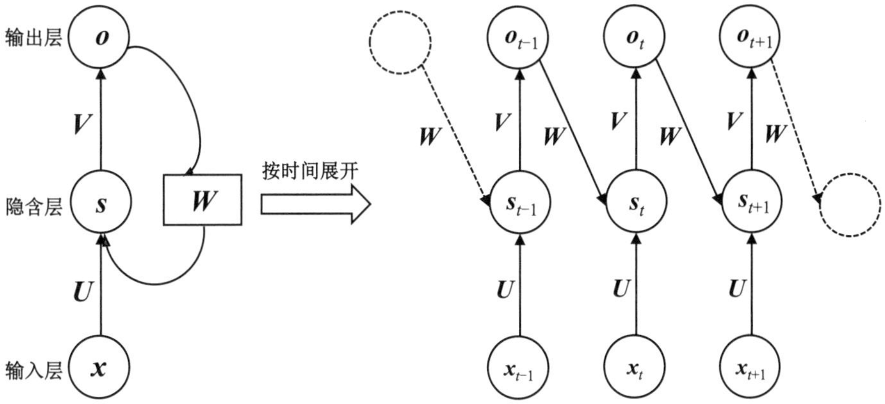

图 9-29　每步输出连接到下步隐含层的循环神经网络

9.8.2　双向循环神经网络

对于时序分析任务，有时只看前面的输入是不够的，如在语句填空任务中，对于“中国的首_是北京”这句话，只从“_”前面的内容很难准确地推测应该填的词，但是结合“_”后面的词会容易推测“_”的值了，此时需要用到双向循环神经网络。图 9-30 所示为双向循环神经网络的结构。双向循环神经网络的隐含层需要保存 $\boldsymbol{s}_t$ 和 $\boldsymbol{r}_t$，其中 $\boldsymbol{s}_t$ 参与正向计算，$\boldsymbol{r}_t$ 参与反向计算。在正向计算时，隐含层的 $\boldsymbol{s}_t$ 与 $\boldsymbol{s}_{t-1}$ 有关；在反向计算时，隐含层的 $\boldsymbol{r}_t$ 与 $\boldsymbol{r}_{t+1}$ 有关；最终的输出是正向计算和反向计算的和。双向循环神经网络的计算公式是

$$\boldsymbol{s}_t = f_1(\boldsymbol{U}_1\boldsymbol{x}_t + \boldsymbol{W}_1\boldsymbol{s}_{t-1})$$

$$\boldsymbol{r}_t = f_2(\boldsymbol{U}_2\boldsymbol{x}_t + \boldsymbol{W}_2\boldsymbol{s}_{t+1})$$

$$\boldsymbol{o}_t = g(\boldsymbol{V}_1\boldsymbol{s}_t + \boldsymbol{V}_2\boldsymbol{r}_t) = g\left(\begin{bmatrix}\boldsymbol{V}_1 & \boldsymbol{V}_2\end{bmatrix}\begin{bmatrix}\boldsymbol{s}_t \\ \boldsymbol{r}_t\end{bmatrix}\right)$$

式中，g、f_1 和 f_2 表示激活函数。

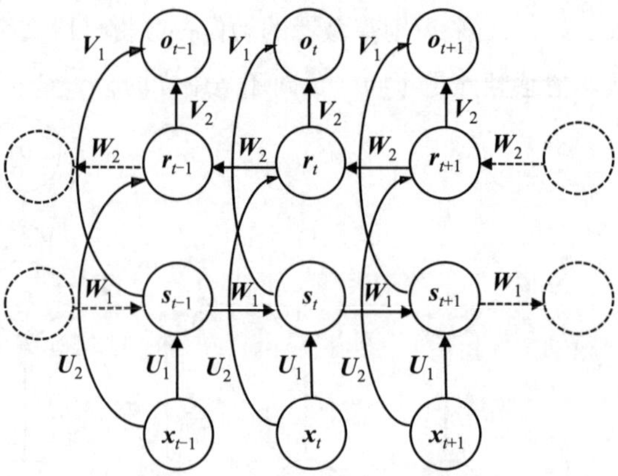

图 9-30 双向循环神经网络的结构

双向循环神经网络的前向传播过程：首先，计算输入序列的正向隐含状态；然后，将输入序列倒序并将其输入到一个新的循环神经网络层中，并将循环神经网络输出的结果倒序；最后，将正向计算得到的隐含状态和反向计算得到的隐含状态拼接起来，计算得到输出。

双向循环神经网络的训练过程与普通循环神经网络类似。双向循环神经网络利用将来的信息，因此可用于从序列中提取特征、缺失值填补、序列翻译等任务，但不适用于预测任务。

9.8.3 深度循环神经网络

在基本循环神经网络的基础上，可以增加循环神经网络的深度以增强其表示能力。根据循环神经网络的架构可知，可以从前一个隐含状态和后一个隐含状态之间的路径、输入到输出之间的路径这两方面来增加网络深度。对于前者，可以在不同时刻的隐含状态之间引入更深的计算。例如，可以加入两个新的计算以学习更加复杂的不同时刻的隐含状态之间的关系，如图 9-31（a）所示。对于后者，可以增加输入层到隐含状态或隐含状态到输出层之间的路径。堆栈循环神经网络是其中一种典型实现方式，把多个循环神经网络堆叠起来，第 l-1 层的输出是第 l 层的输入，第 l 层的 $\boldsymbol{s}_t^{(l)} = f(\boldsymbol{U}^{(l)}\boldsymbol{s}_t^{(l-1)} + \boldsymbol{W}^{(l)}\boldsymbol{s}_{t-1}^{(l)})$，并且 $\boldsymbol{s}_t^{(0)} = \boldsymbol{x}_t$。图 9-31（b）给出了由三个隐含层组成的堆栈循环神经网络。

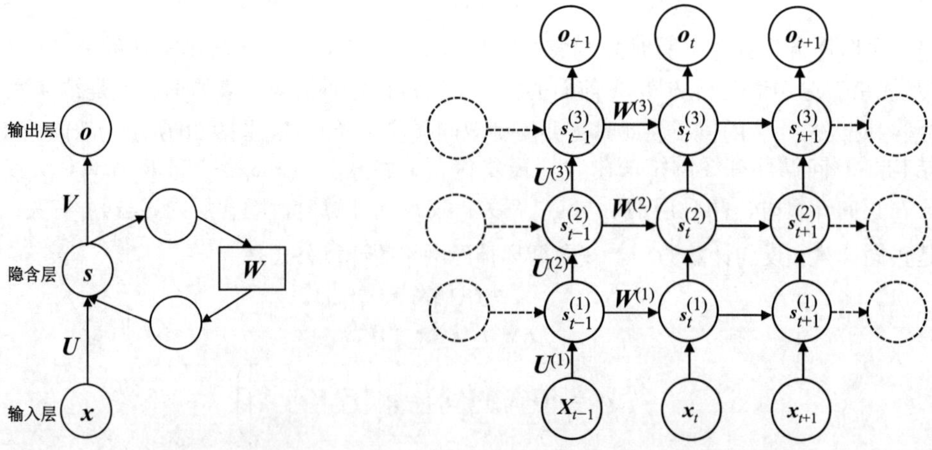

（a）增加不同时刻的隐含状态之间的路径　　（b）增加输入和输出之间的路径

图 9-31 深度循环神经网络

9.8.4　递归神经网络

递归神经网络（Recursive Neural Network）是一类特殊的、具有树状结构的循环神经网络。图 9-32（a）给出了一个平衡二叉树型递归神经网络；图 9-32（b）给出了一个退化型递归神经网络。递归神经网络的核心问题是如何构造最佳的树状结构。常用的方法可分为知识驱动的方法和数据驱动的方法。前者利用专家知识设计结构；后者试图从数据中自动学习网络结构。递归神经网络的一个优点是可以将循环神经网络的深度由 τ 减小为 $O(\log_2 \tau)$。

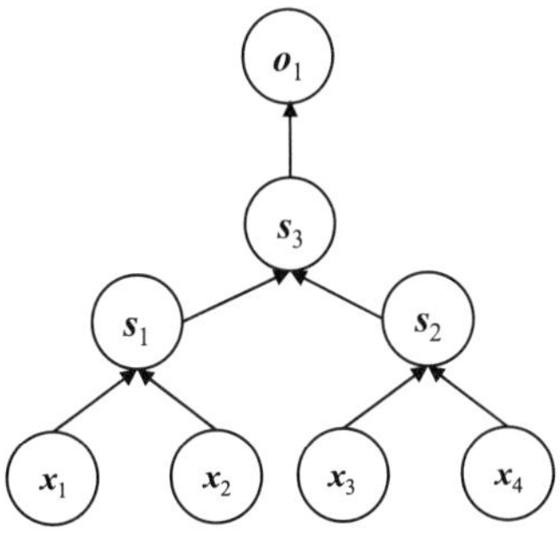

（a）平衡二叉树型递归神经网络

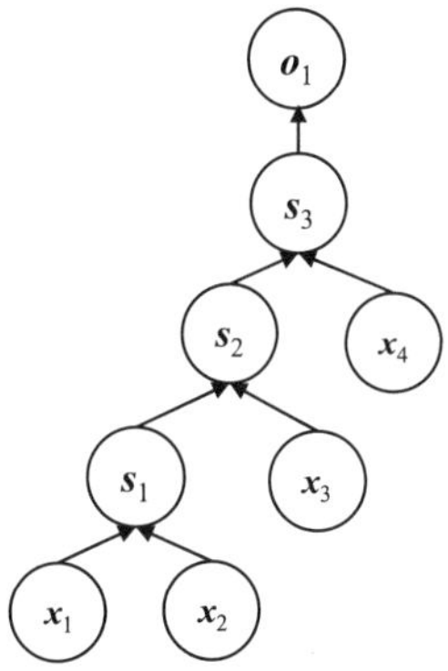

（b）退化型递归神经网络

图 9-32　递归神经网络

9.8.5　循环神经网络训练

循环神经网络的训练是通过随时间反向传播（BackPropagation Through Time，BPTT）算法完成的。BPTT 算法的基本原理与 BP 算法一样，将循环神经网络看成时间尺度上展开的多层前馈神经网络，循环神经网络的每个时刻对应前馈神经网络的一层，因此 BPTT 算法可以利用 BP 算法计算循环神经网络参数的梯度。BPTT 算法的主要计算过程：前向计算每个神经元的输出；反向计算每个神经元的误差项；计算每个权重的梯度；利用随机梯度下降算法更新权重。

以如图 9-33 所示的循环神经网络为对象来说明 BPTT 算法的梯度计算过程。假设 $\boldsymbol{x}_t$ 是当前时间步的输入，$\boldsymbol{s}_t$ 是隐含层的状态，$\boldsymbol{o}_t$ 是预测输出，则在长度为 τ 的序列上的损失是每个时间步损失 E_t 的总和，即 $E=\sum_{t=1}^{\tau} E_t(\boldsymbol{y}_t,\boldsymbol{o}_t)$，其中 $\boldsymbol{y}_t$ 表示 $\boldsymbol{x}_t$ 对应的真实标签值。在 t 时刻的损失函数 E_t 关于参数 $\boldsymbol{V}$、$\boldsymbol{W}$ 和 $\boldsymbol{U}$ 的偏导数为

$$\frac{\partial E_t}{\partial \boldsymbol{V}}=\frac{\partial E_t}{\partial \boldsymbol{o}_t}\frac{\partial \boldsymbol{o}_t}{\partial \boldsymbol{V}} \tag{9-14}$$

$$\frac{\partial E_t}{\partial \boldsymbol{W}}=\frac{\partial E_t}{\partial \boldsymbol{o}_t}\frac{\partial \boldsymbol{o}_t}{\partial \boldsymbol{s}_t}\frac{\partial \boldsymbol{s}_t}{\partial \boldsymbol{W}}=\frac{\partial E_t}{\partial \boldsymbol{o}_t}\frac{\partial \boldsymbol{o}_t}{\partial \boldsymbol{s}_t}\sum_{k=0}^{t}\frac{\partial \boldsymbol{s}_t}{\partial \boldsymbol{s}_k}\frac{\partial \boldsymbol{s}_k}{\partial \boldsymbol{W}} \tag{9-15}$$

$$\frac{\partial E_t}{\partial \boldsymbol{U}}=\frac{\partial E_t}{\partial \boldsymbol{o}_t}\frac{\partial \boldsymbol{o}_t}{\partial \boldsymbol{s}_t}\frac{\partial \boldsymbol{s}_t}{\partial \boldsymbol{U}}=\frac{\partial E_t}{\partial \boldsymbol{o}_t}\frac{\partial \boldsymbol{o}_t}{\partial \boldsymbol{s}_t}\sum_{k=0}^{t}\frac{\partial \boldsymbol{s}_t}{\partial \boldsymbol{s}_k}\frac{\partial \boldsymbol{s}_k}{\partial \boldsymbol{U}} \tag{9-16}$$

对于式（9-15）和式（9-16）中的累计求和，由于 $\boldsymbol{s}_t=f(\boldsymbol{U}\boldsymbol{x}_t+\boldsymbol{W}\boldsymbol{s}_{t-1})$ 与 $\boldsymbol{s}_{t-1}$ 有关，$\boldsymbol{s}_{t-1}$ 又与 $\boldsymbol{W}$、$\boldsymbol{U}$ 和 $\boldsymbol{s}_{t-2}$ 有关，因此在对 $\boldsymbol{W}$ 和 $\boldsymbol{U}$ 求偏导时，需要继续应用链式求导法则，而 $\boldsymbol{V}$ 不随时间前向传播，可以直接应用式（9-14）进行求解。

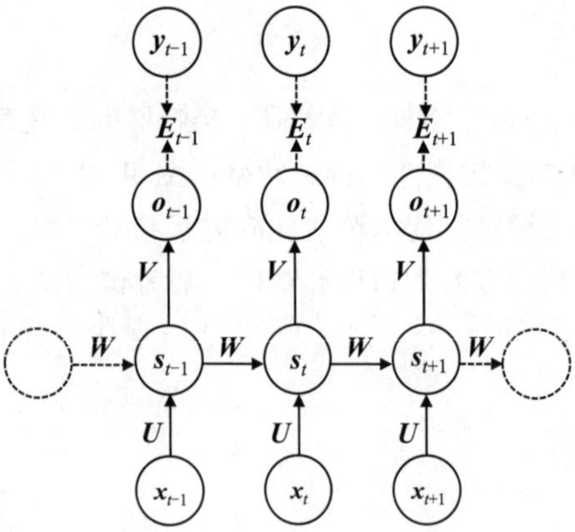

图 9-33 循环神经网络的训练

9.8.6 长短时记忆网络

由于 $\boldsymbol{s}_t$ 是由 $\boldsymbol{s}_{t-1}$ 和 $\boldsymbol{x}_t$ 决定的函数，即 $\boldsymbol{s}_t = f(\boldsymbol{x}_t, \boldsymbol{s}_{t-1}; \boldsymbol{\theta})$，$\boldsymbol{\theta} = \{\boldsymbol{W}, \boldsymbol{U}\}$ 是其中的可训练参数，又由于 $\boldsymbol{s}_{t-1}$ 与 $\boldsymbol{W}$、$\boldsymbol{U}$ 和 $\boldsymbol{s}_{t-2}$ 有关，因此 $\boldsymbol{s}_t$ 关于 $\boldsymbol{\theta}$ 的偏导数为

$$\frac{\partial \boldsymbol{s}_t}{\partial \boldsymbol{\theta}} = \frac{\partial \boldsymbol{s}_t}{\partial \boldsymbol{s}_{t-1}} \frac{\partial \boldsymbol{s}_{t-1}}{\partial \boldsymbol{\theta}} + \frac{\partial \boldsymbol{s}_t}{\partial \boldsymbol{\theta}} \tag{9-17}$$

可以看出当前梯度 $\frac{\partial \boldsymbol{s}_t}{\partial \boldsymbol{\theta}}$ 是前一刻梯度 $\frac{\partial \boldsymbol{s}_{t-1}}{\partial \boldsymbol{\theta}}$ 与当前运算梯度 $\frac{\partial \boldsymbol{s}_t}{\partial \boldsymbol{\theta}}$ 的函数，$\frac{\partial \boldsymbol{s}_t}{\partial \boldsymbol{s}_{t-1}}$ 是其中的系数。

当 $|\frac{\partial \boldsymbol{s}_t}{\partial \boldsymbol{s}_{t-1}}|>1$ 时，历史梯度信息是增强的，在长序列上梯度会爆炸。此时，最后一个隐含层的梯度更新正常，但向前传播的梯度不断累计，浅层的网络可能会产生剧烈地波动，可训练参数的特征分布变化较大，同时输入的特征分布可能与波动幅度不同，导致最终的损失出现极大偏差。

不断展开式（9-17），可得

$$\begin{aligned}\frac{\partial \boldsymbol{s}_t}{\partial \boldsymbol{\theta}} &= \frac{\partial \boldsymbol{s}_t}{\partial \boldsymbol{\theta}} + \frac{\partial \boldsymbol{s}_t}{\partial \boldsymbol{s}_{t-1}} \frac{\partial \boldsymbol{s}_{t-1}}{\partial \boldsymbol{\theta}} \\ &= \frac{\partial \boldsymbol{s}_t}{\partial \boldsymbol{\theta}} + \frac{\partial \boldsymbol{s}_t}{\partial \boldsymbol{s}_{t-1}} \frac{\partial \boldsymbol{s}_{t-1}}{\partial \boldsymbol{\theta}} + \frac{\partial \boldsymbol{s}_t}{\partial \boldsymbol{s}_{t-1}} \frac{\partial \boldsymbol{s}_{t-1}}{\partial \boldsymbol{s}_{t-2}} \frac{\partial \boldsymbol{s}_{t-2}}{\partial \boldsymbol{\theta}} \\ &= \frac{\partial \boldsymbol{s}_t}{\partial \boldsymbol{\theta}} + \cdots + \frac{\partial \boldsymbol{s}_t}{\partial \boldsymbol{s}_{t-1}} \frac{\partial \boldsymbol{s}_{t-1}}{\partial \boldsymbol{\theta}} \cdots \frac{\partial \boldsymbol{s}_2}{\partial \boldsymbol{s}_1} \cdot \frac{\partial \boldsymbol{s}_1}{\partial \boldsymbol{\theta}}\end{aligned}$$

当 $|\frac{\partial \boldsymbol{s}_t}{\partial \boldsymbol{s}_{t-1}}|<1$ 时，历史梯度信息是衰减的，不断迭代下去，$\frac{\partial \boldsymbol{s}_1}{\partial \boldsymbol{\theta}}$ 的系数会不断接近 0，也就是说，当前梯度 $\frac{\partial \boldsymbol{s}_t}{\partial \boldsymbol{\theta}}$ 和最初的梯度信息 $\frac{\partial \boldsymbol{s}_1}{\partial \boldsymbol{\theta}}$ 基本没有关系，距离当前时间越长，反馈的梯度信号越不显著，可能完全没有起到作用，导致循环神经网络对长距离语义的捕获能力失效。此时，最后一个隐含层的梯度更新正常，但是越靠前的隐含层的梯度更新越慢，甚至有可能会出现停滞，导致深度神经网络退化为浅层神经网络。

关于 $|\frac{\partial \boldsymbol{s}_t}{\partial \boldsymbol{s}_{t-1}}|$ 的取值，可以进行以下简单分析。假设 $\boldsymbol{s}_t$ 是一维向量，根据

$s_t = f(Ux_t + Ws_{t-1})$，有 $\frac{\partial s_t}{\partial s_{t-1}} = \frac{\partial f(Ux_t + Ws_{t-1})}{\partial s_{t-1}} W$。当激活函数 f 采用 Sigmoid 函数时，$\frac{\partial f(Ux_t + Ws_{t-1})}{\partial s_{t-1}} \in [0, 0.25]$，此时若 $W < 4$，则 $\frac{\partial s_t}{\partial s_{t-1}} < 1$；若 $W > 4$，则可能使 $\frac{\partial s_t}{\partial s_{t-1}} > 1$。

循环神经网络在长序列数据上的训练容易出现梯度爆炸和梯度弥散问题。总的来说，梯度爆炸和梯度弥散的本质是一样的，源于反向传播中梯度的累积影响，导致浅层网络的参数发生了振荡较大或变化微弱的问题。目前关于该类问题的解决方案主要有两类方法。一是，从反向传播方法出发改变训练模型，如选择合适的激活函数来削弱反向传播过程中的梯度累积；利用批规范化（Batch Normalization）操作，把每层神经网络的任意神经元的输入值的分布变换为标准正态分布；利用梯度裁剪，将梯度强制限制在某个范围内。二是，从神经网络的结构出发，在模型中施加一定的限制，如 ResNet 通过引入残差连接将浅层特征共享到深层网络中。长短时记忆网络（Long-Short Term Memory，LSTM）也是通过特定的结构设计在一定程度上缓解梯度弥散和梯度爆炸问题。

长短时记忆网络是由 Sepp Hochreiter 和 Jürgen Schmidhuber 于 1997 年提出的，在许多任务上取得了不错的性能。相比循环神经网络只有一个传递状态 s_t，长短时记忆网络有两个传递状态：细胞状态（Cell state）C_t 和隐含状态（Hidden State）h_t。长短时记忆网络中 C_t 的角色类似于循环神经网络中 s_t 的角色。长短时记忆网络通过三种不同的门（Gate）结构来增加或去除信息到达细胞状态的能力。门是一种让信息选择式通过的方法，包含一个 Sigmoid 神经网络层和一个哈达玛积操作，如图 9-34 所示。

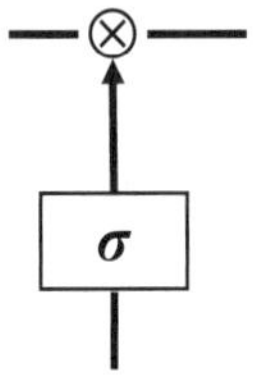

图 9-34　长短时记忆网络中的门结构

长短时记忆网络使用三个门来控制细胞状态。图 9-35 所示为长短时记忆网络的结构，其中 σ 表示 Sigmoid 函数，$A \otimes B$ 表示 A 和 B 的对应的元素相乘，$A \oplus B$ 表示 A 和 B 的对应的元素相加。接下来详细介绍长短时记忆网络的内部结构。

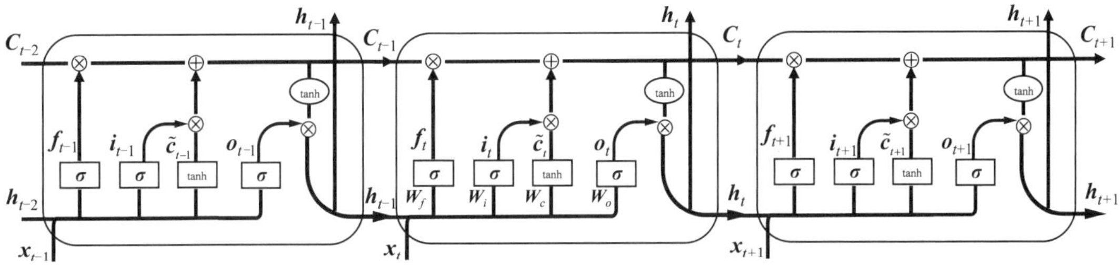

图 9-35　长短时记忆网络的结构

将当前的输入和上一时刻传递的隐含状态进行拼接，乘以相应的权重矩阵后，得到四个状态：f_t、i_t、$\tilde{C}_t$ 和 o_t。

$$f_t = \sigma\left(W_{fx} x_t + U_{fh} h_{t-1}\right) = \sigma\left(\begin{bmatrix} W_{fh} & U_{fx} \end{bmatrix} \begin{bmatrix} x_t \\ h_{t-1} \end{bmatrix}\right) = \sigma\left(W_f [x_t; h_{t-1}]\right)$$

$$i_t = \sigma\left(W_{ix} x_t + U_{ih} h_{t-1}\right) = \sigma\left(\begin{bmatrix} W_{ix} & U_{ih} \end{bmatrix} \begin{bmatrix} x_t \\ h_{t-1} \end{bmatrix}\right) = \sigma\left(W_i [x_t; h_{t-1}]\right)$$

$$\tilde{C}_t = \tanh\left(W_{cx} x_t + U_{ch} h_{t-1}\right) = \tanh\left(\begin{bmatrix} W_{cx} & U_{ch} \end{bmatrix} \begin{bmatrix} x_t \\ h_{t-1} \end{bmatrix}\right) = \tanh\left(W_c [x_t; h_{t-1}]\right)$$

$$o_t=\sigma\left(W_{ox}x_t+U_{oh}h_{t-1}\right)=\sigma\left(\left[W_{ox}\ \ U_{oh}\right]\begin{bmatrix}x_t\\h_{t-1}\end{bmatrix}\right)=\sigma\left(W_o\left[x_t;h_{t-1}\right]\right)$$

式中，W_f、W_i、W_c 和 W_o 是相应连接间的权重矩阵。为表达的简洁性，在此省略了式中的阈值，读者可以认为将阈值合并到了权重矩阵中。

在长短时记忆网络的内部执行以下操作。

（1）遗忘阶段。通过遗忘门（Forget Gate）对上一时刻传来的输入进行选择性遗忘。具体来说，通过计算得到的 f_t 控制需要遗忘 C_{t-1} 中的哪些信息。f_t 的取值范围是 0 到 1，描述有多少量可以通过，0 代表不允许任何量通过，1 代表允许任意量通过。

（2）选择性记忆阶段。利用输入门（Input Gate）对当前的输入进行选择性记忆。当前输入的内容是 $\tilde{C}_t$ 时，由 i_t 控制需要记住 $\tilde{C}_t$ 中的哪些信息。

（3）将上面两步的结果相加，得到传递给下一时刻的状态 C_t。

$$C_t=f_t\otimes C_{t-1}\oplus i_t\otimes\tilde{C}_t \tag{9-18}$$

（4）输出阶段。通过输出门（Output Gate）决定哪些信息被当成当前状态的输出 h_t。对上一阶段得到的 C_t 进行 tanh 处理，并由 o_t 控制需要输出哪些信息。

$$h_t=o_t\otimes\tanh(C_t)$$

以上是长短时记忆网络的内部结构。可以看出，长短时记忆网络通过门控状态控制传递状态，同时会引起参数增多，增加了网络的训练难度。

对式（9-18）求 C_t 关于 C_{t-1} 偏导数，有

$$\frac{\partial C_t}{\partial C_{t-1}}=f_t\oplus C_{t-1}\otimes\frac{\partial f_t}{\partial C_{t-1}}\oplus\tilde{C}_t\otimes\frac{\partial i_t}{\partial C_{t-1}}\oplus i_t\otimes\frac{\partial\tilde{C}_t}{\partial C_{t-1}}$$

可以看出，只有遗忘门 f_t 对 $\dfrac{\partial C_t}{\partial C_{t-1}}$ 起到了作用，使得长短时记忆网络不会出现梯度爆炸和梯度消失的情况，而对其他项并无影响。由于 f_t 的取值范围是 0 到 1，因此基本不会出现梯度爆炸的情况。对于梯度消失，若任务依赖于历史，f_t 接近 1，则梯度不容易消失；若任务不依赖于历史，则梯度消失不会对梯度更新造成影响。

上述结构使得长短时记忆网络较简单的循环神经网络，更易捕获序列中的长期依赖。鉴于长短时记忆网络的优异性能，研究人员先后提出了长短时记忆网络的多个变体和替代。例如，Felix Gers 和 Jürgen Schmidhuber 于 2000 年提出了窥视孔连接（Peephole Connection），该连接允许输入门、遗忘门和输出门接收细胞状态的输入，如图 9-36（a）所示。Kyunghyun Cho 等于 2014 年提出了门控循环单元（Gated Recurrent Unit，GRU），该单元是长短时记忆网络的一种被广泛应用的变体，如图 9-36（b）所示。门控循环单元的结构与长短时记忆网络相似，但其只有更新门 z_t 和重置门 r_t，没有细胞状态，因此门控循环单元具有更少的参数，相对更容易被训练。

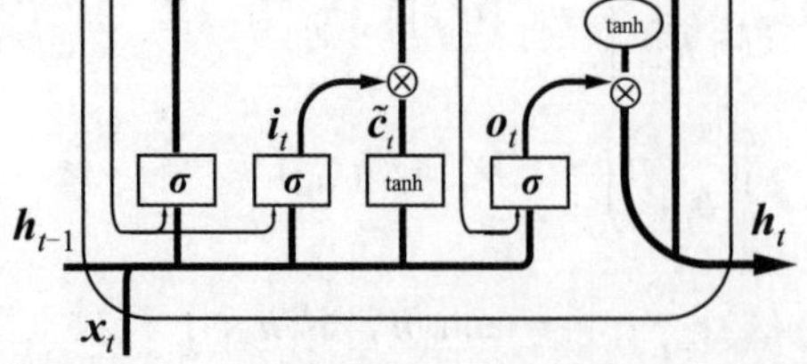

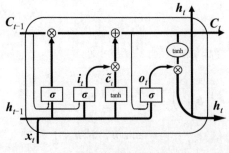

（a）窥视孔连接的网络结构

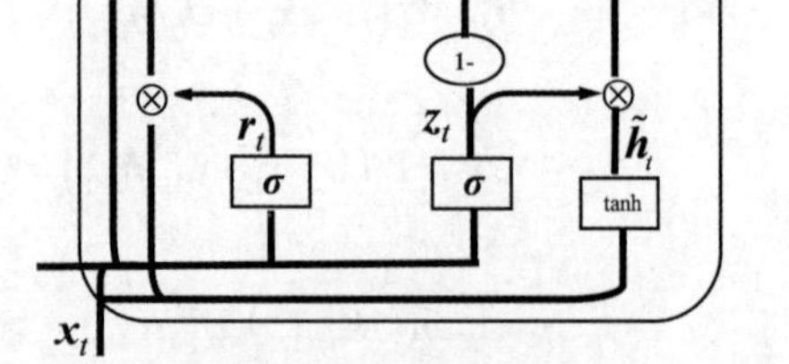

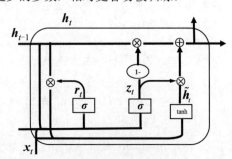

（b）门控循环单元的网络结构

图 9-36 长短时记忆网络的变体与替代

9.8.7　循环神经网络的代码示例

循环神经网络在机器翻译、语音识别、人体动作识别、股票趋势预测等序列数据分析中具有广泛的应用。本节以手写数字识别数据集 MNIST 为例来介绍如何构建一个循环神经网络模型。

导入相关库。

```
import torch
from torch import nn, optim
from torchvision import datasets, transforms
from torch.autograd import Variable
from torch.utils.data import DataLoader
```

定义超参数，包括最大迭代次数 num_epoches，学习率 learning_rate 及小批量的大小 batch_size。准备训练数据和测试数据，可以通过设置 shuffle = True 来随机打乱训练样本的顺序。

```
num_epoches =50
batch_size = 64
learning_rate = 0.02
train_dataset = datasets.MNIST(root='离线下载后的数据的路径', train=True,
                               transform=transforms.ToTensor(), download=True)
test_dataset = datasets.MNIST(root='离线下载后的数据的路径', train=False,
                               transform=transforms.ToTensor(), download=True)
train_loader = DataLoader(dataset=train_dataset, batch_size=batch_size, shuffle=True)
test_loader = DataLoader(dataset=test_dataset, batch_size=batch_size, shuffle=False)
```

定义循环神经网络模型的结构，包括隐含层的层数 layer_dim，隐含层的维度 hiddn_dim 和 nonlinearity 激活函数。forward 函数为前向传播过程，计算输入 x 的输出值。

```
class RNNModel(nn.Module):
    def __init__(self, input_dim, hidden_dim, layer_dim, output_dim):
        super(RNNModel, self).__init__()
        self.hidden_dim = hidden_dim
        self.layer_dim = layer_dim
        self.rnn = nn.RNN(input_dim, hidden_dim, layer_dim,
                          batch_first=True, nonlinearity='relu')
        self.fc = nn.Linear(hidden_dim, output_dim)

    def forward(self, x):
        h0 = Variable(torch.zeros(self.layer_dim, x.size(0), self.hidden_dim))
        out, hn = self.rnn(x, h0)
        out = self.fc(out[:, -1, :])
        return out
```

指定循环神经网络模型 RNNmodel 中的参数值，在此使用一个隐含层，隐含层神经元个数为 100，输出层神经元个数为 10。定义循环神经网络中损失函数和梯度下降算法。在此使用 CrossEntropyLoss 交叉熵损失函数和随机梯度下降算法学习网络的参数 parameters。

```
input_dim = 28
hidden_dim = 100
layer_dim = 1
output_dim = 10
RNNmodel = RNNModel(input_dim, hidden_dim, layer_dim, output_dim)
crossEntroloss = nn.CrossEntropyLoss()
optimizer = optim.SGD(RNNmodel.parameters(), lr=0.05)
```

循环神经网络的训练与测试。使用训练集中的小批量数据，先前向传播得到预测值

outputs，然后计算 outputs 和真实值 labels 之间的损失 loss；计算梯度并通过优化器 optimizer 更新参数。将训练好的循环神经网络应用在测试数据上。该循环神经网络的输出是向量，将预测概率最大值对应的标签作为预测值进行输出。

```
seq_dim = 28
count = 0
for epoch in range(num_epoches):
    for i, data in enumerate(train_loader):
        inputs, labels = data
        inputs = Variable(inputs.view(-1, seq_dim, input_dim)) %将输入转为seq_dim * input_dim
        labels = Variable(labels)
        optimizer.zero_grad()
        outputs = RNNmodel(inputs)
        loss = crossEntroloss(outputs, labels)
        loss.backward()
        optimizer.step()
        count += 1
        if count % 100 == 0:
            correct = 0
            total = 0
            for data in test_loader:
                inputs, labels = data
                inputs = Variable(inputs.view(-1, seq_dim, input_dim))
                outputs = RNNmodel(inputs)
                predicted = torch.max(outputs.data, 1)[1]
                correct += (predicted == labels).sum()
                total += labels.size(0)
            print('Iteration: {} Accuracy: {}'.format(count, correct/float(total)))
```

习题

9-1 简述神经元模型与生物神经元之间的关系。

9-2 试推导前馈人工神经网络的 BP 算法的更新公式。

9-3 分析比较不同激活函数的特点。

9-4 试编程实现用于训练前馈神经网络的 BP 算法。

9-5 比较分析卷积神经网络与传统人工神经网络。

9-6 随机生成一个 32×32 的矩阵，并通过一个已经训练好的 LeNet-5 预测其输出。

9-7 试编程实现一个卷积神经网络，并将其用于 MNIST 数据集。

9-8 比较分析循环神经网络与传统人工神经网络。

9-9 随机生成一个 10×1 的数值向量，并通过一个已经训练好的长短时记忆网络预测其输出。

9-10 试编程一个长短时记忆网络，并将其用于 MNIST 数据集。

第 10 章 异常检测

与分类、聚类等数据分析任务不同，异常检测（Anomaly Detection）的目标是发现对象集合中与大部分其他对象不同的对象，或者发现与预期行为不一致的模式。在统计学、机器学习等文献中，也常用例外（Exception）、偏差（Deviation）、反常（Abnormality）、不一致（Discordance）、新类别发现（Novel Class Discovery）、离群点（Outlier）等概念和术语来表达异常检测，其中异常和离群点是使用频率较高的两个术语。我们通常称异常对象为离群点，但异常和离群点并不总是相同的，异常不仅包括离群值，还包括用户预计不应该出现的其他值和缺失值。例如，黑天鹅在天鹅群体中是一个异常，相对于白天鹅出现的概率很小，但黑天鹅不是一个离群点，体型不正常的白天鹅才是离群点。为论述方便，本章不加区分地使用两者。

虽然异常与人们的预期不符，但是不一定是坏事，甚至有可能为我们提供有价值的信息。例如，在许多情况下未经合规授权使用信用卡可能会表现出与合规使用条件下不同的消费模式，如在特定地点发生大量高额交易，可以将这种异常模式用于信用卡欺诈检测。在传感器网络系统中，恶意的入侵事件会引起操作系统被调用、网络流量等发生显著变化，利用这些异常有助于我们设计更加稳定、鲁棒的入侵检测系统。在许多医疗应用中，数据是从磁共振成像扫描、正电子发射断层扫描、心电图等各种设备上收集的，与正常模式不同的数据很可能意味着个体存在某种健康问题，因此可以将异常作为诊断疾病的一种方式。为提高异常检测的准确率和稳定性，以及使其能适应不同应用场景，研究人员围绕异常检测理论、方法、技术及应用方面做了大量的工作。本章主要介绍异常检测相关内容。在 10.1 节中将说明三种异常类型；在 10.2 节中将从多个不同的角度对已有的异常检测方法进行分类。在 10.3～10.6 节中将分别探讨基于分类、基于统计、基于邻近度及基于深度学习的异常检测方法；在 10.7 节中将介绍面向时序、图结构等复杂数据结构的异常检测方法。

10.1 异常的类型

Douglas Hawkins 在著作 *Identification of Outliers* 中将离群点定义为：离群点是一个观测值，与其他观测值的差别如此之大，以至于怀疑其是由不同的机制产生的。基于统计对离群点的直观理解是正常数据点服从一个产生机制，如根据某个统计过程来产生数据，而离群点偏离了这个产生机制。根据对象类型及对象之间的关系，可以将异常分为点异常（Point Anomalies）、上下文异常（Contextual Anomalies）及集体异常（Collective Anomalies）。

点异常：又被称为基于数据点的异常，是指一组数据中的离群值。在图 10-1 中，白色的正常数据集中在一块区域内并形成一定模式，而黑色的异常数据点远离这些区域。

上下文异常：又被称为条件异常，是指单独来看是正常的对象，但在特定的上下文环境中却是异常的。例如，如果某个人一直使用的是电动汽车，不需要购买汽油，那么在此上下文中，这个人突然出现购买汽油的行为可以被视为异常，在其他上下文中，这个人购买汽油的行为或许是正常的。图 10-2 所示为某地的气温记录，其中在 6 月与 7 月之间出现了一次高温，这种情况被视为一种上下文异常。当上下文信息缺失或不完全时，可能难以甚至无法识别此类异常。

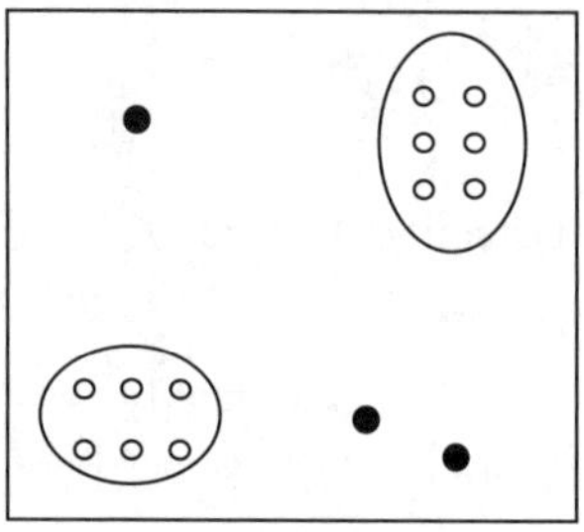

图 10-1 点异常的示例

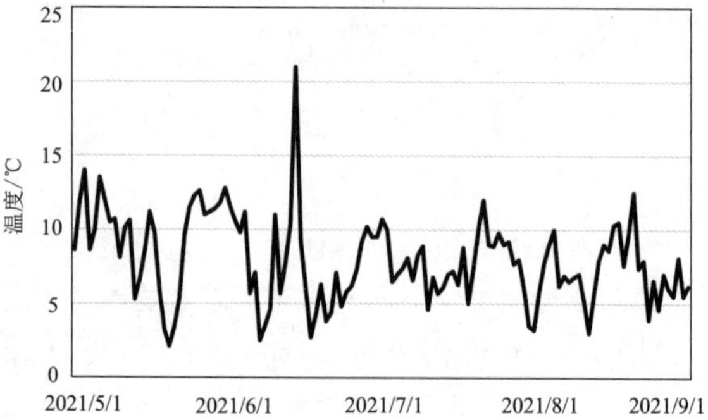

图 10-2 某地的温度记录

集体异常：是指由对象的多个相关实例组成的异常，而这些对象可能不会单独构成异常。在分析集体异常行为时，应考虑特定事件的汇总。例如，在站点攻击行为分析中，攻击者会尝试将网络访问都引向某个特定站点，以达到瘫痪网站的目的，每次单独攻击都会产生相应的网络流量，所有攻击的网络流量模式明显与正常流量模式不相符，因此该攻击可以被认为是异常的。检测集体异常不仅需要考虑对象取值和上下文信息，还需要考虑对象集是否符合整体模式。一般来说，集体异常检测常被用于分析时间序列、空间数据及图数据。

10.2 异常检测方法分类

鉴于异常检测的实际重要性和不同应用场景的需求，研究人员提出了许多异常检测方法。为更好地了解已有方法的特点，接下来从四个不同的角度归类已有的异常检测算法。

10.2.1 对象标签的可用性

根据所研究对象的标签的可用性，可以将异常检测方法分为有监督异常检测、无监督异常检测及半监督异常检测。在有监督异常检测中有正常类对象和异常类对象，并且对象中可能有多个正常类和多个异常类。对于半监督异常检测，通常只有正常类对象，但没有已标记的异常类对象，我们的目标是利用已标记的正常对象来识别异常。在大多数实际应用中，由于各种各样的原因，通常没有标记好的正常类对象和异常类对象可供利用，并且正常对象的数量一般远大于异常对象的数量，此时需要我们通过无监督的方式来识别异常。

10.2.2 参考集合的范围

根据在确定一个特定对象的异常性时所用到的参考集（Reference Set）的范围，可以将异常检测方法分为全局方法和局部方法。前者假设只存在一个正常的产生数据的机制，其参考集包括所有其他的对象；而后者则不对正常机制的个数做出假设，其参考集通常只包括一部分对象。也有一些方法是介于两者之间的，如随着异常检测算法的运行，逐渐细化参考集的范围，在算法起始阶段中使用全部对象，在算法运行一段时间后只使用部分对象。

10.2.3　异常检测算法的输出

根据算法的输出，可以将异常检测方法分为标注方法（Labeling Approach）和打分方法（Scoring Approach）。前者本质上是一个分类器，将被测试对象判断为正常或异常；后者则给被测试对象分配一个异常分数（Anomaly Score）来量化对象在多大程度上是异常的。可以先根据对象的分数对其进行排列，然后通过阈值或Top-k的方式来确定异常对象。通过选择合适的阈值，可以将打分方法转化为标注方法；Top-k 的方式则选择前 k 个得分最高的对象。

10.2.4　潜在建模方法的特点

根据潜在建模方法，异常检测方法可分为基于模型的方法（Model-based Approach）、基于邻近度的方法（Proximity-based Approach）和基于角度的方法（Angle-based Approach）。基于模型的方法的基本思想是利用一个模型来表示正常对象，不能被模型很好拟合的对象往往是异常的。基于邻近度的方法的核心思想是检查每个对象的空间邻近度，若一个对象的邻近度极大地偏离了其他对象的邻近度，则该对象被认为是异常的。基于角度的方法则检查给定的对象和所有其他对象之间的成对角（Pairwise Angle）的谱，异常对象的谱表现为高波动性。

10.3　基于分类的方法

异常检测的一种直观方法是将异常检测看作一个分类任务，通过学习正常类和异常类之间的决策边界的方式来识别异常。基于分类的异常检测方法要求将一个已标记的训练集用于模型训练。根据标签数据的可用性，基于分类的方法可分为多分类模型和单分类模型。

多分类模型要求训练集中不仅包括有标签的正常数据，而且包括有标签的异常数据。可以利用在前面章节中介绍过的分类模型（如决策树、朴素贝叶斯、人工神经网络等）来训练一个分类器，将其用于识别异常。由于异常对象的数量往往少于正常对象的数量，在训练分类器时需要注意数据集类别的不平衡问题。

然而，在一些情况下，我们只收集了正常类的数据，没有或不能收集异常类的数据，此时多分类模型不再适用，需要借助单分类模型，通过仅有的单类数据来检测新的数据是否与训练数据相似。单分类支持向量机（One-Class Support Vector Machine，OCSVM）是较常用的一种技术。单分类支持向量机是在二分类支持向量机的基础上经过修改得到的，基本思路是先寻找一个超平面将数据集中的正常样本圈出来，然后用这个超平面做决策，并认为圈内的样本是正常的，而圈外的样本是异常的。

单分类支持向量机的优化目标是

$$\begin{cases} \min\limits_{w,\rho,\varepsilon} \dfrac{1}{2}\|w\|^2 - \rho + \dfrac{1}{vn}\sum\limits_{i=1}^{m}\varepsilon_i \\ \text{s.t.} < w, \varphi(\boldsymbol{x}_i) > \geqslant \rho - \varepsilon_i, \varepsilon_i \geqslant 0 \quad i = 1 \cdots, m \end{cases}$$

式中，m表示样本量；$\boldsymbol{x}_i$ 表示第i个样本；v异常分数（fraction of anomalies）设置了一个上限；ε_i 表示松弛变量；φ 表示映射函数，将 $\boldsymbol{x}_i$ 映射到一个高维空间中。利用凸优化理论和技术，得到上式的解为

$$f(\boldsymbol{x}) = \text{sgn}(< w, \varphi(\boldsymbol{x}_i) > -\rho) = \text{sgn}\left(\sum_{i=1}^{n} \alpha_i K(\boldsymbol{x}, \boldsymbol{x}_i) - \rho\right)$$

式中，α_i 表示原问题的对偶问题的解；$K(\boldsymbol{x},\boldsymbol{x}_i)$ 表示核函数，如线性核函数 $K(\boldsymbol{x},\boldsymbol{x}_i) = \boldsymbol{x}^{\mathrm{T}}\boldsymbol{x}_i$ 和高斯核函数 $K(\boldsymbol{x},\boldsymbol{x}_i) = \exp\left(-\frac{\| \boldsymbol{x} - \boldsymbol{x}_i \|^2}{2\delta^2}\right)$。$f(\boldsymbol{x})$ 能够获取特征空间中数据集的概率密度区域，当样本 $\boldsymbol{x}$ 处于训练集的区域时，$f(\boldsymbol{x})=1$，否则 $f(\boldsymbol{x})=-1$，此时判断 $\boldsymbol{x}$ 是异常的。

10.4 基于统计的方法

基于统计的异常检测方法主要利用统计学相关知识来建模和描述对象的特点，进而发现异常对象。常用的方法有基于统计检验的方法（Statistical Test-based Approach）、基于偏差的方法（Deviation-based Approach）及基于深度的方法（Depth-based Approach）。

10.4.1 基于统计检验的方法

在基于统计检验的方法中，一种最简单的方式是根据变量的描述性统计来检查哪些对象是异常的。描述性统计就是找到关键的统计量去描述对象，如对象的集中趋势、离散程度、分布的形状等。常用的统计量有变量取值的类型、用于判断取值范围是否合规的最大值和最小值、字符串的最大长度等，如若某人的年龄是 300 岁，则该取值是异常的。

除了描述性统计，还可以利用推断统计的方法。一种常用的推断统计的方法是基于概率分布的异常检测算法，其假设正常对象服从某个分布并且出现在该分布的高密度区域，异常对象则严重地偏离了这个分布。这类方法的主要工作流程：假设所有的对象是由某个特定的统计分布产生的，首先计算这个分布的参数，然后计算某个对象的概率密度函数值，其中异常对象一般位于该分布的低密度区域。例如，均值为 μ 和标准差为 σ 的高斯分布的概率密度函数为 $p(x) = \frac{1}{\sqrt{2\pi}\sigma}\exp\left(-\frac{(x-\mu)^2}{\sigma^2}\right)$。可以利用最大似然估计法求出 μ 和 σ。对于均值为 μ、标准差为 σ 的高斯分布，数值分布在$(\mu-\sigma, \mu+\sigma)$、$(\mu-2\sigma, \mu+2\sigma)$和$(\mu-3\sigma, \mu+3\sigma)$中的概率分别为 68.27%、95.45%和 99.73%，除距离均值 3σ 之外的对象出现的概率为 $p(|x-u| > 3\sigma) \leqslant 0.003$，如图 10-3 所示。因此，在高斯分布假设下，除距离均值三个标准差之外的对象出现的概率很小，可以认为除这三个标准差之外的对象是异常的，该准则被称为 3σ 原理。

除上述方法之外，统计学中有大量可供使用的统计检验方法。这些统计检验方法的差异主要体现在：分布的类型不同，如高斯分布、t-分布、卡方分布等；描述对象的属性的个数不同，有一元分布和多元分布；对象的分布产生方式不同，即对象是否由多个分布产生的，如由多个高斯分布组成的高斯混合模型。关于 n 个变量的多元高斯分布的概率密度函数为

$$p(\boldsymbol{x}) = \frac{1}{\sqrt{(2\pi)^n |\Sigma|}} \exp\left(-\frac{(\boldsymbol{x}-\boldsymbol{\mu})^{\mathrm{T}} \boldsymbol{\Sigma}^{-1} (\boldsymbol{x}-\boldsymbol{\mu})}{2}\right)$$

式中，$\boldsymbol{\mu}$ 是均值；$\boldsymbol{\Sigma}$ 是协方差矩阵。记 $\text{mDist}(\boldsymbol{x},\boldsymbol{\mu}) = \sqrt{(\boldsymbol{x}-\boldsymbol{\mu})^{\mathrm{T}} \boldsymbol{\Sigma}^{-1} (\boldsymbol{x}-\boldsymbol{\mu})}$ 表示对象 $\boldsymbol{x}$ 到均值 $\boldsymbol{\mu}$

的马氏距离。马氏距离不受量纲的影响，两个对象之间的马氏距离与原始对象的测量单位无关。因为该距离与对象的概率直接相关，所以可以使用一个简单的阈值来判断一个对象是不是异常的。进一步地，由于马氏距离的平方服从自由度为 n 的卡方分布 $\chi^2(n)$，可以将两者结合起来检测离群点。若 $(m\text{Dist}(x,\mu))^2 > \chi_\alpha^2(n)$，则对象 x 是异常的。可以通过查表的方式得到当显著性水平为 α 时的 $\chi_\alpha^2(n)$ 值。

基于概率分布的异常检测算法属于全局方法，往往事先假定对象的分布，因此具有较低的灵活性，并且从数据中估计分布参数值的方式易受异常数据的影响，导致自身鲁棒性较差。

另一种常用的推断统计的方法是四分位距法，其又被称为箱型图法。在四分位距法中，四分位数的计算过程：把所有数值由小到大排列并分成四等份，处于三个分割点位置的数值就是四分位数，如图 10-4 所示。上四分位数 Q3 与下四分位数 Q1 的差距被称为四分位距（InterQuartile Range, IQR），规定超过 Q3 + 1.5 倍 IQR 距离或 Q1 − 1.5 倍 IQR 距离的数据为离群点。箱型图依据实际数据绘制，没有对数据做任何限制性要求，只是直观地表现数据分布的本来面貌。四分位距法具有一定的鲁棒性，因为其判断异常值的标准是以四分位数为基础的。

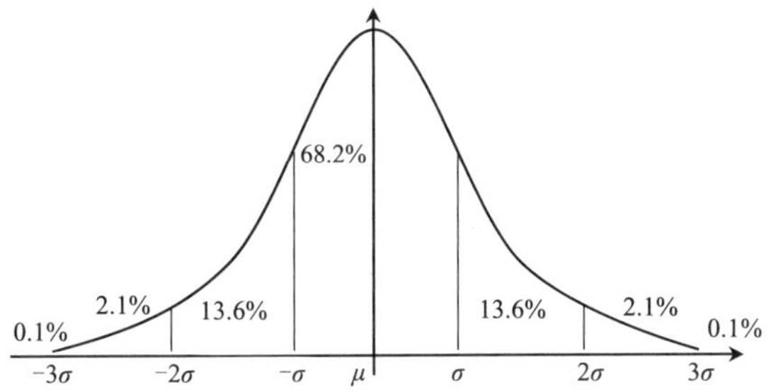

图 10-3 高斯分布的 3σ 原理

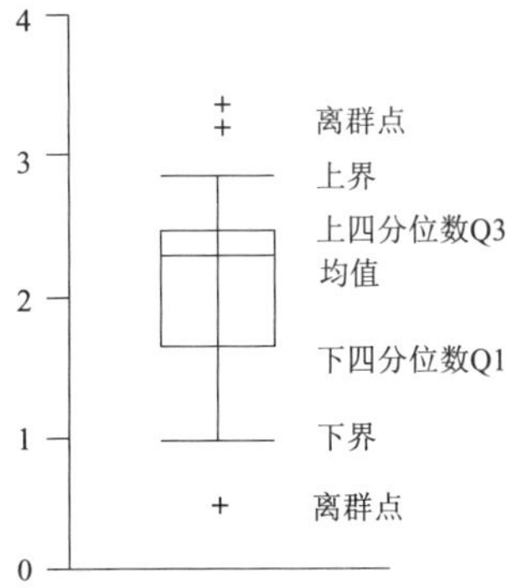

图 10-4 箱型图

10.4.2　基于偏差的方法

基于偏差的方法假设异常对象与整个对象集的特征不符，删除对象集中的异常对象可以减小对象集的方差。对于对象集 $\mathcal{D}$ 中的一个集合 $I \subseteq \mathcal{D}$，计算当 I 被删除后，$\mathcal{D}$ 的方差减少的量 $\text{SF}(I)$，那么异常对象是满足下式的集合 $E \subseteq \mathcal{D}$ 中的元素。

$$\text{SF}(E) \geqslant \text{SF}(I),\ \forall I \subseteq \mathcal{D}$$

基于偏差的方法属于全局方法，需要搜索 $\mathcal{D}$ 的子集并对其进行评估。对于包括 m 个样本的 $\mathcal{D}$，暴力搜索方式需要评估 $O(2^m)$ 个子集，时间代价较高，因此往往采用启发式的搜索方法。例如，随机选择多个不同的 I 进行评估，选择能够最大地减小 $\mathcal{D}$ 的方差的 I 进行删除；或者采用最好优先搜索的方式，每次选择的候选删除对象与已被删除的对象能够最大地减小 $\mathcal{D}$ 的方差，当不能进一步减小 $\mathcal{D}$ 的方差时，停止搜索。

10.4.3　基于深度的方法

基于深度的方法将对象映射到分层结构中，并假设正常对象位于对象空间的中央，而异常对象分布在对象空间的边界。常用的异常检测算法有最小椭球体积估计（Minimum Volume

Ellipsoid Estimator）法、凸剥离（Convex Peeling）法和孤立森林（Isolation Forest）。

最小椭球体积估计法根据大多数对象的概率分布模型拟合出一个最小椭圆形球体的边界，将不在边界范围的对象判断为异常，如图 10-5（a）所示。凸剥离法不对数据分布的形状做出任何假设，通过剥离位于数据凸包层上的数据来达到删除异常数据的目的。凸剥离法通过给每个数据分配一个深度（depth）的方式来将这些数据组织成层的结构，期望浅层比深层更有可能包括异常对象。图 10-5（b）给出了一个凸包模型的示意图。凸包模型是通过如下方式得到的：找出数据集的凸包，将位于凸包上的对象的深度设置为 1，可以将这些对象看作位于高度为 1 的等高线上；在删除深度为 1 的对象后，寻找剩余数据的凸包，位于凸包上的对象的深度等于 2；一般来说，删除深度等于 k-1 的对象后，寻找剩余数据的凸包位于凸包上的对象的深度等于 k。基于此，凸剥离法重复凸包的产生与剥离过程，直至删除了指定数量的对象，因此可以将深度小于某个特定值的对象判定为异常。例如，图 10-5（b）中的 X、Y 和 Z 被分配最小的深度，并在第一次迭代中被删除。基于上述思想，研究人员提出了相应的寻找凸包的算法：半空间深度算法和快速等高线算法。其中，半空间深度算法是一种快速找出二维深度等高线的典型算法；快速深度等高线算法是半空间深度算法的改进版本，通过阈值的方式来筛选异常数据，无须检测整个数据集，提高了异常检测的效率。

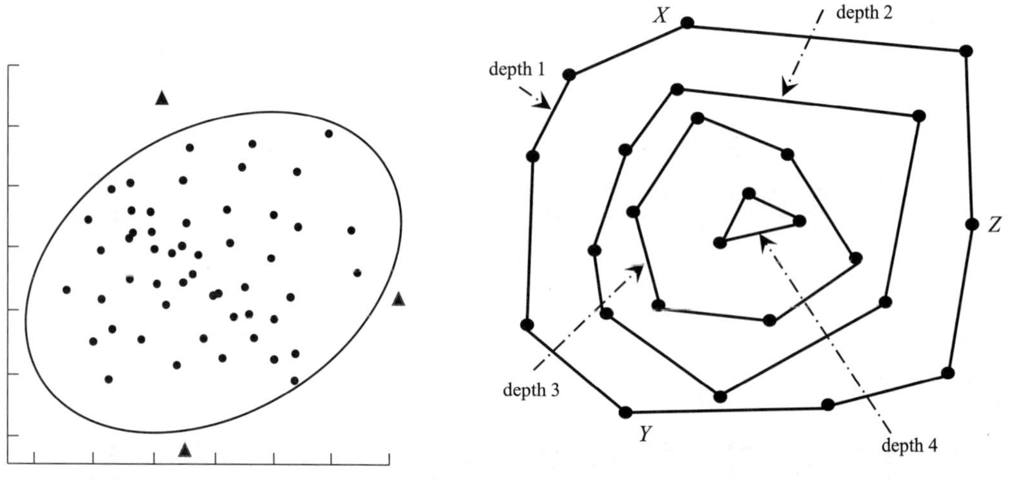

（a）最小椭球体积估计法　　（b）凸包模型的示意图

图 10-5 基于深度的方法

上述两种基于深度的方法随着特征维度的增加，时间复杂性呈指数级增长，一般适用于维度小于 3 的情况。孤立森林通过改变计算深度的方式，能够很好地适用于高维数据，核心思想是用一个随机超平面对数据空间进行切割，切割一次可以生成两个子空间，并继续随机选取超平面来切割第一步得到的两个子空间，以此循环下去，直到每个子空间里只包含一个数据点。孤立森林算法的理论基础：异常数据占总样本量的比例很小并且离群点的特征值与正常点的特征值差异很大。从统计学的角度看，在数据空间里，如果一个子空间内只分布稀疏的对象，表示对象落在这个子空间的概率很低，那么这些子空间里的数据可以被认为是异常的。

例如，在网络入侵事件检测的应用中，孤立森林先随机地选择特征“网络流量”，并认为网络流量大于 2GB 为异常，网络流量小于或等于 2GB 为正常，这相当于在样本空间中画了一个超平面；然后随机地选择特征“服务请求次数”，并认为服务请求次数大于 10 为异常，服务请求次数小于或等于 10 为正常，这又在样本空间中画了一个超平面。不断地划分样本空间，直到每个子空间中只包含一个数据点。可以发现，数据点密度高的区域需要多次划分样本空间才能使每个点单独存在于一个子空间中，而那些分布稀疏的点，可以通过较少次数的划分来实现分离。图 10-6 给出了通过超平面将对象 x_1 和 x_2 划分到一个子空间的情况。其中，用了 9 个超平面孤立了处于密度高区域的 x_1，仅用了 4 个超平面就孤立了处于密度低区域的 x_2。

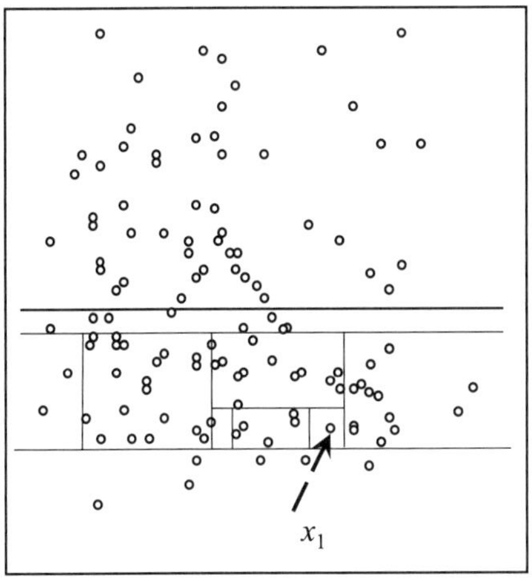

（a）孤立点 x_1

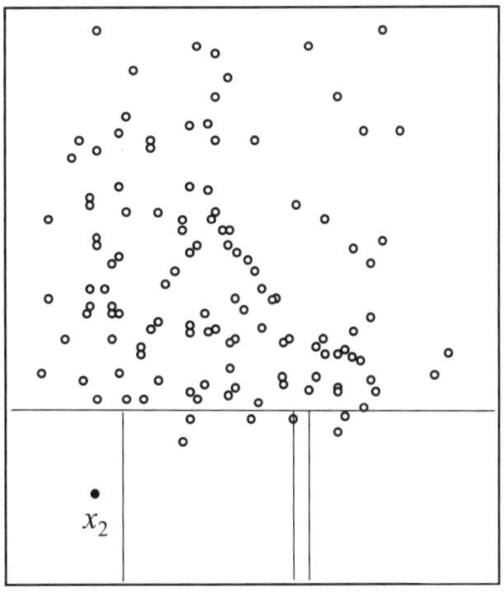

（b）孤立点 x_2

图 10-6 超平面的划分

上述过程实际上是决策树的构建过程，该决策树被称为孤立树。由于特征选择和节点分支值选择的随机性，使用一棵决策树来判断某个数据点是否为异常的方式具有一定的偶然性，为此孤立森林借鉴了集成学习的思想，通过构造多棵孤立树的方式来提高算法的准确率和鲁棒性。

给定由 m 个样本和 n 个特征 $F=\{f_1,f_2,\cdots,f_n\}$ 组成的数据集 $\mathcal{D}\in\mathbb{R}^{m\times n}$，孤立森林中一棵孤立树的构造过程如下。

（1）从数据集 $\mathcal{D}$ 中随机选择 φ（$1<\varphi<m$）个样本，并将其放到一颗孤立树的根节点中。

（2）随机指定一个特征 $f_i\in F$，在当前节点的数据的范围内，随机产生一个分割点 θ，该分割点介于当前节点数据范围内 f_i 的最小取值与最大取值之间。

（3）θ 的选取生成了一个将当前节点的数据空间划分为两个子空间的超平面：把当前所选特征下不小于 θ 的数据点放在当前节点的右分支中，小于 θ 的数据点放在当前节点的左分支中。

（4）在当前节点的左、右分支中通过递归的方式执行步骤（2）和步骤（3），不断地构造新的节点，直至节点上只有一个样本或孤立树的高度达到了预先设定的值。

需要重复上述过程 t 次，最终得到 t 个孤立树。至此，完成了孤立森林的构造。为判断样本 $\boldsymbol{x}$ 是否异常，孤立森林引入了异常值得分 $s(\boldsymbol{x},\varphi)=2^{-\frac{E(h(\boldsymbol{x}))}{c(\varphi)}}$，其中 $h(\boldsymbol{x})$表示 $\boldsymbol{x}$ 在孤立树中的路径长度；$E(h(\boldsymbol{x}))$表示 $\boldsymbol{x}$ 在 t 棵孤立树中的路径长度的期望值；$c(\varphi)$表示在 φ 个样本情况下的路径长度的期望值，用来对 $\boldsymbol{x}$ 的路径长度进行标准化。对于一个包括 φ 个样本的数据集，孤立森林算法使用下式估计 $c(\varphi)$的值。

$$c(\varphi)=2(\ln(\varphi-1)+0.5772156649)-\left(\frac{2(\varphi-1)}{\varphi}\right)$$

当 $E(h(\boldsymbol{x}))$ 趋于 $c(\varphi)$时，$s(\boldsymbol{x},\varphi)$趋于 0.5；当 $E(h(\boldsymbol{x}))$ 趋于 0 时，$s(\boldsymbol{x},\varphi)$趋于 1。相对于正常数据，异常数据通常表现出稀疏的特点，因此会很快地被划分到叶子节点中，即具有较小的路径

长度；相反，由于正常数据集中且密度较大，一般需要多次划分才能分到叶子节点中。因此，若 $s(\boldsymbol{x}, \varphi)$ 的值接近于 1，则判断 $\boldsymbol{x}$ 是异常的数据；若 $s(\boldsymbol{x}, \varphi)$ 的值远小于 0.5，则判断 $\boldsymbol{x}$ 是正常的数据；若 $s(\boldsymbol{x}, \varphi)$ 的值在 0.5 左右，则表示无明显异常。

孤立森林具有线性时间复杂度，天然支持分布式实现方式，能够应用于大规模数据处理，并且抗噪能力强、鲁棒性高，但只对全局稀疏点敏感，不善于处理超高维数据。超高维数据处理的一种策略是先利用特征选择算法剔除数据中的不相关属性和噪声属性。接下来给出基于 Python 的孤立森林算法的代码实现。

导入相关库。

```
import random
import numpy as np
import pandas as pd
```

准确辅助函数。select_feature 函数随机选择数据集 data 中的一个特征，data 是 pandas 库中的 DataFrame 对象，data.columns 用于获取 data 的所有特征；select_value 函数根据给定的特征 feat 随机产生该特征的一个取值；split_data 函数根据随机选择的特征 split_column 和随机确定的分支值 split_value，将 data 分成两个部分。

```
def select_feature(data):
    return random.choice(data.columns)

def select_value(data, feat):
    mini = data[feat].min()
    maxi = data[feat].max()
    return (maxi-mini) * np.random.random() + mini

def split_data(data, split_column, split_value):
    data_left = data[data[split_column] < split_valuc]
    data_right = data[data[split_column] >=  split_value]
    return data_left, data_right
```

构造孤立树。isolation_tree 函数通过递归方式构造孤立树。递归停止条件是叶子节点上只有一个样本或树的高度达到了预先设定的值 max_depth，此时利用 data_cls 函数确定叶子节点的标签。在此根据当前节点中的数据在最后一个属性上的取值情况来定义标签。

```
def data_cls(data):
    label_column = data.values[:, -1]
    unique_classes, counts_unique_classes = np.unique(label_column, return_counts=True)
    index = counts_unique_classes.argmax()
    cls_label = unique_classes[index]
    return cls_label

def isolation_tree(data, counter = 0, max_depth):
    if (counter == max_depth) or data.shape[0]<=1:
        cls_label = data_cls(data)
        return cls_label
    else:
        counter +=1
        split_column = select_feature(data)
        split_value = select_value(data, split_column)
        data_left, data_right = split_data(data, split_column, split_value)
        question = "{} <= {}".format(split_column, split_value)
```

```
            sub_tree = {question: []}
            left_answer = isolation_tree(data_left, counter, max_depth)
            right_answer = isolation_tree(data_right, counter, max_depth)
            if left_answer == right_answer:
                sub_tree = left_answer
            else:
                sub_tree[question].append(left_answer)
                sub_tree[question].append(right_answer)
            return sub_tree
```

构造孤立森林。循环调用 isolation_tree 函数来产生 n_trees 棵孤立树。max-depth 指定孤立树的最大高度；samplingData 是用于从 data 中进行采样的参数，当 samplingData 小于 1 时，表示按百分之 samplingData 采样；当 samplingData 是大于 1 的整数时，表示采样 samplingData 个样本。

```
def isolation_forest(data, n_trees, max_depth, samplingData):
    iforest = []
    for i in range(n_trees):
        if samplingData <= 1:
            data = data.sample(frac = samplingData)
        else:
            data = data.sample(samplingData)
        tree = isolation_tree(data, max_depth=max_depth)
        iforest.append(tree)
    return forest
```

递归地计算样本 data_point 在孤立树 iTree 中的路径的长度。

```
def pathLength(data_point, iTree, path=0):
    path = path + 1
    question = list(iTree.keys())[0]
    feature_name, comparison_operator, value = question.split()
    if data_point[feature_name].values <= float(value):
        answer = iTree[question][0]
    else:
        answer = iTree[question][1]
    if not isinstance(answer, dict):
        return path
    else:
        residual_tree = answer
        return pathLength(data_point, residual_tree, path=path)
    return path
```

计算数据点的异常得分。anomaly_score 函数的输入是待评估的数据点 data_point、孤立森林 iforest 和采样样本数 phi。evaluate_inst 函数计算 data_point 在每棵树中的路径长度。

```
def evaluate_inst(data_point, iforest):
    paths = []
    for tree in iforest:
        paths.append(pathLength(data_point, tree))
    return paths

def anomaly_score(data_point, iforest, phi):
    E = np.mean(evaluate_inst(data_point, iforest))
    c_factor = 2.0 * (np.log(phi - 1) + 0.5772156649) - (2.0 * (phi - 1.0) / (phi * 1.0))
    return 2 ** -(E / c_factor)
```

10.5 基于邻近度的方法

基于邻近度的方法（Proximity-based Approach）的核心思想是如果一个对象远离其他大部分的对象，则该对象是异常的。此方法较基于统计的方法更容易理解和使用，因为确定数据的邻近度比确定统计分布更容易。根据邻近度准则定义的方式，可以将基于邻近度的异常检测方法分为基于聚类的方法（Clustering Based Approach）、基于距离的方法（Distance Based Approach）及基于密度的方法（Density Based Approach）。

10.5.1 基于聚类的方法

基于聚类的方法将对象分到不同的簇中，异常对象则是不属于任何一个簇或远离簇中心的对象。在第 7 章中介绍过的聚类算法均可以用来检测异常对象，在此不再赘述。虽然聚类算法天然适用于异常检测，但是其主要目标是寻找簇而不是检测异常，异常检测的准确性依赖于聚类算法能够以何种程度捕获对象集的簇结构，并且一组彼此相似的异常对象有可能被识别为一个簇，而不是离群点。

10.5.2 基于距离的方法

基于距离的方法通过比较对象与近邻对象的距离来检测异常，该方法认为正常对象与其近邻对象相似，而异常对象与其近邻不相似，也就是说正常对象具有稠密的邻居。基于此思想，Edwin Knorr 和 Raymond Ng 提出了基于距离的离群值 $\mathrm{DB}(\varepsilon,\xi)$ 的概念。如果数据集 $\mathcal{D}$ 中至少有百分之 ξ 的样本到样本 p 的距离大于或等于 ε，则 p 被认为是一个离群点。

$$\mathrm{DB}(\varepsilon,\xi)=\left\{p\left(\frac{\left|\{o\in\mathcal{D}\mid \mathrm{dist}(p,o)\geqslant\varepsilon\}\right|}{|\mathcal{D}|}\geqslant\xi\right)\right\} \tag{10-1}$$

式中，dist(p, o)可以是任意的距离度量函数，如欧拉距离、曼哈顿距离、测地线距离、马氏距离等。求解式（10-1）的一种直接方法是通过暴力搜索的方式进行穷举，但时间代价较高，不适用于大规模数据。因此，式（10-1）的核心问题是如何高效地计算半径为 ε 的范围查询 $\{p\in\mathcal{D}\mid \mathrm{dist}(p,o)>\varepsilon\}$。基于索引的算法、基于网格的算法和基于嵌套循环的算法是解决该问题的三个代表性算法。基于索引的算法利用空间索引结构，通过用户定义的距离阈值进行对象之间的连接，如果一个对象的 ε-近邻（ε-近邻是指与某个对象的距离小于或等于 ε 的所有的对象组成的集合）的个数大于 $|\mathcal{D}|*\xi$，则在后续分析中不用再考虑该对象。基于网格的算法将对象划分到一系列的网格中，使得来自同一个网格中的两个对象之间的距离小于或等于 ε，这样在计算范围查询时，只需比较对象周围的网格，无须考虑所有的对象。基于嵌套循环的算法将样本空间划分为两等分，并用第二个等分中的所有对象与第一个等分中的对象进行比较的方式来计算范围查询。

基于式（10-1）寻找异常的方式具有简单、直观的优点，但需要指定 ε 值，而设置一个合适的 ε 值并不是一件容易的事情，此外其没有给出异常分数，无法区分一个具有较多近邻点的对象和一个具有较少近邻点的对象之间的异常程度。为了解决上述问题，Sridhar Ramaswamy 等人提出了基于第 k 最近邻的异常检测算法。具体来说，给定正整数 k，将对象 p 与其第 k 最近邻之间的距离记为 $D^k(p)$。$D^k(p)$ 刻画了对象 p 是异常的程度，具有较大 $D^k(p)$ 的对象拥有稀疏的邻居，比来自稠密区域具有较小 $D^k(p)$ 的对象更有可能是异常的。因此，可以根据 $D^k(p)$ 对 $\mathcal{D}$ 中的样本进行排列，并得到基于 $D^k(p)$ 的异常的定义：给定包含 m 个样本的数据集 $\mathcal{D}$ 及正整数 k 和 s，如果在 $\mathcal{D}$ 中不存在 $(s-1)$ 个数据点 $o\in\mathcal{D}\backslash\{p\}$，使得 $D^k(o)>D^k(p)$，那么称数据 p 是一个 $D_s^k(p)$ 离群点。因此，可以根据 $D^k(p)$ 对 $\mathcal{D}$ 中的样本进行降序排列，并将前 s 个样本判断为异常。对于参数 k 和 n 的选择，若 k 太小，则少量的邻近离群点可能导致较低的离群点得分；若 k 太大，则样本数少于 k 的簇中的所有的对象可能都被判为离群点。

10.5.3　基于密度的方法

基于距离的异常检测方法属于全局方法，不善于处理具有不同密度区域的数据集。对于许多表现出更加复杂结构的数据集，存在一些局部离群点。基于密度的方法通过计算数据集中样本区域的密度，并将密度较低区域中的样本作为离群点。图 10-7 所示为具有不同分布密度的数据集。其中，星形所在的区域整体分布较为均匀一致可以被认为是同一个簇，十字形所在的区域可以被认为是同一个簇。而三角形和圆形相对孤立，可以被认为是离群点。

考虑到密度与邻近度密切相关，一种常用的定义密度的方法是将对象 $\boldsymbol{x}$ 的密度定义为 $\boldsymbol{x}$ 到其 k 个最近邻的平均距离的导数，即

$$\text{density}(\boldsymbol{x},\boldsymbol{k})=\left(\frac{\sum\limits_{y\in N_{\boldsymbol{k}}(\boldsymbol{x})} d(\boldsymbol{x},\boldsymbol{y})}{|N_k(\boldsymbol{x})|}\right)^{-1}$$

式中，$N_k(\boldsymbol{x})$表示由 $\boldsymbol{x}$ 的 k 个最近邻组成的集合；$d(\boldsymbol{x},\boldsymbol{y})$表示 $\boldsymbol{x}$ 与 $\boldsymbol{y}$ 间的距离。显然，距离越小，密度越高，对应的对象是离群点的可能性越小。

这种处理方式虽然简单，但是具有与基于邻近度的方法类似的特点和局限性。例如，当数据集中包含不同密度的区域时，这些区域不能被正确地识别出离群点。为此，引入对象邻域相关的密度的概念。接下来介绍一种经典的基于密度的异常检测算法：局部离群因子（Local Outlier Factor，LOF）算法。LOF 算法通过计算每个样本的离群因子值，并选取离群因子最大的若干个样本作为离群点。在详细介绍 LOF 算法之前，先给出相关的概念和术语。

k-距离（k-distance）。对于任意正整数 k，对象 p 的 k-距离 k-distance(p)是同时满足（1）和（2）中的对象 p 与对象 $o\in\mathcal{D}$ 之间的距离 $d(p,o)$。

（1）至少存在 k–1 个对象 $o'\in\mathcal{D}\backslash\{p\}$，使得 $d(p,o')\leqslant d(p,o)$ 成立。

（2）至多存在 k–1 个对象 $o'\in\mathcal{D}\backslash\{p\}$，使得 $d(p,o')<d(p,o)$ 成立。

可以看出，p 的 k-距离就是 p 和距离 p 第 k 近的对象之间的距离。

k-距离邻域（k-distance Neighborhood）。给定对象 p 的 k-距离，p 的 k-距离邻域包含与 p 的距离不大于 k-距离的每个对象 q。

$$N_{\text{k-distance}(p)}(p)=\{q\in\mathcal{D}\backslash\{p\}\mid d(p,q)\leqslant \text{k-distance}(p)\}$$

可达距离（Reachability Distance）。给定自然数 k，对象 p 关于对象 o 的可达距离是

$$\text{reach-dist}_k(p,o)=\max\{d(p,o),\ \text{k-distance}(o)\}$$

在图 10-8 中，p 关于 o 的可达距离等于两者之间的直线距离，而 q 关于 o 的可达距离等于 o 的 k-距离。这样做的原因是可以显著减少关于所有的 p 接近 o 的距离 $d(p,o)$的统计波动，并可以通过参数 k 来控制这种平滑效果的强度。k 值越大，同一个领域内的对象的可达距离越相似。

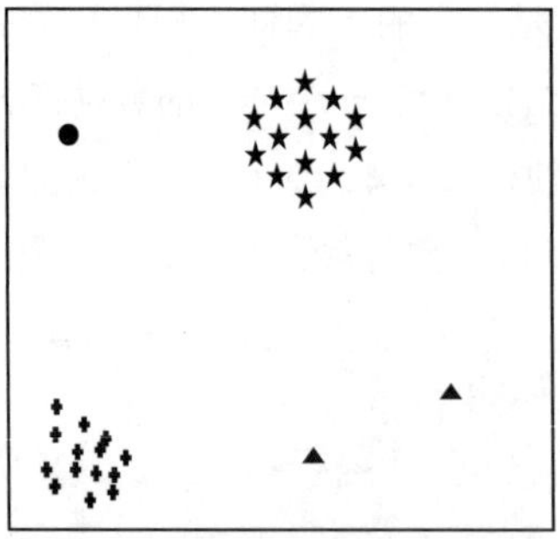

图 10-7 具有不同分布密度的数据集

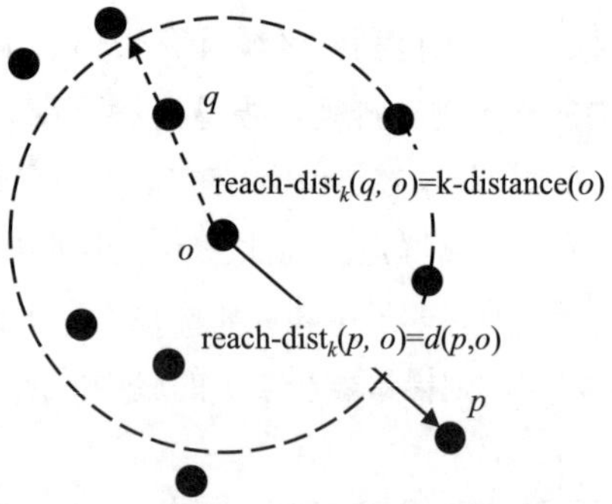

图 10-8 对象 p 和 q 关于 o 的可达距离

考虑到需要动态确定对象集的密度（因为需要比较不同对象集的密度），LOF 算法将重点放在 k 的一个具体取值上。借鉴 DBSCAN 聚类算法采用两个参数（指定最小对象数的参数 MinPts 和容积的参数）来定义密度的做法，LOF 算法使用 MinPts 作为参数，并用 $\text{reach-dist}_{\text{MinPts}}(p,o)$ 来衡量对象 p 的密度。

局部可达密度（Local Reachability Density）。对象 p 的局部可达密度表示 p 到其邻域内的所有对象的平均可达距离的倒数：

$$\text{lrd}_{\text{MinPts}}(p)=\left(\frac{\sum\limits_{o\in N_{\text{MinPts}}(o)}\text{reach-dist}_{\text{MinPts}}(p,o)}{\left|N_{\text{MinPts}}(p)\right|}\right)^{-1}$$

式中，$N_{\text{MinPts}}(p)$表示 p 的 k-距离邻域内的对象的个数。由于可能存在多个点到 p 距离相等，故 k 近邻的点可能不止一个，即 $N_{\text{MinPts}}(p)\geqslant k$。$\text{lrd}_{\text{MinPts}}(p)$ 越大，表明 p 的密度越高。

（局部）离群因子（Outlier Factor）。将对象 p 的离群因子定义为 p 的局部可达密度与 p 的最小近邻局部可达密度之比的平均值。

$$\text{LOF}_{\text{MinPts}}(p)=\frac{\sum\limits_{o\in N_{\text{MinPts}}(o)}\frac{\text{lrd}_{\text{MinPts}}(o)}{\text{lrd}_{\text{MinPts}}(p)}}{\left|N_{\text{MinPts}}(p)\right|}$$

离群因子反映了 p 为离群点的程度。p 的局部可达密度越低，p 的 MinPts 近邻的局部可达密度越高，p 的 LOF 值就越高。若 LOF 值远大于 1，则认为 p 的密度与整体数据的密度差异较大，p 被视为离群点；LOF 值越接近于 1，表明 p 越正常。

LOF 算法是一种无监督算法，简单易用，将对象 p 与周围的 MinPts 个对象综合起来进行分析，降低了密度极大值和密度极小值对整体数据的影响。但是，MinPts 值的选取对 LOF 的结果影响较大。

接下来给出基于 Python 的 LOF 算法的代码实现。

导入 numpy 库。

```
import numpy as np
from sklearn.neighbors import NearestNeighbors
```

计算数据集中每个样本的第 k 近邻距离。对于数组型的数据集 X，利用 knn 算法中的 kneighbors 函数找出 X 中的每个样本的第 k 近距离。

```
knn = NearestNeighbors(n_neighbors = k)
knn.fit(X)
neighbors_and_distances = knn.kneighbors(X)
```

```
knn_distances = neighbors_and_distances[0]
neighbors = neighbors_and_distances[1]
kth_distance = [x[-1] for x in knn_distances]
```

计算每个样本的离群因子值。对于每个样本，先找出 k 个最近邻的集合 pt_neighbors 及相应的距离 neighbor_distances，然后在此基础上计算局部可达密度，最后利用局部可达密度计算离群因子 LOF。

```
local_reach_density = []
for i in range(X.shape[0]):
sum_reachability = 0
neighbor_distances = knn_distances[i]
pt_neighbors = neighbors[i]
for neighbor_distance, neighbor_index in zip(neighbor_distances, pt_neighbors):
    neighbors_kth_distance = kth_distance[neighbor_index]
    sum_reachability = sum_reachability + max([neighbor_distance, neighbors_kth_distance])
local_reach_density.append(k / sum_reachability)
local_reach_density = np.array(local_reach_density)
lofs = []
for i in range(X.shape[0]):
avg_lrd = np.mean(local_reach_density[neighbors[i]])
LOF = avg_lrd / local_reach_density[i]
lofs.append(LOF)
```

10.6　基于深度学习的方法

与基于传统的方法相比，第 9 章介绍的深度学习模型具有更好地学习数据中的非线性层次化特征及捕获复杂高维数据结构的能力，并且深度学习模型提供了一种适用于处理不同类型数据的通用模型架构。如果有关于正常对象和异常对象的样本集，那么可以利用卷积神经网络、循环神经网络等模型训练一个有监督分类器来识别异常。但如果没有关于异常对象的信息呢？接下来介绍另一种被称为自编码器（Autoencoder）的深度学习模型。

自编码器本质上是一个由输入层、隐含层和输出层组成的三层神经网络，目标是在输出（近似）等于输入的条件下学习输入 $\boldsymbol{x}$ 的隐含表示 $h(\boldsymbol{x})$，图 10-9 所示为自编码器网络的结构示意图，其中 $\boldsymbol{x}=(x_1;x_2;\cdots;x_n)$ 表示 n 维向量输入，k 表示隐含层神经元的个数。

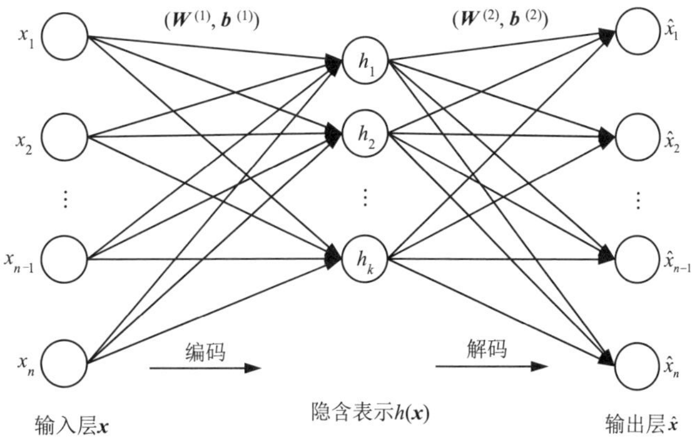

图 10-9　自编码器网络的结构示意图

首先，自编码器通过式（10-2）将 $\boldsymbol{x}$ 映射到 k 维的 $h(\boldsymbol{x})$中，该过程被称为编码（Encode）。

$$h(\boldsymbol{x})=f\left(\boldsymbol{W}^{(1)}\boldsymbol{x}+\boldsymbol{b}^{(1)}\right) \tag{10-2}$$

式中，f表示激活函数。

然后，利用式（10-3）从 $h(\boldsymbol{x})$中得到 $\boldsymbol{x}$ 的重构 $\hat{\boldsymbol{x}}=(\hat{x}_1;\hat{x}_2;\cdots;\hat{x}_n)$，使得重构损失函数 $\text{loss}(\boldsymbol{x},\hat{\boldsymbol{x}})$最小，该过程被称为解码（Decode）。

$$\begin{cases}\min\limits_{\hat{x}} \text{loss}(\boldsymbol{x},\hat{\boldsymbol{x}}) \\ \text{s.t. } \hat{\boldsymbol{x}}=g\left(\boldsymbol{W}^{(2)}h(\boldsymbol{x})+\boldsymbol{b}^{(2)}\right)\end{cases} \tag{10-3}$$

式中，g表示激活函数。也就是说，自编码器的目标是学习网络中的参数 $\boldsymbol{W}$和 $\boldsymbol{b}$，使得损失函数最小，即 $\arg\min\limits_{\boldsymbol{W},\boldsymbol{b}} \text{loss}\left(\boldsymbol{x},g\left(\boldsymbol{W}^{(2)}\left(f\left(\boldsymbol{W}^{(1)}\boldsymbol{x}+\boldsymbol{b}^{(1)}\right)\right)+\boldsymbol{b}^{(2)}\right)\right)$。

自编码器中常用的损失函数是最小平方差 $\text{MSE}=\text{loss}(\boldsymbol{x},\hat{\boldsymbol{x}})=\frac{1}{2}\sum_{i=1}^{n}(x_i-\hat{x}_i)^2$。可以利用第 9 章介绍的 BP 算法来学习自编码器的参数，并将训练好的自编码器用于下游任务。对异常检测来说，可以用正常数据来学习自编码器网络中的参数，在模型训练完成后，将测试数据 $\boldsymbol{y}$ 输入到自编码器中，得到预测 $\hat{\boldsymbol{y}}$。若 $\boldsymbol{y}$ 与 $\hat{\boldsymbol{y}}$ 之间的差异大于某个阈值 τ，即不能被自编码器重构，则判断 $\boldsymbol{y}$ 是异常的。

为增强自编码器学习到的特征的表达能力，可以将多个自编码器堆叠在一起，得到堆栈自编码器（Stacked Autoencoder），如图 10-10 所示。对于堆栈自编码器，可以采用贪婪逐层（Greedy Layer-wise）的训练策略，从输入层开始，逐层单独训练每个子网络，并将前一个子网络学习到的隐含表示作为下一个子网络的输入。也就是说，首先用第一个自编码器去重建输入，然后用第二个自编码器去重建第一个自编码器的隐含层的输出，最后将这两个自编码器整合在一起。一般地，对于一个由 T个自编码器构成的堆栈自编码器，可以通过下式进行贪婪逐层训练。

$$\begin{cases}\boldsymbol{a}^{(m)}=f\left(\boldsymbol{z}^{(m)}\right) \\ \boldsymbol{z}^{(m+1)}=\boldsymbol{W}^{(m)}\boldsymbol{a}^{(m)}+\boldsymbol{b}^{(m)}\end{cases}$$

式中，$1\leqslant m\leqslant T-1$；$\boldsymbol{z}^{(m)}$表示第 m 层的输入；$\boldsymbol{a}^{(m)}$表示第 m 层的激活输出，当 $m=1$ 时，$\boldsymbol{a}^{(1)}=\boldsymbol{x}$。在单独优化完这 T 个自编码器之后，可以先把优化后的网络参数作为堆栈自编码器网络的初始值，然后进行整个网络参数的学习，最后将学习到的堆栈自编码器用于下游任务。

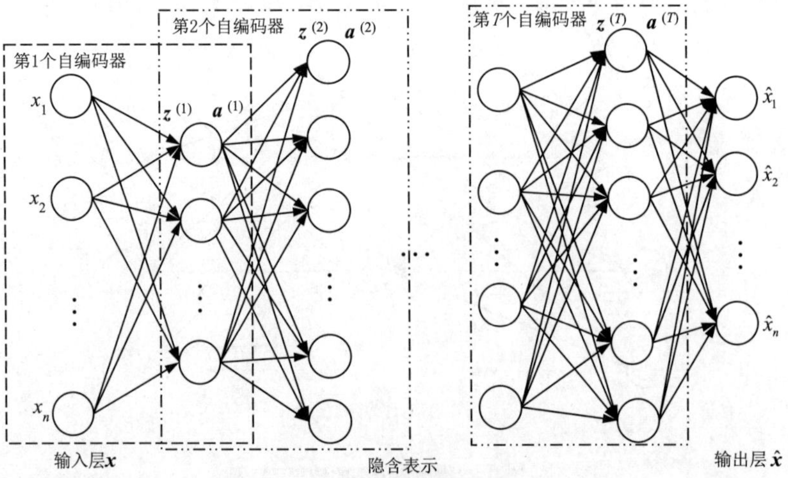

图 10-10 堆栈自编码器网络

10.7　异常检测高级进阶

上述几节主要介绍了面向数值型数据的异常检测方法，对于异常检测任务，我们面临着较大的挑战。第一，基准正常模式的定义往往依赖于领域专家知识，这一方面费时费力；另一方面对于新的或复杂的应用场景，我们往往缺少相关的领域知识，导致难以描述正常模式。第二，正常和异常之间的界定往往是不清晰、不准确的，容易出现误判断的情况，而且正常模式往往会随着时间变化而演化，如在网络入侵事件检测中，当前不合法的行为在将来有可能变为合法的行为。第三，数据中的噪声可能会使该数据看起来是异常的，从而误导异常检测方法，如视频图像中的背景噪声有可能导致人脸识别认证失败。第四，异常的确定依赖于具体的应用领域和场景，一个场景中的正常对象在另一个场景中有可能是异常的。这对设计通用的异常检测方法提出了较高要求。本节将简要讨论面向非数值、时间序列、图等类型数据的异常检测方法。

10.7.1　面向类别和混合数据的异常检测

在实际应用中，除了数值型属性，还存在标称属性。与数值型属性相比，标称属性的取值之间是无序的，如“天气”的两个取值“晴天”和“阴天”之间是没有大小关系的。在一些情况下，在数据集中会同时出现数值型属性和类别型属性。例如，在网络入侵事件检测中，使用的属性可能有标称属性“IP 地址”及数值型属性“数据流量”“服务请求次数”等。这对现有的异常检测算法提出了挑战，如基于邻近度的方法需要度量对象之间的距离，为此需要采用与数值型属性不同的方式来处理标称变量。一种简单可行的方法是先定义不同类型变量的距离公式，然后利用已有的基于邻近度的方法进行异常检测。

10.7.2　面向时序数据的异常检测

时序异常检测出现在许多应用中，如无线传感器网络节点的读数、视频安全监控、网络流量监控、股票趋势预测等。在这类场景中，时序连续性在识别异常中扮演着重要的角色。时序异常检测可分为离线检测和在线检测两种。对于前者，我们事先拥有整个数据集并可以在整个数据集上检测异常；对于后者，数据通常以流的形式出现，这种情况在实际应用中往往具有更重要的地位。

一种常用的异常检测方式是根据历史数据 $(\boldsymbol{x}_1,\boldsymbol{x}_2,\cdots,\boldsymbol{x}_{t-1})$ 来判断当前数据 $\boldsymbol{x}_t$ 是否为离群点。可以利用自回归模型（Auto Regressive Model）来建模时间序列。自回归模型描述了当前值与历史值之间的关系，用变量自身的历史数据对自身进行预测。一般情况下，p 阶自回归过程的公式是 $\hat{\boldsymbol{x}}_t=\alpha_1\boldsymbol{x}_{t-1}+\alpha_2\boldsymbol{x}_{t-2}+\cdots+\alpha_p\boldsymbol{x}_{t-p}+\varepsilon_t$，其中 α_i（$1\leqslant i\leqslant p$）表示自相关系数；ε_t 表示扰动项；p 表示自回归模型中的阶数，用几期的历史值来预测当前值。可以将 t 时刻的实际值 $\boldsymbol{x}_t$ 与预测值 $\hat{\boldsymbol{x}}_t$ 进行比较。若 $\boldsymbol{x}_t$ 与 $\hat{\boldsymbol{x}}_t$ 的差异大于某个阈值 τ，则判断 $\boldsymbol{x}_t$ 为异常。

也可以利用长短时记忆网络检测时序异常。具体来说，首先在历史数据集上训练一个长短时记忆网络；然后将 $(\boldsymbol{x}_1,\boldsymbol{x}_2,\cdots,\boldsymbol{x}_{t-1})$ 作为长短时记忆网络的输入，预测其 t 时刻的输出 $\hat{\boldsymbol{x}}_t$，并将 t 时刻的实际值 $\boldsymbol{x}_t$ 与预测值 $\hat{\boldsymbol{x}}_t$ 进行比较，如果 $\boldsymbol{x}_t$ 与 $\hat{\boldsymbol{x}}_t$ 的差异大于某个阈值 τ，则判断 $\boldsymbol{x}_t$ 为异常。

10.7.3 面向图数据的异常检测

图作为一种强大而通用的数据表示形式，能够描述各种各样的数据，并且有大量的数据是以图的形式存在的，如传感器网络、社交网络、化合物的化学分子结构、蛋白质结构等，可以将其大致分为两种类型。

第一种类型，数据包含了许多从一个有标签的节点的基础域上采样得到的小图。例如，化学和生物化合物的标签是化学元素，这些化学元素可以在相同或不同的化合物中重复出现。在异常检测中需要基于正常的图对象来识别异常的图对象。在这种情况下，异常是与整个图相关联的。

第二种类型，数据表现为单个大图的形式，此时异常检测所关注的对象是单个大图的结构元素，如节点、边和子图。例如，传感器网络中的节点、节点间的连接及部分节点间形成的子网络。

研究人员在面向图数据的异常检测方面做了大量研究工作。在此不再赘述，感兴趣的读者可以查阅相关材料。

习题

10-1 异常检测的目的是什么？其在我们的日常生产生活中有何用途？

10-2 简述异常检测方法分类。

10-3 简述基于统计检验的异常检测方法。

10-4 简述孤立森林算法的基本思想和主要步骤。

10-5 简述 LOF 算法的基本思想和主要步骤。

10-6 试编程实现孤立森林算法，并将其应用于随机生成的数据集进行异常检测，或者从 ODDS 官网上下载异常检测数据集 ODDS 进行异常检测。

10-7 试编程实现 LOF 算法，并将其应用于随机生成的数据集进行异常检测，或者下载异常检测数据集 ODDS 进行异常检测。

10-8 试编程实现基于自编码器网络的异常检测模型，并变化自编码器网络的隐含层的个数和隐含层神经元的个数，观察与分析实验结果。

10-9 试编程实现基于自回归模型的时序异常检测方法。

10-10 试编程实现基于长短时记忆网络的时序异常检测方法。

第 11 章
区块链技术

区块链集成了分布式数据存储、点对点传输、共识机制、加密算法等技术，具有去中心化、不可篡改、公开透明等特点，可以有效解决传统交易模式中数据在系统内流转过程中的造假行为，服务于可信数字系统构建，有效推动可信数字社会建设。近年来各国政府、企业及国际组织等纷纷布局区块链产业，我国也将区块链作为核心技术自主创新的重要突破口。区块链应用由金融领域延伸到物联网、智能交通、智能制造、供应链管理、数据存证及交易、健康照护、教育等多个领域，成为构建数字社会的新型基础设施。在 11.1 节中将简要介绍比特币的相关知识。比特币是区块链技术的一个典型应用，了解比特币有助于我们理解区块链被提出的背景和意义；在 11.2 节中将说明区块链的基础概念和特征；在 11.3 节中将介绍分布式账本、共识机制、智能合约、密码学机制支撑区块链的核心技术；在 11.4 节中将介绍几种常用的联盟链平台；在 11.5 节中将给出一种物联网与区块链相结合的体系结构，并通过几个应用场景来说明两者相结合的潜在价值与前景。

11.1 比特币

2008 年 9 月 15 日，美国投资银行雷曼兄弟公司宣布申请破产保护，以此为标志，国际金融危机开始席卷全球，各国中央银行为应对该危机纷纷降低利率并辅以非常规的量化宽松货币政策，导致货币大幅贬值，动摇了人们对政府发行的中心化货币的信心。同年 10 月 31 日，一位化名为中本聪的密码学极客在密码学邮件组列表中发表了一篇名为《比特币：一种点对点的电子现金系统》的文章，文中阐述了一种去中心化、不依赖第三方机构的新型电子现金系统，在该系统中用户可以不经过第三方金融机构直接进行在线支付。随后，中本聪又公开了比特币发行、交易和账户管理系统的实现代码。2009 年 1 月 3 日，中本聪使用代码生成了比特币的第一个区块——创世区块（Genesis Block），并获得了价值为 50 个比特币的首批挖矿奖励，比特币就此诞生。创世区块与其他区块不同，该区块不包含任何交易，伴随产生的 50 个比特币也不可以被交易。在创世区块的备注中，中本聪写入了当天英国《泰晤士报》的头版文章的标题——*The Times 03/Jan/2009 Chancellor on Brink of Second Bailout for Banks*，借此暗讽金融危机冲击下摇摇欲坠的全球金融体系。2010 年，中本聪逐渐淡出比特币社区并将项目移交给社区的其他成员，其真实身份至今仍是一个未解之谜。

比特币自诞生之日起就伴随着各种争议，价格也经历了多次暴涨与暴跌。抛开比特币价格的跌宕起伏，比特币可以被看作一次去中心化的电子货币系统在概念及技术上的实验，即通过全网共同维护一份相同的分布式账本，消除在交易时对中心化的第三方认证机构的依赖。比特币生态系统主要包括发行、流通及市场三个环节，如图 11-1 所示。

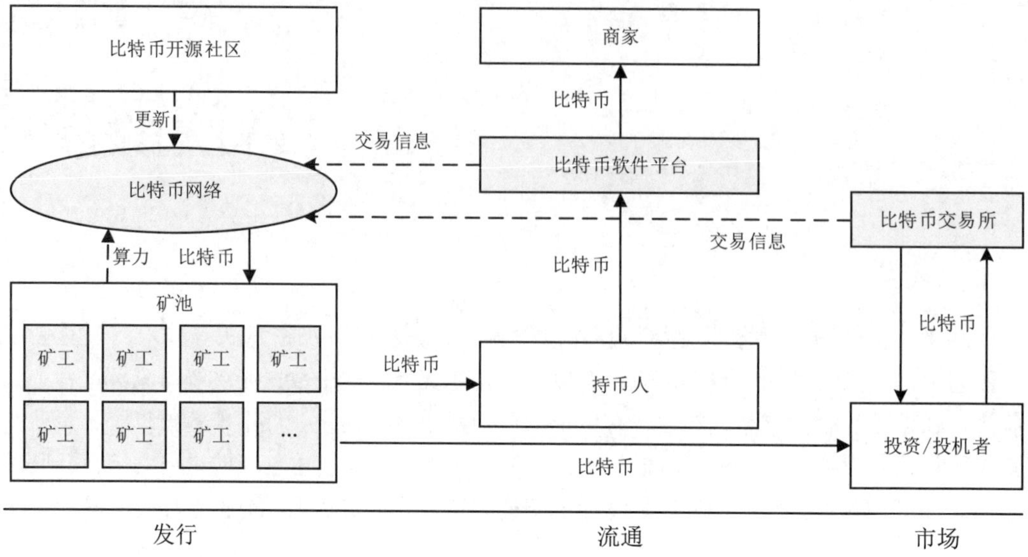

图 11-1 比特币生态系统

比特币系统通过“挖矿”过程来实现比特币的发行。计算机安装“挖矿”软件后即可成为比特币矿工，矿工节点会收集比特币网络上未被确认的交易，将其打包为一个候选区块，区块头中包括上一个区块的哈希值及一个随机数，矿工节点试图找到一个随机数使得候选区块的哈希值小于特定难度值（难度值的大小与比特币网络上的算力成反比，通过调整难度值使得比特币系统每隔 10min 生成一个区块）。挖矿就是通过调整随机数的大小来获得满足要求的区块哈希值的过程。当矿工节点找到符合要求的随机数后就判定该区块合法，并向全网广播该区块，其他矿工验证区块合法后会将新的区块添加到链上（分布式账本），区块中的交易被确认为有效。挖矿过程维持了比特币网络的正常运转，为了激励矿工们参与此过程，创建新区块的矿工会获得两种类型的奖励：创建新区块的奖励和区块中包含的每笔交易的交易费。中本聪将挖矿过程（求解区块哈希值的问题）消耗的电力及时间比喻成金本位货币制度中的黄金，通过挖矿过程增加比特币的供应，比特币的总量被限定为约 21 000 000 个。由于挖矿行为会造成大量资源的浪费，我国禁止以任何名义发展虚拟货币挖矿项目。

对于流通环节，持币人可以通过比特币软件平台购买商品。交易双方都有一个比特币账户（地址）。比特币账户的产生过程如下：首先，通过随机数发生器生成一个 256 位的随机数，使用该随机数作为账户的私钥；然后，使用椭圆曲线算法生成私钥对应的公钥；最后，对公钥进行两次哈希运算，得到公钥的哈希值，将公钥的哈希值加上版本号和校验码后进行 Base58 编码。付款方在进行转账时，使用私钥对获取比特币的交易 ID（付款方的比特币来源）进行签名，矿工节点使用公钥进行验证签名，若验证通过，则表明该付款方拥有该交易中的比特币。比特币的所有交易都是公开透明的，交易信息被永久存储在分布式账本（区块链）上，任何人都可以查看任何比特币账户的交易和余额，但比特币账户不关联拥有者的真实身份信息。比特币账户不能被冻结，交易无法被撤销。

目前绝大多数国家没有承认比特币的货币地位，大多将其看成一种虚拟商品。比特币交易所提供了比特币与法定货币之间的兑换服务，投资者/投机者可以在比特币交易所上使用美元、欧元等法定货币购买比特币或将比特币售出换取法定货币。由于比特币无真实价值支撑，价格极易被操纵，存在很高的炒作风险，我国依法取缔了境内的比特币交易所，明令禁止开展法定货币与比特币的兑换业务，同时指出境外虚拟货币交易所通过互联网向我国境内居民提供服务同样属于非法金融活动。

比特币是区块链的一种应用形式，没有区块链就没有比特币，没有比特币照样有区块链。承载比特币运行的区块链技术具有全程可追溯、数据可验证、节点透明、去中心化等特点，可以有效解决可信数据与隐私保护、可信协作与激励机制、可信治理等问题，具有广泛的应用前景。我国积极出台了区块链的相关政策，推动区块链技术与产业创新发展。

11.2 区块链的基础概念和特征

区块链是密码学、分布式系统等一系列现有成熟技术的有机组合。狭义的区块链指的是一种按照时间顺序将数据区块以链条的方式组合成特定数据结构，并以密码学方式保证的不可篡改和不可伪造的去中心化共享总账（Decentralized Shared Ledger），能够安全存储简单的、有先后关系的、能在系统内验证的数据。广义的区块链是利用加密链式区块结构来验证与存储数据、利用分布式节点共识算法来生成和更新数据、利用自动化脚本代码（智能合约）来编程和操作数据的一种全新的去中心化基础架构与分布式计算范式。区块链的特征主要包括以下三方面。

（1）去中心化。区块链采用去中心化记账的方式，网络中的所有节点都可以参与分布式账本的维护，存储分布式账本的完整副本。

（2）不可篡改。区块链的不可篡改基于密码学中的哈希算法及多方共同维护的特性，区块被添加到链上后，不允许修改区块内存储的信息。

（3）公开透明。区块链上存储的信息是公开透明的，所有参与者均能访问链上的数据。可以使用零知识证明、同态加密、门限加密等方法处理链上数据，解决隐私泄露问题。

根据开放程度的不同，区块链大致可分为公有链、联盟链及私有链。公有链以比特币、以太坊等虚拟货币为代表，是一种完全去中心化的、开放的区块链结构，任何人都可以参与区块链的维护和读取，通过挖矿奖励等激励机制鼓励新节点加入以保持系统正常运转。联盟链的各个节点通常有对应的实体机构，只有得到联盟批准才能加入，与公有链相比，联盟链的去中心化程度低，但在效率及灵活性上更具优势。私有链是较封闭的区块链结构，一般仅限于企业、机构等组织内部使用，能够在提升可审计性的同时防止敏感数据泄露。联盟链和私有链不依赖发币来激励用户参与，可以与实体产业深度融合，实现实体产业价值在数字世界的流转。

11.3 区块链的技术要素

支撑区块链的核心技术涉及分布式账本、共识机制、智能合约、密码学机制等内容。本节将详细介绍这些技术。

11.3.1 分布式账本

区块链本质上是一种多方参与、共同维护的分布式数据库，基于分布式账本采取去中心化或弱中心化的数据管理模式，在由多个网络节点组成的对等网络中进行数据分享、同步和复制。涉及区块链系统的一个目的是解决非信任环境下的数据可信性问题，即负责数据存储的节点可能会篡改数据，而传统的分布式存储系统是建立在信任环境中的，节点间完全互信。因此，分布式账本与传统的分布式存储系统在系统架构和数据分布方式等方面存在一定的差异。首先，分布式账本采取去中心化或弱中心化的模式，通常基于一定的共识规则，采用多方决策、共同维护的方式进行数据的存储、复制等操作；传统分布式存储系统则多采用中心化的主从结构，由全局的网络管理层存储各个局部数据库节点的地址和局部数据的模式信息，用于在查询处理时进行全局优化和调度。其次，分布式存储系统的数据存储方式大致分为分割式存储和复制式存储。前者将数据分片，存储到不同节点上，查询时需要在节点间传输数据，查询效率较低；后者则将同一个数据分片或完整数据分布式存储到多个节点上，提高了查询效率和可靠性，但需要更多的存储空间。分布式账本采取全复制式的数据分布，每个节点都存储了一份完整的数据副本，少数恶意节点对数据的修改将被剩余的大部分节点发现并定位，不会影响到全局大多数副本，保证数据的可信度和安全性。

11.3.2 共识机制

区块链系统使用共识机制来解决所面临的一致性问题。接下来介绍几种常用的区块链共识机制。

1．工作量证明

工作量证明（Proof-of-Work，PoW）是区块链系统最早采用的共识机制，基本思想是基于计算能力来产生新的区块。参与的矿工不断求解候选新区块的哈希值，直到区块哈希值小于设定的目标值，此时该矿工赢得记账权限，将候选区块添加到链上并广播到区块链网络中，其余节点验证通过后达成共识并写入本地账本。比特币和以太坊的前三个阶段，即前沿（Frontier）、家园（Homestead）和大都会（Metropolis）均使用 PoW 共识机制。PoW 共识机制完全去中心化，允许节点自由进出，但这种共识机制会造成大量的资源被浪费，并且共识达成的周期较长。

2．权益证明

权益证明（Proof-of-Stake，PoS）共识机制是 PoW 共识机制的升级，根据矿工持有的权益随机选取一个节点产生新区块，持有权益越高的节点获得记账权的概率越高。权益对应币龄的概念，币龄等于持有代币的数量乘以持有代币的时长。PoS 共识机制与 PoW 共识机制最大的不同在于，只有持有数字货币的人才能进行挖矿，并通过币龄来决定获得记账权的概率。PoS 共识机制与 PoW 共识机制的挖矿难度目标不同。在 PoW 共识机制中，当计算的区块哈希值小于设定的目标值 Target 时，赢得记账权；而在 PoS 共识机制中，当计算的区块哈希值小于设定的目标值 Target 与币龄的乘积时，赢得记账权。因此，在 PoS 共识机制中拥有更多币龄的矿工更容易挖到新的区块，计算量相比 PoW 共识机制的计算量更小，这在一定程度上减少了资源浪费。由于在初始时只有创世区块上有代币，意味只有一个节点可以挖矿，因此如何将代币分散出去是 PoS 共识机制面临的一个难题。通常采取分阶段挖矿的方式来建立初始的区块链网络，如以太坊的前三个阶段使用 PoW 共识机制挖矿，而第四个阶段则使用 PoS 共识机制。

3．委托权益证明

委托权益证明（Delegated Proof-of-Stake，DPoS）共识机制是 PoS 共识机制的变种。在 PoS 共识机制中，持有权益较少的节点很少有机会赢得记账权，而在 DPoS 共识机制中所有持有权益的节点通过投票选举的方式选举出代理人，委托他们行使权利和义务。代理人节点轮流进行记账从而获得收益，并将收益的一部分作为分红，分给投票的用户，投票的权重和分配的收益根据持有的权益占问题的百分比来计算。如果代理人节点不称职，则随时有可能被投票出局。DPoS 共识机制类似于股份制公司，普通股民通过投票选举代表组成董事会，由董事会负责对公司进行管理，根据股份获得分红。与 PoS 共识机制相比，DPoS 共识机制可以大大减少记账节点的数量，提升记账效率，但降低了去中心化的程度。

4．实用拜占庭容错

图灵奖得主 Leslie Lamport 和其他两位学者 Robert Shostak、Marshall Pease 于 1982 年在合著的论文中描述了拜占庭将军问题。在只能通过信使通信的冷兵器时代，几支拜占庭军队驻扎在敌军城外，每支军队由一名将军统领，现在诸位将军要协商进攻敌军的方式和时间，保证各支军队统一行动，攻破城池，但在将军中藏有叛徒，企图阻挠其他忠诚的将军达成一致的进攻方案，拜占庭将军问题指的是忠诚的将军如何不受叛徒影响达成一致的行动方案。实用拜占庭容错（Practical Byzantine Fault Tolerance，PBFT）算法可用于解决拜占庭容错问题，确保忠诚的将军在受到叛徒干扰的情况下也能达成共识。PBFT 算法的基本思想：指定系统中的一个节点为主节点，其他节点为从节点，当主节点出现故障时，系统中符合条件的节点都有资格由从节点升级为主节点。PBFT 算法采用三个阶段来提交协议：在预准备（Pre-prepare）阶段，主节点接收到共识请求后（申请增加新的区块），生成新的区块并对全网进行广播；在准备（Prepare）阶段，从节点接收到区块后，发送 Prepare 消息告知其他节点已收到区块；在提交（Commit）阶段，若节点接收到超过三分之二的节点的 Prepare 消息，则对区块进行验证，验证通过后向其他节点发送 Commit 消息，超过三分之二的节点就增加新区块达成共识，新区块会被添加到链上。PBFT 算法要求恶意节点的数量应小于系统中节点数的三分之一，遵循少数服从多数的原则来确保合法节点能达成共识。

5．Raft 共识算法

Raft 共识算法由斯坦福大学的 Diego Ongaro 和 John Ousterhout 于 2014 年在 *In Search of an Understandable Consensus Algorithm* 一文中提出。与 PBFT 共识机制相比，Raft 共识算法解决的是没有拜占庭容错下的共识问题，即节点可能会失效（异常）但不会作恶，传递的消息不会被篡改。只要失效节点数量不超过半数，Raft 共识算法就可以正常工作。Raft 共识算法包含跟随者（Follower）、候选人（Candidate）和领导者（Leader）三种角色。集群中的一个节点在某一时刻只能是其中一种角色，角色间可以互相转换。Raft 共识算法将时间划分为不定长的任期，每个任期选举出负责出块的领导者节点。领导者节点在收到共识请求后，生成区块并复制给其他跟随者节点，其他节点在收到区块后，验证通过就将区块写入本地的链，并发送消息告知领导者节点，领导者节点收到过半数节点写入成功的消息后，通知其他节点提交区块并更新自己的状态。Raft 共识算法常用于联盟链和私有链，Hyperledger Fabric、Quorum 等区块链平台均对该算法提供了良好支持。

11.3.3　智能合约

比特币的核心开发者 Nick Szabo 于 1994 年提出了智能合约（Smart Contract）的概念，并将智能合约定义为一种执行合约条款的计算机化交易协议。智能合约的目标是借助密码学和其他数字安全机制，使用计算机技术实现传统合约条款的制定和履行，减少对第三方可信机构的依赖，降低交易成本。智能合约具有去信任、经济高效、准确性高、公开透明、不可篡改等特点，并且已在以太坊、Hyperledger Fabric 等影响力较大的区块链平台中得到了广泛应用。以太坊的一个智能合约是一段可以被以太坊虚拟机执行，并以 Solidity、Serpent、Viper 等图灵完备的高级语言编写的代码，编译器将代码转换成字节码后存储在链上，智能合约一旦部署就无法修改，用户通过合约完成账户的交易，实现对账户的代币和状态的管理与操作。Fabric 中的智能合约被称为链码（Chaincode），链码分为系统链码和用户链码。前者用于实现系统配置、背书、校验等系统层面的功能；后者则由应用开发者编写，支持各类上层业务。与以太坊相比，Fabric 智能合约和底层账本是分开的，在升级智能合约时不需要将账本数据迁移到新智能合约中，实现了逻辑与数据的分离。智能合约相较传统合约能够通过自动执行任务来降低管理和服务成本，但仍存在一定的潜在风险。例如，发生在 2017 年的 Parity 多重签名钱包漏洞导致超过 513 701 个以太币被锁死；2022 年的去中心化金融项目的借贷协议遭遇攻击，造成超千万美元的损失。智能合约的开发者应汲取经验教训，不断提高智能合约的代码质量，降低安全风险。

11.3.4 密码学机制

区块链技术中应用了包括哈希算法、对称加密、非对称加密、数字签名、数字证书、同态加密、零知识证明等在内的密码学机制。接下来从完整性、机密性、身份认证方面介绍区块链技术中的密码学机制。

1. 完整性

区块链采用哈希算法保证区块链账本的完整性。哈希算法可以在有限合理的时间内将任意长度的二进制字符映射为固定长度的二进制字符串，输出值被称为哈希值或数字摘要。常见的哈希算法包括 MD5、SHA1、SHA256 和 SHA3 等。哈希函数表示：$h=H(m)$，其中 H 表示哈希函数，m 表示任意长度的输入，h 表示输出的哈希值。哈希算法具有以下四个特性。第一，抗原像性，又被称为单向性，根据任意的 y，找到任意原像 x'，使得 $H(x')=y$ 在计算上是不可行的。第二，抗第二原像性，给定输入 x，寻找其他数据 x'，使得 $H(x) = H(x')$在计算上是不可行的。第三，强抗碰撞性，寻找任意两个不同的输入 x'和 x，使得 $H(x) = H(x')$在计算上是不可行的。第四，雪崩效应，输入的微小变化会导致输出发生明显改变。

区块链技术利用哈希算法的输入敏感、冲突避免等特性，在每个区块的头部存储了上一个区块的哈希值，将区块串联成一个不可篡改的链条。同时，区块使用 Merkle 树存储交易数据的校验信息，区块头中存储了 Merkle 树根的哈希值。图 11-2 所示为区块结构。Merkle 树的叶子节点是交易数据的哈希值，非叶子节点是其两个子节点内容的哈希值。基于哈希算法构造的 Merkle 树通过逐层记录哈希值，使得底层数据的任何变动，都会被传递到其父节点中，导致 Merkle 树根发生巨大变化。Merkle 树具有以下两个重要特性。

（1）快速定位修改。如果交易 T1 的数据被篡改，会影响到 Hash0-0、Hash0 及 Root Hash 的值，一旦发现根节点的哈希值发生变化，沿着 Root Hash→Hash 0→Hash0-0 可以快速地定位到有改动的交易 T1。该过程的时间复杂度为 $O(\log_2 n)$。

（2）零知识证明。零知识证明是指证明者能够在不向验证者提供任何有用信息的情况下，使验证者相信某个诊断是正确的。例如，为了证明某个区块中包含交易 T1，证明者只需构造如图 11-2 所示的 Merkel 树，对外公布 Hash0-1、Hash1 及 Root Hash 的值。T1 的拥有者先计算

Hash0-0 的值，然后与证明者公布的 Hash0-1、Hash1 的值合并计算出 Merkel 树根的哈希值；如果该值与证明者公布的 Root Hash 的值一致，则说明 T1 包含在该区块中。这个过程证明者无须知道其他交易的真实内容。

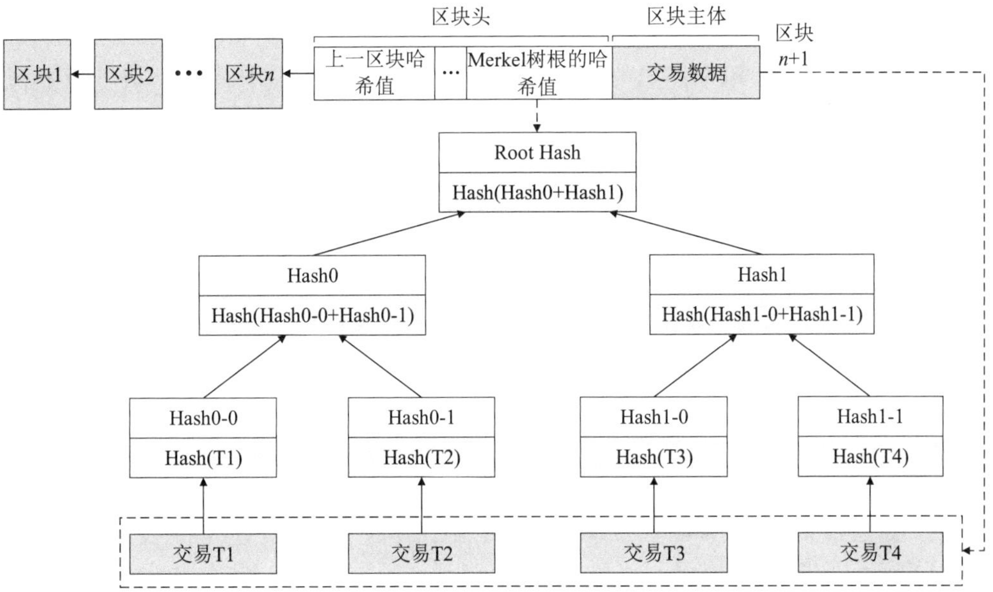

图 11-2　区块结构

2．机密性

加解密技术可以分为对称加密和非对称加密两大类。对称加密的加密密钥和解密密钥相同，而非对称加密的加密密钥和解密密钥不同，其中一个被称为公钥，另一个被称为私钥。公钥加密的数据只有使用对应的私钥可以解密；反之亦然。比特币等公有链使用非对称加密技术生成钱包地址和对应的私钥。联盟链通常使用 TLS（Transport Layer Security）加密通信技术，来保证传输数据的安全性。TLS 加密通信融合了非对称加密技术无须通信双方共享密钥、对称加密技术有运算速度快的优点，通信双方利用非对称加密技术先协商生成对称密钥，然后通过对称密钥完成对数据的加密或解密。

3．身份认证

在区块链技术中引入数字证书机制来验证用户身份，通过身份确定参与者在区块链网络中对资源及信息的访问权限。数字证书通常由证书颁发机构（Certificate Authority，CA）签发。使用数字证书进行身份认证和通信的过程大致如下：假设 A 与 B 进行通信，A 在得到 CA 颁发的 B 的证书后，使用 CA 的公钥验证证书进行签名，验证成功即可确认证书中 B 的公钥的合法性；在验证 B 的身份后，A 使用 B 的公钥加密数据并完成发送；B 接收 A 发送的数据后使用自己的私钥进行解密。

11.4　常见的联盟链技术平台

联盟链是当前区块链技术落地实践的一个热点，市面上出现了众多联盟链技术平台，本节简要介绍 Hyperledger Fabric、FISCO BCOS 联盟链及商用联盟链 BaaS 平台。

11.4.1 Hyperledger Fabric

Hyperledger Fabric 是一个开源的企业级分布式账本技术平台，具有高度模块化的架构，支持可插拔共识协议，可以根据应用需要进行定制。例如，在单个企业内部署或由受信任的权威机构进行操作时，可以选择使用 Raft 共识算法等崩溃容错（Crash Fault Tolerance）共识协议，而不是资源消耗较多的 PBFT 共识机制；在去中心化的多方参与应用中，可选择 PBFT 共识协议。Hyperledger Fabric 不需要通过挖矿来达成共识，与其他分布式系统的部署和运营成本大致相同。

Hyperledger Fabric 主要包括客户端（应用程序）、CA、Peer、排序服务（Orderer）等节点，其中 Peer 节点可以担任背书节点（Endorser peer）、主节点（Leader Peer）、记账节点（Committer Peer）、锚节点（Anchor Peer）等多种角色。Hyperledger Fabric 的基本工作流程如图 11-3 所示。应用程序通过 CA 节点进行登记注册，获得准入联盟链准入许可；在发起交易时，应用程序将交易提案发送至背书节点请求背书；背书节点先根据当前本地的账本状态模拟执行交易并生成一个读集（Read Set）和写集（Write Set）来记录交易的影响，然后将生成的读集和写集进行签名并返回给应用程序；应用程序收到交易的背书后，提交交易至排序服务节点；排序服务节点将收到的交易进行排序并打包成区块，发送给网络中的 Peer 节点；Peer 节点收到区块后，验证交易是否满足背书策略及签名是否有效，若验证通过，则检查背书节点在模拟执行时的环境与当前的环境是否一致；交易验证通过后，Peer 节点将区块添加到链上，根据有效的交易更新当前的账本状态。总的来说，Hyperledger Fabric 具有以下主要特性。

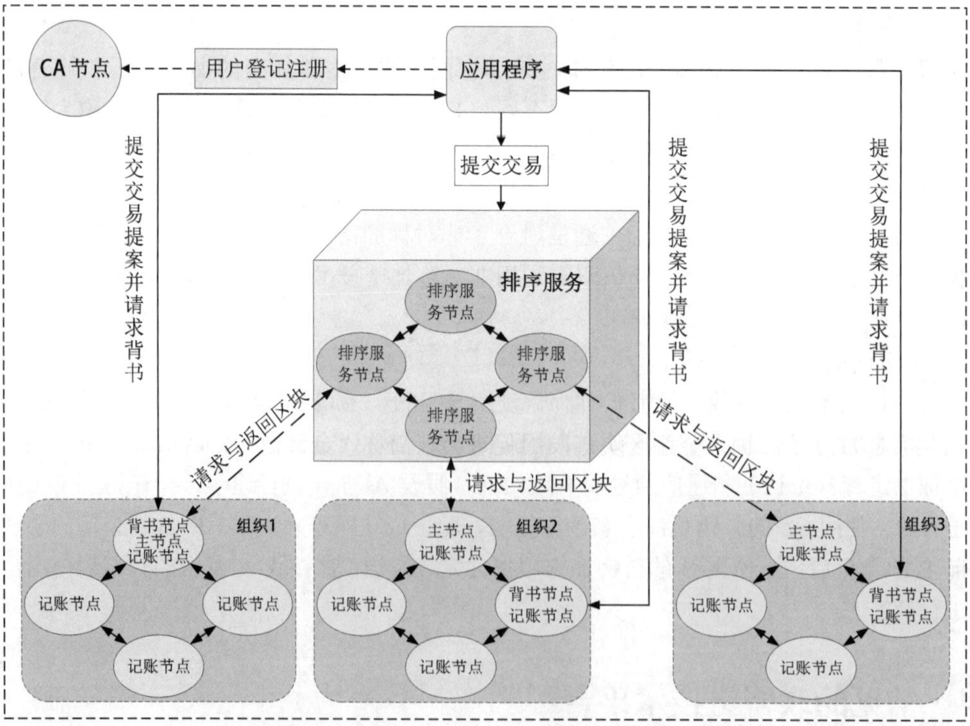

图 11-3 Hyperledger Fabric 的基本工作流程

1. 模块化

Hyperledger Fabric 采用模块化架构，使用可插拔共识机制、可插拔身份管理协议、密钥管理协议、加密库等模块来满足企业应用需求的多样性。在更高层面，Hyperledger Fabric 具有以下模块化组件：可插拔排序服务用于建立交易排序的共识并广播给 Peer 节点；可插拔成员服务提供者负责将网络中的实体与加密的身份相关联；可选的点对点流言服务（Peer-to-peer Gossip Service）负责将排序服务输出的块广播到其他 Peer 节点中；智能合约在隔离的容器环境中运行，可以使用标准的程序设计语言编写，但不能直接访问账本状态；账本支持多种数据库管理系统；可插拔背书和验证策略为每个应用程序单独配置背书和验证策略。

2．需要准入许可

Hyperledger Fabric 是一种需要准入许可的联盟链技术，需要利用一组经过审查的已知身份的参与者来维护区块链。这些参与者具有共同的目标但彼此间不完全信任，可以使用传统的 CFT 或 BFT 共识协议来达成共识，避免昂贵的挖矿成本。

3．支持通用编程语言编写智能合约

智能合约在 Hyperledger Fabric 中又被称为链码，用于实现区块链应用程序的业务逻辑。Hyperledger Fabric 支持使用 Java、Go、Node.js 等编程语言来实现智能合约。

4．执行-排序-验证交易范式

Hyperledger Fabric 引入了一种新的交易范式，将交易流程分为执行、排序和验证三个阶段。在执行阶段，首先检查交易的正确性，对交易进行背书；然后进入排序阶段，通过共识协议对交易进行排序；最后进入验证阶段，在将交易提交到账本之前，根据应用程序对应的背书策略对交易进行验证。

5．隐私保护和机密性

在使用 PoW 共识机制的公有链中，合约及交易数据都是透明的，每笔交易及实现代码对网络中的所有节点都是可见的。然而，在企业应用中存在大量的隐私数据，如在供应链网络中，为了巩固客户关系，某些参与者可能会获得较优惠价格，显然这些合约及交易信息不能被公开。Hyperledger Fabric 通过通道及私密数据功能实现机密性，在网络中建立多个通道，只有通道内的成员才能查看该通道内的合约和交易数据。私密数据可以对同一个通道内不同成员的数据进行隔离保护，无须创建和维护单独通道。

11.4.2 FISCO BCOS 联盟链

2016 年 5 月，微众银行、腾讯、前海金控、深证通、顺丰控股等二十余家金融机构和科技企业共同发起成立了深圳市金融区块链发展促进会（简称“金链盟”），目前成员包括银行、证券、基金、保险、地方股权交易所、科技公司六大类行业的 100 余家单位，成为国内最大的区块链组织和最具国际影响力的区块链联盟之一。金链盟下设的金链盟开源工作组于 2017 年推出了金融级区块链底层平台 FISCO BCOS（Be Credible, Open & Secure）。FISCO BCOS 以联盟链的实际需求为出发点，兼顾性能、安全、可运维性、易用性、可扩展性，支持多种 SDK，提供可视化中间件工具，极大地缩短了建链、开发、部署应用的时间。FISCO BCOS 通过信通院可信区块链评测功能和性能两项评测，单链 TPS 可达两万。

FISCO BCOS 采用高通量可扩展的多群组架构，可以动态管理多链、多群组，满足多业务场景的扩展需求和隔离需求。FISCO BCOS 的核心模块包括以下三个部分。

（1）共识机制。采用可插拔共识机制，支持 PBFT、Raft 和 rPBFT 共识算法，交易确认时延低、吞吐量高，具有最终一致性。

（2）存储。世界状态的存储从原来的 Merkle 树存储结构转为分布式存储，避免了因世界状态急剧膨胀而引起的性能下降问题；引入可插拔存储引擎，支持 LevelDB、RocksDB 等后端存储，支持数据简便、快速扩容的同时，将计算与数据隔离，降低了节点故障对节点数据的影响。

（3）网络。支持网络压缩功能，基于负载均衡的思想实现了良好的分布式网络分发机制来最大化降低带宽开销。

11.4.3 商用联盟链 BaaS 平台

国内的互联网行业龙头企业也推出了各自的商用联盟链 BaaS（Blockchain as a Service）平台。腾讯于 2017 年 11 月推出了腾讯区块链 BaaS 平台，通过 SQL 和 API 接口的方式为上层应用场景提供区块链基础技术服务，涉及的主要接口包括资产发行、资产转让、区块信息查询、交易信息查询、账户余额查询等。蚂蚁链 BaaS 平台是蚂蚁集团研发的具备高性能、强隐私保护的区块链技术平台，支持自研区块链引擎、Fabric、Quorum 等开源框架，通过自研可信执行环境芯片技术保障隐私数据从跨链接入运行共享的全流程可信访问，所有请求均在可信硬件环境中安全执行。华为推出了满足企业级和金融级的可信和协同需求的区块链云服务产品 BCS（Blockchain Service）以帮助企业在华为云上快速、高效地搭建企业级区块链行业方案和应用。商用联盟链 BaaS 平台简化了区块链应用的搭建，但由于应用数据存储在集中式管理的区块链平台中，数据的可信性、可靠性及安全性依赖于提供区块链服务的平台。

11.5 区块链赋能物联网

物联网已经被广泛应用到工农业生产及服务业中，改变了人们的生产、生活方式，产生了巨大的社会和商业价值。然而，数据安全与隐私保护、信任等问题已经成为物联网发展过程中面临的巨大挑战，区块链技术为解决这些问题提供了一种新的思路。物联网与区块链的深度融合，能够极大地提升物联网系统的安全性，促进感知数据共享，建立各参与主体间的信任机制。可以说，物联网解决生产力的问题，而区块链技术解决生产关系的问题。2018 年，微软、IBM 等公司在物联网+区块链应用峰会上正式提出物链网（Blockchain of Things）这一概念。本节简要介绍物链网的体系架构和应用场景，力图阐述物联网与区块链技术相结合的可行性及潜在价值。

11.5.1 物链网的体系架构

物链网解决了物联网发展过程中的安全、隐私等痛点，可以被看作物联网的进化形态。图 11-4 所示为物链网的体系架构，自下而上依次是物理层、网络层、区块链层、接口层及应用层。物理层与物联网的物理层相同，通过传感器、智能设备等感知数据，借助数据采集协议将数据向上层传输；网络层采用 WLAN、蜂窝网络、LoRa、NB-IoT 等接入方式将物理层采集的数据传输至区块链层；区块链层负责物链网的数据上链，实现感知信息的不可篡改和可追溯；接口层通过服务集成中间件为上层应用提供区块链的访问接口，负责区块链管理及服务集成，并为应用层提供安全服务；应用层实现各类物链网应用的业务逻辑，为用户提供访问接口。

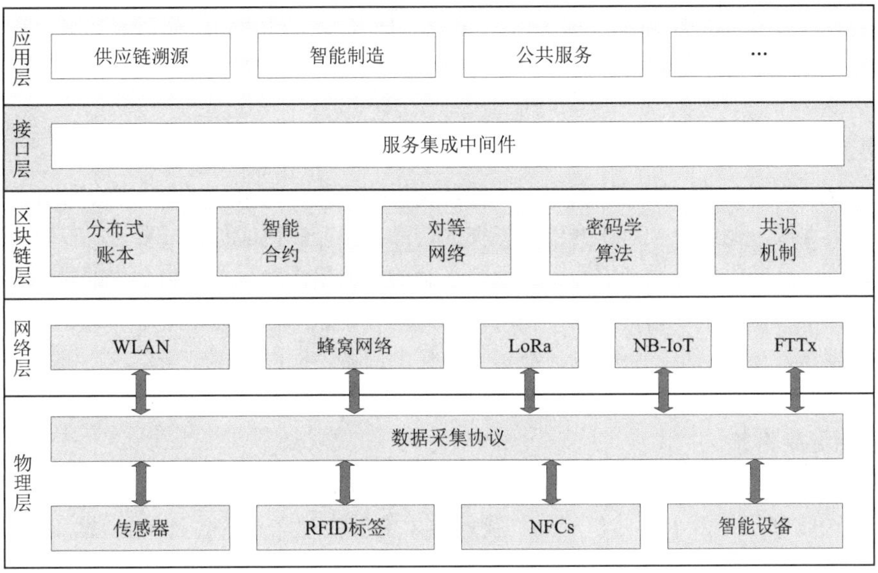

图 11-4 物链网的体系架构

11.5.2 物链网的应用场景

区块链与物联网的融合能够促进相关领域的应用创新。一方面，区块链可以打通物联网产业链的信息壁垒，促进产业数据共享和各参与方的协作；另一方面，区块链技术可以打通 IT 设备和物联网设备的连接，保障感知数据的安全与不可篡改，确保物理世界的实体资产与虚拟世界的数字资产的一致性、安全性和可靠性。接下来简要介绍几种典型的物链网应用场景。

1. 供应链溯源

供应链涉及的参与主体众多，并且主体之间的数据不对称，供应链溯源能够实现链上产品的全流程追溯，促进主体间的可信数据共享，提升优质产品的品牌价值。通过将供应链上下流企业纳入追溯体系，可以构建来源可查、去向可追、责任可究的全链条可追溯体系。以农产品溯源为例，溯源过程涉及生产企业、批发商、物流企业、零售商、监管部门、消费者等主体。利用物联网技术采集农产品生产、加工、仓储、运输、销售等环节的数据并上链存储，生成农产品的全流程溯源档案；监管部门可以根据采集的可信数据监管生产、流通环节是否有违法、违规现象，将质量检验数据上链存储，从源头提升农产品质量安全；消费者可以查询农产品的全流程生产档案，增强消费者对农产品质量的信心，可以提升品牌形象。通过物联网与区块链的深度融合，可以实现农产品数据在各个主体间的可信共享和流转，使得各参与方能够了解彼此的需求，及时调整生产和采购计划，达到合作共赢的目的；在发生质量安全事故后可以快速定位农产品的来源及流向，找出发生问题的环节及责任人，提升农产品的质量安全监管能力。

2. 智能制造

工业物联网能够实现人员、设备、产品等互联、互通，是智能制造的基础。区块链和工业物联网的融合可以促进产业数据共享，提升供应链的效率，解决工业物联网的安全问题。首先，使用区块链技术为工业设备分配一个可认证的数字身份，建立设备访问控制机制，实现设备操作的全流程可信溯源，解决在设备安全事故责任认定时仲裁依据获取及在受到外部攻击时攻击来源的追踪问题，提升生产设备的安全性。其次，通过将供应链上下游企业生产运行数据写入区块链，实现订单的全流程实时监控，降低协作成本及因供需关系预测不准确而导致的资源浪费，提高产业链的集成性、协调性，增强企业对存在的经营活动异常、市场动态变化的快速响应能力。

3．物流运输

物链网能够实现分拣、搬运、定位、运输环境等物流数据的自动采集上链，强化运输过程跟踪监测及信息追溯。例如，疫苗作为一种特殊的药品，生产和流通过程需要进行严格的管理，必须采用全程冷链方式进行运输和储存。然而，现有的药品追溯体系采用中心化的结构，数据易于“造假”，可信程度低。基于物链网的冷链物流系统通过物联网技术自动上链存储物流过程中的环境、位置、操作人员等信息，解决物流数据“造假”问题，同时使得疫苗供应链的所有参与者都能随时掌握疫苗的相关信息，为疫苗的追溯提供可信依据，有助于提升监管能力。

4．智慧健康养老

智慧健康养老是目前国家大力推动的新型养老模式，涉及老人、养老机构、医院、社区、保险机构、民政部门等多个主体，应用物链网技术能够实现老人的体征、护理、康复、医疗等数据的采集和上链，促进医养数据共享。物链网在健康养老领域中的应用具有以下优点。第一，在保障老人敏感数据的私密性和安全性的前提下，通过分析可信医养大数据，能够实现老人健康状态的智能监测，有利于疾病防控及辅助诊疗，同时全面了解老人的养老服务需求，提升养老服务水平。第二，通过上链存证养老服务记录，能够解决政府购买养老服务补贴申报数据被伪造或篡改、申报过程“造假”等问题，实现各类补贴的精准发放，倒查发放中的违规情况。第三，通过上链存证医养数据，可以解决医保违规报销、医保定点药店违规销售非医保药品等问题。

习题

11-1 简述比特币产生的背景和意义。

11-2 什么是区块链？

11-3 列出几种常见的区块链共识机制。

11-4 简述智能合约的概念及特点。

11-5 简述在区块链技术中应用的密码学机制。

11-6 查阅资料，列出一种物联网与区块链技术相融合的应用场景，并简述该应用场景的功能及区块链技术在其中的作用。

第 12 章 因果分析

在第 8 章中介绍的关联规则挖掘方法能够帮助我们获取数据中蕴含的关联性，在相关性层面认知数据，如沃尔玛超市从海量的交易记录中得到的啤酒与尿布这一商业智能规则。这种分析事物间关联性的方法属于相关性分析。虽然人们利用相关性分析取得了大量的研究成果，但是在分析某些问题及指导实际生产经营与决策任务时仍然面临着巨大的困境。例如，有研究数据表明，冰激凌与犯罪率之间存在正相关，人们观察到在冰激凌销量增加的前提下，城市犯罪率提高了，然而我们不能得出只要不卖或少卖冰激凌就能降低犯罪率的结论。

虽然在预测层面，特别是在大数据时代，我们不用关心冰激凌的销量多少是否直接影响犯罪率的变化，知道两者间的相关关系就足够了，但是在更多时候，了解事物之间的因果机制是十分重要而且必要的，特别是在科学研究领域，如药物对某种疾病的治疗效果，只研究关联关系显然是不够的。本章主要介绍与因果分析相关的内容。在 12.1 节中通过介绍辛普森悖论来说明因果分析的重要性；在 12.2 节中将介绍因果贝叶斯网络，内容包括贝叶斯网络、因果图模型和结构因果模型，其中因果图模型从图形的角度描述如何表示因果关系，结构因果模型则从方程的角度对因果关系进行形式化描述；在 12.3 节中将围绕因果发现展开，简述三类如何从数据中自动发现变量间因果关系的方法，以及因果发现工具；在 12.4 节中将介绍计算原因变量与结果变量之间的因果效应的方法，以及因果效应估计工具箱；在 12.5 节中将简要介绍因果关系之梯，说明每层拟解决的核心问题。

12.1 辛普森悖论

表 12-1 所示为某种药物的临床试验结果，其中第二行代表男性患者服药和对照（未服药）情况下的数据，第三行表示女性患者服药和对照情况下的数据，第四行是服药患者与未服药患者的痊愈率的对比。从表 12-1 中可以看出，对于男性患者群体，服药的痊愈率（93%）高于未服药的痊愈率（87%）；对于女性患者群体，服药的痊愈率（73%）高于未服药的痊愈率（69%）。然而，在整个群体上，服药的痊愈率（78%）低于未服药的痊愈率（83%）。也就是说，该药物对男性患者或女性患者是有疗效的，医生可以开出药物，若医生不知道患者的性别，则不能开出药物，显然这个结论是有矛盾的。该例就是著名的辛普森悖论（Simpson's Paradox）。辛普森悖论由 Edward Simpson 于 1951 年正式描述和解释。辛普森悖论指出："关于某个数据集的总体上的统计结果与其每个子部分的统计结果相反。这表明，直观的数据是会说谎的并且有可能导致我们得到矛盾甚至不正确的结论。"

表 12-1 某种药物的临床试验结果

患　者	患者服药情况		患者未服药情况	
	痊愈患者数/人	痊愈率/%	痊愈患者数/人	痊愈率/%
男性患者	81（共 87）	93	234（共 270）	87
女性患者	192（共 263）	73	55（共 80）	69
合计	273（共 350）	78	289（共 350）	83

导致上例产生辛普森悖论有两个前提。第一，患者在服药情况下的痊愈率（78%）与患者在未服药情况下的痊愈率（83%）存在差距，并且两种性别的服药患者与未服药患者分布比重相反，即女性患者倾向于被选中服药，男性患者倾向于不被选中服药。结果在数量上，未服药情况下痊愈率较服药情况下痊愈率低的女性患者，由于人数少（共 80 人），因此未被选择服药的女性较被选择服药的女性较少。而对于男性患者，虽然在服药情况下痊愈率较不服药情况下痊愈率高，但被选中服药的男性人数不多（共 93 人）。这使得在汇总时，患者未服药情况下的痊愈率在数量上反而占优。第二，性别并不是痊愈率的唯一因素，甚至可能是毫无影响的，至于在不同性别中出现的痊愈率的差别可能是随机事件或其他因素的作用。因此，为研究药物的作用，需要了解数据背后的产生机制。假设我们知道雌性激素对患者痊愈有负面影响，不管患者是否服药，男性患者都比女性患者更易痊愈。从表 12-1 可以看出，女性患者较男性患者更易被选中服药。如果随机选择一名患者服药，该患者更可能是女性，那么与未服药的患者相比，该患者更倾向于不痊愈，从而造成药物无效的错觉。这说明，性别是与服药和未痊愈都相关的共同因素，如图 12-1 所示（将在 12.2 节中介绍这个图模型），为此我们需要比较同一性别的患者，确保药效的评估独立于雌激素这个因素。在该例子中，应接受分层数据的分析结果，因此该药物是有效的。

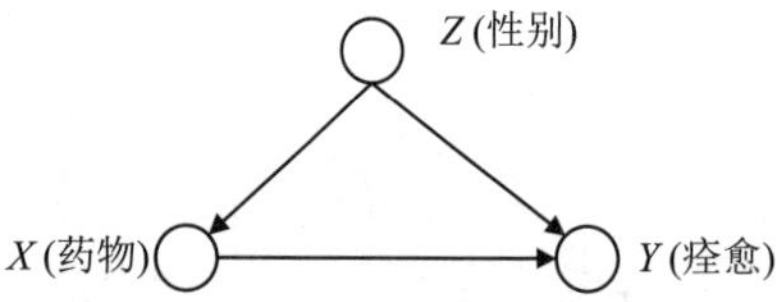

图 12-1 药物、痊愈及性别之间的关系

上述分析表明，相关关系不一定意味着因果关系。这促使我们应从因果层面探究数据背后的机理，特别是数据产生的机制。因果关系不只是统计学的一方面，当其与传统统计学结合后，将有助于我们更好地揭示世界的运行机制。目前对于因果关系的研究和应用主要围绕因果发现（Causal Discovery）和因果效应（Causal Effect）这两个彼此紧密联系的主题。一般，这两类问题被统称为因果推断（Causal Inference）。

12.2 因果贝叶斯网络

本节将介绍用于描述变量间因果关系的工具。在 12.2.1 节中将介绍用于描述变量间依赖关系的贝叶斯网络，包括贝叶斯网络结构和条件概率表；在 12.2.2 节将介绍因果图模型的基础知识，并重点讲述图模型中的三种条件独立性结构；在 12.2.3 节中将介绍与因果图模型等价的结构因果模型。

12.2.1 贝叶斯网络

贝叶斯网络（Bayesian Network），又被称为信念网（Belief Network），是概率论和图论相结合的产物，也是一个由代表变量的节点及连接这些节点的有向边构成的有向无环图（Directed Acyclic Graph，DAG），可以利用条件概率表（Conditional Probability Table，CPT）来定量描述节点和其父节点之间的依赖关系。简而言之，一个贝叶斯网络 BN 由网络的结构 $\mathcal{G}$ 及描述节点间依赖关系的条件概率表 θ 两个部分构成，即 BN = $<\mathcal{G}, \theta>$。图 12-2 所示为贝叶斯网络的示例，包括三个节点，并且每个节点都有关于其父节点的条件概率表。

在贝叶斯网络中，若从 X 到 Y 有一条有向边，则称 X 是 Y 的父节点，Y 是 X 的孩子节点；若有一条从 X 到 Z 的有向路径，则称 X 是 Z 的祖先节点，Z 是 X 的后裔节点。例如，在图 12-3 中，G 是 L 的父节点，L 是 G 的孩子节点，D 和 I 是 G 的父节点，D 和 I 是 L 的祖先节点，L 是 D 的后裔节点。贝叶斯网络可以有效地表达变量之间的条件独立性：给定父节点集，一个节点与其非后裔节点独立。因此，给定节点 X_i 的父节点集 π_i，可以将关于一组变量 $X = \{X_1, X_2, \cdots, X_n\}$ 的联合概率分布写成 $P(X_1,X_2,\cdots,X_n)=\prod_{i=1}^{n}P(X_i\mid\pi_i)$，其中 $P(X_i\mid\pi_i)$ 表示 X_i 的条件概率。也就是说，一组变量的联合分布可以由每个变量的局部条件概率分布相乘得到，这降低了估计联合概率分布所需的数据量，提高了估计的准确性。对于如图 12-3 所示的贝叶斯网络，在给定 G 的条件下，L 与 D、I、S 独立；在给定 I 的条件下，S 与其他节点独立，因此相应的联合概率分布等于 $P(I,D,G,L,S)=P(I)P(D)P(G\mid I,D)P(L\mid G)P(S\mid I)$。

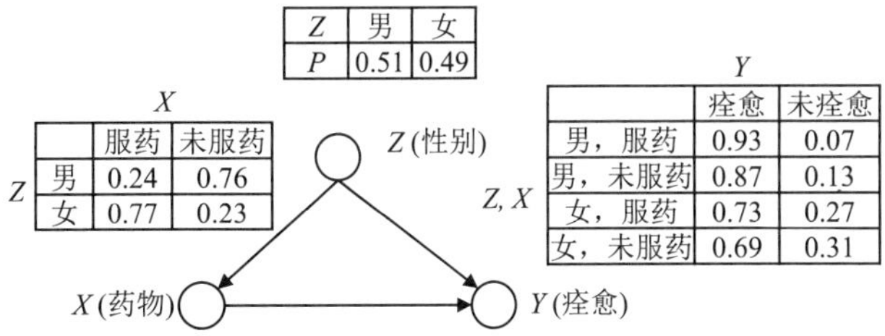

Z	男	女
P	0.51	0.49

Z \ X	服药	未服药
男	0.24	0.76
女	0.77	0.23

Z, X \ Y	痊愈	未痊愈
男，服药	0.93	0.07
男，未服药	0.87	0.13
女，服药	0.73	0.27
女，未服药	0.69	0.31

图 12-2　贝叶斯网络的示例

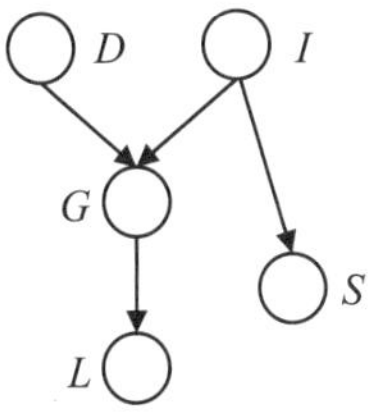

图 12-3　由五个节点构成的贝叶斯网络

12.2.2　因果图模型

有向图因果模型（Directed Graphical Causal Model），又被称为因果图模型或图模型，是一种特殊的贝叶斯网络。如果在贝叶斯网络中，两个节点之间的边表示两者之间存在因果关系，箭头起始的节点为原因变量，箭头指向的节点为结果变量，则可以得到一个因果图模型。在因果图模型中，一个节点的父节点被称为该节点的直接原因节点，一个节点所有的直接原因节点被称为该节点的父节点。

在因果图模型中，存在如图 12-4 所示的三种基本的条件独立性结构。在分叉结构中，给定节点 X_j 的取值，节点 X_i 与 X_k 条件独立。在链结构中，给定节点 X_j，节点 X_i 与 X_k 条件独立。对于对撞结构（又被称为 V 结构），若给定节点 X_j 的取值，则节点 X_i 与 X_k 必不独立；若 X_j 的取值完全未知，则 X_i 与 X_k 是相互独立的。

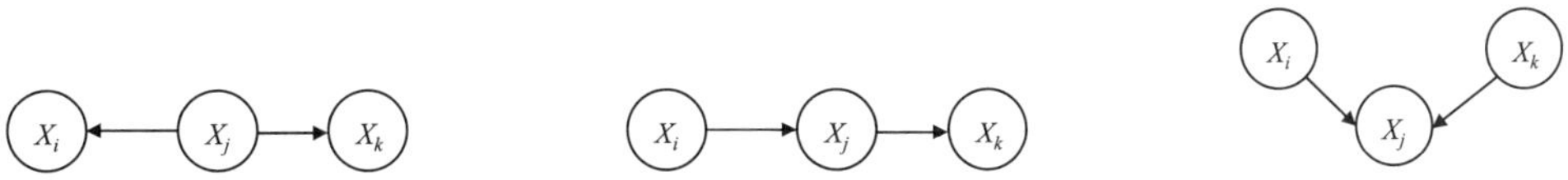

（a）分叉结构　（b）链结构　（c）对撞结构

图 12-4　三种基本的条件独立性结构

在因果图模型中，一对变量之间可能存在多条路径，且每个路径可能包含多个分叉结构、链结构和对撞结构，可以利用 d-分离（d-separation）准则来形式化描述变量之间的独立性关系。d-分离准则的定义如下。

一条路径β会被一组节点Z阻断，当且仅当至少满足下列条件中的一个。

① 路径β包含分叉结构$A \leftarrow B \rightarrow C$或链结构$A \rightarrow B \rightarrow C$，且中间节点$B$在$Z$中。

② 路径β包含一个对撞结构$A \rightarrow B \leftarrow C$，且对撞节点$B$及其后裔节点都不在$Z$中。

若Z阻断了X和Y之间的每条路径，则X和Y在Z的条件下是d-分离的，称X和Y以Z为条件是独立的。对于图12-3中D和S的关系，当以空集为条件时，D和S是无条件独立的，因为D和S之间只有一条路径，且该路径被对撞结构（$D \rightarrow G \leftarrow I$）阻断；当以$\{G\}$为条件时，$D$和$S$之间的唯一路径包含分叉节点$I$，由于$I$不在条件集中，并且路径中唯一的对撞节点$\{G\}$在条件集中，因此路径未被阻断，$D$和$S$是连通的；当以$\{G, I\}$为条件时，$D$和$S$是独立的，因为$I$阻断了$D$和$S$之间的唯一路径。可以看出，我们可以借助因果图模型快速地分析数据中蕴含的独立性。

12.2.3 结构因果模型

为形式化描述数据背后的因果假设，严格地处理因果关系问题，需要引入结构因果模型（Structural Causal Model，SCM），又被称为函数因果模型（Functional Causal Model，FCM）。给定一组可观测的变量集$X = \{X_1, X_2, \cdots, X_n\}$，结构因果模型假设每个变量$X_i$（$0 \leqslant i \leqslant n$）的取值是由一个确定性函数$f_i$根据$X_i$的父节点$\pi_i$和外生变量集$U_i$来赋值的，即

$$X_i = f_i(\pi_i, U_i)$$

式中，$U = \{U_1, U_2, \cdots, U_n\}$中的变量被称为外生变量，属于模型的外部并且是相互独立的。外生变量没有祖先节点，不必解释其变化的原因。X中的变量被称为内生变量，模型中的每个内生变量至少是一个外生变量的后代。

每个结构因果模型都有图形化的因果模型与其相关联，图模型中的节点表示X和U中的变量，节点之间的边表示结构因果模型的函数f_i。根据给定的结构因果模型，可以画出相应的因果图模型。例如，对于结构因果模型：$X = \{$性别, 药物, 痊愈$\}$，$U = \{U_1, U_2, U_3\}$，$F = \{f_1, f_2\}$，性别$= U_1$，药物$= f_1($性别$, U_2)$，痊愈$= f_2($性别, 药物$, U_3)$，对应的因果图模型如图12-1所示。在图12-1中省略了外生变量。在处理因果分析任务时，可以将定性的图模型和定量的结构因果模型结合起来以提高问题解决的灵活性和可解释性。显然，这也要求我们拥有关于问题描述的因果关系图。

12.3 因果关系发现

因果关系发现的目的是确定变量之间的因果关系。发现因果关系的一种传统做法是借助干预（Intervention）或随机实验（Randomized Experiment）。例如，可以通过如下过程来发现原因：先操纵或改变系统中的一些特征，观察其他特征改变了或没有改变什么；然后在不操纵系统的情况下观察特征的变化。然而，干预或随机实验在很多情况下成本高、周期长，在一些情况下不能甚至不允许进行实验。这要求我们从观察数据中发现真实的因果关系，这个过程被称为因果发现或因果结构搜索（Causal Structure Search）。自20世纪80年代以来，研究人员提出了许多因果关系发现算法，大致被分为基于约束的方法（Constraint-based Method）、基于评分的方法（Score-based Method）及基于结构因果模型的方法。在介绍这些方法之前，首先给出在设

计因果发现算法时用到的基础概念和假设。

马尔可夫性（Markov Property）。给定一个有向无环图$\mathcal{G}$和一组变量$X=\{X_1, X_2, \cdots, X_n\}$的联合分布$P_X$，$P_X$被认为满足以下条件。

① 关于$\mathcal{G}$的全局马尔可夫性，如果X_i和X_j被节点集Z d-分离，X_i和X_j以Z为条件是独立的，即$X_i \perp X_j \mid Z$。

② 关于$\mathcal{G}$的局部马尔可夫性，如果给定X_i的父节点集π_i，X_i与其非后裔节点ND_i条件独立，即$X_i \perp \pi_i \mid \mathrm{ND}_i$。

③ 关于$\mathcal{G}$的马尔可夫因式分解，如果$P_X = P(X_1, X_2, \cdots, X_n) = \prod_{i=1}^{n} P(X_i \mid \pi_i)$。

可以看出，马尔可夫性将因果图模型的d-分离与条件独立性关联起来。

马尔可夫等价类（Markov Equivalence Class）。如果两个有向无环图$\mathcal{G}$和$\mathcal{H}$具有相同的d-分离，则$\mathcal{G}$和$\mathcal{H}$是马尔可夫等价的。

如果$\mathcal{G}$和$\mathcal{H}$是马尔可夫等价的，则两者具有相同的骨架（忽略有向图中边的方向而得到的无向图）和对撞结构；反之亦然。与某个DAG马尔可夫等价的所有DAG的集合被称为马尔可夫等价类，记为CPDAG($\mathcal{G}$)，即$\mathcal{G}$的完备部分有向无环图。图12-5所示为马尔可夫等价类的示例，其中三个图模型是等价的并且具有相同的条件独立性$X_i \perp X_k \mid X_j$。

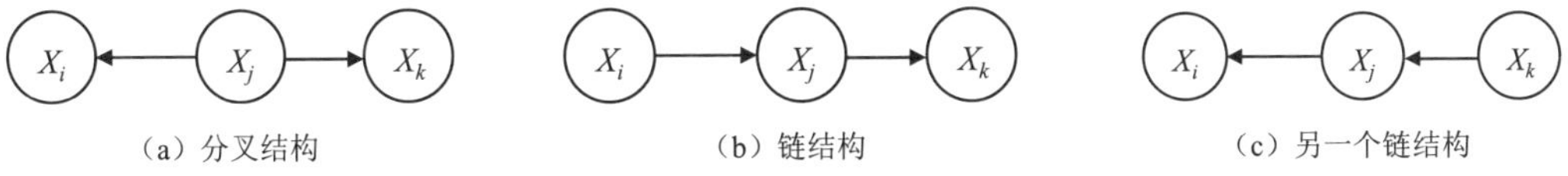

图 12-5 马尔可夫等价类的示例

因果充分性假设（Causal Sufficiency Assumption）。若变量集S中的任意两个变量的直接原因变量都在S中，即不存在未观察到的共同原因变量，则变量集S是因果充分的。一般共同原因变量被称为混杂因子。例如，图12-1中的Z是混杂因子，同时指向原因变量X和结果变量Y。

因果马尔可夫假设（Causal Markov Assumption）。对具有因果充分性的变量集S而言，在已知变量的父节点集的条件下，如果S中的变量与其非后裔节点条件独立，则S满足因果马尔可夫假设。

因果忠实性假设（Causal Faithfulness Assumption）。如果在给定变量集Z的前提下，变量X_i和X_j互相独立或条件独立，那么在由变量及变量间依赖关系组成的因果关系图$\mathcal{G}$中，节点X_i和X_j之间的所有路径被Z中合适的变量d-分离，称P_X对于$\mathcal{G}$具有忠实性。

因果马尔可夫假设确保了因果图模型中的任意变量及其非后裔节点之间存在d-分离，使我们可以从图模型结构中推断出独立性；因果忠实性假设保证了可以采用因果图结构和条件概率表来描述联合分布所蕴含的条件独立性，使我们可以从图模型结构中推断出相关性。如果联合分布P_X对于可能的$\mathcal{G}$是马尔可夫且忠实的，那么$\mathcal{G}$中的d-分离与P_X中相应的条件独立性就可以建立一一对应关系。因此，除$\mathcal{G}$的马尔可夫等价类之外的图模型都可以被排除，虽然无法区分这些图模型是否属于同一个马尔可夫等价类的图模型。

12.3.1 基于约束的方法

基于约束的方法，又被称为基于条件独立性的方法，利用因果马尔可夫假设和因果忠实性假设，通过条件独立性测试来判断特定的结构是否存在。常用的条件独立性测试有卡方检验、互信息检验及基于核的条件独立性检验。

基于约束的方法一般首先从无向完全图出发，通过条件独立性检验删除部分无向边，学习因果结构的骨架图，即未标明因果方向的无向图；然后根据对撞结构和一些定向规则对骨架图中的边进行方向确定；最后输出一个部分有向无环图（图中存在未定向的边）。

对于分叉、链式和对撞结构，只有对撞结构的方向与其他两种结构不同，为此可以将其用于方向学习。定向的基本原则是不产生回路和新的对撞结构，常用的定向规则如下。

① 如果 $X_i \rightarrow X_j$，$X_j - X_k$，且 X_i 和 X_k 不相连，则将 $X_j - X_k$ 定向为 $X_j \rightarrow X_k$。

② 如果 $X_i \rightarrow X_k \rightarrow X_j$，且 $X_i - X_j$，则将 $X_i - X_j$ 定向为 $X_i \rightarrow X_j$。

③ 如果 $X_i - X_k \rightarrow X_j$，$X_i - X_l \rightarrow X_j$，$X_i - X_j$，$X_k$ 和 X_l 不相连，则将 $X_i - X_j$ 定向为 $X_i \rightarrow X_j$。

基于约束的算法具有效率高、效果好的优点，但面临着有时无法判断因果关系方向的难题。PC（Peter-Clark）、IC（Inductive Causation）及 FCI（Fast Causal Inference）算法是三个典型的基于约束的因果关系发现算法。

12.3.2 基于评分的方法

基于评分的方法将因果发现看作一个优化问题，通过定义评分函数来量化因果图与给定数据集之间的拟合程度，并利用搜索算法找到与数据集拟合最好的图。常用的评分函数有贝叶斯信息准则（Bayesian Information Criterion，BIC）、赤池信息准则（Akaike Information Criterion，AIC）及最小描述长度（Minimal Description Length，MDL）。

给定数据集 $\mathcal{D} = \{\boldsymbol{x}_1, \boldsymbol{x}_2, \cdots, \boldsymbol{x}_m\}$，因果图 $C = <\mathcal{G}, \theta>$ 关于 $\mathcal{D}$ 的评分函数定义为

$$s(C \mid \mathcal{D}) = f(\theta)|C| - \mathrm{LL}(C \mid \mathcal{D})$$

式中，$|C|$ 表示 C 中的参数个数；$f(\theta)$ 表示描述每个参数 θ 所需的编码位数；$\mathrm{LL}(C \mid \mathcal{D})$ 表示 C 的对数似然；$\mathrm{LL}(C \mid \mathcal{D}) = \sum_{i=1}^{m} \log_2 P(\boldsymbol{x}_i)$ 衡量 C 对概率分布 $P(\boldsymbol{x})$ 描述得有多好。若 $f(\theta) = \frac{1}{2}\log_2 m$，则得到 BIC；若 $f(\theta) = 1$，则得到 AIC；若 $f(\theta) = 0$，则评分函数变为负对数似然。

基于评分的方法避免了高阶条件独立性测试，但时间复杂度高且容易陷入局部最优。贪心等价搜索算法是一种典型的基于评分的方法，该方法从一个空图出发，采用两阶段的方式寻找评分最高的因果图模型：首先，利用贪心前向搜索法不断地在图中添加有向边，直至无法提高评分值，其中每添加一条边后，将得到的模型映射到对应的马尔可夫等价类中；然后，利用贪心反向搜索法不断地删除边，直至无法提高评分值。

12.3.3 基于结构因果模型的方法

结构因果模型表明任何一个内生变量的值是由其父节点集和确定性函数所决定的。为了使结构因果模型具有可识别性，通常对模型做出一定的假设。一种常用的方法是假设原因变量的分布与因果函数机制之间的独立性，如信息几何因果推断模型（Information Geometric Causal Inference，IGCI）。另一种常用的方法是限制模型的类型，如线性非高斯无环模型（Linear Non-Gaussian Acyclic Model，LiNGAM）、非线性加性噪声模型（Additive Noise Model，ANM）、后非线性模型（Post-Nonlinear Model，PNL）等。

针对线性非高斯噪声数据，LiNGAM 假设 SCM 中的函数是线性函数，噪声变量服从非高斯

分布，并且数据生成具有先后次序，不会产生环。LiNGAM 的形式化表示是

$$x_i = \sum_{K(j)<K(i)} b_{ij}x_j + \varepsilon_i \quad i = 1, 2, \cdots, n$$

式中，x_i 表示可观测变量；b_{ij} 表示变量 x_j 到 x_i 的连接强度；$K(i)$表示因果次序；噪声变量 ε_i 服从非零方差的非高斯分布并且彼此相互独立。可以将上式写成矩阵形式 $\boldsymbol{X} = \boldsymbol{BX} + \boldsymbol{e}$ ，其中矩阵 $\boldsymbol{B}$ 存储了变量间的连接强度 b_{ij}。通过求解该式，可以得到变量间的因果结构。

与基于约束的方法和基于评分的方法相比，基于结构因果模型的方法既表示了因果图模型的结构，给出了结构方程的形式，又可以表达与干预和反事实相关的内容。

12.3.4　因果发现工具箱

接下来简要介绍几款常用的因果发现工具箱。

Tetrad 是由卡耐基梅隆大学的因果发现中心开发的基于 Java 的因果发现工具箱，实现了大量的因果发现算法，包括 PC、变体、FCI、GES、LiNGAM 等。Tetrad 具有使用简单、文档完善等优点。读者可以访问官网获取更多信息。

Causal-learn 是基于 Python 实现的因果发现工具箱，包含了众多经典的因果发现算法。它采用了模块化设计方式并提供 API，便于用户使用和二次开发。

因果发现工具箱（Causal discovery toolbox，Cdt）是一个开源的 Python 工具箱，可以从数据中学习因果图和相关联的因果机制。Cdt 包含许多最新的因果建模算法，支持图形处理单元硬件加速和自动硬件检测。

12.4　因果效应估计

本节主要介绍因果效应估计中的干预评估及反事实推理，主要包括 do 算子、后门准则、前门准则内容。

12.4.1　干预评估

在因果分析中，一个重要问题是评估干预措施的效果。例如，评估某种康复手段的有效性；对于网络安全问题，找到可以干预的因素以减少网络入侵事件。随机对照实验被认为是获得干预效果的黄金准则，在随机对照实验中，除了被操纵的变量，所有影响输出变量的变量要么是不变的，要么是随机变化的，因此输出变量的变化必然是由被操纵的变量引起的。此时，只需将被操纵情况下输出变量的取值减去对照情况下输出变量的取值来获得干预效果。

然而，由于时间、成本、隐私、道德等方面的原因，在很多情况下通常无法进行随机对照实验。这要求我们从收集到的观测数据而不是实验数据（又被称为操纵数据）中推断因果效应。显然，对一个变量进行干预与以该变量为条件是有区别的。对一个变量进行干预意味着我们固定了这个变量的取值，其他变量的取值通常会随着变化；以一个变量为条件关注的是问题的子集，没有改变这个变量的取值。为了区分两者，引入 do 算子，并用 do(x)表示 X 的取值被固定为 x。相应地，$P(Y = y \mid X = x)$表示在 $X = x$ 的条件下 $Y = y$ 的概率；而 $P(Y = y \mid \text{do}(X = x))$表示当通过干预将 X 的取值固定为 x 时，$Y = y$ 的概率。例如，如果想要评估某种药物的治疗效果，即计算平均因果效应（Average Causal Effect，ACE），则可以用服药 do($X = 1$)情况下的痊愈率减

去未服药 $do(X=0)$情况下的痊愈率，即 $ACE = P(Y=y \mid do(X=1)) - P(Y=y \mid do(X=0))$。由于数据中可能存在混杂因子，$P(Y=y \mid X=1) - P(Y=y \mid X=0)$不一定等于 ACE。

从因果图模型的角度看，干预 X 相当于删除了图中所有指向 X 的边。图 12-6 所示为对图 12-1 中的 X 进行干预后的图结构。

图 12-6 对图 12-1 中的 X 进行干预后的图结构

若整个 DAG 的结构已知且所有的变量均可观测，可以利用 do 算子来计算 $P(Y=y \mid do(X=x))$，即 $P(Y=y \mid do(X=x))=\sum_z P(Y=y \mid X=x, \pi_X=z)P(\pi_X=z)$。其中，$\pi_X$ 表示 X 的父节点集；z 表示遍历 π_X 中变量可能取值的所有组合。对于表 13-1，用 $X=1$ 表示服药，用 $Y=1$ 表示痊愈，用 $Z=1$ 表示男性，可得 $P(Y=y \mid do(X=1)) = P(Y=y \mid X=1, Z=1)\,P(Z=1) + P(Y=y \mid X=1, Z=0)\,P(Z=0) = 0.93 \times (87+270)/700 + 0.73 \times (263+80)/700 = 0.832$。

类似地，$P(Y=y \mid do(X=0)) = 0.7818$。因此，$ACE = 0.832 - 0.7818 = 0.0502$，说明该药物是有积极作用的。

然而，在大多数实际问题中，我们可能既不知道整个 DAG 的结构，也不能观测到所有变量的取值，这导致无法利用 do 算子，此时可以考虑后门准则和前门准则。

后门准则（Backdoor Criterion）。给定一个 DAG 中的一对有序变量(X, Y)，如果变量集 Z 满足 Z 中的节点没有 X 的后裔和 Z 阻断了 X 与 Y 之间的每条指向 X 的路径，则称 Z 相对于(X, Y)满足后门准则。

若存在一个变量集 Z 相对于(X, Y)满足后门准则，那么 X 对 Y 的因果效应是可以识别的，并可以通过式（12-1）得到。

$$P(Y=y \mid do(X=x))=\sum_z P(Y=y \mid X=x, Z=z)P(Z=z) \tag{12-1}$$

可以看出，式（12-1）用 Z 做调整，先分层再加权求和。

图 12-7 所示为有不可观测变量 Z 的因果图模型。由于 W 阻断了后门路径 $X \leftarrow Z \rightarrow W \rightarrow Y$（因为 W 在链结构 $Z \rightarrow W \rightarrow Y$ 中），因此可以用 W 做调整来计算 X 对 Y 的因果效应，即

$$P(Y=y \mid do(X=x))=\sum_w P(Y=y \mid X=x, W=w)P(W=w)$$

前门准则（Frontdoor Criterion）。给定一个 DAG，如果同时满足以下三个条件，则称变量集 Z 相对于有序变量(X, Y)满足前门准则。

① Z 切断了所有的 X 到 Y 的有向路径。

② X 到 Z 没有后门路径。

③ 所有的 Z 到 Y 的后门路径都被 X 阻断。

此时，若 $P(x, z) > 0$，则 X 对 Y 的因果效应是可以被识别的。

图 12-8 所示为关于吸烟、焦油量、基因与肺癌关系的因果图模型，其中 X、Y 和 Z 是可观测的，不可观测变量 U 是混杂因子。虽然 U 阻断了后门路径 $X \leftarrow U \rightarrow Y$，但是 U 是不可观测的，不能利用后门准则。由于 Z 相对于(X, Y)满足前门准则，因此可通过前门准则来计算。

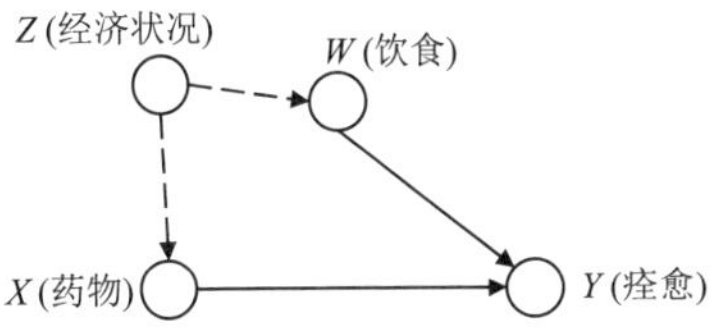

图 12-7 有不可观测变量 Z 的因果图模型

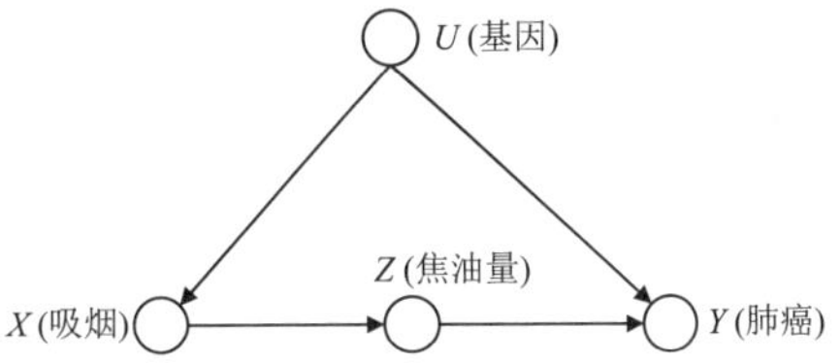

图 12-8 关于吸烟、焦油量、基因与肺癌关系的因果图模型

具体来说，由于 X 对 Y 的因果效应是通过中介变量 Z 来完成的。首先，计算 Z 对 Y 的因果效应，由于 X 阻断了后门路径 $Z \leftarrow X \leftarrow U \rightarrow Y$，因此可以通过后门准则计算 $P(Y=y \mid \text{do}(Z=z))$。

$$P(Y=y \mid \text{do}(Z=z))=\sum_x P(Y=y \mid Z=z, X=x)P(X=x)$$

然后，计算 $P(Z=z \mid \text{do}(X=x))$。由于 X 与 Z 之间不存在混杂因子，有

$$P(Z=z \mid \text{do}(X=x)) = P(Z=z \mid X=x)$$

最后，通过对 Z 的所有可能取值 z 求和的方式将 $P(Y=y \mid \text{do}(Z=z))$ 和 $P(Z=z \mid \text{do}(X=x))$ 连接起来，从而得到 $X=x$ 对 $Y=y$ 的因果效应，即

$$\begin{aligned} P(Y=y \mid \text{do}(X=x)) &= \sum_z P(Z=z \mid \text{do}(X=x))P(Y=y \mid \text{do}(Z=z)) \\ &= \sum_z P(Z=z \mid \text{do}(X=x))\sum_{x'} P(Y=y \mid Z=z, X=x')P(X=x') \\ &= \sum_z P(Z=z \mid X=x)\sum_{x'} P(Y=y \mid Z=z, X=x')P(X=x') \end{aligned}$$

为了区分公式中的 x，用 x' 表示 $\sum_{x'} P(Y=y \mid Z=z, X=x')P(X=x')$ 中的 x，这部分是用于求和的索引；$P(Z=z \mid \text{do}(X=x))$ 中的 x 表示将 X 的值固定为 x。

12.4.2 反事实推理

反事实（Counterfactual）是因果分析中另一个重要的话题，在结果已知的基础上对反事实问题进行回答。例如，“一个服用了某种新药的人出现了死亡情况，如果他当时没有服用这种新药，那么结果会怎样呢？”“在更新传感器网络入侵检测系统中的一条规则后，出现一次外界入侵事件，如果当时没有这样做，就不会发生入侵事件了”。我们称这种“如果”的陈述形式为反事实，并称反事实的“如果”部分为假设条件。

与干预相比，反事实着重强调想要在完全一致的环境下比较不同假设条件的结果，这涉及虚构世界中的推理。例如，规则更改后出现了网络入侵事件，我们不可能再回到与当时完全一样的条件下不对规则进行更新。干预主要关注全体或某个特定群体的平均因果效应，反事实则更多关注个体层面的因果效应。例如，干预解决的是“吸烟是否导致肺癌”的问题，而反事实则回答“某人近年来每天都抽烟，如果他不吸烟，那么会活多久”的问题。

对于反事实的表述，可以使用符号 $Y_{X=x}(u)$ 或 $Y_x(u)$ 来表达当 X 的值是 x 时，Y 在个体 u 上的取值，也可以使用符号 $P(y_x \mid x', y')$ 来表达“给定 $X=x'$ 和 $Y=y'$，当 $X=x$ 时，Y 的取值”这一反事实。

反事实的推理过程主要包括以下三个步骤。

（1）溯因（Abduction）：利用已有证据 $E=e$ 来确定外生变量 U 的值。

（2）作用（Action）：修正结构因果模型 M，用 $X=x$ 替换 X 出现在左边的方程，得到修正的模型 M_X。

（3）预测（Prediction）：基于 U 的值和 M_X 来计算 Y 的值。

例如，给定一个结构因果模型 M：

$$\begin{cases} Z = U_Z \\ X = 2Z + U_X \\ Y = 3X + 4Z + U_Y \end{cases}$$

式中，U_Z、U_X 和 U_Y 是外生变量且相互独立，刻画了个体之间的差异。

对于反事实问题："现在测得 $X=0.5$，$Y=1$，$Z=1$。假如 X 的值翻一倍（$X=1$），Y 的取值是多少？"。

第一步，利用证据 $E=\{X=0.5, Y=1, Z=1\}$，根据式（12-2），可得 $U_Z=1$，$U_X=-1.5$，$U_Y=-4.5$。显然，不同的证据 E 往往对应不同的 U_Z、U_X 和 U_Y。

$$\begin{cases} 1 = U_Z \\ 0.5 = 2\times1 + U_X \\ 1 = 3\times0.5 + 4\times1 + U_Y \end{cases} \tag{12-2}$$

第二步，用 $X=x$ 替换 X 出现在左边的方程，得到修正的模型 M_X：

$$\begin{cases} Z = U_Z \\ X = 1 \\ Y = 3X + 4Z + U_Y \end{cases}$$

第三步，将 $U_Z=1$，$U_X=-1.5$ 和 $U_Y=-4.5$ 带入 M_X，可得 $Y=2.5$。

12.4.3 因果效应估计工具箱

目前有一些可供使用的工具箱来估计因果效应。

基于 Python 开发的 Dowhy 能够利用因果图和结构假设建模数据，确定在因果模型下某个因果效应的可识别性，利用统计估计器来估计因果效应，通过稳健性检验和敏感性分析拒绝获得的估计值。

CausalML 提供基于树的因果效应估计算法的 Python 代码实现。

EconML 提供了包括双稳健学习器（Doubly Robust Learner）、元学习器（Meta-learners）、正交随机森林等算法在内的 Python 代码实现。

12.5 因果关系之梯

对于预测、干预和反事实，图灵奖得主、计算机科学家 Judea Pearl 提出了著名的因果关系之梯（The Causal Hierarchy），如表 12-2 所示。因果关系之梯表明：只有当层级 j（$j \geqslant i$）上的信息可用时，我们才能回答层级 i 上的问题。结合图 12-1 中的案例来简要说明这三个层级的区别。

预测：如果观测到某个人（如张三）服用了新药，那么他会痊愈吗？

干预：如果让张三服用新药，那么他会痊愈吗？

反事实：观察到张三服用了新药并且痊愈了，假如他当时没有服用新药，那么他会痊愈吗？

关于这部分的内容，在此不再赘述。感兴趣的读者可阅读 *Causality*、*The Book of Why*、*Causal Inference in Statistics: A Primer* 等著作了解更多信息。

表 12-2 因果关系之梯

层级（Level）	符号（Symbol）	典型活动（Typical Activity）	典型问题（Typical Question）
3	$P(y_x \mid x', y')$	反事实、想象、反思	如果当时做了……，那么会怎样
2	$P(y \mid do(x))$	干预、操纵、行动	如果做了……，那么会怎样
1	$P(y \mid x)$	关联、观察、观测	如果观察到了……，那么会怎样

习题

12-1 关联分析与因果分析之间有何异同点？

12-2 分析图 12-3 中三种基本的条件独立性结构。

12-3 分析比较三类不同的因果发现方法。

12-4 简述 do 算子与条件概率之间的区别与联系。

12-5 对比分析 do 算子、后门准则及前门准则。

12-6 举例说明反事实推理在物联网系统中的应用。

第 13 章 主动学习

物联网技术的快速发展和广泛应用使得我们可以随时随地、便捷地完成大规模数据的感知、传输、收集、存储与处理；数据挖掘技术使得我们可以从数据中获取有效的、新颖的、潜在有用的、最终可被理解的模式。两者的紧密结合促进了农业、工业、航空航天、物流、消防安全、人机交互、教育、休闲娱乐等众多领域的快速发展。然而，在实际应用中，通过物联网获得的传感器数据往往是原始的、未标注的，但是在一些有监督学习场景中需要大量的高质量已标注的数据来训练一个准确鲁棒的预测模型。例如，对于物联网入侵检测系统，常见的实现方式是首先收集入侵情况下的网络数据和正常情况下的网络数据，然后利用已有的分类模型，如决策树、朴素贝叶斯、人工神经网络等训练一个预测模型，最后将其用于检测网络入侵事件。将传感器数据与相应标签对应起来的过程一般需要通过人工的方式来完成，这往往不是一件简单的事，需要花费大量的人力、物力、财力和时间等资源。对于一些标注难度和精度要求不高的应用，可以通过外包服务或众包的方式来完成数据标注。例如，对于图像识别任务，可以相对容易地确定一幅图像中所包含的所有物体，如通过众包方式来完成标注的图像数据集ImageNet。但是在一些对标注的精度和门槛要求较高的应用中，则需要向领域专家求助。例如，COVID-19 医疗影像中病灶的标注和描述工作一般需要经验丰富的影像专家和医疗专家才能完成，此时大规模的数据标注是一件极其困难的事情。类似的场景还包括卫星遥感、信号异常检测等涉及数据标注的应用。

针对上述问题，研究人员提出了主动学习（Active Learning）这一机器学习范式。主动学习通过一定的策略主动向先知（Oracle），如人类标注者（Human Annotator）等查询最有用的未标注的样本的标签，以使用尽可能少的有标签样本来获得高的模型性能，从而最大限度地降低获取有标签数据的成本和难度。近年来，无监督学习、自监督学习［自监督学习也是一种机器学习范式，以无标签数据作为输入，但通过数据本身的结构或特性，人为构造标记（Pretext），并按照有监督学习的方式进行训练］等理论和方法的发展缓解了有监督模型对有标签数据的需求量，但是在实际应用中，基于大量有标签数据训练得到的模型往往能够获得较好的预测性能。主动学习提供了一个折中的实施方案，仅要求标注最有价值的数据，而不要求全部标注。主动学习在日常工作和生活中有着丰富的应用场景。例如，无人驾驶汽车对环境的感知尤为重要，因为感知是上层应用的基础，直接影响着决策的质量和驾驶的安全性。真实的无人驾驶场景面临着环境复杂、不确定因素多等难题，为了保证决策模型的鲁棒性和稳定性，通常先在实际的无人驾驶过程中收集环境信息，然后进行模型训练与优化。显然，标注所有信息是不现实的。此时可以利用主动学习选择最有价值的样本进行人工标注。同样，在语音识别中，对目标信息进行准确地标注往往需要语言学专家来完成，并且时间成本非常高，单词级别的注释所花费的时间可能是实际音频时长的 10 倍，如 1min 的语音需要花费 10min 来完成标注，而音素的注释可能需要 400 倍的时间，因此可以利用主动学习来挑选重要的样本进行标注，以提高标注效率和降低标注成本。

本章主要介绍与主动学习相关的内容，在给出三种不同类型的主动学习场景的基础上，详细介绍几种常用的查询选择策略。

13.1 主动学习的分类

根据不同的应用场景，主动学习大致分为成员查询合成（Membership Query Synthesis）、基于流的选择采样（Stream-based Selective Sampling）及基于池的采样（Pool-based Sampling），如图 13-1 所示。

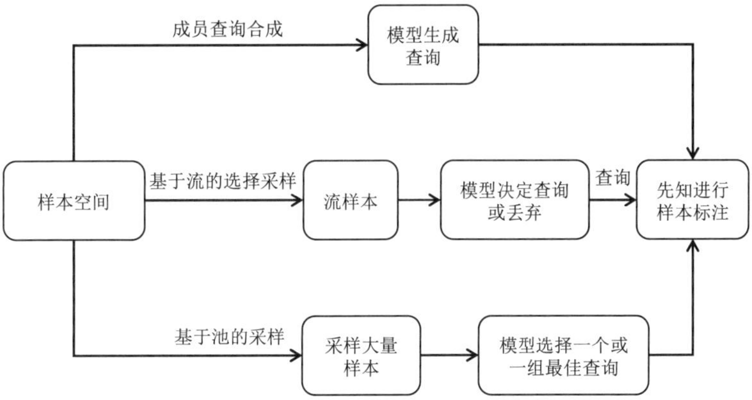

图 13-1 主动学习的应用场景

在成员查询合成中，模型可以选择样本空间中任意的无标签样本，而不仅仅是从潜在真实的分布中采样的数据。也就是说，它可以产生新的样本用于标签查询，如对于手写体数字识别，成员查询合成有可能生成一些与手写体数字图像的分布不匹配的图像。这一过程类似于人类举一反三的学习能力，通过深入研究生成的新样本来提高认知水平。

对于基于流的选择采样，无标签样本以流的形式达到模型（如决策树、朴素贝叶斯、人工神经网络等），模型需要对流中的每个样本做出独立判断：将样本送到先知来查询该样本的标签，还是直接将该样本丢弃。此方法一般适用于传感器节点、手机等资源受限的边缘计算场景。

基于池的采样设定的场景：有一小部分有标签数据和大量无标签数据可用，并根据一定的策略从池中有选择性地找出需要查询标签的样本。相比基于流的选择采样按顺序扫描数据并单独做出查询决策，基于池的主动学习在选择最佳查询之前对整个数据集中的样本进行了评估，因此一般可以获得较好的性能。图 13-2 所示为基于池的主动学习框架。

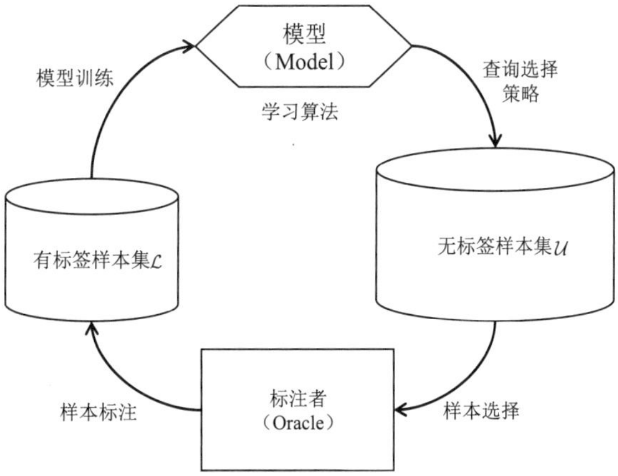

图 13-2 基于池的主动学习框架

给定一个有标签数据集 $\mathcal{L}$ 和一个无标签数据集 $\mathcal{U}$，一般 $\mathcal{L}$ 中只包含少量的有标签数据，主动学习过程主要包括以下步骤。

（1）在当前已有的有标签数据集 $\mathcal{L}$ 上通过某个学习算法训练得到一个模型 Model。

（2）通过以下过程完成一次模型 Model 的优化。

① 利用某个查询选择策略（Query Selection Strategy）从 $\mathcal{U}$ 中选择最重要的样本 $\boldsymbol{x}^*$，并将其从 $\mathcal{U}$ 中删除。

② 通过先知获得样本 $\boldsymbol{x}^*$的标签 y。

③ 将标注的样本$(\boldsymbol{x}^*, y)$加入 $\mathcal{L}$ 。

④ 利用新的 $\mathcal{L}$ 重新训练模型 Model。

重复步骤（2），直至满足给定的停止条件，如达到最大查询次数、模型的准确率大于某个阈值等。

在实际应用中，先知可能是某个领域具有丰富知识和经验的专家（如医疗影像专家），也可能是普通人员。在需要查询标签时可以借助视频、语音、日志等工具确定样本的标签，也可以将主动学习分为逐个模式和批量模式。前者一次只查询一个样本的标签；后者则可以一次查询多个样本的标签。

13.2 查询选择策略

主动学习通过查询选择策略从无标签数据集中选择重要的样本进行标签查询，以降低标注成本。因此，查询选择策略处于主动学习的核心地位，在很大程度上决定着主动学习算法的性能。鉴于基于池的主动学习较基于流的主动学习具有更广泛和实际的应用，以及可以将基于流的主动学习视作基于池的主动学习的一种特例，我们在此主要介绍基于池的主动学习方法中常用的查询选择策略，包括不确定性采样（Uncertainty Sampling）、委员会查询（Query-by-committee）、期望模型变化（Expected Model Change）、期望误差减小（Expected Error Reduction）、方差减小（Variance Reduction）、密度权重（Density Weighted）、多样性最大化（Diversity Maximization）及深度主动学习（Deep Active Learning）。

13.2.1 不确定性采样

不确定性采样查询选择策略的核心思想是从 $\mathcal{U}$ 中选出当前模型 Model（在 $\mathcal{L}$ 上训练得到），对预测结果最不确定的样本 $\boldsymbol{x}$ 来主动查询该样本的标签。下面介绍三个常用的不确定性度量准则。

1．最低置信度

最低置信度（Least Confident）选择 $\mathcal{U}$ 中预测的最大概率值最小的样本 $\boldsymbol{x}$，即先计算 $\mathcal{U}$ 中每个样本的最大预测概率值，然后选出其中的最小值所对应的样本 $\boldsymbol{x}_{LC}^*$ 进行标签查询。

$$\begin{cases} \boldsymbol{x}_{LC}^* = \arg\min\limits_{x\in\mathcal{U}} P(\hat{y} \mid \boldsymbol{x}) \\ \hat{y} = \arg\max\limits_{y} P(y \mid \boldsymbol{x}) \end{cases}$$

式中，$\hat{y}$ 表示模型 Model 关于样本 $\boldsymbol{x}$ 的预测概率输出 $\boldsymbol{y}$ 中最大值所对应的类标签；$P(\hat{y} \mid \boldsymbol{x})$ 表示模型 Model 预测 $\boldsymbol{x}$ 的标签为 $\hat{y}$ 的概率。例如，对于具有概率输出的分类模型 Model，预测样本 $\boldsymbol{x}_1$ 属于三个不同类别的概率为 $\boldsymbol{y}$ = (0.1; 0.2; 0.7)，预测样本 $\boldsymbol{x}_2$ 属于三个不同类别的概率为 $\boldsymbol{y}$ = (0.1; 0.15; 0.75)。此时选择样本 $\boldsymbol{x}_1$，因为样本 $\boldsymbol{x}_1$ 的最大预测概率 0.7 小于样本 $\boldsymbol{x}_2$ 的最大预测概率 0.75。

具有概率输出的分类模型是指能够预测样本属于不同类别的概率值，如朴素贝叶斯是一种概率分类模型。与具有概率输出的分类模型对应的是具有类别输出的分类模型，如 k 最近邻和支持向量机，一般可以通过某种方式将类别输出转换为概率输出。在此不再展开介绍。

2. 边缘采样

最低置信度只考虑了样本最可能的类标签，但忽略了其他类标签的分布信息。假设模型 Model 对样本 $\boldsymbol{x}_1$ 的预测概率是 $\boldsymbol{y}=(0.54; 0.45; 0.01)$，对样本 $\boldsymbol{x}_2$ 的预测概率是 $\boldsymbol{y}=(0.54; 0.4; 0.06)$，此时最低置信度法将无法决定应该选择哪个样本。边缘采样法（Margin Sampling）提出，选择那些容易被预测成两个不同类别的样本，即这个样本被预测为两个类别的概率相差不大。

$$\boldsymbol{x}_M^* = \arg\min_{x\in\mathcal{U}}\{P(y_1 \mid \boldsymbol{x}) - P(y_2 \mid \boldsymbol{x})\}$$

式中，y_1 和 y_2 分别表示模型 Model 关于 $\boldsymbol{x}$ 的预测概率输出 $\boldsymbol{y}$ 中最大和第二大值所对应的类标签。对于上述样本 $\boldsymbol{x}_1$ 和样本 $\boldsymbol{x}_2$，边缘采样法将选择 $\boldsymbol{x}_1$，因为$(0.54 - 0.45) < (0.54 - 0.4)$。

3. 熵

边缘采样法也可能碰到无法决定应该选择哪个样本的问题。假设模型 Model 对样本 $\boldsymbol{x}_1$ 的预测概率是 $\boldsymbol{y}=(0.55; 0.4; 0.05)$，对样本 $\boldsymbol{x}_2$ 的预测概率是 $\boldsymbol{y}=(0.5; 0.35; 0.15)$，此时边缘采样法无法决定应选择哪个样本。基于熵的方法进一步拓展了边缘采样法，对于多分类问题，其考虑了所有的概率值，而不只考虑最大的两个概率值。熵是信息论中的一个基本概念，用于衡量系统的不确定性，熵越大表示不确定性越大，熵越小表示不确定性越小。因此，应该选择熵值大的样本。对于一个 s 分类问题（$s \geqslant 2$），有

$$\boldsymbol{x}_H^* = \arg\max_{x\in\mathcal{U}} -\sum_{i=1}^{s} P(y_i \mid \boldsymbol{x})\log_2 P(y_i \mid \boldsymbol{x})$$

式中，$P(y_i \mid \boldsymbol{x})$ 表示模型 Model 预测样本 $\boldsymbol{x}$ 属于类别 y_i 的概率。上例中样本 $\boldsymbol{x}_1$ 的熵是$-(0.55 \times \ln 0.55 + 0.4 \times \ln 0.4 + 0.05 \times \ln 0.05) \approx 0.845$，样本 $\boldsymbol{x}_2$ 的熵等于$-(0.5 \times \ln 0.5 + 0.35 \times \ln 0.35 + 0.15 \times \ln 0.15) \approx 0.999$，故选择样本 $\boldsymbol{x}_2$。

13.2.2 委员会查询

与不确定性采样方法中使用单个模型不同，委员会查询借鉴了集成学习的思想，通过多个模型投票的方式来选择样本。具体来说，首先利用 $\mathcal{L}$ 训练 C 个不同的模型来构成一个投票委员会，然后投票委员会中的每个成员对 $\mathcal{U}$ 中的样本 $\boldsymbol{x}$ 进行预测，最后选择投票分歧最大的样本。委员会查询法期望这 C 个模型能够代表样本空间的不同区域以保证委员会的预测能力，同时其预测结果具有一定程度的分歧。评价投票委员会分歧的常用方法有投票熵和平均 KL 散度（Kullback-Leibler Divergence）。

1. 投票熵

对于一个 s 分类问题（$s \geqslant 2$），如果这 C 个委员都预测样本 $\boldsymbol{x}$ 为某一类别，则容易区分，而如果把样本 $\boldsymbol{x}$ 预测为不同的类别，则难以区分，因此可以利用熵来度量这种难易程度。

$$\boldsymbol{x}_{VE}^* = \arg\max_{x\in\mathcal{U}} -\sum_{i=1}^{s} \frac{V(y_i)}{C}\log_2 \frac{V(y_i)}{C}$$

式中，$\sum_{i=1}^{s} V(y_i) = C$；$V(y_i)$ 表示投票 $\boldsymbol{x}$ 属于类别 y_i 的委员的个数。例如，对于三分类问题，由 5 个分类模型组成的委员会，若样本 $\boldsymbol{x}_1$ 的投票结果是$\{y_1{:}\ 5, y_2{:}\ 0, y_3{:}\ 0\}$，样本 $\boldsymbol{x}_2$ 的投票结果是$\{y_1{:}\ 3, y_2{:}\ 1, y_3{:}\ 1\}$，则选择样本 $\boldsymbol{x}_2$。

2．平均 KL 散度

KL 散度度量了两个概率分布之间的差异，KL 散度越大，说明两个分布之间的差异越大。平均 KL 散度用所有委员会投票得到的标签分布的均值与单个委员会成员的标签分布的平均差异来度量样本 $\boldsymbol{x}$ 的重要性。具体来说，对于一个 s 分类问题（$s \geqslant 2$），首先，计算投票委员会预测样本 $\boldsymbol{x}$ 的类别为 y_i 的平均预测结果 $P_C(y_i \mid \boldsymbol{x})$。

$$P_C(y_i \mid \boldsymbol{x}) = \frac{1}{C}\sum_{c=1}^{C} P_c(y_i \mid \boldsymbol{x})$$

式中，$P_c(y_i \mid \boldsymbol{x})$ 表示委员会成员 c 预测样本 $\boldsymbol{x}$ 的类别为 y_i 的概率。

然后，根据下式计算 KL 散度：

$$\begin{cases} \boldsymbol{x}_{KL}^{*} = \arg\max\limits_{x \in \mathcal{U}} \dfrac{1}{C}\sum\limits_{c=1}^{C} D(P_c \parallel P_C) \\ D(P_c \parallel P_C) = \sum\limits_{i=1}^{s} P_c(y_i \mid \boldsymbol{x}) \log_2 \dfrac{P_c(y_i \mid \boldsymbol{x})}{P_C(y_i \mid \boldsymbol{x})} \end{cases}$$

最后，选择 KL 散度最大的样本进行标签查询。

假如有 3 个分类器对样本 $\boldsymbol{x}$ 的预测结果分别是(0.6; 0.4)、(0.7; 0.3)和(0.2; 0.8)。首先，计算三者的平均预测值 P_C = ((0.6+0.7+0.2)/3 = 0.5；(0.4+0.3+0.8)/3 = 0.5)；然后，计算(0.6; 0.4)、(0.7; 0.3)和(0.2; 0.8)分别与(0.5; 0.5)的 KL 散度：

$$\begin{cases} D_1 = 0.6 \times \log_2 \dfrac{0.6}{0.5} + 0.4 \times \log_2 \dfrac{0.4}{0.5} \\ D_2 = 0.7 \times \log_2 \dfrac{0.7}{0.5} + 0.3 \times \log_2 \dfrac{0.3}{0.5} \\ D_3 = 0.2 \times \log_2 \dfrac{0.2}{0.5} + 0.8 \times \log_2 \dfrac{0.8}{0.5} \end{cases}$$

最后，计算 D_1、D_2 和 D_3 的均值，并用该均值度量样本 $\boldsymbol{x}$ 的重要性。

13.2.3 期望模型变化

期望模型变化旨在找出对模型影响最大的样本。常用的一个算法是通过期望梯度长度的变化来度量样本对模型的影响，用 $\nabla\ell(\mathcal{L};\theta)$ 表示目标函数 ℓ 关于数据集 $\mathcal{L}$ 和模型中参数 $\boldsymbol{\theta}$ 的梯度，$\nabla\ell(\mathcal{L}\cup(\boldsymbol{x}, y);\boldsymbol{\theta})$ 表示在 $\mathcal{L}$ 中添加样本$(\boldsymbol{x}, y)$后目标函数 ℓ 的新梯度，并通过式（13-1）选择使梯度变化最大的样本。由于事先不知道 $\boldsymbol{x} \in \mathcal{U}$ 的真实标签，因此用所有可能的标签 y_i 的期望进行计算。对于一个 s 分类问题（$s \geqslant 2$），有

$$\begin{aligned} \boldsymbol{x}_{\mathrm{EGL}}^{*} &= \arg\max_{x \in \mathcal{U}} \left\{ \sum_{i=1}^{s} P(y_i \mid \boldsymbol{x};\boldsymbol{\theta}) \left(\left\| \nabla\ell(\mathcal{L}\cup(\boldsymbol{x}, y_i);\boldsymbol{\theta}) \right\| - \left\| \nabla\ell(\mathcal{L};\boldsymbol{\theta}) \right\| \right) \right\} \\ &= \arg\max_{x \in \mathcal{U}} \sum_{i=1}^{s} P(y_i \mid \boldsymbol{x};\boldsymbol{\theta}) \left\| \nabla\ell(\mathcal{L}\cup(\boldsymbol{x}, y_i);\boldsymbol{\theta}) \right\| \end{aligned} \qquad (13\text{-}1)$$

式中，$\|\bullet\|$ 表示欧几里得范数；$P(y_i \mid \boldsymbol{x};\theta)$ 表示在 $\mathcal{L}$ 上训练得到的模型预测样本 $\boldsymbol{x}$ 的标签为 y_i 的概率。对于已有的 $\mathcal{L}$，模型已经训练收敛，有 $\|\nabla\ell(\mathcal{L};\boldsymbol{\theta})\| \approx 0$。可以很容易地将此方法与在第 9 章中介绍的人工神经网络及其他涉及梯度计算的模型相结合寻找重要的无标签样本。

13.2.4 期望误差减小

期望误差减小的目标是直接减小模型的泛化误差，主要过程是：首先，从$\mathcal{U}$中挑选样本 $\boldsymbol{x}$ 并将其加入$\mathcal{L}$，重新训练模型 Model；然后，利用模型 Model 对$\mathcal{U}$中的所有样本进行打分，选择一种损失函数来估计期望误差；最后，根据最小期望误差选择待查询的样本。

例如，对于 0-1 损失函数，可以根据式（13-2）选择待查询的样本。

$$\boldsymbol{x}_{0/1}^{*}=\arg\min_{\boldsymbol{x}\in\mathcal{U}}\sum_{i=1}^{s}P(y_i\mid\boldsymbol{x};\boldsymbol{\theta})\left\{\sum_{u=1}^{|\mathcal{U}|}1-P(\hat{y}\mid\boldsymbol{x}^{(u)};\boldsymbol{\theta}^{+(\boldsymbol{x},y_i)})\right\} \tag{13-2}$$

式中，$\boldsymbol{x}^{(u)}$ 表示$\mathcal{U}$中的第 u 个样本；$\boldsymbol{\theta}$ 表示在$\mathcal{L}$上训练得到的模型的参数；$P(y_i\mid\boldsymbol{x};\boldsymbol{\theta})$ 表示该模型预测样本 $\boldsymbol{x}$ 的标签为 y_i 的概率；$\boldsymbol{\theta}^{+(\boldsymbol{x},y_i)}$ 表示在 $\mathcal{L}\cup(\boldsymbol{x},y_i)$ 上训练得到的模型的参数；$P(\hat{y}\mid\boldsymbol{x}^{(u)};\boldsymbol{\theta}^{+(\boldsymbol{x},y_i)})$ 表示参数为 $\boldsymbol{\theta}^{+(\boldsymbol{x},y_i)}$ 的模型预测样本 $\boldsymbol{x}^{(u)}$ 的各类别概率的最大值。由于不知道样本 $\boldsymbol{x}$ 的真实标签，需要考虑所有可能的标签，即首先对 i 执行从 1 到 s 的求和操作；然后对样本 $\boldsymbol{x}$ 的每个可能的类别 $\{y_1,y_2,\cdots,y_s\}$ 都训练一个模型来预测$\mathcal{U}$中的样本 $\boldsymbol{x}^{(u)}$，$\sum_{u=1}^{|\mathcal{U}|}1-P\left(\hat{y}\mid\boldsymbol{x}^{(u)};\boldsymbol{\theta}^{+(\boldsymbol{x},y_i)}\right)$ 给出了当样本 $\boldsymbol{x}$ 被预测为 y_i 时，参数为 $\boldsymbol{\theta}^{+(\boldsymbol{x},y_i)}$ 的模型在所有无标签样本上的损失；最后用样本 $\boldsymbol{x}$ 被预测为各个类别的概率 $P(y_i\mid\boldsymbol{x};\boldsymbol{\theta})$ 乘以对应的损失 $\sum_{u=1}^{|\mathcal{U}|}1-P(\hat{y}\mid\boldsymbol{x}^{(u)};\boldsymbol{\theta}^{+(\boldsymbol{x},y_i)})$，求和后得到最终的期望误差。

13.2.5 方差减小

方差减小通过最小化输出的方差来间接减小泛化误差，因为我们可以将期望误差按如下方式分解：

$$E_T\left[(\hat{y}-y)^2\mid\boldsymbol{x}\right]=E\left[\left(y-E[y\mid\boldsymbol{x}]\right)^2\right]+\left(E_{\mathcal{L}}[\hat{y}]-E[y\mid\boldsymbol{x}]\right)^2+E_{\mathcal{L}}\left[\left(\hat{y}-E_{\mathcal{L}}[\hat{y}]\right)^2\right]$$

式中，$E_{\mathcal{L}}[\cdot]$ 表示$\mathcal{L}$上的期望；$E[\cdot]$ 表示条件概率函数 $P(y\mid\boldsymbol{x})$ 上的期望；$E_T[\cdot]$ 表示$\mathcal{L}$和 $P(y\mid\boldsymbol{x})$ 的期望；y 和 $\hat{y}$ 分别表示样本 $\boldsymbol{x}$ 的真实值和预测值。对于等式的右边，第一项表示噪声，且不依赖于模型和训练数据；第二项表示因模型类本身而产生的误差，对于固定的模型类，总体误差是不变的；第三项表示模型的方差。由于学习器本身对噪声和偏差无能为力，因此最小化输出方差等价于最小化泛化误差。对于该方法，一种可行的算法是当$\mathcal{U}$中的样本 $\boldsymbol{x}$ 被标注且被加入$\mathcal{L}$后，利用模型的输出的估计分布来得到学习器的方差 $\hat{\sigma}_{\hat{y}}^2$，并选择导致方差减小最多的样本 $x_{\mathrm{VR}}^{*}=\arg\min_{x\in\mathcal{U}}\hat{\sigma}_{\hat{y}}^2$ 进行查询。

13.2.6 密度权重

在数据集中，某些样本可能是离群点，因此不适合选择这些样本进行查询，而位于密度较大区域的数据往往具有较大的价值。例如，在图 13-3 中，三角形为已标注的样本，圆圈表示未标注的样本。区域 A 的密度小，区域 B 的密度大，此时查询区域 B 内的样本可能会得到更多关于整个数据分布的信息。可以将样本密度作为一种查询选择策略或与已有的查询选择策略进行结合。一种简单的组合方式是将样本密度与不确定性采样、委员会查询等方法进行结合。也就

是说，我们不仅应该选择那些不确定性高的样本，而且应该选择那些能够代表潜在数据分布的样本，即 $x_{\mathrm{DW}}^{*}=\arg\min_{x\in\mathcal{U}}\varphi(x)\left(\frac{1}{|\mathcal{U}|}\sum_{u=1}^{|\mathcal{U}|}\mathrm{sim}(x,x^{(u)})\right)^{\beta}$，其中 $\varphi(x)$ 表示某个不确定采样方法或委员会查询方法；β 表示指数参数。

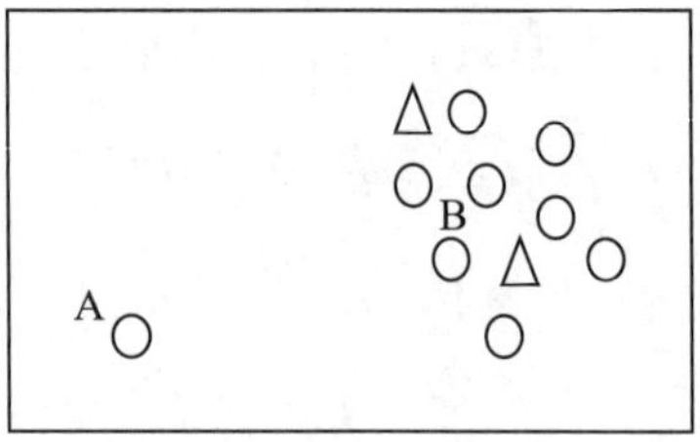

图 13-3 基于密度权重的查询

13.2.7 多样性最大化

在批量模式查询下，不使用单个样本来更新数据集，而是按照一定的选取标准选择一批无标签样本并查询其标签。其中，一种简单朴素的方式是一个一个地选择来形成一批数据，如先利用投票熵选择 M 个得分最高的样本，将其添加到 $\mathcal{L}$ 中，然后更新模型。然而，这种方式可能获得一批信息量高但彼此冗余的样本，这在一定程度上浪费了标注成本。也就是说，我们应考虑样本选择的多样性问题，以增强主动学习算法对于样本空间的搜索。图 13-4 所示为当未考虑和考虑多样性时查询的示例，其中三角形表示已标注的样本，白色点表示未标注的样本，黑色点表示选择的待查询样本。

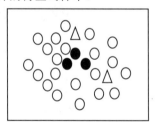

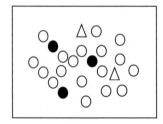

（a）当未考虑多样性时的查询　　（b）当考虑多样性时的查询

图 13-4 当未考虑和考虑多样性时查询的示例

实现样本多样性查询的简单方法：首先，利用 13.2.1～13.2.6 节中介绍的方法对 $\mathcal{U}$ 中的样本进行排序，并选择其中的一部分样本；然后，利用 k 均值等聚类算法将所选择的样本划分到 M 个簇中，并选择距离每个簇中心最近的样本进行标签查询。

13.2.8 深度主动学习

主动学习试图通过标注尽可能少的样本来最大化模型的性能；深度学习具有从原始数据中学习数据的高层次特征表示的能力，但需要大量的高质量已标记数据。因此，自然的想法是使用主动学习来减少样本标注工作，同时利用深度学习的特征学习能力，这也是研究人员提出深度主动学习的动机。深度主动学习的典型实现过程如下。

（1）在有标签数据集 $\mathcal{L}$ 上训练深度学习模型，如卷积神经网络、循环神经网络等，得到一个训练好的模型 Model。

（2）将无标签数据集 $\mathcal{U}$ 中的每个样本通过模型 Model 进行前向计算以提取每个样本的特征。

（3）基于已提取的特征，根据主动学习查询选择策略选择样本 $\boldsymbol{x}^*$，并将其从 $\mathcal{U}$ 中删除。

（4）人工标注样本 $\boldsymbol{x}^*$，获取该样本的标签 y。

（5）将 $(\boldsymbol{x}^*, y)$ 加入 $\mathcal{L}$ 。

（6）利用新的 $\mathcal{L}$ 重新训练模型 Model。

重复步骤（2）～（6），直至满足给定的停止条件，如达到最大查询次数、模型准确率大于某个阈值等。

在实际应用中，由于主动学习往往基于固定的特征表示来训练分类模型，而深度学习具有端对端的学习能力，可以同时完成特征表征的学习和分类模型的训练，因此把主动学习和深度学习作为两个独立的子问题来处理的方式往往不是最优的，两者的结合需要考虑更多方面的内容。在此不再赘述，感兴趣的读者可以查阅相关材料。

习题

13-1 简述主动学习被提出的背景、意义及学习框架。

13-2 比较分析基于流的选择采样和基于池的采样方法的异同。

13-3 试编程实现基于不确定性采样的主动学习方法。

13-4 试编程实现基于委员会查询的主动学习方法。

13-5 试编程实现基于多样性最大化的主动学习方法。

13-6 简述主动学习和深度学习技术相结合的优势。

第 14 章 迁移学习

传统的机器学习方法一般假设训练数据 $\mathcal{D}_{\text{train}} = \{(\boldsymbol{x}_i, y_i)\}_{i=1}^{n_{\text{train}}}$ 和测试数据 $\mathcal{D}_{\text{test}} = \{(\boldsymbol{x}_i, y_i)\}_{i=1}^{n_{\text{test}}}$ 服从同一个分布，即 $P_{\text{train}}(\boldsymbol{x}, y) = P_{\text{test}}(\boldsymbol{x}, y)$，其中 n_{train} 和 n_{test} 分别表示训练样本和测试样本的个数。例如，在 $\mathcal{D}_{\text{train}}$ 上训练一个用于识别人脸的决策树或神经网络，并将其应用于识别来自 $\mathcal{D}_{\text{test}}$ 中的人脸图像；在 $\mathcal{D}_{\text{train}}$ 上训练一个用于检测入侵事件的决策树或神经网络，并将其应用于 $\mathcal{D}_{\text{test}}$。在实际应用中，由于各种各样的原因，$P_{\text{train}}(\boldsymbol{x}, y)$ 和 $P_{\text{test}}(\boldsymbol{x}, y)$ 的分布往往是不相同的，将在 $\mathcal{D}_{\text{train}}$ 上得到的模型直接应用在 $\mathcal{D}_{\text{test}}$ 上的任务会出现性能下降的情形。例如，来自香港科技大学的研究人员做过一个利用 WiFi 进行室内定位的实验。他们首先收集了实验者在一段时间内、一片区域中、一个设备上的 WiFi 信号，并训练相应的室内定位模型；然后以在另一段时间内、另一片区域中、另一个设备上收集的 WiFi 信号作为测试数据，进行室内位置预测。该实验得到了一个出乎意料的结果，即室内定位模型在新场景中的准确率出现了大幅度下降。这主要是因为在复杂的室内建筑中环境本质上是动态的，如人员的移动、无线电的干扰、温度和湿度的变化等都会改变所在环境的参数。研究人员在此基础上做了两组对照实验：第一个实验是对比在两个不同时间段内接收到的 WiFi 信号，实验结果表明，即使在同一个位置使用同一设备收集的 WiFi 信号，在不同时间段内信号的频率分布差别也非常大；第二个实验结果表明，在同一个位置和时间段内，使用不同设备收集的 WiFi 信号的频率分布也不同。上述结果表明，在新场景下数据的概率分布发生了变化。针对上述问题的一种直观的解决方案是先为新环境重新收集并标注大量的高质量数据，然后重新训练一个模型。但正如在第 13 章中所指出的，数据收集与标注需要花费大量的资源，由于隐私、权限、法律法规等因素的影响，数据有时是不能被收集的。例如，对于室内定位任务，需要针对每个位置、每个时刻甚至不同的设备收集 WiFi 信号来构建指纹库，显然这不是一件容易完成的工作。

除了需要解决上述由数据分布变化导致模型性能下降的问题，在应用机器学习模型时还面临着其他方面的困难。第一，传统的机器学习模型通常假设训练数据与测试数据来自相同的分布，但在实际应用中这种假设很容易遭到破坏，因为特征空间和标签空间在新场景中有可能发生变化，导致模型的泛化能力较弱。第二，当前的有监督机器学习模型，特别是深度学习模型的性能在很大程度上依赖于大量高质量已标注的数据，但数据的收集与标注并不是一件容易的事情，甚至有时是难以完成的事情，而较少的数据将导致机器学习模型容易出现过拟合问题。第三，当前的机器学习模型主要以提高泛化能力为目标，较少考虑个性化需求。在电影、音乐、商品推荐等应用中，我们往往只收集了单个个体的少量数据，在将模型应用于这类个体时将遭遇冷启动问题（推荐系统的冷启动问题是指系统缺乏关于新用户的足够的信息来捕捉该用户的兴趣并有效地推荐内容）。第四，以深度学习为代表的人工智能技术在图像视频处理、自然语言理解、文本分析等多个领域达到甚至超越了人类水平，但这是以强大的算力为支撑来学习模型中的参数的，如 GPT-3、BERT 等大规模语言模型的训练，这往往超过了小型科研团队和个体的所承受范围。针对上述环境变化、任务变化、数据量小、算力不足等实际需求和困难，我们期望可以通过某种理论和方法在新任务、新场景和新环境中复用已有的知识。

对人类学习而言，如果一个人会骑自行车，那么其可以很快地学会骑电动车；如果一个人掌握了 MATLAB 编程语言，那么其可以很快地学会 Python 编程语言。这是由于人类具有举一反三、触类旁通的学习能力，可以将已掌握的知识应用于新问题，从而提高解决新问题的能力和效率。受到人类获取知识方式的启发，研究人员提出了迁移学习（Transfer Learning）这一机器学习范式。迁移学习的目标是利用已有的知识来解决新场景下仅有少量甚至没有有标签数据的学习问题，以降低新模型训练成本、提升模型性能。例如，鉴于大模型学习到了数据中的一些通用知识和模式，可以基于当前任务来微调大模型，以享受大模型的好处。本质上，迁移学习是机器学习的一个子集，两者都关心模型的泛化能力，因此机器学习模型具备指导迁移学习的能力；与机器学习侧重于泛化样本间的共性不同，迁移学习侧重于泛化不同域间的共性，从根本上放宽了传统机器学习方法所做的基本假设。

在处理数据分析任务，特别是涉及新任务、新场景、新环境等内容时，均可以考虑利用迁移学习方法建模所研究的问题。近年来，研究人员不断地丰富和发展迁移学习的理论、方法和技术，拓展迁移学习的应用范围并在计算机视觉、图像理解、自然语言处理、人机会话、生物信息学、生物化学、农业物联网、普适计算、推荐系统、安全与隐私等众多领域中取得了显著的研究成果。例如，在基于环境智能的居家老人活动识别研究中，需要识别的老人行为是随着健康照护的需求进行动态调整的，也就是说活动识别模型的特征空间是不变的，但标签空间（待识别活动的集合）会发生改变。此时可以利用迁移学习方法复用已有的活动识别模型，以快速地适应新任务。在图像分类、目标检测、语义分割、实例分割等计算机视觉应用中，对于同一类物体，不同的拍摄角度、距离远近、光线明暗、有无遮挡等会对拍摄的图像产生十分重要的影响，此时使用迁移学习构建鲁棒的图像处理模型是十分重要的。对于语音识别与合成，不同国家的语言一般不同，同一国家不同地区往往使用不同的语言并且每个人的音色也存在差异，这对语音识别与合成模型的泛化能力提出了严峻挑战。针对此问题，有研究人员提出在大规模语料库上预训练一个语音模型，并针对特定的语言微调模型，以提高模型的性能。

本章主要介绍迁移学习的相关内容。在 14.1 节中将介绍迁移学习的基础概念和三个基本问题；在 14.2 节中从三个不同的方面对已有的迁移学习方法进行分类。

14.1　迁移学习的基础

我们采用香港科技大学的杨强教授及其团队在《迁移学习》专著和 *A Survey on Transfer Learning* 综述文献中使用的符号体系来给出迁移学习的相关概念和定义。

域（domain）。域 $\mathbb{D}$ 由两个部分组成：特征空间 $\mathcal{X}$ 和边缘概率分布 $\mathcal{P}(X)$，即 $\mathbb{D}=\{\mathcal{X},\mathcal{P}(X)\}$，其中 $\mathcal{P}(\boldsymbol{x})$ 表示 n 维样本 $\boldsymbol{x}=(x_1;x_2;\cdots;x_n)\in\mathcal{X}$ 的边缘概率分布。

任务（task）。在一个特定的域 $\mathbb{D}=\{\mathcal{X},\mathcal{P}(X)\}$ 中，任务 $\mathbb{T}$ 由标签空间 $\mathcal{Y}$ 和预测函数 $f(\cdot)$ 两个部分组成，即 $\mathbb{T}=\{\mathcal{Y},f(\cdot)\}$，其中 $\mathcal{Y}$ 是所有标签的集合，$f(\cdot)$ 能够预测样本 $\boldsymbol{x}\in\mathcal{X}$ 的标签

$y \in \mathcal{Y}$，y 的取值可以是离散的，也可以是连续的。从概率的角度看，$f(\cdot)$ 等价于 $\mathcal{P}(Y|X)$，我们需要从数据集中学习 $f(\cdot)$ 的具体形式。

考虑到迁移学习发生在不同场景、不同任务和不同环境之间，为论述方便，我们一般称被迁移的域为**源域**（Source Domain），定义 $\mathcal{D}_s=\{(\boldsymbol{x}_{s_i},y_{s_i})\}_{i=1}^{n_s}$ 为源域的有标签数据，其中 n_s 表示源域中的样本数，$\boldsymbol{x}_{s_i}\in\mathcal{X}_s$ 和 $y_{s_i}\in\mathcal{Y}_s$ 分别表示源域样本和对应的类标签；待学习的域为**目标域**（Target Domain），定义 $\mathcal{D}_t=\{(\boldsymbol{x}_{t_i},y_{t_i})\}_{i=1}^{n_t}$ 为目标域的有标签数据，n_t 表示目标域中的样本数，$\boldsymbol{x}_{t_i}\in\mathcal{X}_t$ 和 $y_{t_i}\in\mathcal{Y}_t$ 分别表示目标域样本和对应的类标签。

迁移学习。给定源域 $\mathbb{D}_s$ 和学习任务 $\mathbb{T}_s$ 及目标域 $\mathbb{D}_t$ 和学习任务 $\mathbb{T}_t$，迁移学习的目的是利用 $\mathbb{D}_s$ 和 $\mathbb{T}_s$ 中的知识来辅助目标域获得更好的 $f_t(\cdot)$，其中 $\mathbb{D}_s\neq\mathbb{D}_t$ 或 $\mathbb{T}_s\neq\mathbb{T}_t$。

在实际应用中，可能存在多个可供利用的源域。一种方式是从中选择一个与目标域最相关的源域，并将其知识从源域迁移到目标域；另一种方式是将多个源域的知识迁移到目标域，以提升目标域上的任务性能。这也就是多源迁移学习的学习目标。

多源迁移学习（Multi-source Transfer Learning）。给定 k 个源域 $\mathbb{D}_s=\left\{\mathbb{D}_s^{(1)},\mathbb{D}_s^{(2)},\cdots,\mathbb{D}_s^{(k)}\right\}$ 和相应的学习任务 $\mathbb{T}_s=\left\{\mathbb{T}_s^{(1)},\mathbb{T}_s^{(2)},\cdots,\mathbb{T}_s^{(k)}\right\}$，以及目标域 $\mathbb{D}_t$ 和学习任务 $\mathbb{T}_t$，迁移学习的目的是获取 $\mathbb{D}_s$ 和 $\mathbb{T}_s$ 中的知识来提升目标域上的 $f_t(\cdot)$ 的学习，其中 $\mathbb{D}_s^{(i)}\neq\mathbb{D}_t$ 或 $\mathbb{T}_s^{(i)}\neq\mathbb{T}_t$（$1\leqslant i\leqslant k$）。

鉴于单源迁移学习是多源迁移学习的基础，在后续内容中主要讨论单源迁移学习（Single Source Transfer Learning），即只有一个源域和一个目标域。在迁移学习中，$\mathbb{D}_s\neq\mathbb{D}_t$ 表示 $\mathcal{X}_s\neq\mathcal{X}_t$ 或 $\mathcal{P}_s(X)\neq\mathcal{P}_t(X)$；$\mathbb{T}_s\neq\mathbb{T}_t$ 表示 $\mathcal{Y}_s\neq\mathcal{Y}_t$ 或 $\mathcal{P}_s(Y|X)\neq\mathcal{P}_t(Y|X)$。当 $\mathbb{D}_s=\mathbb{D}_t$ 且 $\mathbb{T}_s=\mathbb{T}_t$ 时，迁移学习问题等价于传统的机器学习问题，即在不同域上的数据分布和任务都是相同的。迁移学习打破了传统机器学习对源域与目标域所做的限制，只要源域和目标域之间具有一定的相关性，就可以利用源域知识解决目标域中的问题，实现知识在相关领域间的迁移和复用，推动“从零开始学习”向“可累积学习”的范式转变。

迁移学习涉及迁移什么（What to Transfer）、如何迁移（How to Transfer）及何时迁移（When to Transfer）三个核心关键问题。在源域中，一些知识是域特定的，一些知识在不同域之间是可以通用的，这些通用的知识可以帮助提升目标域任务的性能。**迁移什么**主要研究哪些知识可以从源域迁移到目标域中，从而帮助解决目标域任务，以实现跨域的知识迁移。在确定了迁移什么的问题后，**如何迁移**的任务是使用何种方法将源域知识迁移到目标域中，以达到最优的迁移性能。如何迁移是目前迁移学习研究中热度最高、成果最为丰富的部分。**何时迁移**关注迁移的时机，判定在哪些情况下可以将源域知识迁移到目标域中。如果源域与目标域不相关或相关性小，强行迁移会出现负迁移（Negative Transfer）的情况。负迁移是指将源域上的知识迁移到目标域后，对目标域上的学习产生了负面作用，如很难将图像识别模型中的知识用于基于传感器数据的物联网系统入侵事件检测，也不能将骑自行车的经验迁移到驾驶小汽车的方法中，因为两者之间的操作原理相差较大，所以需要极力识别和避免负迁移的情况。显然，上述三个研究问题的核心是如何度量不同域或任务之间的距离。我们可以基于不同域或任务之间的距离来决定是否进行迁移：若距离小，则表明相应的域或任务相关，可以进行知识的迁移；否则，不进行迁移以避免出现负迁移的情况。根据不同域或任务之间的距离度量，可以确定哪些知识（迁移什么）能够减少不同域或任务之间的距离，进而确定如何利用这些知识（如何迁移）来减少不同域或任务之间的距离。这三个问题的研究不是孤立的，而是相互促进和融合的，如何时迁移是与数据的表征（表征是指采用哪些特征来表示数据中的样本）相关的，而表征方式在很大程度上决定着迁移什么和如何迁移。

14.2 迁移学习方法分类

本节将从三个不同的方面对已有的迁移学习方法进行分类。在 14.2.1 节中将根据源域和目标域中是否包含有标签数据分类已有的方法；在 14.2.2 节中从特征空间和标签空间的角度进行分类；在 14.2.3 节中从学习方法的角度说明已有的迁移学习技术。

14.2.1 按是否包含有标签数据分类

根据目标域中的数据是否包含有标签，可以将迁移学习方法分为在目标域中有少量（若目标域中包含大量有标签数据，则可以直接在目标域上训练得到一个性能不错的模型）可利用的有标签数据 $\mathcal{D}_t=\{(\boldsymbol{x}_{t_i},y_{t_i})\}_{i=1}^{n_t}$ 的有监督迁移学习，虽然在目标域中也有无标签数据，但是有监督迁移学习方法在模型训练时一般不使用无标签数据；利用目标域中的少量有标签数据 $\mathcal{D}_{\text{tl}}=\{(\boldsymbol{x}_{t_i},y_{t_i})\}_{i=1}^{n_{\text{tl}}}$ 和大量无标签数据 $\mathcal{D}_{\text{tu}}=\{\boldsymbol{x}_{t_i}\}_{i=1}^{n_{\text{tu}}}$ 进行学习的半监督迁移学习；在目标域中只包含无标签数据 $\mathcal{D}_t=\{\boldsymbol{x}_{t_i}\}_{i=1}^{n_t}$ 的无监督迁移学习。由于目标域中没有可利用的有标签数据，无监督迁移学习代表了一类较为困难的迁移学习场景，也是在实际应用中经常遇到的问题。

14.2.2 按特征空间和标签空间分类

根据源域和目标域的特征空间和标签空间之间的关系，可以将迁移学习方法分为同构迁移学习和异构迁移学习。

给定 $\mathbb{D}_s$ 和 $\mathbb{T}_s$ 及 $\mathbb{D}_t$ 和 $\mathbb{T}_t$，在同构迁移学习中，$\mathcal{X}_s\cap\mathcal{X}_t\neq\varnothing$ 且 $\mathcal{Y}_s=\mathcal{Y}_t$，但 $\mathcal{P}_s(X)\neq\mathcal{P}_t(X)$ 或 $\mathcal{P}_s(Y|X)\neq\mathcal{P}_t(Y|X)$。同构迁移学习适用的场景：源域的特征空间与目标域的特征空间的交集不为空并且两者的标签空间相同，但源域和目标域的边缘分布或预测函数不同。例如，在基于可穿戴传感器的人体活动识别中，传感器穿戴位置的不同会引起传感器读数的分布不同，从而导致在一个穿戴位置上训练的活动识别模型不适用于其他穿戴位置，虽然待识别的活动和从传感器数据中提取的特征未发生改变。我们称 $\mathcal{P}_s(X)\neq\mathcal{P}_t(X)$ 的情形为协变量漂移（Covariate Shift），即数据的边缘分布在不同域之间发生了变化；称 $\mathcal{P}_s(X)\neq\mathcal{P}_t(X)$ 或 $\mathcal{P}_s(Y|X)\neq\mathcal{P}_t(Y|X)$ 为域适应（Domain Adaptation），也就是说数据的分布发生了变化，即 $\mathcal{P}_s(X)\mathcal{P}_s(Y|X)=\mathcal{P}_s(X,Y)\neq\mathcal{P}_t(X,Y)=\mathcal{P}_t(X)\mathcal{P}_t(Y|X)$。

在异构迁移学习中，有 $\mathcal{X}_s\cap\mathcal{X}_t=\varnothing$ 或 $\mathcal{Y}_s\neq\mathcal{Y}_t$。异构迁移学习解决的问题是源域和目标域的特征空间之间不存在交集或源域和目标域的标签空间不同。例如，将训练得到的基于语音的说话人识别模型迁移到基于视觉的说话人识别模型中（此时特征空间不同），将用于识别植物的图像识别模型用于识别哺乳动物（此时类别空间不同），将训练得到的基于文本的情感识别模型用于图像识别（此时特征空间和类别空间均不同）。对于异构迁移学习，一般先通过知识驱动或数据驱动的方式建立不同域之间的特征空间或标签空间的对应关系，然后利用同构迁移学习技术进行知识的迁移与复用。

14.2.3 按学习方法分类

根据迁移学习过程中如何将源域知识迁移到目标域中，可以将迁移学习方法分为基于样本的迁移学习（Instance-based Transfer Learning）、基于特征的迁移学习（Feature-based Transfer Learning）、基于模型的迁移学习（Model-based Transfer Learning）及基于关系的迁移学习（Relational-based Transfer Learning）。

14.2.3.1 基于样本的迁移学习

基于样本的迁移学习的出发点：首先，利用某种准则从源域数据集中选出与目标域数据相似的样本；然后，根据相似度的高低对源域样本进行加权，增加与目标域数据相似度高的源域样本的权重，减小与目标域数据相似性低的源域样本的权重；最后，在目标域中重复使用这些加权的样本，从而解决目标域中没有有标签样本或有标签样本量不足的问题。目前大多数的基于样本的迁移学习方法假设源域样本和目标域样本具有相似的特征和相同的标签空间，源域和目标域的不同点在于 $\mathcal{P}_s(X)\neq\mathcal{P}_t(X)$ 或 $\mathcal{P}_s(Y|X)\neq\mathcal{P}_t(Y|X)$。这个假设使得我们可以将源域样本在目标域中复用。

基于上述假设，目前的研究工作主要集中在两类方法上：第一类方法假设 $\mathcal{P}_s(X)\neq\mathcal{P}_t(X)$ 且 $\mathcal{P}_s(Y|X)=\mathcal{P}_t(Y|X)$；第二类方法假设 $\mathcal{P}_s(Y|X)\neq\mathcal{P}_t(Y|X)$。

第一类方法的目标是为目标域训练一个以 $\boldsymbol{\theta}_t$ 为参数的预测模型。可以利用期望风险最小化策略求解 $\boldsymbol{\theta}_t$。

$$\boldsymbol{\theta}_t^*=\arg\min_{\boldsymbol{\theta}_t}E_{(\boldsymbol{x},y)\in\mathcal{P}_t(X,Y)}(\ell(\boldsymbol{x},y;\boldsymbol{\theta}_t)) \tag{14-1}$$

式中，$\ell(\boldsymbol{x},y;\boldsymbol{\theta}_t)$ 表示样本$(\boldsymbol{x}, y)$关于 $\boldsymbol{\theta}_t$ 的损失函数。由于目标域中没有有标签数据，不能直接求解式（14-1）。利用期望的定义和贝叶斯定理对式（14-1）进行变换，可得

$$\boldsymbol{\theta}_t^*=\arg\min_{\boldsymbol{\theta}_t}E_{(\boldsymbol{x},y)\in\mathcal{P}_s(X,Y)}\left(\frac{P_t(\boldsymbol{x},y)}{P_s(\boldsymbol{x},y)}\ell(\boldsymbol{x},y;\boldsymbol{\theta}_t)\right) \tag{14-2}$$

上式表明我们可以利用源域上的有标签数据通过最小化加权期望风险的方式求解 $\boldsymbol{\theta}_t^*$。考虑到 $\mathcal{P}_s(Y|X)=\mathcal{P}_t(Y|X)$，有 $\dfrac{P_t(\boldsymbol{x},y)}{P_s(\boldsymbol{x},y)}=\dfrac{P_t(\boldsymbol{x})P_t(y|\boldsymbol{x})}{P_s(\boldsymbol{x})P_s(y|\boldsymbol{x})}=\dfrac{P_t(\boldsymbol{x})}{P_s(\boldsymbol{x})}$，代入式（14-2）可得

$$\boldsymbol{\theta}_t^*=\arg\min_{\boldsymbol{\theta}_t}E_{(\boldsymbol{x},y)\in\mathcal{P}_s(X,Y)}\left(\frac{P_t(\boldsymbol{x})}{P_s(\boldsymbol{x})}\ell(\boldsymbol{x},y;\boldsymbol{\theta}_t)\right)$$

给定源域的有标签数据集 $\{(\boldsymbol{x}_{s_i},y_{s_i})\}_{i=1}^{n_s}$，令 $\beta(\boldsymbol{x})=\dfrac{P_t(\boldsymbol{x})}{P_s(\boldsymbol{x})}$，可得式（14-2）的经验风险最小化形式：

$$\boldsymbol{\theta}_t^*=\arg\min_{\boldsymbol{\theta}_t}\sum_{i=1}^{n_s}\beta(\boldsymbol{x}_{s_i})\ell(\boldsymbol{x}_{s_i},y_{s_i};\boldsymbol{\theta}_t) \tag{14-3}$$

式中，$\beta(\boldsymbol{x})$ 表示源域样本 $\boldsymbol{x}$ 的权重，等于目标域和源域在数据点 $\boldsymbol{x}$ 处的输入样本的边缘分布的比值。因此，式（14-1）的求解问题可以转化为估计源域样本权重 $\{\beta(\boldsymbol{x}_{s_i})\}$ 的问题，也就是说，在求得 $\{\beta(\boldsymbol{x}_{s_i})\}$ 后，可以将其带入式（14-3）来求解模型的参数值 $\boldsymbol{\theta}_t^*$。

求解 $\beta(\boldsymbol{x}_{s_i})$ 的一种简单直观的方式：首先，利用目标域数据估计其边缘分布 $P_t(X)$，利用源域数据估计其边缘分布 $P_s(X)$；然后，对于源域样本 $\boldsymbol{x}_{s_i}$，利用估计的 $P_t(X)$ 和 $P_s(X)$ 来计算

$\boldsymbol{x}_{s_i}$ 的权重 $\beta(\boldsymbol{x}_{s_i})=\dfrac{P_t(\boldsymbol{x}_{s_i})}{P_s(\boldsymbol{x}_{s_i})}$。然而，从数据中估计边缘分布本身是一个困难且不可靠的任务，特别是在处理高维小样本数据时。

也可以把估计 $\beta(\boldsymbol{x}_{s_i})$ 的问题转化为判断一个样本是来自源域还是来自目标域的问题。可以将源域的样本标记为 1，目标域的样本标记为 0，并训练一个二分类器来判断一个样本是来自源域还是来自目标域。具体来说，对于一个样本，可以使用模型的预测概率作为源域样本的权重，若预测样本属于源域的概率为 0，说明该样本和目标域的分布非常接近，则权重为 1；若源域样本与目标域样本基本不相同，说明该样本的预测概率明显比较高，则权重比较低。基于此思路的一种具体算法实现是引入选择变量 $\delta\in\{0,1\}$，以 $P_t(\boldsymbol{x})=P(\boldsymbol{x}\mid\delta=0)$ 的概率从边缘分布为 $\mathcal{P}_t(X)$ 的目标域中抽取样本 $\boldsymbol{x}$，以 $P_s(\boldsymbol{x})=P(\boldsymbol{x}\mid\delta=1)$ 的概率从边缘分布为 $\mathcal{P}_s(X)$ 的源域中抽取样本 $\boldsymbol{x}$，此时每个样本 $\boldsymbol{x}$ 处的密度比可以写为

$$
\begin{aligned}
\frac{P_t(\boldsymbol{x})}{P_s(\boldsymbol{x})}&=\frac{P(\delta=1)}{P(\delta=0)}\frac{P(\delta=0)}{P(\delta=1)}\frac{P_t(\boldsymbol{x})}{P_s(\boldsymbol{x})}=\frac{P(\delta=1)}{P(\delta=0)}\frac{P(\delta=0\mid\boldsymbol{x})}{P(\delta=1\mid\boldsymbol{x})}\frac{P(\boldsymbol{x})}{P(\boldsymbol{x})}\\
&=\frac{P(\delta=1)}{P(\delta=0)}\frac{1-P(\delta=1\mid\boldsymbol{x})}{P(\delta=1\mid\boldsymbol{x})}=\frac{P(\delta=1)}{P(\delta=0)}\left(\frac{1}{P(\delta=1\mid\boldsymbol{x})}-1\right)
\end{aligned}
$$

式中，$P(\delta)$ 表示 δ 在源域和目标域的联合数据集内的先验概率，因此 $\dfrac{P(\delta=1)}{P(\delta=0)}$ 是常数。可以根据源域和目标域的联合数据集内源域样本的比例和目标域样本的比例来计算 $P(\delta=1)$ 和 $P(\delta=0)$。特别地，在均匀分布下，有 $P(\delta=0)=P(\delta=1)$，化简上式可得

$$
\frac{P_t(\boldsymbol{x})}{P_s(\boldsymbol{x})}\propto\frac{1}{P(\delta=1\mid\boldsymbol{x})}-1
$$

因此，可以把权重 $\beta(\boldsymbol{x}_{s_i})$ 的计算视作一个二分类问题。

另一种常用的估计 $\beta(\boldsymbol{x})$ 的算法是核平均匹配（Kernel Mean Matching，KMM）。记权重向量 $\boldsymbol{\beta}=(\beta_1;\beta_2;\cdots;\beta_{n_s})$，其中 $\beta_i=\dfrac{P_t(\boldsymbol{x}_{s_i})}{P_s(\boldsymbol{x}_{s_i})}$ 为源域样本 $\boldsymbol{x}_{s_i}$ 的权重，核平均匹配利用最大均值差异（Maximum Mean Discrepancy，MMD）来计算不同分布间的距离。根据最大均值差异，两个样本的分布距离等于两个分布的均值元素在再生核希尔伯特空间（Reproducing Kernel Hilbert Space，RKHS）中的距离。核平均匹配通过匹配目标域和加权的源域在再生核希尔伯特空间中的样本均值来学习源域样本的权重 $\boldsymbol{\beta}$。

$$
\begin{cases}
\min\limits_{\boldsymbol{\beta}}\|E_{\mathcal{P}_t(X)}\boldsymbol{\Phi}(\boldsymbol{x})-E_{\mathcal{P}_s(X)}[\beta(\boldsymbol{x})\boldsymbol{\Phi}(\boldsymbol{x})]\|_{\text{RKHS}}\\
\text{s.t. } \beta(\boldsymbol{x})\geqslant 0,\ E_{\mathcal{P}_s(X)}[\beta(\boldsymbol{x})\boldsymbol{\Phi}(\boldsymbol{x})]=1
\end{cases}
$$

式中，函数 $\boldsymbol{\Phi}$ 将样本变换到再生核希尔伯特空间中。利用最优化理论和方法，可求得 $\boldsymbol{\beta}$。

对于第二类方法，由于不同任务的条件概率不同，若目标域中没有有标签数据，则很难通过 $\mathcal{P}_s(Y\mid X)$ 准确地构造 $\mathcal{P}_t(Y\mid X)$，因此常假设目标域有少量有标签数据 $\mathcal{D}_{\text{tl}}=\{(\boldsymbol{x}_{t_i},y_{t_i})\}_{i=1}^{n_{\text{tl}}}$。TrAdaBoost 是第二类方法的一个代表性算法，借鉴了集成学习中 AdaBoost 算法的思想，在迭代过程中通过自动权重调整机制来过滤源域数据集中与目标域数据差异性较大的样本。具体来说，TrAdaBoost 先在 $\mathcal{D}_s$ 和 $\mathcal{D}_{\text{tl}}$ 的加权的联合数据上训练一个分类器 h_t [可以利用均匀分布对 $\mathcal{D}_s$ 中的

每个样本的权重 w_i^s 和 $\mathcal{D}_{\text{tl}}$ 中的每个样本的权重 w_i^{tl} 进行初始化，在后续迭代中根据式（14-4）对其进行更新]，然后利用 h_t 预测 $\mathcal{D}_{\text{tl}}$ 中的样本 $\boldsymbol{x}_{t_i}$ 并计算 h_t 的错误率 ε：

$$\varepsilon=\frac{\sum_{i=1}^{n_t} w_i^{\text{tl}} l\left(h_t(\boldsymbol{x}_{t_i}), y_{t_i}\right)}{\sum_{i=1}^{n_t} w_i^{\text{tl}}}$$

根据式（14-4）更新目标域样本和源域样本的权重。

$$\begin{cases} w_i^{\text{tl}}=w_i^{\text{tl}}\beta^{-l\left(h_t(\boldsymbol{x}_{t_i}), y_{t_i}\right)} & \beta=\dfrac{\varepsilon}{1-\varepsilon} \\ w_i^s=w_i^s\theta^{l\left(h_t(\boldsymbol{x}_{s_i}), y_{s_i}\right)} & \theta=\dfrac{1}{1+\sqrt{2\ln n_s/(n_s+n_t)}} \end{cases} \tag{14-4}$$

重复上述过程，直至满足停止条件，如迭代指定的次数、错误率 ε 大于 0.5。假设上述在过程中迭代了 N 次并使用后面 50%的基学习器进行投票，则最终的预测模型 $h_f(\boldsymbol{x})$ 为

$$h_f(\boldsymbol{x})=\begin{cases} 1 & \sum_{t=\lceil N/2\rceil}^{N} \ln\dfrac{1}{\beta_t} h_t(\boldsymbol{x}) \geqslant \dfrac{1}{2}\sum_{t=\lceil N/2\rceil}^{N} \ln\dfrac{1}{\beta_t} \\ 0 & \sum_{t=\lceil N/2\rceil}^{N} \ln\dfrac{1}{\beta_t} h_t(\boldsymbol{x}) < \dfrac{1}{2}\sum_{t=\lceil N/2\rceil}^{N} \ln\dfrac{1}{\beta_t} \end{cases}$$

14.2.3.2 基于特征的迁移学习

基于样本的迁移学习假设源域样本和目标域样本具有相似的特征，在一定程度上限制了此类方法的应用范围，如我们无法将从文本中获得的知识应用于提高图像识别器的性能。与基于样本的迁移学习方法不同，基于特征的迁移学习提出在源域和目标域之间寻找一些典型特征来弱化和减小两个域间的差异，从而实现知识的跨领域迁移和复用。根据是否在原始特征空间中寻找典型特征，可以进一步将基于特征的迁移学习分为基于特征选择的迁移学习和基于特征映射的迁移学习。

基于特征选择的迁移学习在源域和目标域中选择共有特征，并把这些特征作为两个域之间迁移知识的桥梁。例如，基于特征和类标签共聚类的跨域文档分类算法 CoCC（Co-Clustering based Classification）先找出域内与域外文档共享的特征词，然后把域内的知识和类标签信息通过共享特征词从源域迁移至目标域。

基于特征映射的迁移学习通过某个映射函数 $\varPhi$ 将原始特征空间变换为抽象的特征空间，并在抽象特征空间中实现知识的迁移。具体来说，首先通过特征映射把各个域的数据从原始特征空间映射到一个抽象特征空间（不同域的特征映射函数可能不同）中，使得源域数据与目标域数据在该空间中的差异最小；然后在抽象特征空间中利用有标签源域数据训练一个模型，并将该模型用于分析目标域数据。迁移成分分析（Transfer Component Analysis，TCA）是此类方法的一个典型代表，通过映射函数 $\varPhi$ 将源域和目标域的数据映射到再生核希尔伯特空间中，使得 $P(y_s|\varPhi(\boldsymbol{x}_s))\approx P(y_t|\varPhi(\boldsymbol{x}_t))$，在此空间中需要最小化源域和目标域之间的差异，同时在最大程度上保留其各自的内部特性。迁移成分分析采用最大均值差异来计算两个分别来自两个分布的域样本 X_s 和 X_t 之间的距离：

$$\mathrm{MMD}(X_s,X_t)=\left\|\frac{1}{n_s}\sum_{i=1}^{n_s}\Phi(\boldsymbol{x}_{s_i})-\frac{1}{n_t}\sum_{i=1}^{n_t}\Phi(\boldsymbol{x}_{t_i})\right\|_{\mathrm{RKHS}}=\mathrm{tr}(\boldsymbol{KL}) \tag{14-5}$$

式中，核矩阵 $\boldsymbol{K}=\begin{bmatrix}\boldsymbol{K}_{s,s} & \boldsymbol{K}_{s,t}\\ \boldsymbol{K}_{t,s} & \boldsymbol{K}_{t,t}\end{bmatrix}$； $\boldsymbol{L}_{ij}=\begin{cases}\dfrac{1}{n_s^2} & \boldsymbol{x}_i,\boldsymbol{x}_j\in X_s\\ \dfrac{1}{n_t^2} & \boldsymbol{x}_i,\boldsymbol{x}_j\in X_t\\ -\dfrac{1}{n_s n_t} & \text{其他}\end{cases}$ ； $\mathrm{tr}(\boldsymbol{A})$表示矩阵 $\boldsymbol{A}$ 的迹。

考虑到 $\boldsymbol{K}=(\boldsymbol{KK}^{-\frac{1}{2}})(\boldsymbol{K}^{-\frac{1}{2}}\boldsymbol{K})$，利用矩阵 $\tilde{\boldsymbol{W}}\in\mathbb{R}^{(n_s+n_t)\times m}$ 将相应的特征向量变换到一个 m 维的空间中，得到对应的核矩阵 $\tilde{\boldsymbol{K}}=(\boldsymbol{KK}^{-\frac{1}{2}}\tilde{\boldsymbol{W}})(\tilde{\boldsymbol{W}}\boldsymbol{K}^{-\frac{1}{2}}\boldsymbol{K})=\boldsymbol{KWW}^{\mathrm{T}}\boldsymbol{K}$，其中 $\boldsymbol{W}=\boldsymbol{K}^{-\frac{1}{2}}\tilde{\boldsymbol{W}}\in\mathbb{R}^{(n_s+n_t)\times m}$。

参考式（14-5），根据 $\tilde{\boldsymbol{K}}$ 的定义，可以得到两个分别来自两个分布的域样本之间的距离是 $\mathrm{tr}((\boldsymbol{KWW}^{\mathrm{T}}\boldsymbol{K})\boldsymbol{L})$。最小化该距离，同时考虑控制 $\boldsymbol{W}$ 的复杂度，可得迁移成分分析的优化目标为

$$\begin{cases}\min\limits_{\boldsymbol{W}}\mathrm{tr}\left(\boldsymbol{KWW}^{\mathrm{T}}\boldsymbol{KL}\right)+\lambda\mathrm{tr}\left(\boldsymbol{W}^{\mathrm{T}}\boldsymbol{W}\right)\\ \text{s.t. }\boldsymbol{W}^{\mathrm{T}}\boldsymbol{K}\left(\boldsymbol{I}_{n_s+n_t}-\dfrac{1}{n_s+n_t}\mathbf{11}^{\mathrm{T}}\right)\boldsymbol{KW}=\boldsymbol{I}\end{cases}$$

式中，$\mathrm{tr}(\boldsymbol{W}^{\mathrm{T}}\boldsymbol{W})$ 是关于 $\boldsymbol{W}$ 的正则化项；$\boldsymbol{I}$ 是单位矩阵；约束条件是为了避免产生平凡解 $\boldsymbol{W}=\mathbf{0}$。

求解上式可得，$\boldsymbol{W}$ 是由 $\left(\tilde{\boldsymbol{K}}\boldsymbol{L}\tilde{\boldsymbol{K}}+\lambda\boldsymbol{I}\right)^{-1}\tilde{\boldsymbol{K}}\left(\boldsymbol{I}_{n_s+n_t}-\dfrac{1}{n_s+n_t}\mathbf{11}^{\mathrm{T}}\right)\tilde{\boldsymbol{K}}$ 的 m 个最大特征值对应的特征向量组成的。迁移成分分析先利用 $\boldsymbol{W}$ 来重构源域和目标域数据的期望映射（参考主成分分析方法中利用 m 个最大特征值对应的特征向量来重构原数据的过程），然后在映射后的特征空间中利用源域有标签数据训练一个分类器，并对目标域数据进行预测。

随着深度学习的发展，有研究者提出利用深度学习模型来学习数据中的跨域不变性。图 14-1 所示为基于卷积神经网络的迁移学习实现方案，通过在卷积神经网络模型中加入一个适配层（Adaptation Layer）的方式，使适配层的输出（适配层学习到的特征表示）可以最大化源域和目标域之间的域混淆损失，同时最小化源域的分类损失。图 14-1 中的网络架构由共享权重的源域卷积神经网络和目标域卷积神经网络组成（图中的虚线表示对应的网络层具有相同的权重），其中我们使用所有的数据来计算域混淆损失，并只利用有标签数据来计算分类损失。具体来说，利用式（14-6）来最小化源域和目标域的分布差异，即最大化源域和目标域之间的混淆。与式（14-5）中的映射函数 Φ 不同，式（14-6）将其替换为一个卷积神经网络，因此只需将源域数据和目标域数据通过同一个卷积神经网络，并将适配层的输出相加取均值后，再求差值，即可得到式（14-6）的结果。在神经网络训练过程中，需要最小化这个距离。也就是说，源域数据和目标域数据通过同一个卷积神经网络进行变换和优化最大均值差异距离后，可以认为这些数据来自同一个域。

$$\mathrm{MMD}\left(X_s,X_t\right)=\left\|\frac{1}{n_s}\sum_{i=1}^{n_s}\mathrm{CNN}\left(\boldsymbol{x}_{s_i}\right)-\frac{1}{n_t}\sum_{i=1}^{n_t}\mathrm{CNN}\left(\boldsymbol{x}_{t_i}\right)\right\| \tag{14-6}$$

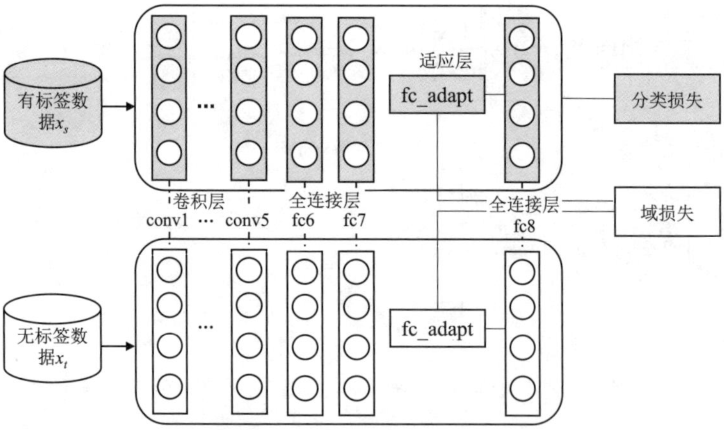

图 14-1 基于卷积神经网络的迁移学习实现方案

除了最大化域混淆，我们还希望所优化的卷积神经网络具有较强的分类能力，即具有较小的分类损失 L_c。为此，总的损失函数是

$$L = L_c\left(X_L, y\right) + \lambda \times \text{MMD}^2\left(X_s, X_t\right) \tag{14-7}$$

式中，第一项表示模型在有标签数据集上的分类损失；第二项表示源域数据和目标域数据之间的差异；λ 表示正则化参数。在所有可利用的源域数据和目标域数据上，通过 BP 算法最小化式（14-7）中的损失函数来优化 CNN 的参数。在模型训练过程中，基于每个小批量的数据来计算 MMD；在模型训练结束后，得到一个可用于目标域任务的卷积神经网络。

14.2.3.3 基于模型的迁移学习

基于模型的迁移学习，又被称为基于参数的迁移学习（Parameter-based Transfer Learning），通过寻找源域和目标域之间可以共享的参数来实现知识迁移，目标是重新使用从源域中学习到的模型，从而避免再次抽取训练数据或再对复杂的数据表示进行关系推理。由于源域模型 $\boldsymbol{\theta}_s$ 已经从数据中学习到了大量的结构知识，通过迁移该结构知识到目标域中，可以在使用少量目标域有标签数据的情况下获得更好的目标域模型 $\boldsymbol{\theta}_t$。下面介绍两种常用的基于深度学习的迁移学习方法。

第一种方法：预训练（Pretraining）+ 微调（Fine-tune）。给定一个在大规模数据集上训练好的深度学习模型 pre_model（一般 pre_model 被称为预训练模型，如在 ImageNet 上训练得到的 ResNet，在大型语料库上训练得到的语言模型 GPT-3 和 BERT），以及有少量的有标签数据 $\mathcal{D}_{\text{tl}} = \{(\boldsymbol{x}_{t_i}, y_{t_i})\}_{i=1}^{n_{\text{tl}}}$ 的目标域，相应的任务是为目标域训练一个深度学习模型 Model，那么我们可以利用 $\mathcal{D}_{\text{tl}}$ 来调整 pre_model 的参数（连接权重和阈值）的方式，获得针对目标域任务的模型 Model。具体来说，首先新建一个与 pre-model 的网络架构相同的深度神经网络模型 Model；然后针对目标域任务，调整模型 Model 的输出层和损失函数以与目标域任务相兼容，例如，如果源域上的任务是三分类问题，而目标域上的任务是输出两个值的回归问题，此时需要将模型 Model 输出层的神经元由 3 个调整为 2 个，并将交叉熵损失函数替换为平方损失函数；最后以 pre_model 的参数来初始化模型 Model 的参数，并利用目标域有标签数据通过 BP 算法学习模型 Model 的参数，从而最终获得用于目标域的模型 Model。

第二种方法：知识蒸馏（Knowledge Distillation）。知识蒸馏是一种模型压缩方法，利用一个已经训练好的较复杂的教师模型来指导另一个轻量级的学生模型的训练，从而在减小模型大小和降低计算资源需求的同时，使学生模型尽量保持教师模型的准确率。一般来说，教师模型复杂且对算力要求高，不适于物联网环境下具有资源受限的边缘设备，而学生模型对算力要求低，容易部署。知识蒸馏的核心思想：先训练好一个教师模型，并将教师模型的预测结果 $\boldsymbol{q}$ 作为学生模型的学习目标；然后训练学生模型使学生模型的预测结果 $\boldsymbol{p}$ 接近 $\boldsymbol{q}$。相应的损失函数是 $L=\text{CE}(\boldsymbol{p},\boldsymbol{q})$，其中 $\text{CE}(\boldsymbol{p},\boldsymbol{q})$ 表示学生模型的预测结果 $\boldsymbol{p}$ 与教师模型的预测结果 $\boldsymbol{q}$ 之间的交叉熵损失，该损失项使学生模型可以学习教师模型中的知识。图 14-2 所示为知识蒸馏的网络框架。

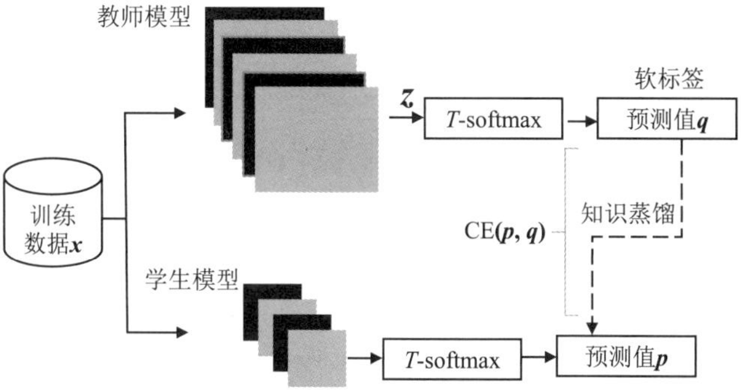

图 14-2　知识蒸馏的网络框架

由于教师模型的输出包含了更多的信息，因此每个样本可以提供给学生模型更多的信息用来学习，这样我们只需更少的目标域样本来训练学生模型。然而，直接使用教师模型的 softmax 的输出结果 $\boldsymbol{q}$ 可能不大合适。例如，在手写体数字识别数据集 MNIST 中，给定数字 2 的某个图片输入，对于 2 的预测概率会高达 0.99，而对于与 2 相似的数字，如数字 5 和数字 7 的预测概率分别为 10e−5 和 10e−7。此时，教师模型学到的相似信息（如数字 2 较其他数字，与数字 5 和数字 7 更类似）很难迁移给学生模型，因为这些相似信息（数字 5 和数字 7）的概率值接近 0，在交叉熵损失中只有很小的影响。为避免由于 softmax 生成较陡的分布所造成的类内和类间相似性丢失的问题，可以利用一个带参数温度 T 的 softmax 函数来挤压输出的概率值之间的差距。

$$q_i=\text{softmax}(z_i)=\frac{\mathrm{e}^{\frac{z_i}{T}}}{\sum_j \mathrm{e}^{\frac{z_j}{T}}} \tag{14-8}$$

式中，q_i 是教师模型的输出 $\boldsymbol{q}$ 的第 i 个分量，我们称其为软标签（Soft Target）；z_i 是神经网络 softmax 层的前一层的第 i 个输出分量。当 $T=1$ 时，式（14-8）退化为普通的 softmax 函数；当 T 较大时，输出值 $\boldsymbol{q}$ 会变得平滑。

给定训练好的教师模型和待学习的学生模型，图 14-2 中的知识蒸馏网络的训练过程如下：首先，将小批量样本分别通过教师模型和学生模型得到对应的预测值 $\boldsymbol{q}$ 和 $\boldsymbol{p}$；然后，计算该小批量样本的损失，并利用 BP 算法来调整学生模型中的参数。

当我们有训练数据 $\boldsymbol{x}$ 的标签时，可以将损失函数写为 $L=\text{CE}(\boldsymbol{p},\boldsymbol{y})+\lambda\times\text{CE}(\boldsymbol{p},\boldsymbol{q})$，其中 $\boldsymbol{y}$ 是样本 $\boldsymbol{x}$ 的真实标签的 one-hot 编码，我们称其为硬标签（Hard Target）；$\text{CE}(\boldsymbol{p},\boldsymbol{y})$ 表示学生模型的预测值 $\boldsymbol{p}$ 与真实值 $\boldsymbol{y}$ 之间的交叉熵损失，该损失项有助于避免将教师模型的错误传递给学生模型，因为教师模型也会出现预测错误的情形；$\text{CE}(\boldsymbol{p},\boldsymbol{q})$ 表示 $\boldsymbol{p}$ 与教师模型的预测值 $\boldsymbol{q}$ 之间的交叉熵损失，该损失项使学生模型可以向教师模型学习。图 14-3 所示为有标签数据可用时的知识蒸馏网络框架。

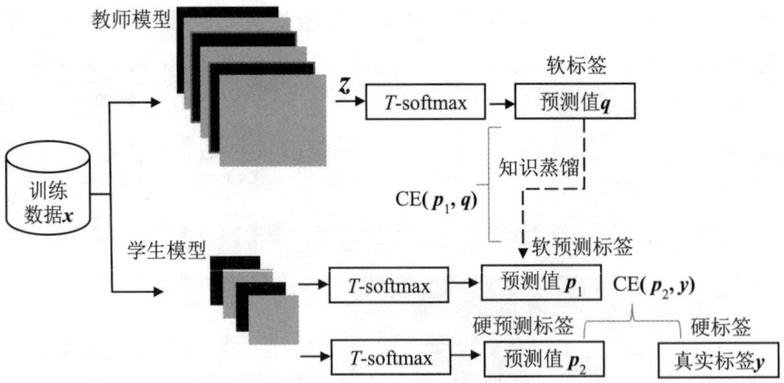

图 14-3 有标签数据可用时的知识蒸馏网络框架

给定训练好的教师模型和待学习的学生模型，图 14-3 中的知识蒸馏网络的训练过程如下：首先，将小批量样本分别通过教师模型、具有较高温度 T 的学生模型和具有 $T=1$ 的学生模型，得到软标签 $\boldsymbol{q}$、软预测标签 $\boldsymbol{p}_1$ 和硬预测标签 $\boldsymbol{p}_2$；然后，计算损失，利用 BP 算法学习学生模型中的参数。学生模型训练完成后，在 $T=1$ 的条件下预测测试样本的标签。

14.2.3.4 基于关系的迁移学习

基于关系的迁移学习假设源域中的关系和目标域中的关系存在一定的相关性，可以通过建立两者间映射的方式来实现关系知识的迁移。例如，对于本文情感分析，虽然食物域和电影域所使用的词的频率不同，但是两者所使用的语句结构往往是相似的，我们可以认为这种语句结构是一种关系知识。因此，学习食物域中语句不同部分之间的关系将有助于分析电影域中的情感。

马尔可夫逻辑网络（Markov Logic Network，MLN）是一种常用的表示结构关系的工具。基于马尔可夫逻辑网络的迁移学习首先从源域中发现带权逻辑公式作为关系的规则；然后将来自目标域的逻辑公式创建为候选项，通过筛选、修订和重新加权候选项的方式建模目标域。在此不再赘述，感兴趣的读者可查阅相关材料。

习题

14-1 简述迁移学习被提出的背景和意义。

14-2 迁移学习的三个基本问题是什么？并说明它们之间的关系。

14-3 试编程实现采用二分类策略的基于样本的迁移学习方法。

14-4 试编程实现迁移成分分析方法。

14-5 简述基于特征的迁移学习。

14-6 简述基于模型的迁移学习。

第 15 章 在智慧健康养老中的应用

本章将简要介绍物联网和数据挖掘技术在智慧健康养老中的应用。在 15.1 节中将结合当前严峻的老龄化形势说明基于物联网与数据挖掘的智能家居对提升养老服务质量的重要意义；在 15.2 节中将详细介绍智慧养老服务应用中的活动识别模块，涉及物联网感知单元设计、传感器数据预处理、活动识别模型构建内容；在 15.3 节中将通过实验的方式检验所设计的活动识别器的性能。

15.1 智能家居

我国当前面临着严峻的人口老龄化形势，同时呈现出空巢老人、高龄老人、失能老人、贫困老人比例高等特点，健康养老这一重大民生问题已成为当今社会面临的巨大挑战。健康养老存在养老资源相对短缺、养老服务体系尚不完善、养老服务科技元素缺乏及智能化水平低等问题，进一步加剧了养老问题的现实复杂性与艰巨性。

智慧健康养老利用先进的物联网、数据挖掘、移动互联网、人工智能、普适计算、传感器等新兴信息技术，在降低人工依赖、优化养老供需匹配、提高服务质量的同时，为老人提供更贴心、更精准、更全面的养老服务，是实现养老服务模式创新和有效解决我国养老问题的必然选择，受到了各级政府和社会的高度关注与重视。国家层面先后出台的《智慧健康养老产业发展行动计划（2017—2020 年）》《关于加快发展养老服务业的若干意见》《新一代人工智能发展规划》等一系列重要文件均将智慧健康养老当作重要发展和支持的方向。《国家积极应对人口老龄化中长期规划》明确提出，深入实施创新驱动发展战略，把技术创新作为积极应对人口老龄化的第一动力与战略支撑，要求提高老人服务的科技化、信息化和智能化水平，加大老人健康科技支撑力度，加强老人辅助技术研发和应用。在安徽省第十三届人民代表大会第一次会议政府工作报告中提出，开展居家和社区养老服务改革试点，创建智慧养老院建设 30 个医养结合示范项目。广东省相关部门先后印发了《广东省人民政府办公厅关于促进医疗卫生与养老服务相结合的实施意见》《广东省关于建立完善老年健康服务体系实施方案的通知》《广东省老龄工作办公室关于开展"智慧助老"行动》等政策文件，将社区智慧养老相关项目纳入"十四五"规划中统筹建设，积极推动智慧养老服务建设。

出于生活习惯、自尊自强、医疗费用高等方面的考虑，大多数老人，特别是有一定独立生活能力的老人倾向于居家养老。然而，老人身体机能的下降是一个不易觉察的渐变过程，导致时有发生突发异常事件，近年来经常有关于独居老人出现意外情况甚至去世多天后才被发现的新闻报道，严重威胁着老人的健康养老。智能家居在支持老人居家健康养老方面已成为一个越来越受关注的主题和健康养老的选项，旨在利用各类传感器单元构建一个周围辅助生活系统，通过监测个体的睡眠、用餐、洗浴、如厕等日常生活活动（Activities of Daily Living，ADLs）来挖掘个体的行为模式和健康状况，并根据行为能力等级提供层次化精细照护服务，以维持该个体独立良好的生活品质。

对于各类以人为中心的普适应用，日常生活活动识别的准确性和鲁棒性是其中的一个基础性关键问题，准确地识别居家活动在理解个体与周围环境之间的关系，分析个体的行为能力和健康状态等方面起着至关重要的作用，起着连接底层传感器数据和高层以人为中心的各类应用的中间件作用，决定着上层应用服务的普适性和智能化水平。例如，当个体出现偏离规律性的行为时，表明该个体的行为能力和健康状态很有可能出现了异常。图 15-1 给出了在滁州大健康与养老产业研究院的试验场地中收集的关于某个个体的睡眠、卫生间使用和饮食情况的数据。可以在此基础上利用异常检测技术发现个体的异常行为，从而及时预警和主动干预。

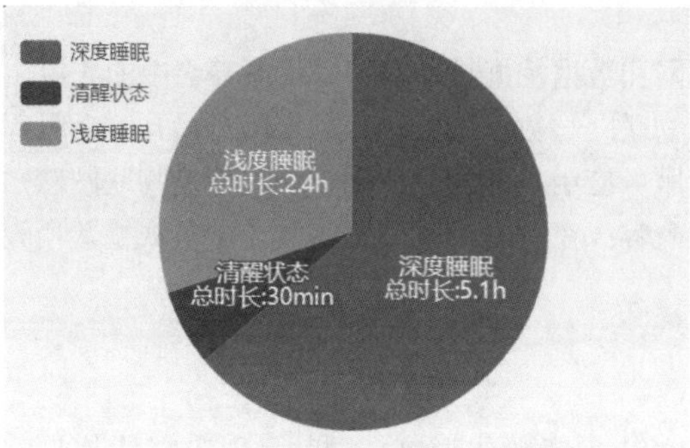

（a）睡眠情况

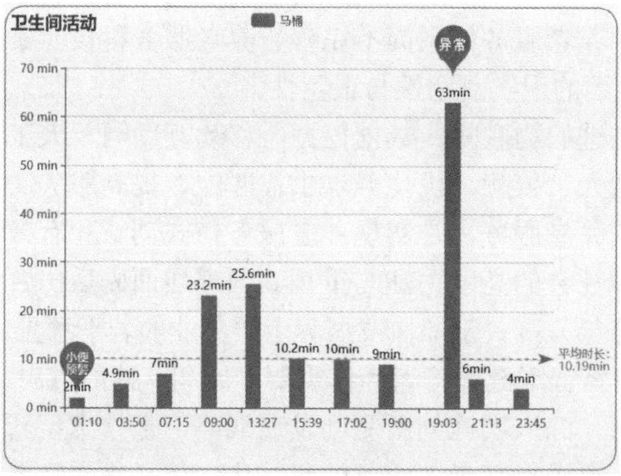

（b）卫生间使用情况

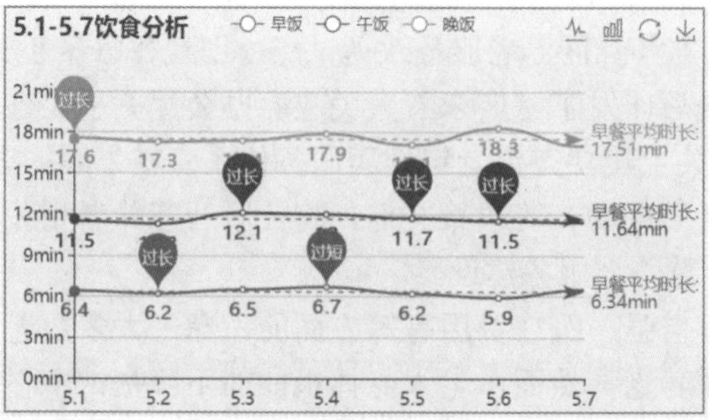

（c）饮食情况

图 15-1 日常行为分析的示例

由于个体行为固有的复杂性，因此日常生活活动识别与传统的模式识别任务相比面临着较大的挑战，在准确性、可靠性、稳定性等方面受到了更高的要求。感知单元是行为分析的基础，根据目前所使用的感知单元的类型，可以将已有的活动识别方法大致分为三类：基于视觉的方法、基于可穿戴传感器的方法和基于环境传感器（Ambient Sensor）的方法。基于视觉的方法使用摄像头捕获一系列的图像来识别活动，具有广泛的应用领域，如监控、公共安全等领域。此方法的主要缺点是存在隐私风险，难以在居家环境中应用，并且识别性能易受遮挡、照明变化、噪声等环境因素的影响。基于可穿戴传感器的方法得益于感知单元的微型化及处理和通信能力的增强，通过利用可穿戴设备收集传感器数据和训练活动识别器的方式来识别个体活动。可以将多个异构或同构的传感器单元佩戴在人体不同部位，如手腕、手臂、腿部和腰部等。然而，在活动识别过程中，个体需要一直佩戴一个甚至多个传感器设备，这将不可避免地给个体在日常生活活动上带来不便，导致用户黏性不高，不适于长期纵向监测个体的状态。基于环境传感器的方法利用部署在室内的环境传感器来获取个体与物体之间的交互，可以在较少不干扰用户的情况下捕获个体的活动信息，因具有非侵入性、隐式感知、低成本和高可靠性等优点，更容易被个体接受，使其成为支撑健康照护应用的一个重要技术。相应地，研究人员提出并设计开发了一些可以提供行为监测、医疗保健等服务的智能家居环境。例如，荷兰的 Care Lab（Context Awareness in Residences for Elderly）是较早被提出的智能家居项目之一，该项目使用传感器技术来捕获有关环境及住户的信息；华盛顿大学 Diane Cook 教授领导的 CASAS（Center of Advanced Studies in Adaptive System）项目，在智能家居方面做了系统性的研究工作，特别是在活动识别、活动发现、活动预测等行为分析方面；作为国内较早开展基于物联网和人工智能技术的智慧健康养老工作的滁州大健康与养老产业研究院，设计开发了面向健康照护与养老现实场景和任务的智能家居。图 15-2 所示为部署了各类传感器的智能家居的示意图。接下来结合滁州大健康与养老产业研究院在智慧健康养老方面的工作来介绍如何实现居家环境下的活动识别和行为分析。

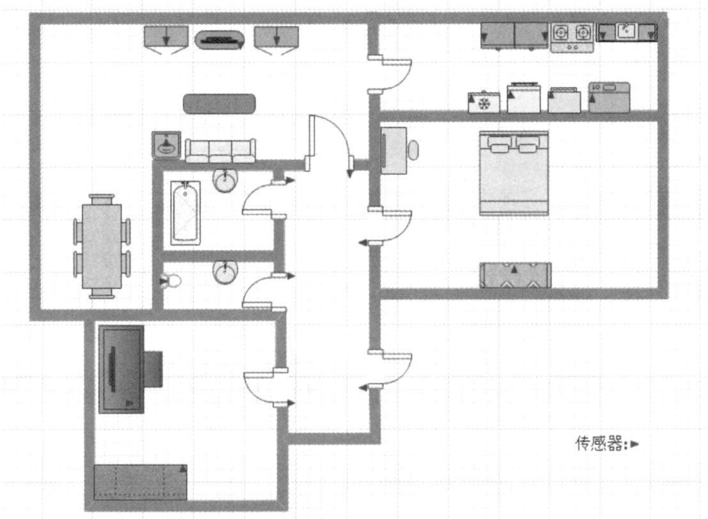

图 15-2　部署了各类传感器的智能家居的示意图

15.2　基于环境智能的活动识别

活动识别旨在利用具有简单状态变化的环境传感器来自动识别日常生活活动，主要通过以下三个阶段来得到一个活动识别器。首先，将流式传感器事件通过无线网络传输到中央处理平台或云端上；然后，通过滑动窗口技术对传感器事件序列进行分段处理，并对每个分段进行特征编码以获得特征向量；最后，利用获得的特征向量来训练一个活动识别器，并将其用于预测传感器事件流对应的活动标签。在训练阶段，需要收集和标注传感器数据，并从数据分段中提取特征向量以训练活动识别器。如何对传感器事件进行特征编码在很大程度上决定着活动识别器的性能，因此需要评估不同编码方案对识别准确率的影响。图 15-3 所示为面向智能家居的活动识别模型的示意图，其中带箭头的实线代表活动识别模型的训练过程，带箭头的虚线表示利用活动识别器来预测将来的传感器数据的活动标签。接下来详细介绍上述过程。

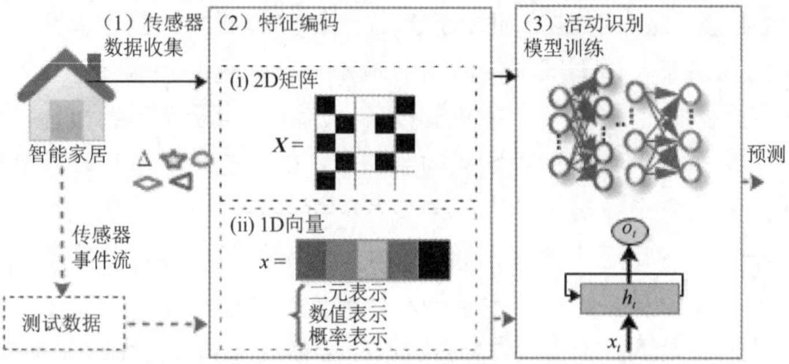

图 15-3 面向智能家居的活动识别模型的示意图

15.2.1 信息感知与收集

为了根据传感器中的数据推断个体的日常生活活动，我们将不同类型的环境传感器附在或嵌入到家居物体上。常用的传感器包括可用于测量躺在床/沙发上或坐在椅子上的压力传感器，可用于检测特定区域内有无人员的被动红外探测器，可用于测量马桶使用情况的浮标传感器，可用于检测物体移动的震动开关，可用于检测门或橱柜开关状态的簧片开关等。图 15-4（a）～图 15-4（g）给出了由滁州大健康与养老产业研究院设计的几款低功耗传感器。

可以利用由这些传感器组成的无线传感器网络感知、收集及传输个体的活动信息，收集的传感器数据通过如图 15-4（h）所示的边缘终端传输到后台服务器或云端上。该边缘终端能够实现蓝牙、红外、ZigBee 等无线协议信息的本地自动转换，可以根据实际应用场景需要，如根据数据类型与频率、实时性等要求来定制通信协议，完成感知单元、终端、云平台之间信息的互联互通。

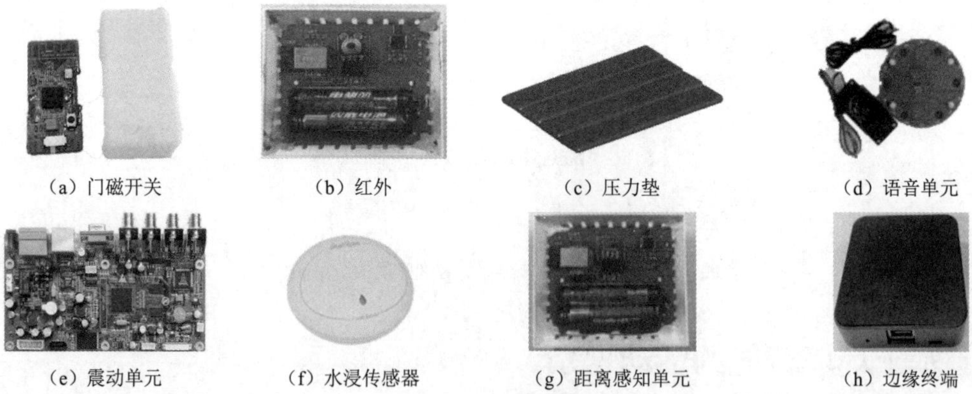

图 15-4 传感器感知单元

可以借助胶带、线、螺丝等工具将环境传感器附在或嵌入到物体上，这种方式具有部署简单、成本低、对环境侵入度小等优点。如果物体的状态发生变化，相应的传感器会产生布尔型输出并将数据发送到后台服务器上。当个体在家中活动时，可以利用在线或离线的方式，如视频回放、时间日记、录音、经验采样、自我回忆等，对从智能家居中收集的传感器事件进行标注，从而获得传感器事件对应的活动标签。在此过程中，需要使用相同的时钟来为传感器事件添加时间戳以实现同步测量。图 15-5 给出了某个个体在厨房做饭时的一段传感器数据的示例，其中第一列表示活动发生的日期，第二列表示活动发生的时间，第三列表示被触发的传感器（其中 M 代表示运动检测传感器，R 表示红外检测器，D 表示门磁开关，字母后面的数字表示传感器的编号，如 M10、R01、R02 和 R03 等），第四列表示被触发的传感器的输出值。

2022-03-04	11:19:18.703660	M10	OFF
2022-03-04	11:19:20.470456	M10	ON
2022-03-04	11:19:23.871030	M10	OFF
2022-03-04	11:19:24.194967	M10	ON
2022-03-04	11:19:27.498088	M10	OFF
2022-03-04	11:19:28.785735	M10	ON
2022-03-04	11:19:31.585891	M10	OFF
2022-03-04	11:19:31.815987	R03	PRESENT
2022-03-04	11:19:33.240057	R01	ABSENT
2022-03-04	11:19:40.937493	R02	PRESENT
2022-03-04	11:19:42.919887	R01	PRESENT
2022-03-04	11:19:43.754698	M10	ON
2022-03-04	11:19:45.105220	R06	PRESENT
2022-03-04	11:19:48.213718	M10	OFF
2022-03-04	11:19:54.425327	M10	ON
2022-03-04	11:19:57.765647	M10	OFF
2022-03-04	11:20:03.824820	M10	ON
2022-03-04	11:20:05.535874	D01	CLOSE
2022-03-04	11:20:07.773499	M10	ON

图 15-5　某个个体在厨房做饭时的一段传感器事件的示例

15.2.2　传感器事件的特征编码

由于人类行为固有的复杂性，仅根据单个时刻的传感器读数来推断正在进行的活动是极其困难和不可靠的，一种切实可行的方法是利用滑动窗口技术对时间序列数据进行分段处理。常用的分割流数据的滑动窗口技术有显式分段（Explicit Segmentation）、基于时间的分段（Time-based Segmentation）及基于传感器事件的分段（Sensor Event-based Segmentation）。图 15-6 给出了这三种不同分段方法的示意图，其中第一行给出了不同传感器事件的图标，第二行代表两个顺序发生的活动 A 和活动 B，第三行表示活动触发的传感器事件序列，第四到六行分别对应三种不同的分段方法。

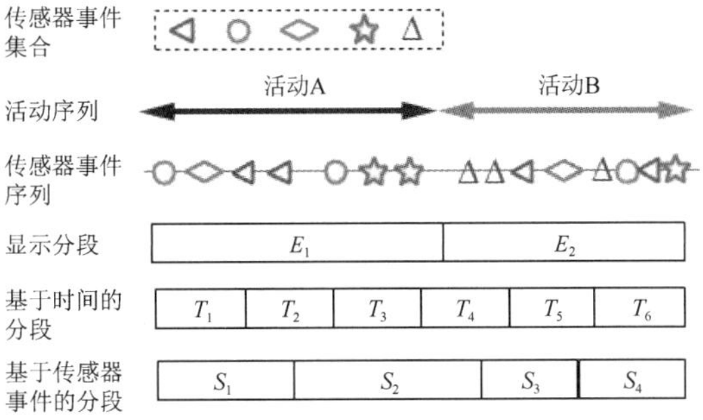

注：传感器事件序列中的每个符号代表一个特定的二元传感器。

图 15-6　滑动窗口技术的示意图

显式分段又被称为预分段（Pre-segmentation），可以准确地将传感器事件与对应的活动关联起来，也就是说我们事先知道每个传感器事件对应的活动，如图 15-6 中的 E_1 和 E_2 可以与活动 A 和活动 B 完美对应起来。然而，这种方法一般适用于理想情况下的离线数据分析，不适用于实际应用，因为在没有人工监督的情况下很难确定某个活动的发生和持续时间。基于时间的滑动窗口方法将传感器事件序列划分成大小相同的片段，如图 15-6 中的 T_1～T_6。与显式分段方法相比，基于时间的滑动窗口方法是一种更加贴切实际的解决方案。基于传感器事件的滑动窗口方法将传感器事件序列分成包含相同数量的传感器事件的片段，由于不同的活动可能在不同时间和不同地点触发一组不同的传感器，因此该方法产生的片段可能具有不同的时间长度，如图 15-6 中的 S_2 较 S_3 和 S_4 具有更长的持续时间。基于时间的滑动窗口方法和基于传感器事件的滑动窗口方法均需要用户指定窗口大小，若窗口尺寸较小，则将无法涵盖一个活动的判别信息；若窗口尺寸大，则可能包含与多个活动相关的传感器事件。除了使用固定窗口大小，还可以采用变长滑动窗口技术，通过自适应的方式来确定每个窗口的尺寸。

在此使用基于时间的变长滑动窗口技术来分析传感器事件序列，并为后续活动识别模型的设计做好准备。图 15-7 给出了将大小为 k 的滑动窗口应用于多通道流式传感器事件序列的示例，其中水平轴表示在智能家居中部署的环境传感器，垂直轴表示时间维度，窗口以给定的步长随时间滑动。上述滑动窗口返回的片段是一个 2D 矩阵，其中行表示窗口大小，列表式不同的传感器。若相应的传感器在对应的时刻被触发，则矩阵的元素取值为 1；否则，矩阵的元素取值为 0。可以进一步将上述矩阵转换为一个 N 维向量（N 表示部署的环境传感器个数，向量的每个元素对应一个传感器）。对于向量形式，可以采用三种不同的编码方案：用于记录某个传感器在一个窗口内是否被触发的二元表示（Binary Representation）$\boldsymbol{x}_b$；用于记录某个传感器在一个窗口内被触发次数的数值表示（Numeral Representation）$\boldsymbol{x}_n$；用于记录某个传感器在一个窗口内被触发频率的概率表示（Probability Representation）$\boldsymbol{x}_p$。图 15-7 给出了当传感器个数和窗口大小均为 5 时，不同编码方案的结果。例如，如果第 1 个传感器被触发了 3 次，第 3 个传感器未被触发，其他 3 个传感器均被触发了 2 次，则 2D 特征编码如图 15-7 中的右上角所示，1D 特征编码如图 15-7 中的右下角所示，其中 $\boldsymbol{x}_b = (1, 1, 0, 1, 1)$，$\boldsymbol{x}_n = (3, 2, 0, 2, 2)$，$\boldsymbol{x}_p = \left(\frac{3}{9}, \frac{2}{9}, 0, \frac{2}{9}, \frac{2}{9}\right)$。

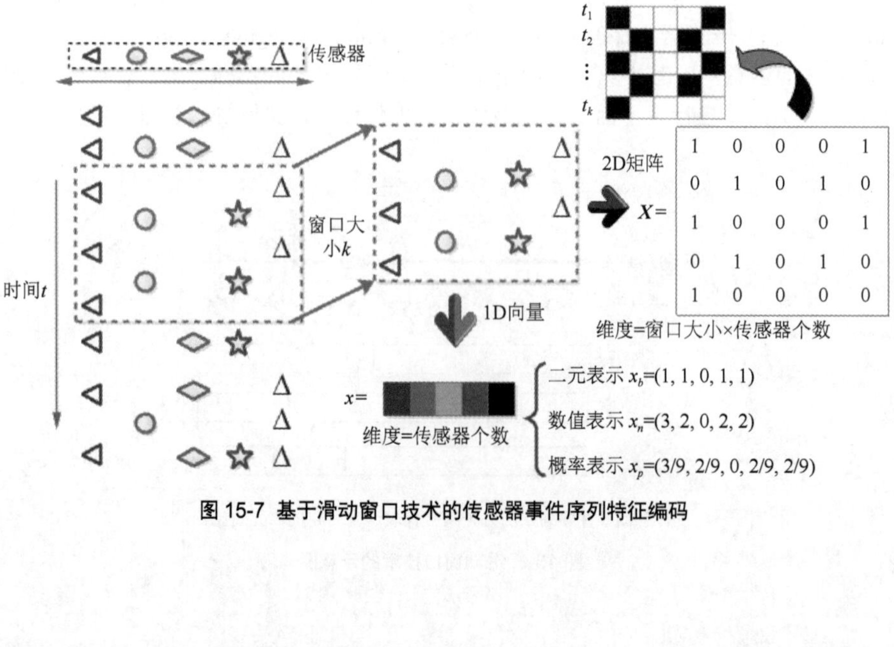

图 15-7 基于滑动窗口技术的传感器事件序列特征编码

15.2.3　活动识别模型构建

在对传感器事件序列进行分段和特征编码之后，接下来介绍如何利用这些特征向量来训练一个活动识别模型。现有的活动识别器可以大致分为知识驱动的方法和数据驱动的方法。前者需要领域知识的抽象模型来定义活动规范，具有易于解释的优点，并且对噪声和不完整数据具有较高的鲁棒性。这种方法的一个局限性是需要特定领域的专家知识。数据驱动的方法则仅依靠数据来训练一个将传感器数据与活动标签相关联的活动识别模型。研究人员先后提出和应用了各种生成模型（如朴素贝叶斯和隐马尔可夫模型）、判别模型（如支持向量机和决策树）及集成模型（如装袋、提升和堆叠）。然而，由于人类行为固有的复杂性，因此浅层模型可能无法捕获原始传感器数据中的非线性关系，而且大多数的浅层模型将特征提取和分类器训练视作两个独立的过程，这在一定程度上造成了局部最优解。与浅层模型相比，深度学习模型具有端到端的学习能力，能够在没有人类专家指导的情况下从原始信号中自动学习高层次特征及联合优化特征学习和分类器训练。

为评估不同分类模型对于不同特征表示的敏感性及比较深度学习与传统机器学习模型的性能，我们采用七种常用的具有浅层结构（Shallow Structure）的分类模和三种基本深度学习模型。这七种浅层结构的分类模型包括朴素贝叶斯（Naïve Bayes，NB）、隐马尔可夫模型（Hidden Markov Model，HMM）、决策树、具有线性核函数的支持向量机（Support Vector Machine，SVM）、kNN、隐半马尔可夫模型（Hidden Semi-Markov Model，HSMM）及多层感知（Multilayer Perceptron，MLP）。对于 SVM，使用默认超参数值进行模型训练；对于 kNN，使用最近邻来预测样本标签。三种深度学习模型包括堆栈自编码器（SAE）、CNN 和 LSTM。对于浅层结构的分类模型，将原始一维特征表示作为输入；对于深度学习模型，考虑两种不同的特征编码来作为输入。接下来介绍如何构建基于深度学习的活动识别模型。

图 15-8 所示为基于 SAE 的活动识别模型。在 SAE 上堆叠了一个 softmax 层作为输出层，且神经元的个数等于待识别的活动的个数，并利用共轭梯度法通过贪婪逐层预训练和自上而下微调的方式来优化 SAE 中的参数。在实验中采用了由三个自编码器组成的堆叠自编码器。为增加解空间的搜索范围、获得较好的预测性能，利用基于网格搜索的方法来设置隐含层神经元个数，在实验中每个隐含层的神经元个数的可选项是 8、16 和 32。由于 SAE 通常采用向量输入，将一维特征表示作为输入。

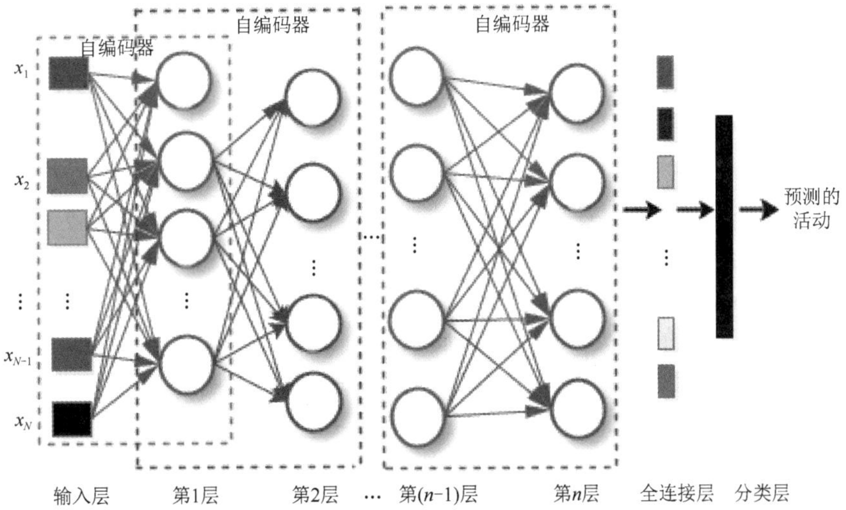

图 15-8　基于 SAE 的活动识别模型

图 15-9 所示为基于 CNN 的活动识别模型的示意图。受 CNN LeNet-5 结构的启发，所设计的活动识别模型由三个卷积层、一个全连接层及一个 softmax 层组成。特别地，设计了两种 CNN 结构：1D 的 CNN 和 2D 的 CNN。前者处理一维向量输入并利用一维卷积核学习数据中的高级特征；后者以二维矩阵为输入，使用二维卷积核学习数据中的高级特征。在卷积层中使用 ReLU 作为激活函数，将全连接层和 softmax 层的神经元个数设置为待识别的活动个数，并在全连接层中使用概率为 0.5 的 dropout 技术来提高模型的鲁棒性。dropout 是深度学习中的一种正则化技术，dropout(p)表示应用了 dropout 技术的网络层中的每个神经元有 p%的概率被从网络中删除。最后采用学习率为 0.001 的自适应动量估计 Adam 算法来训练 CNN 模型。Adam 是一种可以替代随机梯度下降过程的一阶优化算法。为增加解空间的搜索范围、获得较好的预测性能，利用基于网格搜索的方法来设置卷积层中特征映射的个数及卷积核的大小，在实验中每个卷积层的特征映射个数的可选项是 8、16 和 32，卷积核大小的可选项是 2 和 3。

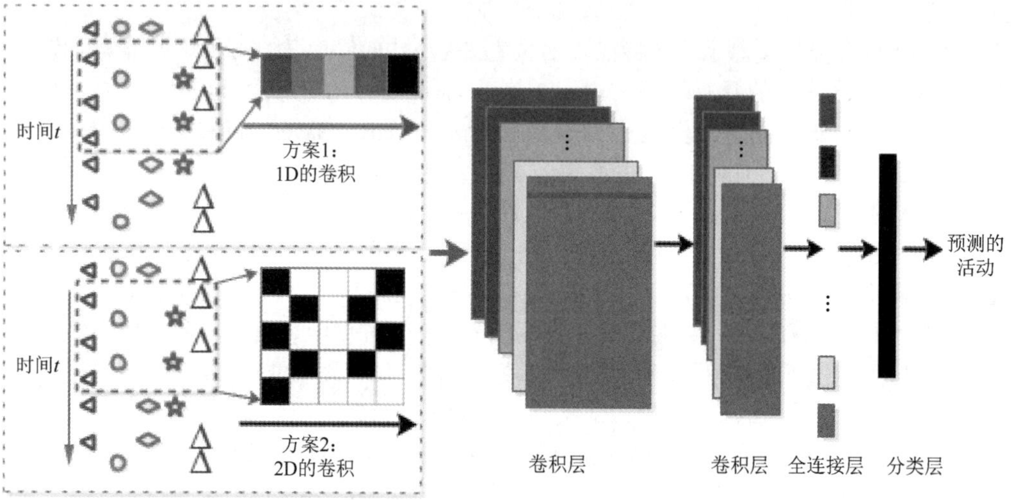

注：左上角对应 1D 向量输入，左下角对应 2D 矩阵输入。

图 15-9 基于 CNN 的活动识别模型的示意图

图 15-10 所示为基于 LSTM 的活动识别模型的示意图。已有研究表明，包含两个隐含层的 LSTM 一般可以获得令人满意的性能，为此所设计的模型包括两个 LSTM 层、一个全连接层和一个 softmax 层。具体来说，设计了两种 LSTM 结构：1D 的 LSTM 和 2D 的 LSTM，两者的主要区别在于输入的维度不同。1D 的 LSTM 的输入 $\boldsymbol{x}_t$ 是一个标量，序列长度等于传感器的个数；2D 的 LSTM 的输入 $\boldsymbol{x}_t$ 是一个 N 维向量，序列长度等于滑动窗口的大小 k。首先，在 LSTM 中使用 tanh 作为激活函数，将全连接层和 softmax 层的神经元个数设置为待识别的活动个数；然后，在 2D 的 LSTM 隐含层中使用概率为 0.5 的 dropout 技术；最后，采用学习率为 0.001 的 Adam 算法来训练 LSTM 模型。此外，利用基于网格搜索的方法来设置 LSTM 层中神经元个数，在实验中每个隐含层的神经元个数的可选项是 8、16 和 32。

表 15-1 列出了上述深度学习模型的架构设计和参数设置，其中 A 表示自编码器，C 表示卷积层，L 表示 LSTM 层，F 表示全连接层，S_m 是 softmax 层，S_m 中的节点个数等于待识别的活动个数。

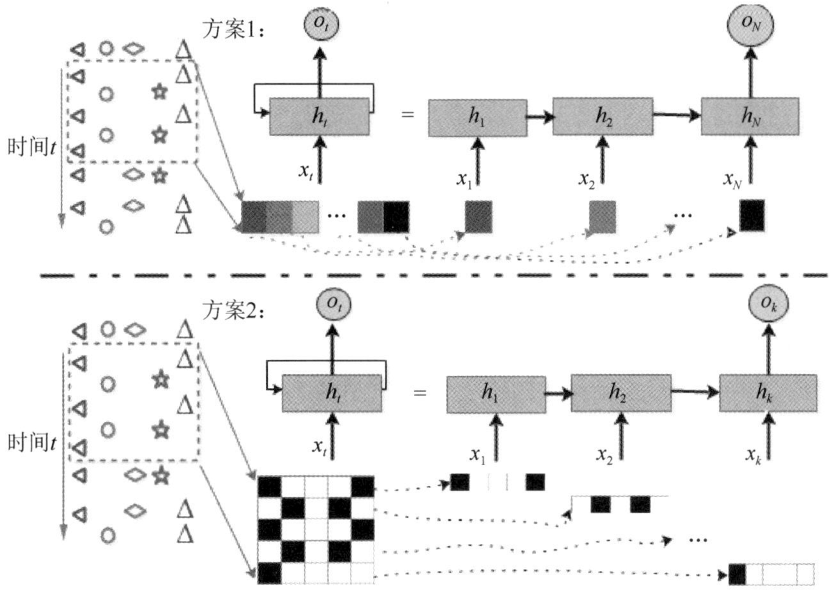

注：上半部分对应 1D 向量输入，下半部分对应 2D 矩阵输入。

图 15-10 基于 LSTM 的活动识别模型的示意图

表 15-1 深度学习模型的架构和参数设置

模 型	架 构	参 数 设 置
SAE	$A\text{-}A\text{-}A\text{-}F\text{-}S_m$	degree of sparsity: 0.15, weight regularization: 0.004, activation: sigmoid, optimizer: CG
CNN1d	$C\text{-}C\text{-}C\text{-}F\text{-}S_m$	dropout: 0.5, kernel: 1*2/1*3, activation: ReLU, optimizer: Adam (0.001)
CNN	$C\text{-}C\text{-}C\text{-}F\text{-}S_m$	dropout: 0.5, kernel: 2*2/3*3, activation: ReLU, optimizer: Adam (0.001)
LSTM1d	$L\text{-}L\text{-}F\text{-}S_m$	activation: Tanh, optimizer: Adam (0.001)
LSTM	$L\text{-}L\text{-}F\text{-}S_m$	dropout: 0.5, activation: tanh, optimizer: Adam (0.001)

15.3 活动识别模型评估

本节通过实验比较所设计的活动识别模型的性能。在 15.3.1 节中将说明所使用的实验数据集和相应的实验设置；在 15.3.2 节中将给出实验结果并比较分析空类活动的影响。

15.3.1 实验设置

由于人类行为固有的复杂性和活动定义的层次性，如倒水可以是一个活动（Activity），但对喝咖啡这个活动而言，倒水是一个动作（Action），因此很难考虑所有的活动（即使不是不可能的）。我们基于用于评估身体和认知能力状况的 Katz 日常生活活动指数（Katz ADL Index）来确定待识别的活动的集合，所选择的活动是基本日常生活活动（Basic ADL，BADL）和工具性日常生活活动（Instrumental ADL，IADL）的一个子集，其中 BADL 主要与维持个体基本功能的自我保健任务有关，IADL 主要包括使个体能够在社区中独立生活的活动。为保证实验结果的可重复性，在 3 个公开的数据集上进行对比实验。表 15-2 所示为活动识别数据集。关于实验协议、传感器类型和数据注释等内容，读者可查阅文献 *Human Activity Recognition from Wireless Sensor Network Data: Benchmark and Software* 了解更多内容。

表 15-2 活动识别数据集

智能家居	SH-a	SH-b	SH-c
居民数/位	1	1	1
房间数/个	3	2	6
天数/天	25	14	19
传感器个数/个	14	23	21
活动个数/个	10	13	16
传感器事件数/个	1229	19,075	22,700
活动实例数/个	292	200	344

智能家居 SH-a 由 3 个房间组成，共安装了 14 个环境传感器。SH-a 收集了一位住户的 25 天的传感器数据，共得到 292 个活动实例和 1229 个传感器事件。智能家居 SH-b 是一个公寓，在厨房、浴室、卧室、餐厅和客厅等区域总共部署了 23 个环境传感器。在数据收集阶段，一位志愿者在其中生活了两周，共收集了 200 个活动实例。智能家居 SH-c 是一栋两层楼，共安装了 21 个环境传感器，并连续收集了一位独居老人的 19 天的传感器数据。SH-c 考虑了 16 个日常生活活动，这使其比 SH-a 和 SH-b 更具挑战性。对于这 3 个数据集，除了感兴趣的活动，还将空类活动考虑在内，因为我们往往不关心所有的活动或很难给出所有的活动。空类活动是指待识别活动之外的活动，代表了在一个特定应用中我们不感兴趣但个体可能会执行的活动集合，即有一部分传感器数据与待识别的活动不相关。

对于传感器事件序列的特征编码，采用大小为 60s、相邻窗口间不存在重叠的滑动窗口对流式传感器事件进行分段，并从每段中提取特征。如前所述，我们采用 1D 向量和 2D 矩阵两种不同的特征编码方案，其中 1D 向量有 3 种不同的特征表示（二元表示、数值表示和概率表示）。为了评估活动识别器的性能，先采用留一天交叉验证的方式，将其中一天的传感器数据作为测试数据，将其余天的传感器数据作为训练数据，以使每天的传感器数据有且仅有一次被用作测试数据，最后报告上述结果的平均值，并使用准确率来评价活动识别器的性能。

15.3.2 实验结果

表 15-3～表 15-5 给出了相应的实验结果，其中 CNN1d 和 LSTM1d 以一维向量为输入，CNN 和 LSTM 以二维矩阵为输入。通过实验结果可以发现：第一，不同的原始特征编码影响了活动识别器的性能，如在 SH-b 上，NB 在三种特征表示上获得的准确率分别是 80.88%、80.50%和 64.22%，在 SH-c 上，LSTM1d 在三种特征表示上分别获得了 43.71%、47.38%和 43.81%的准确率；第二，CNN1d 在大多数情况下获得了较好的结果，并且优于 CNN、LSTM1d 和 LSTM 的结果；第三，大多数的活动识别器采用数值表示能够获得较好的性能。例如，在 SH-c 上，当使用数值表示时，CNN1d 获得的准确率是 48.68%，高于使用二元表示的 45.10%和概率表示的 46.04%；LSTM1d 的准确率为 47.38%，高于使用二元表示的 43.71%和概率表示的 43.81%。这在一定程度上表明数值表示能够包含更多用于区分不同活动的信息，具有较好的判别能力。

表 15-3 在 SH-a 上的实验结果

特征类型	NB	HMM	HSMM	1NN	SVM	MLP	C4.5	SAE	CNN1d	CNN	LSTM1d	LSTM
Binary	76.90%	58.13%	58.39%	32.78%	83.70%	85.05%	85.16%	63.65%	85.30%	85.23%	84.85%	84.88%
Numeral	77.03%	59.73%	60.10%	33.30%	83.95%	84.12%	85.59%	63.35%	85.79%	—	85.13%	—
Probability	73.03%	41.77%	41.77%	33.29%	76.56%	85.06%	85.49%	54.28%	84.88%	—	84.80%	—

表 15-4　在 SH-b 上的实验结果

特征类型	NB	HMM	HSMM	1NN	SVM	MLP	C4.5	SAE	CNN1d	CNN	LSTM1d	LSTM
Binary	80.88%	60.49%	63.22%	53.84%	78.40%	78.62%	76.46%	80.15%	88.25%	80.88%	80.89%	83.85%
Numeral	80.50%	66.79%	69.42%	59.03%	81.82%	88.15%	81.02%	75.68%	<u>91.54%</u>	—	85.73%	—
Probability	64.22%	82.64%	82.64%	58.29%	86.22%	85.04%	72.49%	59.60%	85.97%	—	66.83%	—

表 15-5　在 SH-c 上的实验结果

特征类型	NB	HMM	HSMM	1NN	SVM	MLP	C4.5	SAE	CNN1d	CNN	LSTM1d	LSTM
Binary	40.70%	24.84%	29.55%	25.78%	40.44%	36.97%	33.34%	45.16%	45.10%	42.36%	43.71%	40.24%
Numeral	41.44%	27.37%	32.31%	30.82%	42.70%	45.29%	37.68%	44.57%	<u>48.68%</u>	—	47.38%	—
Probability	10.54%	10.12%	11.09%	25.99%	16.46%	15.48%	24.97%	43.81%	46.04%	—	43.81%	—

为说明空类活动对模型的影响，表 15-6～表 15-8 给出了不包含空类活动时的活动识别器的准确率。对比不包括空类活动（见表 15-3～表 15-5）和包括空类活动（见表 15-6～表 15-8）的实验结果，可以发现空类活动降低了活动识别器的准确性。例如，对于 SH-a，NB 在三种特征表示上的准确率分别为 86.53%、86.34%和 83.36%，但在包含空类活动时，相应的准确率降至 76.90%、77.03%和 73.03%；CNN1d 的准确率从 94.51%、94.83%和 93.60%分别降至 85.30%、85.79%和 84.88%。主要原因是一方面待识别活动类的增加提高了活动识别的难度，另一方面空类活动可能与已有的活动具有相似的传感器读数，导致活动识别器易混淆这些活动。

表 15-6　在 SH-a 上不包含空类时的实验结果

特征类型	NB	HMM	HSMM	1NN	SVM	MLP	C4.5	SAE	CNN1d	CNN	LSTM1d	LSTM
Binary	86.53%	61.99%	67.51%	37.92%	93.69%	93.67%	93.71%	90.43%	**94.51%**	93.49%	93.40%	93.32%
Numeral	86.34%	61.71%	73.38%	38.30%	93.74%	94.28%	93.90%	88.28%	<u>**94.83%**</u>	—	93.92%	—
Probability	83.36%	43.51%	59.80%	38.28%	85.46%	93.37%	**93.72%**	60.46%	93.60%	—	92.98%	—

表 15-7　在 SH-b 上不包含空类时的实验结果

特征类型	NB	HMM	HSMM	1NN	SVM	MLP	C4.5	SAE	CNN1d	CNN	LSTM1d	LSTM
Binary	89.17%	62.24%	65.53%	64.90%	81.45%	85.49%	81.70%	**96.31%**	95.43%	87.51%	91.15%	87.97%
Numeral	88.44%	71.41%	71.54%	71.35%	86.31%	96.59%	84.33%	82.45%	<u>**96.60%**</u>	—	94.73%	—
Probability	68.62%	89.05%	89.05%	70.98%	92.53%	**96.25%**	80.38%	63.30%	94.99%	—	63.44%	—

表 15-8　在 SH-c 上不包含空类时的实验结果

特征类型	NB	HMM	HSMM	1NN	SVM	MLP	C4.5	SAE	CNN1d	CNN	LSTM1d	LSTM
Binary	49.17%	24.79%	27.00%	26.91%	54.21%	39.53%	34.21%	53.29%	57.88%	44.70%	53.29%	53.72%
Numeral	47.35%	27.04%	38.53%	33.06%	52.88%	52.91%	40.91%	60.45%	<u>**61.55%**</u>	—	58.73%	—
Probability	49.88%	34.53%	40.03%	34.03%	**61.18%**	48.16%	43.21%	53.04%	56.58%	—	53.04%	—

第 16 章 在医疗健康中的应用

本章将介绍基于智能听诊器的远程心脏健康监测系统，该系统可以用于远程感知、收集、传输及智能处理与分析心脏信号。

16.1 概述

统计数据表明，心血管疾病已成为威胁人类健康的头号杀手，并且呈现出患病人群年轻化的特点，心血管疾病以高发病率和高死亡率成为一个重大公共卫生问题。更糟糕的是，许多心血管疾病，尤其是结构性心脏病，如先天性心脏病和后天获得性瓣膜性心脏病，很难用传统的心电图技术将其检测出来。对于这些疾病的检测往往通过以下步骤来完成：训练有素且经验丰富的专业医生通过医用听诊器监听个体心脏区域的声音，如果监听到异常声音，则利用心脏彩色多普勒超声等设备进一步地筛查和检验做出最终诊断结果。虽然这种方法有效，但是在实际使用中存在一定的局限性。首先，所使用的医疗器械设备价格昂贵并且需要专业的操作人员来运维，一般只有较大型的医院才能负担得起，而偏远地区，特别是乡村的医疗机构往往不具备这样的条件，导致无法提供经济、及时、无处不在的远程健康监测服务。其次，在新型冠状病毒大流行的情况下，医务人员在为患者提供医疗服务时一定程度上增加了自身被感染的风险。因此，如何准确、有效并且安全地监测患有潜在呼吸系统和心血管疾病的个体的健康状况，对于平衡医疗资源的供需关系，提供普适的健康照护服务及提高医疗服务的效率具有重要的现实意义。为此，设计开发一款能够提供远程医疗服务的智能监测设备，帮助医疗资源匮乏地区的人们，同时降低因人群聚集和接触而造成被感染的风险，是一项极为重要且紧迫的任务。

为了准确地进行心脏病的检测，研究者们提出了多种方法，可以大致分为生化实验法和信号分析法。生化实验法通过测试基因或分析血液成分的变化进行检测，这种方法高度依赖于实验室实验，一般成本较高。信号分析方法旨在通过分析心电图、肌电图、脑电图和心音等各类生理信号进行心脏病诊断，相较生化实验法具有操作简单、时间成本低等优点。基于心电图、肌电图、脑电图的识别方法通常较复杂，并且一般需要三个以上的电极，使用起来不方便。与心电图、肌电图、脑电图相比，心音信号包含了心脏各个部分的功能状态的大量生理信号，具有可采集性、普遍性和独特性的生物特征。心音信号为获取和了解个体心脏和心血管系统的状态提供了一种经济便捷的手段，具有便携性高、成本低、接受度高、信号获取方式简单等优势。此外，心音检测是一种无创性检测方法，对某些心血管病变的敏感性比心电图信号的高，往往只需单导心音信号。为此，借助物联网和数据挖掘技术来开发一款智能听诊器具有重要的实际价值。自 1816 年法国医生 René Laennec 发明听诊器以来，心音检测设备的发展经历了从有线到无线、从功能型到智能化的过程，研究者陆续发明了双耳听筒听诊器、膜型听诊器、杯型与膜型听头互换听诊器、智能听诊器等。接下来介绍一款基于智能听诊器的远程心脏健康监测系统，该系统可以用于远程感知、收集、传输及智能处理和分析心脏信号。

16.2　远程心脏健康监测系统

图 16-1 所示为远程心脏健康监测系统的方案示意图。远程心脏健康监测系统通过听诊器获得用户的心音信号后再经过无线网络将该信号传输到智能终端上；智能终端上的应用程序对心音信号进行统计汇总、过滤等预处理后，与云平台端进行信息交互，以利用云平台中大量的计算和存储资源，云平台中集成了信号处理算法和优化过的机器学习模型，以评估用户的心脏健康状况并将结果推送给医生；用户和医生等个体可以通过智能终端或云平台访问相应的资源。

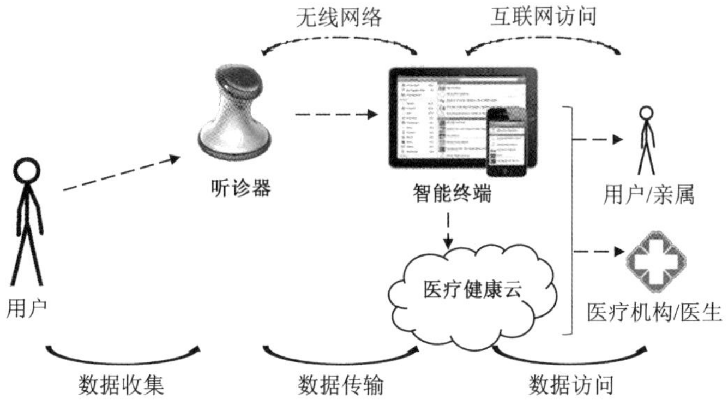

图 16-1　远程心脏健康监测系统的方案示意图

图 16-2 所示为远程心脏健康监测系统的体系结构，该系统具有四层架构，自下而上依次是感知层、网络层、中间件层和应用层。每层均涉及数据安全与隐私保护问题，需要提供相应的措施，如网络层的安全可靠传输、应用层的基于角色权限的系统访问控制等。

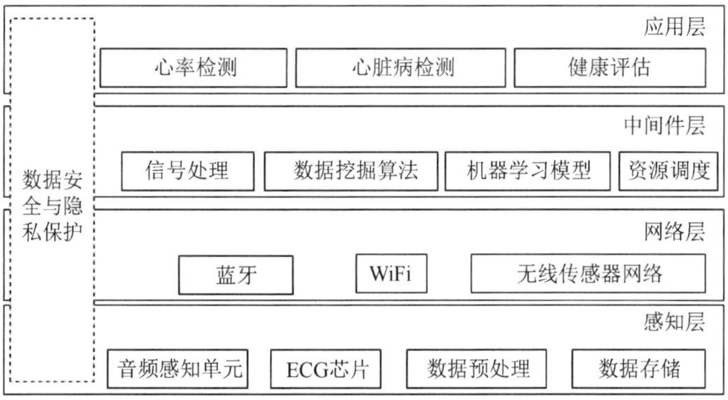

图 16-2　远程心脏健康监测系统的体系结构

从信息流的角度看，感知层的作用是利用不同类型的感知单元来构建一个稳定、可靠、安全的传感器网络，以采集、记录、存储及预处理与个体和周围环境相关的信号。远程心脏健康监测系统所设计的智能听诊器将蓝牙和音频芯片嵌入一个印刷电路板，并将印刷电路板封装在一个密封性良好的金属外壳中（见图 16-3）。智能听诊器使用具有 44.1kHz 采样率的高灵敏度音频感知单元，并且集成放大器和滤波器以提高信号质量和降低噪声对心音信号的影响。远程心脏健康监测系统所采用的感知单元属于空气传导式传感器，基本工作原理是：当心脏搏动时，通过胸壁传递出的心音声波经过空气传递到传感器的敏感振动膜上，敏感振动膜与换能器（电能和声能相互转换的器件）相连，当心跳引起空气振动时，传感器的敏感振动膜也跟着振动，从而带动换能器使其产生与心音强度成比例的输出信号，并通过蓝牙将该信号传出，如图 16-4 所示。在日常环境中，用户可以通过把智能听诊器贴近胸前指定区域皮肤的方式来收集心音信号，如图 16-3（b）所示。智能听诊器与普通听诊器的听诊部位相同，用户经过简单培训即可很好地完成操作。

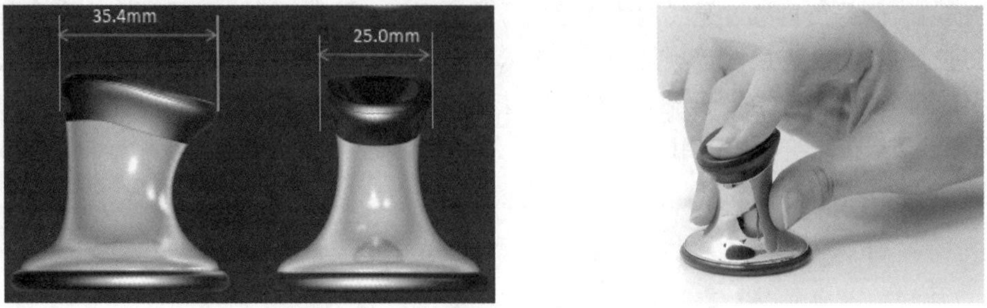

（a）智能听诊器外观　　（b）使用方式

图 16-3 智能听诊器

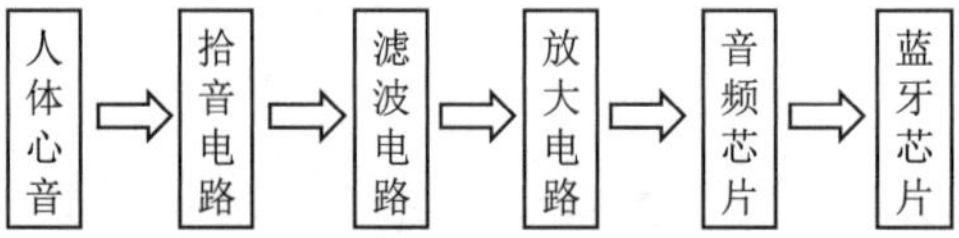

图 16-4 智能听诊器的工作原理图

网络层的核心作用是在感知层与上层之间建立连接并完成信息的传输。智能听诊器目前支持蓝牙和 WiFi 通信协议来将采集到的心音信号传输到与智能听诊器配套的应用程序中，以进行后续数据处理与分析。无线传输方式解决了传统听诊器因有线连接而引起的使用不便问题。

中间件层的作用是隐藏复杂的底层细节并支持上层应用。在中间件层中可以集成常见的数据预处理算法和机器学习模型。例如，中间件层集成了快速傅里叶变换、小波分析和变分模式分解等基本信号处理算法，用于提取具有较强判别能力特征的主成分分析、最大相关性最小冗余性算法等特征约减和特征选择方法，以及用于数据挖掘的各类模型，包括朴素贝叶斯、支持向量机、决策树、卷积神经网络、长短时记忆网络等。图 16-5 给出了基于心音数据的心脏病预测深度学习模型，该模型能够直接学习原始心音信号中的复杂特征，训练端到端的预测模型。中间件层通过提供统一的公共服务接口，能够减少上层应用的开发工作量，缩短开发时间，提高上层应用软件的质量。

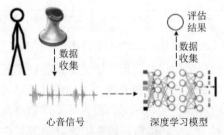

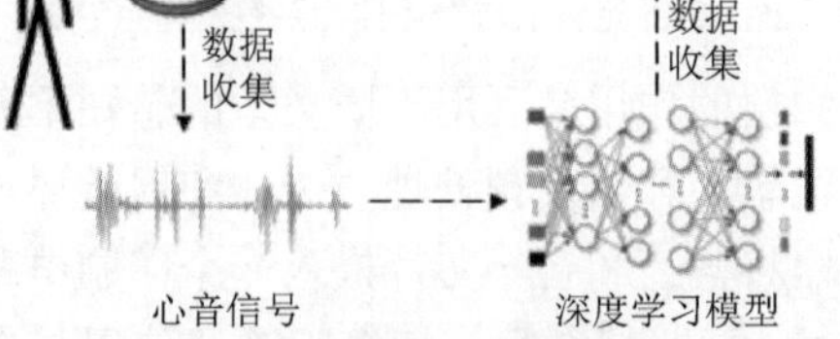

图 16-5 心音深度学习模型的示意图

应用层提供心脏病预测、心脏健康评估、心音身份识别等各类服务。远程心脏健康监测系统目前可以基于心音数据来检测心脏病，其中预测模型是在收集到的心音数据上进行训练得到的，所收集的数据包括正常人的心音信号及常见的不同类型心脏病的心音信号。远程心脏健康监测系统可支持长期纵向的心脏健康评估，提供基于 Android 的移动应用程序和基于 Web 的信息管理平台，并采用基于角色权限的访问控制管理，以满足患者、家属、医生等不同角色的需求。图 16-6 所示为远程心脏健康监测系统的 Web 界面。

图 16-6 远程心脏健康监测系统的 Web 界面

我们利用智能听诊器采集了一位主动脉瓣狭窄患者和一位正常人的心音信号。图 16-7（a）和图 16-7（b）给出了两人的时域心音信号，其中 X 轴表示样本的索引，Y 轴表示传感器读数。可以看出，患者的心音信号嘈杂且强弱音不明显；正常人的心音信号表现出清脆、干净的强弱音，如果听声音，则可以听到“咚咚咚！嗒！”的音样。通过快速傅里叶变换将时域信号变换到频域，得到如图 16-7（c）和图 16-7（d）所示的结果。可以看出，患者的心音信号较模糊，正常人的心音信号具有一定的模式，因此能够将主动脉瓣狭窄患者和正常人区分开。

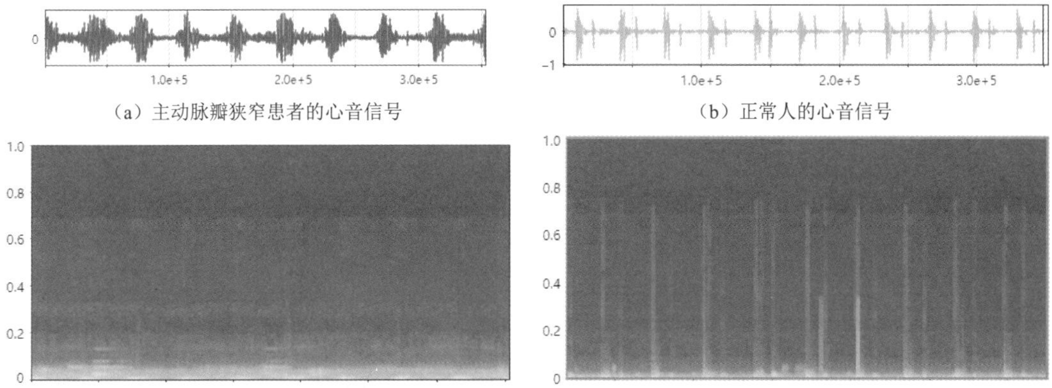

（a）主动脉瓣狭窄患者的心音信号　（b）正常人的心音信号

（c）主动脉瓣狭窄患者的频谱图　（d）正常人的频谱图

图 16-7 主动脉瓣狭窄患者和正常人的心音信号对比